“十三五”国家重点出版物出版规划项目

中国土系志

Soil Series of China

（中西部卷）

总主编　张甘霖

宁 夏 卷
Ningxia

龙怀玉　周　涛　曲潇琳　等 著

科 学 出 版 社
龍　門　書　局
北　京

内 容 简 介

本书是关于宁夏土壤发生发育、系统分类的一部专著。根据景观具有代表性、空间分布具有均匀性的123个采样区的野外调查和土层取样分析结果，进行土壤系统分类的高级分类单元（土纲-亚纲-土类-亚类）的鉴定和基层分类单元（土族-土系）的划分。本书的上篇论述区域概况、土壤分类的发展及本次土系调查的概况、成土过程、诊断层与诊断特性；下篇重点介绍建立的宁夏回族自治区典型土系，包括每个土系所属的高级分类单元、分布与环境条件、土系特征与变幅、对比土系、利用性能综述、参比土种、代表性单个土体及其理化性质。最后附宁夏土系与土种参比表。

本书可供从事土壤学相关的学科，包括农业、环境、生态和自然地理等的科学研究人员和教学工作者，以及从事土壤与环境调查部门和科研机构的人员参考。

审图号：GS（2020）3822号

图书在版编目（CIP）数据

中国土系志. 中西部卷. 宁夏卷/张甘霖主编；龙怀玉等著. —北京：龙门书局，2020.12

“十三五”国家重点出版物出版规划项目 国家出版基金项目

ISBN 978-7-5088-5816-6

Ⅰ.①中… Ⅱ.①张… ②龙… ③周… ④曲… Ⅲ.①土壤地理-中国②土壤地理-宁夏 Ⅳ. ①S159.2

中国版本图书馆CIP数据核字（2020）第206019号

责任编辑：胡 凯 周 丹 沈 旭 赵朋媛/责任校对：杨聪敏

责任印制：师艳茹/封面设计：许 瑞

科学出版社
龍門書局 出版

北京东黄城根北街16号

邮政编码：100717

http://www.sciencep.com

中国科学院印刷厂 印刷

科学出版社发行 各地新华书店经销

*

2020年12月第 一 版 开本：787 × 1092 1/16

2020年12月第一次印刷 印张：24 1/4

字数：575 000

定价：298.00 元

（如有印装质量问题，我社负责调换）

《中国土系志》编委会顾问

孙鸿烈　赵其国　龚子同　黄鼎成　王人潮
张玉龙　黄鸿翔　李天杰　田均良　潘根兴
黄铁青　杨林章　张维理　郧文聚

土系审定小组

组　长　张甘霖

成　员（以姓氏笔画为序）

王天巍　王秋兵　龙怀玉　卢　瑛　卢升高
刘梦云　李德成　杨金玲　吴克宁　辛　刚
张凤荣　张杨珠　赵玉国　袁大刚　黄　标
常庆瑞　麻万诸　章明奎　隋跃宇　慈　恩
蔡崇法　漆智平　翟瑞常　潘剑君

《中国土系志》编委会

《中国土系志·宁夏卷》作者名单

主要作者 龙怀玉 周 涛 曲潇琳

参编人员 （以姓氏笔画为序）

王佳佳 孔德杰 孙 娇 纪立东 李百云
张认连 陈印军 陈润兰 莫方静 徐 珊
徐爱国 郭鑫年 曹祥会 谢 平

丛书序一

土壤分类作为认识和管理土壤资源不可或缺的工具，是土壤学最为经典的学科分支。现代土壤学诞生后，近 150 年来不断发展，日渐加深人们对土壤的系统认识。土壤分类的发展一方面促进了土壤学整体进步，同时也为相邻学科提供了理解土壤和认知土壤过程的重要载体。土壤分类水平的提高也极大地提高了土壤资源管理的水平，为土地利用和生态环境建设提供了重要的科学支撑。在土壤分类体系中，高级单元主要体现土壤的发生过程和地理分布规律，为宏观布局提供科学依据；基层单元主要反映区域特征、层次组合以及物理、化学性状，是区域规划和农业技术推广的基础。

我国幅员辽阔，自然地理条件迥异，人类活动历史悠久，造就了我国丰富多样的土壤资源。自现代土壤学在中国发端以来，土壤学工作者对我国土壤的形成过程、类型、分布规律开展了卓有成效的研究。就土壤基层分类而言，自 20 世纪 30 年代开始，早期的土壤分类引进美国 Marbut 体系，区分了我国亚热带低山丘陵区的土壤类型及其续分单元，同时定名了一批土系，如孝陵卫系、萝岗系、徐闻系等，对后来的土壤分类研究产生了深远的影响。

与此同时，美国土壤系统分类（soil taxonomy）也在建立过程中，当时 Marbut 分类体系中的土系（soil series）没有严格的边界，一个土系的属性空间往往跨越不同的土纲。典型的例子是迈阿密（Miami）系，在系统分类建立后按照属性边界被拆分成为不同土纲的多个土系。我国早期建立的土系也同样具有属性空间变异较大的情形。

20 世纪 50 年代，随着全面学习苏联土壤分类理论，以地带性为基础的发生学土壤分类迅速成为我国土壤分类的主体。1978 年，中国土壤学会召开土壤分类会议，制定了依据土壤地理发生的《中国土壤分类暂行草案》。该分类方案成为随后开展的全国第二次土壤普查中使用的主要依据。通过这次普查，于 20 世纪 90 年代出版了《中国土种志》，其中包含近 3000 个典型土种。这些土种成为各行业使用的重要土壤数据来源。限于当时的认识和技术水平，《中国土种志》所记录的典型土种依然存在“同名异土”和“同土异名”的问题，代表性的土壤剖面没有具体的经纬度位置，也未提供剖面照片，无法了解土种的直观形态特征。

随着“中国土壤系统分类”的建立和发展，在建立了从土纲到亚类的高级单元之后，建立以土系为核心的土壤基层分类体系是“中国土壤系统分类”发展的必然方向。建立我国的典型土系，不但可以从真正意义上使系统完整，全面体现土壤类型的多样性和丰富性，而且可以为土壤利用和管理提供最直接和完整的数据支持。

在科技部国家科技基础性工作专项项目“我国土系调查与《中国土系志》编制”的支持下，以中国科学院南京土壤研究所张甘霖研究员为首，联合全国二十多所大学和相关科研机构的一批中青年土壤科学工作者，经过数年的努力，首次提出了中国土壤系统分类框架内较为完整的土族和土系划分原则与标准，并应用于土族和土系的建立。通过艰苦的野外工作，先后完成了我国东部地区和中西部地区的主要土系调查和鉴别工作。在比土、评土的基础上，总结和建立了具有区域代表性的土系，并编纂了以各省市为分册的《中国土系志》，这是继“中国土壤系统分类”之后我国土壤分类领域的又一重要成果。

作为一个长期从事土壤地理学研究的科技工作者，我见证了该项工作取得的进展和一批中青年土壤科学工作者的成长，深感完善这项成果对中国土壤系统分类具有重要的意义。同时，这支中青年土壤分类工作者队伍的成长也将为未来该领域的可持续发展奠定基础。

对这一基础性工作的进展和前景我深感欣慰。是为序。

中国科学院院士

2017 年 2 月于北京

丛 书 序 二

土壤分类和分布研究既是土壤学也是自然地理学中的基础工作。认识和区分土壤类型是理解土壤多样性和开展土壤制图的基础，土壤分类的建立也是评估土壤功能，促进土壤技术转移和实现土壤资源可持续管理的工具。对土壤类型及其分布的勾画是土地资源评价、自然资源区划的重要依据，同时也是诸多地表过程研究所不可或缺的数据来源，因此，土壤分类研究具有显著的基础性，是地球表层系统研究的重要组成部分。

我国土壤资源调查和土壤分类工作经历了几个重要的发展阶段。20 世纪 30 年代至 70 年代，老一辈土壤学家在路线调查和区域综合考察的基础上，基本明确了我国土壤的类型特征和宏观分布格局；80 年代开始的全国土壤普查进一步摸清了我国的土壤资源状况，获得了大量的基础数据。当时由于历史条件的限制，我国土壤分类基本沿用了苏联的地理发生分类体系，强调生物气候带的影响，而对母质和时间因素重视不够。此后虽有局部的调查考察，但都没有形成系统的全国性数据集。

以诊断层和诊断特性为依据的定量分类是当今国际土壤分类的主流和趋势。自 20 世纪 80 年代开始的“中国土壤系统分类”研究历经 20 多年的努力构建了具有国际先进水平的分类体系，成果获得了国家自然科学奖二等奖。“中国土壤系统分类”完成了亚类以上的高级单元，但对基层分类级别——土族和土系——仅仅开展了一些样区尺度的探索性研究。因此，无论是从土壤系统分类的完整性，还是土壤类型代表性单个土体的数据积累来看，仅有高级单元与实际的需求还有很大距离，这也说明进行土系调查的必要性和紧迫性。

在科技部国家科技基础性工作专项的支持下，自 2008 年开始，中国科学院南京土壤研究所联合国内 20 多所大学和科研机构，在张甘霖研究员的带领下，先后承担了“我国土系调查与《中国土系志》编制”（项目编号 2008FY110600）和“我国土系调查与《中国土系志（中西部卷）》编制”（项目编号 2014FY110200）两期研究项目。自项目开展以来，近百名项目参加人员，包括数以百计的研究生，以省区为单位，依据统一的布点原则和野外调查规范，开展了全面的典型土系调查和鉴定。经过 10 多年的努力，参加人员足迹遍布全国各地，克服了种种困难，不畏艰辛，调查了近 7000 个典型土壤单个土体，结合历史土壤数据，建立了近 5000 个我国典型土系；并以省区为单位，完成了我国第一部包含 30 分册、基于定量标准和统一分类原则的土系志，朝着系统建立我国基于定量标准的基层分类体系迈进了重要的一步。这些基础性的数据，无疑是我国自第二次土壤普查以来重要的土壤信息来源，相关成果可望为各行业、部门和相关研究者，特别是土壤质量提升、土地资源评价、水文水资源模拟、生态系统服务评估等工作提供最新的、系统的数据支撑。

我欣喜于并祝贺《中国土系志》的出版，相信其对我国土壤分类研究的深入开展，对促进土壤分类在地球表层系统科学研究中的应用有重要的意义。欣然为序。

中国科学院院士

2017 年 3 月于北京

丛书前言

土壤分类的实质和理论基础，是区分地球表面三维土壤覆被这一连续体发生重要变化的边界，并试图将这种变化与土壤的功能相联系。区分土壤属性空间或地理空间变化的理论和实践过程在不断进步，这种演变构成土壤分类学的历史沿革。无论是古代朴素分类体系所使用的土壤颜色或土壤质地，还是现代分类采用的多种物理、化学属性乃至光谱（颜色）和数字特征，都携带或者代表了土壤的某种潜在功能信息。土壤分类正是基于这种属性与功能的相互关系，构建特定的分类体系，为使用者提供土壤功能指标，这些功能可以是农林生产能力，也可以是固存土壤有机碳或者无机碳的潜力或者抵御侵蚀的能力，乃至是否适合作为建筑材料。分类体系也构筑了关于土壤的系统知识，在一定程度上厘清了土壤之间在属性和空间上的距离关系，成为传播土壤科学知识的重要工具。

毫无疑问，对土壤变化区分的精细程度决定了对土壤功能理解和合理利用的水平，所采用的属性指标也决定了其与功能的关联程度。在大陆或国家尺度上，土纲或亚纲级别的分布已经可以比较准确地表达大尺度的土壤空间变化规律。在农场或景观水平，土壤的变化通常从诊断层（发生层）的差异变为颗粒组成或层次厚度等属性的差异，表达这种差异正是土族或土系确立的前提。因此，建立一套与土壤综合功能密切相关的土壤基层单元分类标准，并据此构建亚类以下的土壤分类体系（土族和土系），是对土壤变异精细认识的体现。

基于现代分类体系的土系鉴定工作在我国基本处于空白状态。我国早期（1949 年以前）所建立的土系沿用了美国土壤系统分类建立之前的 Marbut 分类原则，基本上都是区域的典型土壤类型，大致可以相当于现代系统分类中的亚类水平，涵盖范围较大。“中国土壤系统分类”研究在完成高级单元之后尝试开展了土系研究，进行了一些局部的探索，建立了一些典型土系，并以海南等地区为例建立了省级尺度的土系概要，但全国范围内的土系鉴定一直未能实现。缺乏土族和土系的分类体系是不完整的，也在一定程度上制约了分类在生产实际中特别是区域土壤资源评价和利用中的应用，因此，建立“中国土壤系统分类”体系下的土族和土系十分必要和紧迫。

所幸，这项工作得到了国家科技基础性工作专项的支持。自 2008 年开始，我们联合国内 20 多所大学和科研机构，先后开展了“我国土系调查与《中国土系志》编制”（项目编号 2008FY110600）和“我国土系调查与《中国土系志（中西部卷）》编制”（项目编号 2014FY110200）两个项目的连续研究，朝着系统建立我国基于定量标准的基层分类体系迈进了重要的一步。经过 10 多年的努力，项目调查了近 7000 个典型土壤单个土体，结合历史土壤数据，建立了近 5000 个我国典型土系，并以省区为单位，完成了我国第一部基于定量标准和统一分类原则的全国土系志。这些基础性的数据，将成为自第二次全国土壤普查以来重要的土壤信息来源，可望为农业、自然资源管理、生态环境建设等部门和相关研究者提供最新的、系统的数据支撑。

项目在执行过程中，得到了两届项目专家小组和项目主管部门、依托单位的长期指导和支持。孙鸿烈院士、赵其国院士、龚子同研究员和其他专家为项目的顺利开展提供了诸多重要的指导。中国科学院前沿科学与教育局、重大科技任务局、科技促进发展局、中国科学院南京土壤研究所以及土壤与农业可持续发展国家重点实验室都持续给予关心和帮助。

值得指出的是，作为研究项目，在有限的资助下只能着眼主要的和典型的土系，难以开展全覆盖式的调查，不可能穷尽亚类单元以下所有的土族和土系，也无法绘制土系分布图。但是，我们有理由相信，随着研究和调查工作的开展，更多的土系会被鉴定，而基于土系的应用将展现巨大的潜力。

由于有关土系的系统工作在国内尚属首次，在国际上可资借鉴的理论和方法也十分有限，因此我们在对于土系划分相关理论的理解和土系划分标准的建立上难免会存在诸多不足；而且，由于本次土系调查工作在人员和经费方面的局限性以及项目执行期限的限制，书中疏误恐在所难免，希望得到各方的批评与指正！

张甘霖

2017 年 4 月于南京

前　言

在开展宁夏土系调查前，作者团队已经成功完成了为期5年的《中国土系志·河北卷》的编写。由于宁夏土地面积较小且交通便利，我们最初认为在宁夏这个面积仅仅为河北三分之一左右的省份再进行一次省级土系调查，似乎是一件很轻松的事情。然而事实并非如此，一方面，虽然宁夏土地面积不大，但土壤类型及其分布呈现出复杂性和多样性的特点。根据全国第二次土壤普查结果，宁夏土壤分为17个土类、37个亚类、75个土属、219个土种。由于经费和时间的限制，在确保土系数量的情况下，要尽可能减少剖面挖掘量和样品测试量。但是空间跨度越小，土壤性质的差异也就越小，野外调查时往往需要挖掘2～3个剖面，才能找到一个不同的土系（野外初步判断），导致无效剖面数量增加，野外调查工作量急剧增加。另一方面，我国诊断化、定量化的土壤分类还处于发展阶段，《中国土壤系统分类检索（第三版）》还有较多有待进一步研究和发展的地方，一些高级分类单元经历了专家组多次反复讨论才得以确定，成倍地增加了时间和精力消耗。尽管如此，课题组还是完成了宁夏土系调查的各项任务，在2014年10月～2016年5月分4次完成了123个有效土壤剖面的现场观测和土壤水分、土壤温度数据的获取与计算；于2016年和2017年完成了317个土层样品、38个土壤属性指标、11367个理化数据的实验室测试及野外调查中40余个项目和12768个观测数据的室内整理；于2018年完成了各项数据的初步分析和归纳，鉴定出了各个调查剖面的诊断层和诊断特性，初步拟定了各个土壤剖面的高级分类单元和土族名称；于2019年完成了各个剖面的土系鉴定和《中国土系志·宁夏卷》初稿；2020年主要对《中国土系志·宁夏卷》进行反复修改，直至定稿。值此《中国土系志·宁夏卷》出版之际，高兴之余，觉得有必要做以下说明。

其一，宁夏土系调查是一种抽样调查，主要任务是调查、确定宁夏土壤的诊断层和诊断特性，尽可能将系统分类下的主要土壤类型鉴定出来，初步建立起宁夏的土壤系统分类。因此，有些分布面积很小、不具有代表性的土壤类型很可能没有列出。例如，在引黄灌区封闭洼地的干渠两侧肯定或多或少地分布着发生分类下的沼泽土或系统分类下的潜育土，但在进行初步野外踏勘时，发现这些土壤分布过于零星，而且政府正在进行农田建设，地表积水条件很有可能会消失，把这些条件下的土系找出来，似乎没有意义，因此没有对这些土壤进行调查。可以肯定地说，尽管《中国土系志·宁夏卷》中没有列出潜育土，但是宁夏一定存在该土纲。

其二，《中国土系志·宁夏卷》与通过全国第二次土壤普查完成的《宁夏土壤》和《宁夏土种志》等历史著作有着紧密的联系，又有着显著的不同。一方面，二者是继承和发展的关系。《宁夏土壤》等比较清楚地论述了宁夏土壤的形成条件、成土过程、发生发育规律、土壤肥力、生产特点、改良利用等，是《中国土系志 • 宁夏卷》中土壤调查的重要参考依据。《中国土系志 • 宁夏卷》中的成土因素、成土过程等章节的部分内容直接引自《宁夏土壤》。另一方面，二者的土壤分类指导思想不同。《宁夏土壤》属于地理发生学分类，土壤类型是根据各种理化指标、剖面形态、成土条件、成土过程等综合分析出来的，不同土壤类型之间缺乏明确的界线。而《中国土系志 • 宁夏卷》是诊断定量化分类，土壤类型是根据一定的规则检索出来的，不同土壤类型之间具有明确的定量化指标界限。

其三，《中国土系志 • 宁夏卷》严格地按照《中国土壤系统分类检索（第三版）》鉴定诊断层、诊断特性，确定高级分类单元名称，但在这个检索系统中具有“干旱土壤水分状况”的雏形土也被划分成“湿润雏形土”，不要望文生义地认为“湿润雏形土”的土壤水分一定是湿润的。另外，宁夏引黄灌区的淤积物中很少有“煤渣、木炭、砖瓦碎屑、陶瓷片等人为侵入体”，如果采用原标准，宁夏不存在“灌淤表层”和“旱耕人为土”，显然不符合事实。在《中国土系志 • 宁夏卷》中没有考虑“灌淤表层”中“（5）全层含煤渣、木炭、砖瓦碎屑、陶瓷片等人为侵入体”的限制条件，但是由于资料有限和时间仓促，这些划分是否十分科学合理，尚需进一步验证。

其四，土壤分类的最终目标是利用和管理土壤资源，相信《中国土系志 • 宁夏卷》将会成为国土、农林、环保、资源等领域的参考工具。但书中的利用性能综述，是作者在综合分析土壤剖面理化测试数据，以及根据现场调查和《宁夏土种志》等文献资料的基础上，结合自身的专业知识和经验做出的推断性描述，由于时间和经费的限制，并没有广泛地征求意见，难免有偏颇的地方。另外，目前《中国土壤系统分类》的高级分类单元更多地考虑土壤发生发育和成土条件，只有很少的指标（如肥熟表层、盐积层、碱积层等）体现了土壤功能性，环境条件中的土壤水分状况、土壤温度状况是通过气象数据的空间插值或者调查者的主观判断得到的，不同级别之间的界线也只是考虑了极少数作物，在农业生产中的应用受到一定的限制。因此，在利用《中国土系志 • 宁夏卷》指导生产时，不能仅仅考虑土壤类型名称，更重要的是要考虑土族词头（不含土壤温度状况）、土壤的有效土层厚度、盐碱含量等因素。如果涉及土壤温度状况、土壤水分状况等，最好采用气象部门的专业数据。

《中国土系志 • 宁夏卷》是在国家科技基础性工作专项的支持下，由中国农业科学院农业资源与农业区划研究所、宁夏农林科学院农业资源与环境研究所共同负责完成的，凝聚着我国众多老一辈专家、全国同行、单位同事和研究生、本科生的辛勤劳动。必须提及的是，土族名称是土系审定小组共同分析、检索后确定的，他们对宁夏土系土族名称的确定做出了贡献。初稿完成后，中国科学院南京土壤研究所张甘霖研究员、李德成研究员、杨金玲研究员，中国农业大学张凤荣教授，西北农林科技大学齐雁冰教授、刘梦云教授，华南农业大学卢瑛教授等众多专家审阅了《中国土系志 • 宁夏卷》全书或部分章节，提出了许多重要修改意见。宁夏农林科学院农业资源与环境研究所雷金银、张永宏、王长军、许泽华等老师参加了野外调查，研究生王佳佳、曹祥会、谢平、曲潇琳和本科生徐珊、莫方静参加了野外土壤调查工作或数据测试工作或数据分析总结工作，科学出版社的编辑们仔细认真地反复校审稿件，剔除了大量的字词、数据调用、上下文逻辑等方面的错误。国家气象信息中心资料服务室提供了气象数据。在此深表感谢！

龙怀玉

2020 年 8 月 15 日

目　　录

上篇　总　　论

下篇　区域典型土系

上篇　总　论

第 1 章　区 域 概 况

1.1　地理位置与行政区划

宁夏回族自治区（简称“宁”），位于东经 104°16′～107°39′，北纬 35°14′～39°24′，南北相距约 456 km，东西相距约 250 km，总面积 6.64 万 km^2。宁夏地处我国中部偏北，处于黄河中上游地区及沙漠与黄土高原的交接地带，北接内蒙古自治区，东与陕西省毗邻，东南、南及西南部均与甘肃省接壤。地形地貌差异明显，南部处于黄土高原边缘，多为流水侵蚀严重的丘陵、山地和古老的旱作农业区，中北部是由黄河冲积平原和贺兰山冲积倾斜平原组成的宁夏平原，土地肥沃，能灌能排，是闻名全国的“塞上江南”。

宁夏省会为银川市，现有银川市、石嘴山市、吴忠市、固原市、中卫市 5 个地级市，9 个市辖区、2 个县级市、11 个县，另外还辖 1 个开发区（中华人民共和国民政部，2015）。根据《宁夏统计年鉴（2017）》，2016 年年末宁夏回族自治区常住人口约 674.90 万。其中，汉族人口 425.05 万，占总人口 62.98%，回族人口 244.15 万，占总人口 36.18%，其他少数民族人口 5.70 万，占总人口 0.84%。其中，城镇人口 379.87 万，占总人口 56.29%，乡村人口 295.02 万，占总人口 43.71%（宁夏回族自治区统计局，2017）。

1.2　经 济 概 况

2016 年，宁夏地区生产总值 3168.59 亿元，其中第一产业 241.60 亿元，第二产业 1488.44 亿元，第三产业 1438.55 亿元，人均生产总值达 47194.0 元（宁夏回族自治区统计局，2017）。

宁夏总土地面积 6.64 万 km^2，其中，耕地面积 1.29 万 km^2（水浇地 0.51 万 km^2，旱地 0.78 万 km^2），人均耕地种植面积 2.87 亩；引黄灌溉 0.53 万 km^2，是全国 12 个商品粮生产基地之一；草场地 1.49 万 km^2，是全国十大牧区之一；林地 0.77 万 km^2，园地 0.05 万 km^2（宁夏回族自治区统计局，2017）。2016 年，宁夏农作物种植面积 1.27 万 km^2，粮食作物主要有玉米、稻谷、小麦、薯类、豆类等，种植面积 0.78 万 km^2，粮食总产量 370.6 万 t；油料作物种植面积 0.075 万 km^2，总产量 14.7 万 t；瓜菜种植面积 0.22 万 km^2，总产量 208.0 万 t。2016 年，宁夏全年完成农林牧渔业总产值 493.61 亿元，其中，种植业产值 311.89 亿元，林业产值 10.11 亿元，畜牧业产值 131.71 亿元，渔业产值 16.97 亿元，农林牧渔服务业产值 22.93 亿元（宁夏回族自治区统计局，2017）。

1.3　成 土 因 素

1.3.1　气候

宁夏区域面积虽然小，但不同地区的气候有比较明显的差异，如贺兰山山地年均气温 8.7～9.9℃，年均降水量约 420 mm，年均蒸发量约 2000 mm（刘秉儒等，2013），而六盘山山地年均气温 2.8～6.2℃，年均降水量为 536.4～687.5 mm，年均蒸发量 1425 mm（黄琳琦等，2015）。总体上，宁夏属温带大陆性气候，基本特点是日照长，太阳辐射强；春暖快，夏热短，秋凉早，冬寒长；干旱、少雨、风大，蒸发强烈；气温多变，气温年、日较差大；无霜期短，年际变化大。现将主要气象因素分述如下（董永祥，1986；中国气象局，1994）。

1）日照

受大陆季风控制，宁夏天气多晴朗干燥，大部分地区日照充足。一年之中，6 月日照时间最长，最短在 2 月。宁夏年太阳总辐射量为 513～623 kJ/cm^2，且随着纬度增加呈先增加后降低的趋势。太阳辐射量随季节的变化很明显，以银川市为例，5～7 月的太阳辐射量是 11 月到次年 1 月的 2.3 倍。月辐射量最高在 6 月，最低在 12 月。宁夏日照和太阳辐射能满足一般作物和其他植物的生长。

2）温度

宁夏年均气温 6～9℃，其中，北部、中部地区年均气温较高，为 7～9℃；向南至西海固地区气温降低至 5～7℃，六盘山山地年均气温 1～5.8℃。各月份间气温变化以 7 月最高，1 月最低。气温的日变化较大，日较差一般在 10～16℃，以中北部地区最大，南部西海固地区次之，六盘山地区最小。气温状况不仅影响农作物和其他植物的生长，还与土壤的形成有密切的关系，如中部、北部地区，气温高、日较差大，自然植被覆盖度低，土壤有机质积累缓慢且分解快，物理风化作用较强，以致土壤有机质含量较低，质地较粗；而六盘山山区气温低，日较差小，枯枝落叶覆盖多，土壤有机质分解慢，物理风化较弱，土壤有机质含量较高，质地较细。

3）降水

宁夏降水受地理纬度和地形的影响很大。随着纬度增加，年均降水量从南向北呈递减趋势。在彭阳县、原州区一线以南年均降水量大于 400 mm；至红井子、李旺一线是宁夏旱作农业的北界，年均降水量降至 350 mm；至石嘴山一线年均降水量降至 190 mm 左右。从月降水量来看，6～9 月的降水量占全年降水量的 50%～75%，且多以暴雨降落为主；3～5 月降水量只有全年降水量的 10%～20%。另外，降水受海拔的影响很明显，海拔每升高 100 m，贺兰山地区降水量增加 7.4 mm 左右，六盘山地区降水量增加 12.6～19.1 mm，这是导致土壤垂直地带性分布的一项重要因素。与降水量相反，宁夏蒸发量自南向北递增，但引黄灌区受灌溉影响，空气湿度大，蒸发量略低。宁夏固原市年蒸发量 650～850 mm，同心、盐池一带为 900～1000 mm，引黄灌区为 800～900 mm。

4）主要农业气象灾害

宁夏主要农业气象灾害有干旱、霜冻、冰雹、干热风、低温冷害及大风等，其中以干旱危害最大，其次为霜冻，冰雹只发生在局部地区。根据宁夏农业生产情况，气象部门将最低气温≤2℃划为轻霜冻，最低气温≤0℃为重霜冻。宁夏（不包括山地）早霜冻出现在 10 月初，晚霜冻结束在 5 月中旬。最早出现在 8 月末（隆德县），最迟结束在 6 月初（西吉县）。按保证率 90%计算，平均出现在 9 月中旬，结束在 5 月下旬，平均无霜期为 144 d，最长 194 d（石嘴山市），最短 79 d（隆德县）。全区重霜冻出现在 10 月中旬，结束在4月末。最早出现在9月初（西吉县、隆德县、原州区），最迟结束在5月中旬（隆德县）。按保证率90%计算，平均无重霜冻日为165 d，最长208 d（银川市），最短100 d（西吉县）。在宁夏每年都有不同程度的冰雹发生，尤其是南部山区更为严重。冰雹一般发生在3月中旬至10月下旬，主要在6～9月，高峰期在6月。全天均有发生冰雹的可能，午后发生的概率占75%。冰雹的多发地为六盘山东西两侧和贺兰山地区，六盘山地区平均每年出现7.1次，贺兰山地区平均每年出现5.2次。宁夏4月多大风和沙尘暴天气，如盐池县平均每年有八级以上大风23.4次，沙尘暴日每年有15.2 d，土壤风蚀严重，春播农作物苗期受害较为严重。

综上所述，气候对土壤的形成关系密切。温度与降水有自南向北的规律性变化和自低向高的山地垂直性变化，致使土壤也呈现相应的水平地带性和垂直地带性。秋季暴雨和春季大风，导致宁夏土壤产生严重的水蚀和风蚀，养分含量较高的表层土流失严重。干燥的气候、强烈的蒸发，致使土壤干旱。而在地下水位高的地区，水顺着土壤毛细管蒸发，盐分留在土壤表层，又致使土壤发生盐化，土壤表层微环境恶化，进一步影响地表农作物的生长发育。

1.3.2 地形地貌

宁夏地势为自南向北倾斜（图1-1），可分为3个台阶：南部为黄土丘陵，地势高，海拔1500～2300 m；中部为鄂尔多斯剥蚀台地及山间缓坡丘陵，地势较高，海拔1250～2000 m；北部为黄河冲积平原，地势相对较低，海拔1100～1300 m。除了这三大地形单元，还有六盘山、贺兰山、罗山、香山等山地及风沙地等地形单元。山地、丘陵、平原（包括川地、涧地、坝地和洪积扇）及风沙地4种地形类型分别占宁夏总面积的11.9%、46.5%、28.7%及11.5%，其他占1.4%。

1）山地

宁夏主要山地有贺兰山、罗山、六盘山、月亮山、南华山、西华山、云雾山、炭山、窑山、香山、牛首山等（宁夏农业勘查设计院，1990）。

（1）贺兰山。贺兰山位于银川平原西侧，削弱了来自西北的高寒气流，挡住了沙漠东进，是保护黄河平原数百万亩农田的天然屏障。南起中卫市沙坡头区单梁山，北至内蒙古巴彦高勒镇敖包山，全长约270 km，在宁夏境内约200 km，山体宽15～40 km。贺兰山整个山体分为三段：汝箕沟以北为北段，海拔1700～2200 m，山势较缓，山体较宽，由混合岩及花岗岩组成，此段气候干旱，分布旱生草本植物及散生耐旱灌木；北起汝箕沟，南至三关口的山体中段是贺兰山主体段，海拔高达3000 m以上，主峰敖包梁海拔3556 m，母岩主要为页岩、砂岩及石灰岩，此段降水丰富，分布天然次生林；三关口以南为南段，南段大部分在宁夏境外，山势平缓，海拔1600～2000 m，气候干旱，生长耐旱草本植物及稀疏灌木。

（2）罗山。罗山位于同心县东北部，南北长约40 km，东西宽5～15 km，呈南北走向。罗山基质由灰绿色泥质板岩、粉砂岩和长石石英砂岩构成，其北段为大罗山，主峰海拔约2624 m，土壤以山地灰钙土、山地灰褐土为主，森林覆盖度约为40%；南段为小罗山，东坡侵蚀重，为粗骨土荒坡，西坡有较厚的黄土覆盖，多已开垦为农田。

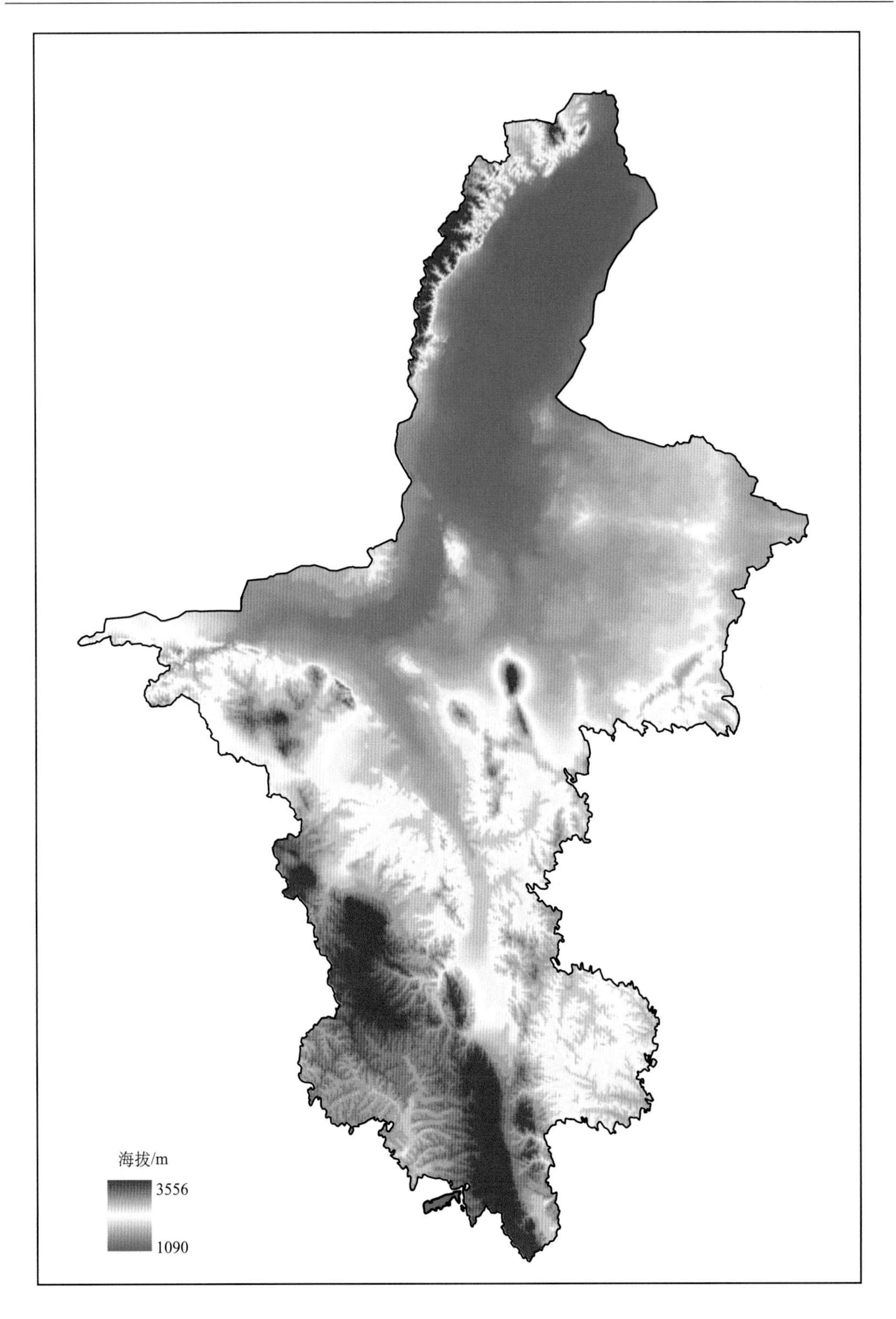

图 1-1　宁夏数字高程图

（3）六盘山。六盘山在宁夏境内南起泾源县新民林场，北至原州区苋麻河水库，长约130 km，宽5～20 km，海拔2300～2900 m，呈北偏西20°走向。六盘山母岩主要为砂岩、页岩、砾岩及泥岩等，受纬度偏南和海拔高的双重影响，土壤植被分布自山顶至山脚具有明显的垂直带谱特点。宁夏境内六盘山系被清水河及峡谷分为东西两个山体，西部为主山体，多为块状岩石山地，西兰公路以南天然次生林生长良好，西兰公路以北基本为草地；东部山体较小，主要为土石山地，以草地为主。

（4）月亮山、南华山、西华山、云雾山、炭山。月亮山位于西吉县北部，基本呈东西走向，海拔2000～2600 m，大部分山势较缓，仅在火石寨附近可见红色砂岩矗立，母岩主要为杂色泥岩、砂岩、页岩、砾岩及灰岩。南华山及西华山为海原县境内呈断块状孤立耸起的山地，山势较缓，南华山主峰马万山，海拔2955 m，西华山主峰天都山，海拔2705 m，母岩主要为云母片岩，还有砂岩、砾岩，南华山尚有花岗闪长岩、石英岩、灰色大理岩等。云雾山及炭山为原州区境内耸起的块状低山，主峰海拔分别为2148 m和2103 m，母岩主要为砾岩、砂岩及页岩，尚有白云岩、灰岩及泥岩等。

（5）窑山、香山、牛首山等。主要包括同心县的窑山（海拔2168 m）、同心县与中宁县交界处的米钵山（海拔2212 m）、中宁县的烟筒山（海拔1714 m）、中卫市沙坡头区的香山（海拔2356 m）和中卫北山（海拔1687 m）、青铜峡市的牛首山（海拔1774 m）等。这些山地的相对高度为100～500 m，山势平缓，母岩主要有砂岩、页岩、砾岩及灰岩。土壤及植被无明显的垂直地带性，有风蚀和水蚀，目前为自然放牧草场，但草场质量很差。

2）近山丘陵

近山丘陵多为靠近山地，地形特征与山地相似的山丘，相对高度50～200 m。植被与土壤的分布无明显垂直地带性。坡度平缓，土层较薄。母岩复杂，有砂岩、页岩、砾岩等岩石，也有洪积物或坡积物。

3）黄土丘陵

宁夏黄土丘陵为我国黄土高原的一部分，上部多为新生代晚期黄土物质，土层厚100～300 m。黄土丘陵海拔1500～2300 m，西南高，东北低。由于侵蚀严重，沟壑密度为1～3 km/km^2，沟深10～200 m。黄土丘陵又可分为塬地、梁峁地、盆埫涧地、沟台地（沟阶地）及冲沟等地形单元，概述如下。

（1）塬地。黄土塬地地形部位高，地面平坦开阔，完整塬地在宁夏不多，仅在彭阳县有孟塬及长城塬等。大多数为残塬，经现代侵蚀，塬面不完整，地面有一定起伏，冲沟发育，但仍然保留塬地主要特征，如原州区西梁、海原县武家塬和谢家塬等。塬地土壤多为黑垆土，土层深厚，比较肥沃，大部分已开垦为农田。

（2）梁①峁地。梁峁地为宁夏黄土丘陵的主要地形单元，其中以黄土墚最为普遍。梁地呈带状延伸，长可达2～4 km，梁顶窄而平缓，坡度为3°～5°，梁顶以下坡度为7°～25°，与沟谷交接处多为陡坡或陡崖，坡度可达30°以上，受降雨影响，水土流失严重。峁地面积小，多呈残丘状，是黄土墚进一步被侵蚀分割的结果。

（3）盆埫涧地。盆埫涧地是梁峁之间相对低平的一种地形单元，由于地势平坦且受

① 梁又称墚，也是黄土墚的简称。

周围坡地洪积的影响，土层深厚，水分、肥力条件较好。其中，盆埫地面积较大，涧地面积较小，地面一般有2°～5°的微坡。

（4）沟台地（沟阶地）。沟台地一般宽10～200 m，呈窄条状断续分布于大冲沟两侧。沟台地地形平坦、土层深厚、土质良好，多开垦为农地。

（5）冲沟。冲沟为多年侵蚀而成，是黄土地区宣泄洪水的过道。宁夏黄土丘陵区约有大、中冲沟数百条，小冲沟则多如蛛网。大部分冲沟是干沟，只有暴雨时才有洪水急流；少部分有常流水，有较多的树木、灌木丛、杂草生长。

4）冲积平原

冲积平原主要由河流冲积而成，面积最大的有黄河冲积平原，其他面积较小的有清水河、葫芦河、茹河、红河等形成的冲积平原。

（1）黄河冲积平原。黄河冲积平原位于宁夏北部，包括银川平原和卫宁平原两部分。西临贺兰山，东连鄂尔多斯高原，北起石嘴山市，南至中卫市沙坡头区，面积约8000 km^2，海拔1100～1300 m。黄河冲积平原水利条件优越，是宁夏农业精华之地。因其地形不同，可分为洪积扇、高阶地、低阶地、湖泊及河滩地等。

（2）清水河冲积平原。清水河冲积平原面积约2000 km^2，固原城以北至长山头为清水河冲积平原主体，地形平坦开阔，一般宽5～15 km，坡降1/200～1/600，清水河冲积平原为宁南山区重要的旱作农业生产区。

（3）葫芦河冲积平原。葫芦河冲积平原位于西吉县境内，南北走向，宽1～2.5 km，总面积约150 km^2，平均坡降1/200～1/300，是西吉县的主要基本农田区。

（4）茹河及红河冲积平原。茹河及红河冲积平原均位于彭阳县境内，东西走向。茹河冲积平原在宁夏境内长约93 km，宽0.4～2.4 km；红河冲积平原在宁夏境内长约59 km，宽0.5～1.2 km。

5）风沙地

风沙地以宁夏中部缓坡丘陵地区和河东沙区多见。根据其形态和固定状况，可分为固定沙丘、半固定沙丘及流动沙丘等。大部分风沙地因土壤含水量低、变异系数大、肥力贫瘠，植被覆盖较少。有灌溉条件的风沙地是宁夏优质葡萄、枸杞的产区，生产中应注意用地与养地相结合，提高土壤有机质和有效氮、磷、钾等营养元素的含量。

1.3.3 成土母质

成土母质是地表岩石经分化作用后破碎形成的松散碎屑，其物理性质改变，形成疏松的风化物，是形成土壤的基本原始物质，也是土壤形成的物质基础和植物矿物养分（除氮外）的最初来源。成土母质会显著地影响土壤性质，如颗粒组成、矿物组成、渗透性、胶体迁移（黄昌勇和徐建明，2010）、土壤肥力特征及土壤类型分异（赵斌军和文启孝，1988）等。宁夏大部分土壤的矿物质含量达98%以上，土壤的母质特征比较突出，土壤发育较弱，成土时间短，很多土壤性质承自母质，即使存在埋藏的古土壤或者第四纪红色黏土，也与母质特征有较大的继承性。按母质的成因和性质，可将宁夏的成土母质分为残积、坡积、红土、黄土、风积、洪积、冲积、灌水淤积物和湖积物九类（宁夏农业勘查设计院，1990），现分述如下。

1）残积母质

残积母质是母岩风化碎屑残留原地的堆积物，碎屑大小不一，通常具有棱角。残积母质一般保存在不易受到外力剥蚀的比较平坦的地形部位，而且常常被后期的其他成因类型的沉积物所覆盖。残积母质的性质直接取决于母岩的性质，按母岩主要组成物质的不同，宁夏残积母质可分为粗质、细质、多云残积母质三种类型。其中，粗质残积母质主要分布于贺兰山及盐池县一带的丘陵地区，为砂岩、砾岩及石英岩等岩石的风化物，含有较多砂粒和砾石、较少有机质及养分，故粗质残积母质所形成的土壤比较贫瘠。细质残积母质主要分布于六盘山等地，是页岩、泥岩、灰岩等岩石的风化物，一般颗粒细、质地较重、养分含量较高，故细质残积母质所形成的土壤肥力较高。多云残积母质主要分布于南华山和西华山，为云母石英片岩及云母片麻岩风化物，含有大量云母碎片，磷、钾含量较高。

2）坡积母质

坡积母质是坡面的风化物受片状水流冲刷搬运和重力作用而堆积在缓坡凹地的物质。坡积母质组成物质大小不一，通常由碎屑与土壤混合而成，石块棱角分明，其母质成分通常取决于山坡上部的岩石特征，与下覆基岩无直接联系。一般情况下坡积母质的有机质及养分含量较高，水分条件较好。

3）红土母质

红土母质是新生代期间的堆积物被侵蚀后露出地表形成的，其形成时期主要在下更新世和中更新世。本区红土母质主要分布于南部侵蚀严重的丘陵地区，包括青铜峡市滚泉地区、同心县桃山村、陶乐县红墩子地区及六盘山东西两侧。红土母质质地黏重，多为黏土及重壤土，少数为次生红土，含有砾石。石灰反应明显，含盐量一般大于 1.0 g/kg，海原县七营镇马莲村川地的红黏土含盐量为 3.3 g/kg，同心县红土母质中可见石膏晶体，含盐量较高。

4）黄土母质

黄土母质是第四纪的一种特殊沉积物，我国广泛分布的黄土大都是风成的，川地有水成次生黄土。本区黄土母质分布于南部的黄土丘陵地区，土层深厚，疏松多孔，土壤中主要矿物有石英（49%～64%）和长石（30%～43%），颗粒组成中粉粒含量为 56%～79%。其中，粗粉粒含量为 44%～62%，细砂含量为 10%～33%。

5）风积母质

风积母质是指经风力搬运后沉积下来的物质，主要组成是砂粒和粉砂。风积沙的分选性较好，砂粒均匀，常堆积成沙丘和沙垅等地形，沙层常形成高角度的斜交层理，厚度从数米到百米不等。风积母质主要分布于本区中、北部，细砂含量为 90%左右，或者细砂和粗砂含量超出 90%。砂粒中二氧化硅含量为 750 g/kg，有机质含量不足 2.0 g/kg，养分含量很低，故风积母质所形成的土壤通透性良好但很贫瘠。

6）洪积母质

洪积母质为山洪搬运堆积的物质，主要分布于山地或丘陵的沟道两侧和山洪沟口的洪积扇地区。洪积母质的颗粒组成和化学性质因山洪来源、搬运距离和沉积条件的不同而有很大差异。例如，青铜峡市甘城子地区洪积母质来自空克墩沟，多为黄土状物质，质地为中壤土，土层深厚；中卫市沙坡头区常乐镇附近的洪积物来自香山山地土壤，有机质含量高。洪积母质受各次山洪规模和流速的变化影响，在同一剖面内的质地、土层厚度变化很大。

7）冲积母质

经河流长距离搬运沉积下来的成土物质为冲积母质，它是组成冲积平原的堆积物。冲积物具有良好的分选性，随着搬运能力的减弱，总是粗的、比重大的先沉积，细的、比重小的后沉积。因此，在河谷内冲积母质随着水流的变化呈规律分布。冲积母质的颗粒具有良好的磨圆度，有比较清晰的层理。宁夏冲积母质分布在黄河及清水河、苦水河、葫芦河、茹河、红河和渝河等支流的两侧。河滩地和古河床的沉积物一般较粗，多为砂土及砂壤土，常有卵石层分布；低阶地上的冲积物，因河水流速的变化，剖面质地层次变化很大，有的出现砂土或黏土夹层；高阶地上的河流冲积物常与洪积物交错重叠，实为洪积冲积物，冲积母质含有一定的有机质和养分。

8）灌水淤积物

灌水淤积物为宁夏引黄灌水时在田中的淤积物，来源于上游的侵蚀土壤，故含有一定的有机质和养分，质地越重，有机质及养分含量越高。全国第二次土壤普查实测宁夏每年灌水落淤数量为：引黄灌区小麦地每亩 686～940 kg，水稻田每亩 10360 kg，扬黄灌区小麦地每亩 46～192 kg，经千百年灌溉，农田中灌水淤积物的厚度可达数米。另外，各级渠道流速不同，淤积过程中有一定的分选作用，干渠沉积物中细砂占优势；支渠中以细砂为主，粗粉粒也有一定的含量；农渠中的沉积物以粗粉粒为主，并有少量黏粒；农田中，砂粒含量明显减少，黏粒含量增多。因此，灌淤土的质地以靠近干渠、支渠和进水口处为轻，远离干渠、支渠、渠梢及田块中央较重。

9）湖积物

湖积物分布在宁夏各处的湖泊中，一般为静水沉积的黏土和重壤土，常有螺壳和水生植物的残体，有机质含量较高，并含有一定盐分。湖积物以水平层理为主，层理清晰、规则、稳定，厚度较大。

1.3.4 水文条件

1）河流水系

宁夏的河流水系有黄河干流及其支流（宁夏农业勘查设计院，1990），流域面积大于 100 km^2 的河流有 98 条，大于 1000 km^2 的河流仅 15 条，最主要的河流除黄河外，还有清水河、葫芦河、泾河、苦水河、红柳沟、大河子沟、祖厉河等。宁夏的河流除黄河干流外，大多源于六盘山或罗山。水流出山后，即进入黄土丘陵区，因而河床窄而切割深，径流少而泥沙多。黄河年均含沙量 113 kg/m^3，年均输沙量约 1 亿 t；清水河年均含沙量达 229 kg/m^3；葫芦河年均含沙量 87 kg/m^3。

（1）黄河。黄河为宁夏过境河流，其干流自中卫市沙坡头区南长滩入宁夏，流经卫宁灌区到青铜峡水库，然后进入青铜峡灌区，至石嘴山市以北的头道坎出境，进入内蒙古自治区。区内流程 397 km，约占黄河全长的 7%。黄河在宁夏入境处下河沿站年平均径流量 346 亿 m^3，出境处石嘴山站为 313 亿 m^3。宁夏境内黄河流域年径流量 8.8 亿 m^3，引黄灌区引进水量约 71.4 亿 m^3，同期排出水量 27.7 亿 m^3，引排差约为 43 亿 m^3。

（2）清水河。清水河发源于六盘山北麓，流经原州、海原、同心和中宁四区县，在中宁县的泉眼山流入黄河，全长 320 km，在宁夏境内的流域面积 13511 km^2。宁夏清水河流域年均径流量 2.02 亿 m^3，除上游外有较大面积的苦水分布，对水质有明显影响。上游固原站年均矿化度为 0.7 g/L，中下游的矿化度多在 7.0 g/L 以上。引用苦水灌溉，使位处荒漠草原地区的清水河下游得以发展农业和林业，但土壤因此发生盐渍化。清水河为多泥沙河流，宁夏境内年均输沙量 4620 万 t，其中一半被水库等水利、水保设施拦蓄。

（3）葫芦河。葫芦河为渭河支流，发源于六盘山西麓，宁夏境内流域面积 3281 km^2，年均径流量 1.69 亿 m^3，平均径流深 51.5 mm。葫芦河东侧各支流源于六盘山，矿化度为 0.6～2 g/L。干流及源于黄土丘陵区的西岸支流水质较差，矿化度为 3～5 g/L。

（4）泾河。泾河发源于六盘山东麓，主要支流有红河及茹河等。宁夏境内流域面积 4955 km^2，包括原州区东南部、彭阳县、泾源县、盐池县南部的麻黄山区。泾河流域年均径流量 3.49 亿 m^3，平均径流深 70.4 mm。泾河干流在宁夏的流程很短，且位于六盘山区，泥沙含量很小；但流经黄土地区的支流，如茹河等，泥沙含量高达 300 kg/m^3 以上。流域年均输沙量 2170 万 t，被水库等水利、水保设施拦蓄的泥沙约占 5%。泾河流域水质较好，除盐池县矿化度为 5 g/L，其余地区多在 2 g/L 以下。

（5）苦水河。苦水河源于甘肃省环县，经灵武市新华桥注入黄河，在宁夏境内流域面积 4942 km^2。径流极少，水质差，为干旱区间歇性河流。在宁夏境内年均径流量 0.13 亿 m^3，宁夏境内年均输沙量 440 万 t，年均矿化度 4.5 g/L。

（6）祖厉河。祖厉河发源于宁夏月亮山，在甘肃省靖远县流入黄河，宁夏境内流域面积 597 km^2。祖厉河径流量少，矿化度高，年均径流量 0.11 亿 m^3，年均输沙量 308 万 t，年均矿化度为 5 g/L 左右。

2）地下水

地下水可作为灌溉水源，同时对土壤的形成与性质也有重大影响。黄河平原灌区的地下水在灌溉控制下，具有人为灌溉动态型特征。根据地下水蒸发排泄和水平排泄的相对强弱，灌区地下水动态主要分为两种类型，即渗入、蒸发型和渗入、蒸发、径流混合型。渗入、蒸发型地下水主要分布在银北地区，其特点是地下水垂直运动强烈，水平运动微弱，潜水面埋藏较浅，土壤盐渍化比较强烈。渗入、蒸发、径流混合型地下水主要分布在银南地区和卫宁平原，其特点是既有渗入和蒸发的垂直运动，又有水平径流运动，水平排泄相对较强，矿化度低，土壤盐渍化较弱（宁夏农业勘查设计院，1990）。

灌区地下水位动态主要受灌溉控制，具有年周期变化规律：每年 4 月下旬开始的春灌，使地下水位大面积上升，上升幅度一般为 1～2 m。4 月下旬到 9 月为作物灌水期，地下水一直保持高水位。此时，旱作区地下水埋深 1.2～2.0 m，稻作区地下水埋深一般小于 0.5 m。降水对地下水埋深的影响不明显，8 月下旬至 10 月下旬，由于停灌，地下水位普遍下降 1 m 左右。每年 11 月上旬开始冬灌，由于灌水量大而集中，地下水位急速上升，形成一年中的第 2 个高峰。冬灌停止后，地下水位急速下降，到年末可下降 1～2 m，直到翌年土壤化冻前，地下水位一直保持下降趋势，直至一年中的最低值。3 月土壤化冻，土体中的融冻水下渗进入地下水，地下水位开始缓慢上升。4 月上旬冻土融通后，到春灌前的半个月左右时间内，融冻水补给停止，潜水蒸发强烈，地下水位又有短暂的下降。春灌开始后，地下水位变化又进入下一个年周期。

根据地下水的阴、阳离子组成，将地下水的化学组成划分为 4 种：钙质重碳酸盐水，钙离子含量大于 70%，重碳酸根含量大于 60%，一般矿化度小于 1 g/L；钠镁质氯化物重碳酸盐水，阳离子中钠离子和镁离子的含量均大于 30%，阴离子中重碳酸根含量最大，一般矿化度为 1～2 g/L；钠镁质硫酸盐氯化物水，矿化度一般为 2～3 g/L；镁钠质硫酸盐氯化物水，矿化度一般大于 3 g/L。

1.3.5　植被

植被是土壤形成的重要因素之一，植被类型与土壤类型常有明显的相关性。宁夏植被存在明显的地带性，在山地的垂直带谱中，植被类型从山地草原、灌丛或森林，演变为高山或亚高山草甸，而土壤的水平带谱中也存在从荒漠草原伴生禾草和小半灌木向荒漠过渡的特征，植被条件随纬度变化也表现出差异特征（胡双熙等，1990）。宁夏不同地区的植被覆盖率也大不相同，贺兰山地区约为 70%，六盘山地区可达 80%以上，其他的土壤类型据野外观测，覆盖率在 20%～60%不等（王淑英，2007）。另外，受干旱少雨、蒸发强烈等气候因素及母质的影响，土表经常可见地衣和苔藓共生形成的黑色干旱孔状结皮（龚子同和雷文进，1989），但是分布比较零星，面积也比较小。总体上，宁夏的植物群落大致有以下几种（宁夏农业勘查设计院，1990）。

1）干旱草原植被

主要分布在宁夏南部半阴湿黄土丘陵的阴坡和半阴坡，罗山海拔 1900～2100 m 的阴坡和海拔 1900～2400 m 的阳坡，六盘山海拔 1700～1900 m 的阴坡和海拔 1900～2200 m 的阳坡。植物群落覆盖度 80%～90%，植物种类有 181 种，每平方米有植物 12～21 种。主要植物有细裂叶莲蒿（*Artemisia gmelinii*）、阿尔泰狗娃花（*Aster altaicus*）、糙隐子草（*Cleistogenes squarrosa*）、糙叶黄耆（*Astragalus scaberrimus*）、牛枝子（*Lespedeza potaninii*）、星毛委陵菜（*Potentilla acaulis*）、蓬子菜（*Galium verum*）、山丹（*Lilium pumilum*）、秦艽（*Gentiana macrophylla*）、歪头菜（*Vicia unijuga*）、牛尾蒿（*Artemisia dubia* Wall.）、花苜蓿（*Medicago ruthenica*）、火绒草（*Leontopodium hayachinense*）、紫苞雪莲（*Saussurea iodostegia*）、甘青针茅（*Stipa przewalskyi* Roshev.）、白羊草（*Bothriochloa ischaemum*）、长芒草（*Stipa bungeana* Trin.）、冷蒿（*Artemisia frigida* Willd.）、大披针薹草（*Carex lanceolata* Boott.）、短柄草（*Brachypodium sylvaticum*）等。

2）荒漠草原植被

主要分布在宁夏中、北部，以及黄河两岸冲积平原的高阶地。植被覆盖度 10%～45%，植物种类有 113 种，每平方米有植物 12～14 种。以短花针茅（*Stipa breviflora* Griseb.）或者四合木（*Tetraena mongolica*）为建群种，其他植物主要有红砂（*Reaumuria soongarica*）、毛刺锦鸡儿（*Caragana tibetica*）、珍珠猪毛菜（*Salsola passerina*）、蓍状亚菊（*Ajania achilleoides*）、无芒隐子草（*Cleistogenes songorica*）、蝎虎驼蹄瓣（*Zygophyllum mucronatum*）、碱韭（*Allium polyrhizum*）、卵穗薹草（*Carex ovatispiculata*）、松叶猪毛菜

（*Salsola laricifolia*）、蚓果芥（*Neotorularia humilis*）、猫头刺（*Oxytropis aciphylla* Ledeb.）、狭叶锦鸡儿（*Caragana stenophylla*）、刺旋花（*Convolvulus tragacanthoides*）等。

3）草甸植被

主要分布在引黄灌区、清水河及葫芦河的河滩地、低洼湖滩地等地形低平、地下水埋深浅的地区。多以假苇拂子茅（*Calamagrostis pseudophragmites*）、赖草（*Leymus secalinus* Tzvel.）、芦苇（*Phragmites australis*）、芨芨草（*Achnatherum splendens*）、角果碱蓬（*Suaeda corniculata*）、香蒲（*Typha orientalis*）、碱蓬（*Suaeda glauca*）为建群种，组成群落，或伴随着短花针茅、长芒草、糙隐子草、阿尔泰狗娃花、牛枝子等，覆盖度为60%～90%，少数情况下，覆盖度只有30%～35%。

4）沼泽植被

主要分布在引黄灌区的永宁、银川、贺兰、平罗等县市中常年积水或者季节性积水的低洼地带。主要植物有芦苇、水烛（*Typha angustifolia*）、水葱（*Schoenoplectus tabernaemontani*）、野慈姑（*Sagittaria trifolia* L.）、草泽泻（*Alisma gramineum*）、沼泽荸荠（*Eleocharis palustris*）、盐角草（*Salicornia europaea*）等，水面上常有荇菜（*Nymphoides peltata*）、眼子菜（*Potamogeton distinctus*）、蓖齿眼子菜（*Stuckenia pectinata*）等浮水植物伴生，沉水植物有金鱼藻（*Ceratophyllum demersum*）、狐尾藻（*Myriophyllum verticillatum* L.）等。

5）盐生植被

宁夏处于干旱、半干旱地区，盐碱化土壤分布广泛，形成了特征分明的盐生植被。当土壤含盐量较低时，植被以盐地芦苇和花花柴（*Karelinia caspia*）等为主，群落覆盖度为 50%～80%。当土壤含盐量较高时，植物种类组成单纯，多为盐爪爪（*Kalidium foliatum*）组成的盐生灌丛，偶见黑果枸杞（*Lycium ruthenicum*）伴生，覆盖度为20%～30%。在沼泽盐土区域，植被通常是耐盐度较高的盐角草群落。碱土本身不生长高等植物，但有松砂覆盖的地段，生长有白刺（*Nitraria tangutorum*）群落，覆盖度为5%～10%，此外，还可见到芨芨草、甘草（*Glycyrrhiza uralensis*）、白茎盐生草（*Halogeton arachnoideus*）和盐地芦苇等多种群落。

6）灌丛植被

主要分布在贺兰山、六盘山、罗山、月亮山、香山等山体的陡坡地带，以及干涸的洪积冲积物地带和沙丘地带。主要以山桃（*Amygdalus davidiana*）、沙棘（*Hippophae rhamnoides* L.）、杜松（*Juniperus rigida*）、柽柳（*Tamarix chinensis*）、酸枣（*Ziziphus jujuba*）、猫头刺、斑子麻黄（*Ephedra rhytidosperma*）、白刺、中间锦鸡儿（*Caragana liouana*）、荒漠锦鸡儿（*Caragana roborovskyi*）、狭叶锦鸡儿、虎榛子（*Ostryopsis davidiana*）、紫丁香（*Syringa oblata*）、峨眉蔷薇（*Rosa omeiensis*）、绣线菊（*Spiraea salicifolia*）、灰栒子（*Cotoneaster acutifolius* Turcz.）、旱榆（*Ulmus glaucescens*）等灌木植物作为建群植物，灌木下常常伴随假苇拂子茅、盐地芦苇、碱蓬、刺旋花、牛枝子、蓍状亚菊、短花针茅、无芒隐子草、阿尔泰狗娃花、银灰旋花（*Convolvulus ammannii*）、冬青叶兔唇花（*Lagochilus ilicifolius*）、松叶猪毛菜、沙蓬（*Agriophyllum squarrosum* Linn.）、刺沙蓬（*Salsola tragus*）、蒙古虫实（*Corispermum mongolicum*）、黑沙蒿（*Artemisia ordosica*）、沙鞭（*Psammochloa villosa*)、沙芥(*Pugionium cornutum*)、披针薹草(*Carex lancifolia*)、黄精(*Polygonatum sibiricum*)等植物中的一种或多种，植被覆盖度变化很大，在 10%～90%。

7)亚高山草甸植被

主要分布在六盘山海拔 2200 m 以上的阳坡、贺兰山海拔 3200 m 以上的地带，优势植物有草地风毛菊(*Saussurea amara*)、披针薹草、地榆(*Sanguisorba officinalis* L.)、短柄草、欧洲蕨(*Pteridium aquilinum*)、珠芽蓼(*Polygonum viviparum*)、紫羊茅(*Festuca rubra*)、紫苞风毛菊(*Saussurea purpurascens*)、发草(*Deschampsia cespitosa*)、鬼箭锦鸡儿(*Caragana jubata*)、高山柳(*Salix cupularis*)、蒿草(*Kobresia myosuroides*)、小丛红景天(*Rhodiola dumulosa*)、早熟禾(*Poa annua* L.)等植物。

8)阔叶林植被

主要分布在六盘山海拔 2100～2900 m 的阴坡，植被以白桦(*Betula platyphylla* Suk.)、红桦(*Betula albosinensis* Burk.)、山杨(*Populus davidiana*)、辽东栎(*Quercus liaotungensis*)组成的混交林为主，林中椴属(*Tilia*)、槭属(*Acer*)、柳属(*Salix*)植物混生，林下有华西箭竹(*Fargesia nitida*)和川榛(*Corylus heterophylla* Franch.)、荚蒾(*Viburnum dilatatum*)等灌木生长。

9)针叶林植被

主要分布在罗山海拔 2200～2600 m 的阴坡、贺兰山海拔 2400～3200 m 地带、六盘山海拔 2100～2900 m 的部分地带，建群种有华山松(*Pinus armandii* Franch.)、油松(*Pinus tabuliformis* Carriere)、青海云杉(*Picea crassifolia* Kom.)等。

1.3.6 人为活动

影响土壤形成的人为活动包括耕作施肥、淤灌与污灌、地下水超采、植被破坏与水土流失、草场利用与退化等，又可以分为自觉的直接影响和自发的间接影响。自觉的直接影响主要是具有预期目的和预见后果的人为活动，主要是对土壤的耕作管理和改良整治。宁夏耕作管理包括灌溉、排水、耕种、施肥等农业生产活动，对土壤的影响一般是比较缓慢的渐变的积累过程，在大多数情况下，可促进土壤趋向良性发展。自发的间接影响包括焚林而猎、毁林等，导致植被破坏与水土流失，草场破坏，进而导致土壤生态破坏，造成土壤质量恶化(宁夏农业勘查设计院，1990)。

1)灌溉

宁夏气候干旱，特别是北部地区，没有灌溉就几乎没有农业，所以灌溉事业历来是宁夏农业的支柱。宁夏灌溉包括北、中部地区引黄灌溉，南部山区蓄水灌溉和盐池县、同心县的苦水灌溉。引黄灌区包括卫宁灌区和青铜峡灌区，以及同心和固海等扬水灌区。灌溉和排水不仅有效地调节了土壤水分，满足了作物生长的要求，而且左右着灌区的地下水状况和地面水状况，从而影响到土壤的盐渍化和沼泽化。此外，据区水文总站统计，每年随灌溉水进入灌区的泥沙约 1550 万 t。这些泥沙一部分淤积在各级渠道和沟道中，经清淤抬高渠道两侧的地面，或被用作畜圈垫土成为“土粪”施入田中；另一部分泥沙随灌溉水直接进入农田。这些直接或间接进入农田的黄河泥沙，即灌淤土的主要成土物质。所以，引黄灌溉对宁夏平原的地形、地面水和地下水动态，土壤的盐渍化、沼泽化和灌淤熟化等，都有着深刻的影响。宁夏南部山区的清水河、葫芦河等流域的灌溉农业发展很快，到20世纪70年代末，建有中小型水库242座，塘坝390座，总库容10.5亿m^3，有效库容5.30亿m^3，水浇地面积约4万hm^2，占宁南山区耕地面积的7%。宁夏中部的盐池县、同心县和固海县北部可以利用矿化度为3～7 g/L的苦水直接灌溉农田，并获得高产，目前苦水灌溉面积已达1万hm^2左右。

2）排水

引黄灌区地下水位高，土壤易发生盐渍化，为了降低地下水位，防止土壤盐渍化，水利改良土壤的重点是排水，在发展灌溉的同时，也修建了大量的排水设施。20世纪50年代的重点是明沟排水，河东灌区开挖了东大沟、西大沟、清水沟，河西灌区开挖了一至五排和永二、银新等干沟，初步形成了排水系统的骨干工程。经过农田基本建设，引黄灌区的排水系统已具规模。明沟排水在地面坡降较大的地区，有显著的排水效果。连湖、巴浪湖、关马湖、灵武等国有农场，都是在建立了排水系统以后在沼泽地和盐碱地上开发出来的。银北地区，由于地面坡度平缓，加之不少地区土体中有流沙层，明沟难以下挖，沟深受到限制，且淤塞严重，不少排水沟只能排地表水或浅层地下水，不能有效地降低地下水位，土壤盐清化难以控制。因此，从60年代开始，在银北地区修建了一批电力排水站和短沟小站，提高了明沟的排水能力。

3）耕作

耕作能促进土壤熟化，加速土壤中养分转化以培肥地力，又可以消灭田间杂草和防治病虫害。引黄灌区小麦地耕翻2～3次，深度为18 cm左右；水稻地耕翻3～4次。在南部旱作农业区，耕作还是一项重要的抗旱保墒措施。在长期的生产实践中总结出了“早耕、深耕、细耕、多耕”的经验。所谓早耕，就是作物收后及时耕翻晒地；深耕是为了接纳雨水，深度为15～20 cm；细耕是指犁深而不漏耕，田面平整；多耕是要求耕3遍耱3遍，最少应2犁3耱，雨后及时耙耱，适时镇压。近年来，当地推广水平沟种植和平缓地沟垄种植，其特点是沟种垄植，以沟蓄水，以垄保墒，能减轻水土流失，提高降水利用率，增产显著。开沟时间一般在播种前，坡地秋季开沟，并结合秋施肥，增产更加显著。

4）施肥

施肥是促进土壤熟化和补充土壤养分的重要手段，增施有机肥料能改善土壤的理化性状。宁夏使用的肥料以化肥为主，农家肥为辅。宁夏自20世纪60年代开始施用氮素化肥，70年代磷素化肥用量增加。2015年，宁夏化肥施用量总计107.8万t，其中氮肥用量52.5万t，磷肥用量24.3万t，钾肥用量4.2万t。另外据统计局资料，1985年宁夏使用农用化肥23.2万t，其中灌区为21.2万t，占总用量的91.4%，山区仅2.0万t，只占8.6%；而2015年宁夏使用农用化肥增至107.8万t，山区化肥施用量增加至20.6万t。由于化肥用量增加，土壤中有效氮、磷含量也相应增加。农家肥以厩肥施用量最大，其次是灰粪、炕土、陈墙土、厕肥、少量高温堆肥，还有少量的精肥，如羊粪、禽粪、油饼肥等。从分析资料来看，宁夏各类农家肥的有机质及养分含量普遍较低。农家肥的使用面积和每亩的施用量在各地差异很大，在引黄灌区农家肥施用面积占播种面积的80%～90%，南部山区农田施肥面积仅占20%～50%。

1.4 土壤温度状况

在系统分类中，土壤温度状况和土壤水分状况是非常重要的诊断特性，是很多亚纲、土类、亚类的划分指标，但是它们又难以实际测定，往往需要通过气象条件来加以确定（冯学民和蔡德利，2004；张慧智等，2008；曹祥会等，2015；董宇博等，2016；韩春兰等，2017）。

1.4.1 大气气温校正

在系统分类中需要运用到的气温指标主要是年均气温。采样点温度指标主要通过宁夏 25 个气象站点的数据插值获得，由于温度受海拔、纬度的影响，在进行温度插值时，需要进行地形校正。通过多元回归分析，发现在宁夏地区年均气温和海拔、纬度之间存在极显著的二元二次回归方程关系：

$$T = -0.992H^2 - 0.489H - 0.104\Phi^2 + 7.845\Phi - 136.883 \tag{1-1}$$

式中，T 为年均气温，℃；H 为海拔，km；Φ 为纬度，(°)。

因此，在插值年均气温时，为了提高所在位置的温度数据的精度，首先进行数字高程模型（digital elevation model，DEM）校正。具体计算方法为：①利用式（1-1）计算出各气象站点的估计气温，并计算出估计气温和观测气温的差值 ΔT；②基于 25 个气象站点的 ΔT，通过空间插值的方式获取土壤剖面观测点的 $\Delta T'$；③利用式（1-1）和野外调查获取的海拔、纬度数据，计算出剖面调查点的估计气温 T'；④将土壤剖面点的 $\Delta T'$和 T'相加，得到土壤剖面点的年均气温数据。

1.4.2 土壤温度的计算与分区

依据《中国土壤系统分类检索（第三版）》中对土壤温度的定义，土壤温度指土表下 50 cm 处或浅于 50 cm 的石质或准石质接触面的土壤温度（中国科学院南京土壤研究所土壤系统分类课题组和中国土壤系统分类课题协作组，2001）。土壤温度状况可分为永冻、寒冻、寒性、冷性、温性、热性、高热性 7 种。宁夏气象站点少，而且没有收集到土壤温度实测数据。但有研究表明，能够利用多年平均气温较准确地推算土壤温度，回归方程为 y=0.7832T（年均气温）+3.4698（张慧智等，2008；曹祥会等，2015；韩春兰等，2017）。因此，利用平均气温与土壤温度的关系，通过平均气温计算 50 cm 深处土壤温度，可获得地形校正的宁夏多年平均 50 cm 深处土壤温度空间分布图（图 1-2）。依据《中国土壤系统分类检索（第三版）》的划分标准，冷性土壤温度状况指年均土壤温度＜8℃，但夏季平均土温高于寒性土壤温度；温性土壤温度状况指年均土壤温度≥8℃，但＜15℃（中国科学院南京土壤研究所土壤系统分类课题组和中国土壤系统分类课题协作组，2001）。从 50 cm 深处土壤温度来看，宁夏地区的土壤温度变化范围为 4.6～12.2℃，参考上述标准，宁夏可划分为冷性和温性土壤温度状况，且大多数地区属于温性土壤温度状况，冷性土壤温度状况主要分布在西南部山区。

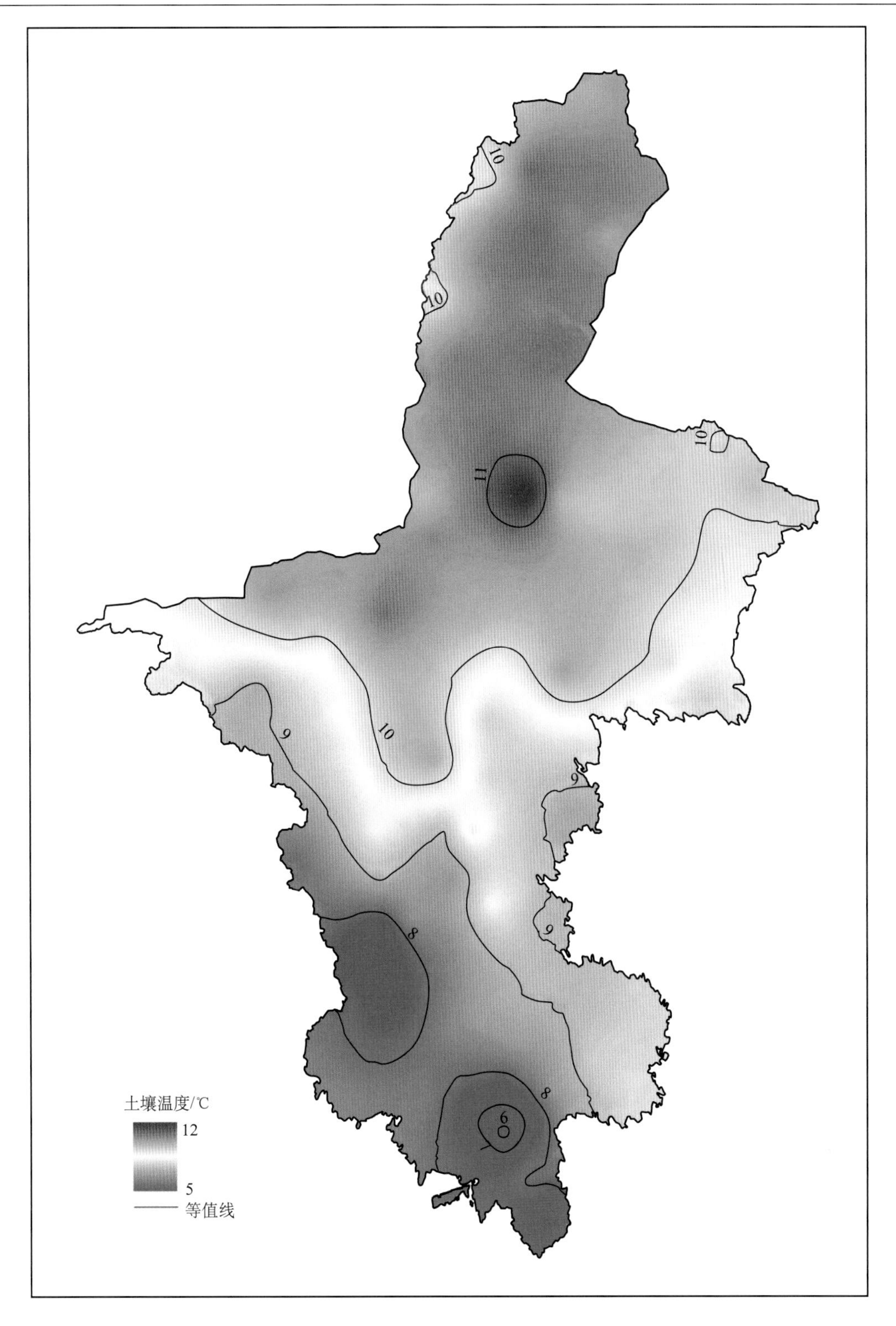

图1-2 宁夏多年平均50 cm深处土壤温度空间分布图

1.5　土壤水分状况

1.5.1　土壤水分自然特性

土壤水分是影响土壤肥力的重要因素之一，尤其在宁夏广大干旱和半干旱地区，土壤水分更是农、林、牧业生产的关键因素。土壤在自然状态下的含水量，称为土壤自然含水量，其动态变化与农业生产有密切的关系。土壤从干燥到水分饱和，按其水分形态及土壤对水分吸力的关系，可以分为若干阶段，各阶段的含水量则称为土壤水分常数，主要有自然含水量、饱和含水量和毛细管持水量、田间最大持水量、凋萎系数及出水率等。降水或灌溉水分进入土壤，土壤吸收水分的速度和渗透水分的能力（吸水速度和渗透系数），是土壤重要的水分性质，分别介绍如下（宁夏农业勘查设计院，1990）。

1）自然含水量

自然含水量取决于土壤水分的补给和消耗的动态平衡。土壤水分的来源有降水、灌溉及地下水，水分的消耗主要是蒸散和作物的吸收。引黄灌区灌溉充分，地下水位高，土壤自然含水量一般较大，经常处于有效含水量范围内，故不作重点说明。南部黑垆土和灰钙土地区，气候干旱，土壤水分不足，对农、林、草的生长影响较大。

2）饱和含水量和毛细管持水量

饱和含水量是土壤中的孔隙全部充满水分时的含水量，其数值与土壤的总孔隙度相当。但在质地黏重的土壤中，部分孔隙极细（孔径 10.3～10.6 μm，称为无效孔隙），毛细管引力与表面张力不及摩擦力大，水分不能进入孔隙。故实测的饱和含水量要比总孔隙度略小；盐分含量高的土壤由于测定时盐分的淋失，可能出现饱和含水量略高于总孔隙度的现象。土壤在饱和含水量时的吸水力为零，其充满大孔隙中的水分，在重力作用下向下渗失，对于植物生长来说属多余水分。毛细管持水量是土壤毛细管饱和状态下所保持的含水量，大约相当于毛细管孔隙度，宁夏中壤土和砂壤土的毛细管持水量可达 25%左右，砂壤土毛细管水上升高度在 1.0 m 左右，中壤土在 2.4 m 左右。

3）田间最大持水量

田间最大持水量指在田间自然条件下，经灌溉或降水，重力水流失之后土壤所能保持的最大含水量。田间最大持水量是设计合理灌水定额及盐土冲洗定额的重要依据，宁夏土壤田间最大持水量一般为 30%～35%。土壤质地对田间最大持水量有一定影响，一般质地黏重的土壤田间最大持水量有增大的趋势，而砂质土壤的田间最大持水量多偏小。土壤有机质和可溶盐含量也会影响田间最大持水量，一般有机质和可溶盐含量高时，其田间最大持水量也会相应提高。当地下水位高时，上升的毛细管水在土层中可促使田间最大持水量的数值增大。

4）凋萎系数

土壤含水量降低时，植物因缺水而开始稳定凋萎，这时的含水量称为凋萎系数。显然，凋萎系数是植物可利用水分的下限。凋萎系数到田间最大持水量之间的水分对植物生长最为有效，称为有效含水量。宁夏各类土壤的凋萎系数变化较大，为 1.5%～22%不等。一般土壤质地黏重和可溶盐含量高时，凋萎系数也较高。此外，不同植物的凋萎系数也有一定差异。宁夏盐池县砂土平均凋萎系数为 1.5%，壤层砂土凋萎系数为 3.4%；原州区黄绵土凋萎系数为 3%，灌淤土凋萎系数为 6.3%。另外，不同土壤类型种植作物不同时，凋萎系数也有较大差异。

5）出水率

出水率是在土壤水分饱和状态下，因重力作用可以排出的水量，其值等于饱和含水量减田间最大持水量。出水率在排水设计中是一个重要的参数，宁夏灌区土壤的出水率在 3.1%～36%，与土壤类型有关。

6）土壤吸水速度与渗透系数

降水或灌水以后水分自土表进入土壤发生吸水的过程中，水分充满毛细管孔隙，多余的水分在大孔隙中移动，该过程即渗透过程。吸水速度与渗透系数分别表示土壤吸收水分和渗透水分的能力，是灌区拟定合理灌溉定额及水利土壤改良措施的重要依据之一。在山地和丘陵坡地，土壤的入渗能力是决定地表径流大小和土壤侵蚀程度的重要因素。吸水速度和渗透系数的单位分别为 m/h 和 mm/min。宁夏土壤的吸水速度与渗透系数变化均较大，全剖面的吸水速度为 0.002～0.131 m/h，渗透系数为 0.0036～0.446 mm/min。根据现有资料初步判断，全剖面渗透系数以 0.2～0.35 mm/min 为宜，仅灌淤土和黄绵土的渗透系数在这一范围内；淡灰钙土的渗透系数过大，泥炭土泥炭层的渗透系数也较大；其他土壤的渗透系数则普遍偏小。

1.5.2 基于气象的土壤水分状况

在《中国土壤系统分类检索（第三版）》中规定了干旱、半干润、湿润、常湿润、滞水、人为滞水、潮湿 7 种土壤水分状况类型。土壤水分状况本质上是土壤来水与土壤去水之间的动态平衡，其中干旱、半干润、湿润、常湿润土壤水分状况主要取决于降水与潜在蒸散之间的平衡，这几个土壤水分状况在目前技术条件下，还只能通过气象条件加以确定。本书按照联合国粮食及农业组织（Food and Agriculture Organization of the United Nations，FAO）推荐的 Penman-Monteith 公式确定潜在作物蒸散量（evapotranspiration, ET_0），将年潜在作物蒸散量与年降水量的比值作为年干燥度，当年干燥度＞3.5 时，相当于干旱土壤水分状况；当年干燥度为 1～3.5 时，相当于半干润土壤水分状况；当年干燥度＜1，但每月干燥度并不都小于 1 时，相当于湿润土壤水分状况。

采样点干燥度主要通过宁夏 25 个气象站点插值获得，由于干燥度受地形及海拔的影响，在进行插值时，需要进行地形校正。通过逐步回归分析，发现在宁夏地区年干燥度和海拔、纬度之间存在极显著的二元二次回归方程关系，如式（1-2）所示。

$$\mathrm{AI}=0.653H^2-3.875H-0.054\varPhi^2+5.159\varPhi-108.869 \tag{1-2}$$

式中，AI 为年干燥度；H 为海拔，km；$\varPhi$ 为纬度，(°)。

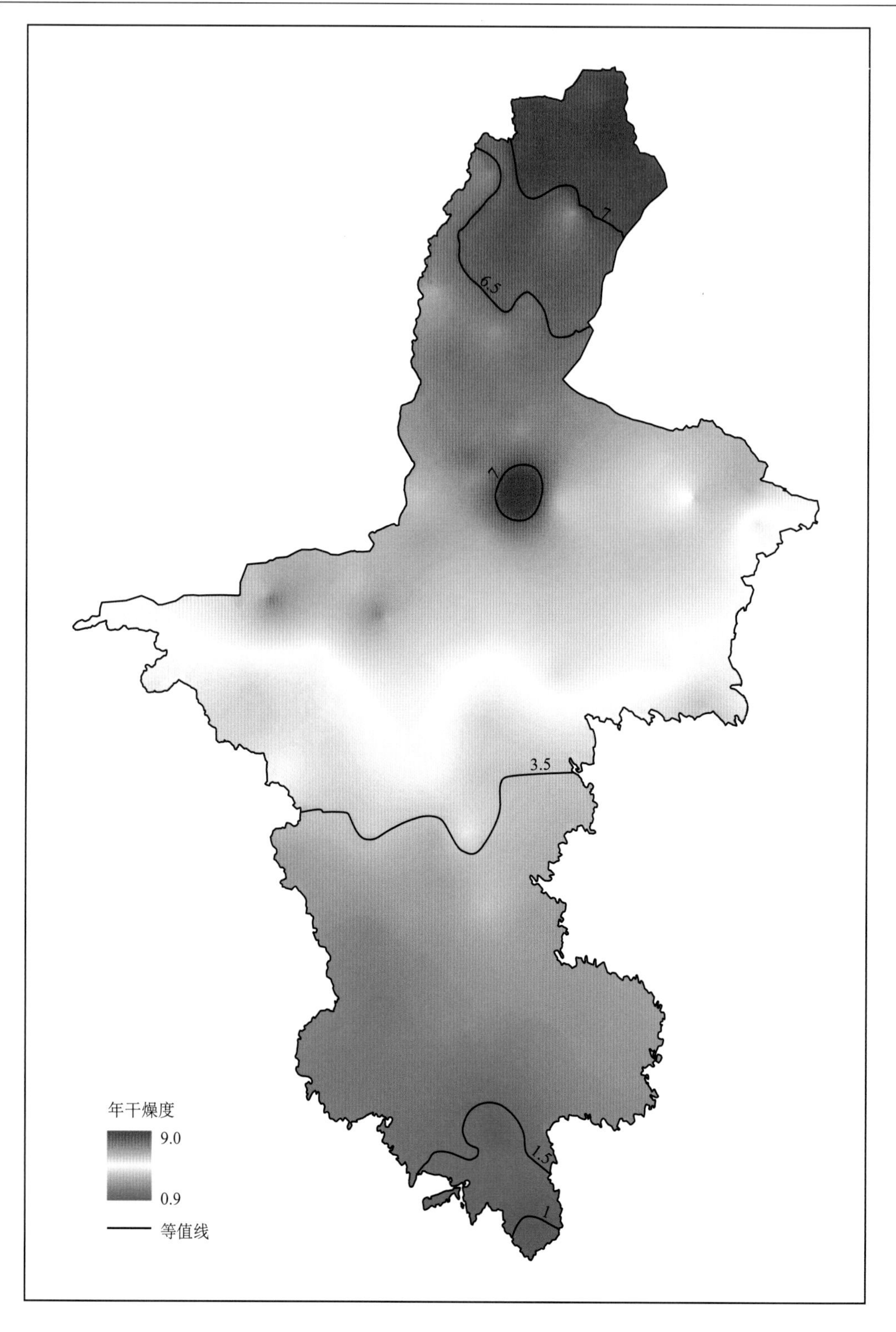

图 1-3　宁夏年干燥度空间分布图

因此，在干燥度进行插值时，为了提高所在位置的干燥度数据的精度，首先进行 DEM 校正。具体计算方法为：①利用式（1-2）计算出各个气象站点的估计干燥度，并计算出估计干燥度和计算干燥度的差值 ΔAI；②基于 25 个气象站点的 ΔAI，通过空间插值的方式获取土壤剖面观测点的 ΔAI′；③利用式（1-2）和野外调查获取的海拔、纬度数据，计算出剖面调查点的估计干燥度 AI′；④将土壤剖面点的 ΔAI′和 AI′相加，得到土壤剖面点的年均干燥度数据，进而获得地形校正的年干燥度空间分布图（图 1-3）。宁夏土壤水分状况主要有干旱、半干润、湿润三种类型，其中干旱土壤水分状况占优势比例，约占总面积的 60%，年干燥度为 3.5～9.0，半干润土壤水分状况主要分布在宁夏南部山地，所占比例约 39%，年干燥度为 1.0～3.5，湿润土壤水分状况所占面积不到 1%，主要分布在宁夏南部山区的山顶，年干燥度为 0.9～1.0。

第 2 章　宁夏土壤调查与分类

土壤是农业的基础，也是人类进行各项生产和赖以生存的基础。中华人民共和国成立以来，至本次土系调查，宁夏经历了 20 世纪 50 年代末和 80 年代的第一次和第二次土壤普查。虽然宁夏土地面积不大，但受复杂成土环境及成土因素的影响，土壤的空间异质性较大。很多学者对宁夏土壤进行了研究，其中吴以德（1982）讨论了六盘山等山地的土壤垂直地带性的分布规律并阐述了山地土壤的成因、剖面形态，提出了山地土壤因地制宜的利用方式；张秀珍等（2011）从发生学的角度探讨了宁夏 12 种具代表性的典型土壤，介绍了典型土壤的剖面形态、景观、分布特征、母质特征；姜林等（2013）采用野外调查结合室内分析的方法，对典型森林类型下土壤的剖面肥力特征进行了研究，发现主要森林土壤的剖面肥力具有明显差异；王吉智（1984，1986，1987，1989）从发生学的角度先后阐述了宁夏引黄灌区灌淤土的形成、分类、基本性态及合理利用措施，研究了宁夏中部灰钙土的形成与分类；马玉兰和金国柱（1997）在宁夏土壤发生分类研究的基础上探讨了银川平原土壤的氧化还原特征；李友宏等（2006）和尚清芳（2012）相继提出了灌区土壤速效氮、有机质等养分的变异特征；马琨等（2006）对宁夏南部山区不同土地类型土壤养分的分布特征进行了研究；史成华和龚子同（1995）根据全国第二次土壤普查调查资料，从全国范围内全面地研究了主要分布在宁夏的灌淤土的形成特点。现阶段，对宁夏土壤的研究多是从发生学角度出发，并且基于养分特征和剖面特征，土壤系统分类工作尚处在起步阶段，没有形成系统、完整的土壤分类体系。

2.1　第一次土壤普查

20 世纪 50 年代末期，宁夏开展了第一次土壤普查，对宁夏南部、青铜峡、银川、卫宁灌区等地进行了调查，并于 1976 年汇集资料出版了《宁夏土壤与改良利用》一书，依据土壤发生联系，将宁夏繁多的土壤类型归纳为地带性土壤、水成盐成土壤、耕种熟化土壤及山地土壤四大系列，16 个土类，并编制了 1∶500000 的土壤类型分布图。这是宁夏第一个全面系统的土壤分类，分类中提出了新积土及沙丘（现称风沙土）两个新土类。

2.2　第二次土壤普查

根据国务院文件《关于全国开展第二次土壤普查意见通知》（国发〔1979〕111 号）部署，我国于 1979～1988 年开展了第二次土壤普查。此次土壤普查区别于第一次土壤普查的突出特点是：第一，各级政府均以正式文件部署和落实此项任务；第二，区、市、县逐级设立专职机构，包括土壤普查办公室、土肥处或土肥站；第三，具有专用的普查经费；第四，制定了统一的技术规程和检查验收制度；第五，逐级成立了技术顾问组，由农业科研、教学单位和行政部门的科技骨干组成，保证各项技术规程的执行和落实；第六，逐级进行了土壤普查技术培训，培养和造就了一大批土壤科技骨干和专业人才；第七，自下而上逐级汇总图件、数据、标本和文字资料；第八，重视和坚持土壤普查成果应用，促进因土种植、因土施肥、因土改良、因土利用（全国土壤普查办公室，1998）。

2.2.1　土壤分类的原则与依据

土壤分类以土壤自身性态为主要依据。土壤形成因素、土壤形成特点与土壤性态是统一的，成土因素与成土作用对土壤的影响，一般会在土壤性态上反映出来。

生物气候地带性对土壤的影响，可在地带性土壤分类中反映出来。有时，其他成土因素对土壤的影响，可能超越了地带性的影响。在某种生物气候条件下，除了发育良好的地带性土壤外，还有其他非地带性土壤或发育微弱的初育土壤。土壤分类应分别划分出不同的土壤类型，如黑垆土带内有黄绵土，灰钙土带内有盐土及风沙土等。发育微弱的初育土壤，母质因素明显，如黄绵土主要是风积黄土，红黏土主要是古近系—新近系红土，风沙土主要是风积沙，新积土主要是新近洪积、冲积物，粗骨土主要是岩石风化或半风化物质等。故初育土壤的分类宜以土壤母质所控制的土壤性态为主要依据（宁夏农业勘查设计院，1990，1991）。

灌溉耕作等措施可促进土壤熟化，也可造成土壤退化。耕种土壤除受人为因素影响外，也同时受自然因素的影响，因此耕种土壤与未耕种土壤的分类不宜分割。可在统一的分类系统中，根据土壤性态，依其反映的耕种熟化特点和强度，或划分为独立的土类（如灌淤土），或作为亚类，甚至在更低的单元中加以划分。

在进行宁夏土壤分类时，根据当时已有资料，初步确定一些特征土层或特征性质，提出一些数量化指标。当土壤资料不足时，仍旧沿用原有概念，或借用相关因素作为分类依据，如灰钙土与淡灰钙土的划分，沿用原有的概念。黄绵土土属的划分，暂时借用与其密切相关的地形因素作为依据。

2.2.2　土壤分类系统

与全国土壤分类一致，宁夏土壤分类也采用土纲、土类、亚类、土属、土种及亚种，以土类与土种为分类的基本单元（全国土壤普查办公室，1998；宁夏农业勘查设计院，1990，1991）。

土纲：根据主要成土特征的相似划分。如盐碱土纲，其主要成土特征是强烈的盐化和碱化。由于面积小，同一土纲在宁夏一般只含1～2个土类。

土类：根据主要特征土层及其在剖面中的排列划分，同一土类有相同的特征土层，特征土层在剖面中的排列顺序基本一致。例如，黑垆土具有由耕作层、黑垆土层及母质层组成的剖面，灰钙土具有淡色或暗色表层、钙积层及母质层组成的剖面，盐土的特征土层为盐积层，灌淤土具有灌淤耕层及灌淤心土层组成的剖面等。同一土类具有相同的特征土层，故其成土条件及成土作用也大体相似。

亚类：在同一土类之下，依据主要特征土层的变异或次要特征土层的增减划分亚类。例如，灌淤土在轮作种植水稻的影响下，表层出现锈纹锈斑（主要特征土层的变异），则可划分出表锈灌淤土亚类；在地下水位较高的地区，受地下水影响，底土出现锈土层（次要特征土层），又可划分出潮灌淤土亚类。

土属：土属是土壤分类的中级单元，是亚类的续分，也是土种共性的归纳，依据土壤物理的（包括水分）和化学的重要特性划分。这些土壤理化性质，常反映某些地域性因素对土壤的影响，或反映土壤的发育程度，如土壤水分的综合状况、土壤主要机械成分、盐分组成、土壤矿物类型、土壤碱化度等常作为划分土属的依据。

土种：土种是土壤分类的基层单元，是剖面性态特征在数量上基本一致的一组土壤实体。土种的建立以土层排列和土体构型相同或相似为基础。

亚种：亚种指在土种范围内，性状上产生较小变异或不够稳定的属性，包括底土层出现特殊土层的土壤。

遵循上述分类原则和依据，宁夏土壤共划分为 10 个土纲、17 个土类、37 个亚类、75 个土属。

2.3　我国土系调查与《中国土系志》编制

两次土壤普查结束后，全国性土壤调查与土壤发生分类研究转入了一个低潮时期，而此时土壤发生和发育过程的定量研究日趋活跃（黄成敏和龚子同，2000），世界上基于定量诊断分类的系统分类在逐步兴起，1992 年国际土壤科学协会（International Society of Soil Science，ISSS）、FAO 和国际土壤资料查询中心（International Soil Reference and Information Centre，ISRIC）一起制定了世界土壤资源参比基础（World Reference Base for Soil Resources，WRB）（龚子同等，2003），于 1994 年第 15 届国际土壤科学大会上提出了具有诊断层、诊断特性的《世界土壤资源参比基础（草案）》（龚子同等，2003），并于第 16 届国际土壤科学大会上公布了其正式版本。特别在美国，土壤分类与土壤系统分类快速形成与发展（席承藩，1986），1975 年美国正式出版《土壤系统分类》（*Soil Taxonomy*），土壤的描述由定性向定量转化，标志着土壤分类向着规范化、标准化、定量化走出了跨时代的一步。在此书中，有明确规定用以划分土系的指标及限定值，在国际上产生了重大反响，有 40 多个国家直接采用这一新的土壤分类方法（陈杰，1991；龚子同等，2007）。从 1983 年开始，美国隔两年便更新出版一次《美国土壤系统分类检索》，现已出版到了第 12 版，美国在此基础上已经建立了 2.2 万多个有详细描述和数据的土系。20 世纪 90 年代以来，国内土壤分类的定量化、诊断化也有了长足发展，《中国土壤系统分类（首次方案）》和《中国土壤系统分类（修订方案）》也先后于 1991 年、1995 年出版，标志着中国特色的土壤系统分类已经逐步建立。此后，2001 年又出版了《中国土壤系统分类检索（第三版）》，2007 年出版了《土壤发生与系统分类》（龚子同等，2007）。

目前，宁夏土壤研究多从发生学角度出发，并且基于养分特征和剖面特征，土壤系统分类工作尚处在起步阶段，仅见曲潇琳等（2017，2018，2019）在分析宁夏山地土壤、中部地区典型灰钙土、引黄灌区灌淤土的发育规律的基础上探索了这些土壤的系统分类研究，但没有形成系统、完整的覆盖全区的土壤分类体系。2014 年，国家科技基础性工作专项“我国土系调查与《中国土系志（中西部卷）》编制”正式启动。其中，宁夏回族自治区的工作由中国农业科学院农业资源与农业区划研究所负责，其目标是在宁夏开展系统的土系调查和基层分类研究，按照统一的土系研究技术规范，完成宁夏土系的建立，获得典型土系的完整信息和部分典型土系的整段模式标本。根据定量化分类的总体要求，确立宁夏土壤从土纲到土系的完整分类，编制出版《中国土系志·宁夏卷》，本书就是对这一工作的系统总结。

2.3.1　样点布设

本次土系调查是在省级规模下开展的，为了使调查结果最大限度地代表宁夏的整体情况，尽量减少重复工作，如何布置样点及提高其代表性是至关重要的。土系是发育在相同母质上，具有类似剖面土层排列的一组土壤。根据土壤发生学理论，土壤是在地形、母质、气候、生物（植被）、农业利用等环境要素的影响下发生发育的，因此在样点布设中必须要充分考虑。本书是在地理信息系统（geographic information system，GIS）平台上对这些要素的空间分布进行分析、叠加的基础上，再结合行政区划来确定土系调查的采样参考单元，然后经过野外踏勘，确定每个采样单元的最终采样位置。

为了选择具有典型性的采样点，重点参考了目的性采样方法（杨琳等，2009，2010），首先收集了宁夏 1∶500000 土壤图、1∶500000 地质图、1∶100000 土地利用图、1∶250000 DEM 及行政区划图、1961～2010 年 25 个气象站点数据（逐日平均气温、日蒸发量和 20～20 时降水量）。利用气象数据生成土壤温度分布图、气候带图，利用 DEM 生成坡度图，然后将土壤图、地质图、土地利用图、坡度图、土壤温度分布图、气候带图等在 GIS 平台上进行叠加，获得不同类型的叠加单元，即不同土壤类型、地质类型、景观类型、土地利用类型等因素的景观组合体。本次调查只考虑累计面积达 100 km^2、出现频率为 10 次以上的景观组合体，然后结合行政区划图、公路交通图，考虑到交通的便捷性、可达性和样点分布的均匀性等原则，将确定的采样单元叠加到道路交通图和谷歌地球上，筛选和调整采样点的位置，进一步确定预计采样点，最终确定 123 个预计采样点（图 2-1）。

2.3.2　野外土壤调查及采样

按照确定的预计采样点图，先后于 2009 年、2010 年、2011 年进行了 11 次野外调查，对以上采样点的土壤剖面、环境条件、生产性能进行了观测和记录，主要包括采样点气候、地形、植被等环境条件的调查及土壤剖面的挖掘、观察描述和分层土壤样品的采集等。调查中，到达预计采样点后，在 1 km 的范围内进行现场踏勘，以代表性最大化为原则，确定最终的野外剖面点，挖取剖面后，先对每个剖面及周围的环境拍照，采集纸盒样品，再按照《野外土壤描述与采样规范》（土系调查课题组内部资料）、《中国土壤普查技术》（全国土壤普查办公室，1992）、《土壤剖面描述指南》（联合国粮农组织和土壤资源开发和保护局，1989），对每个土壤剖面进行了剖面野外观察描述，记录野外现场观测的剖面属性，最后按发生学层次采集土壤样品。

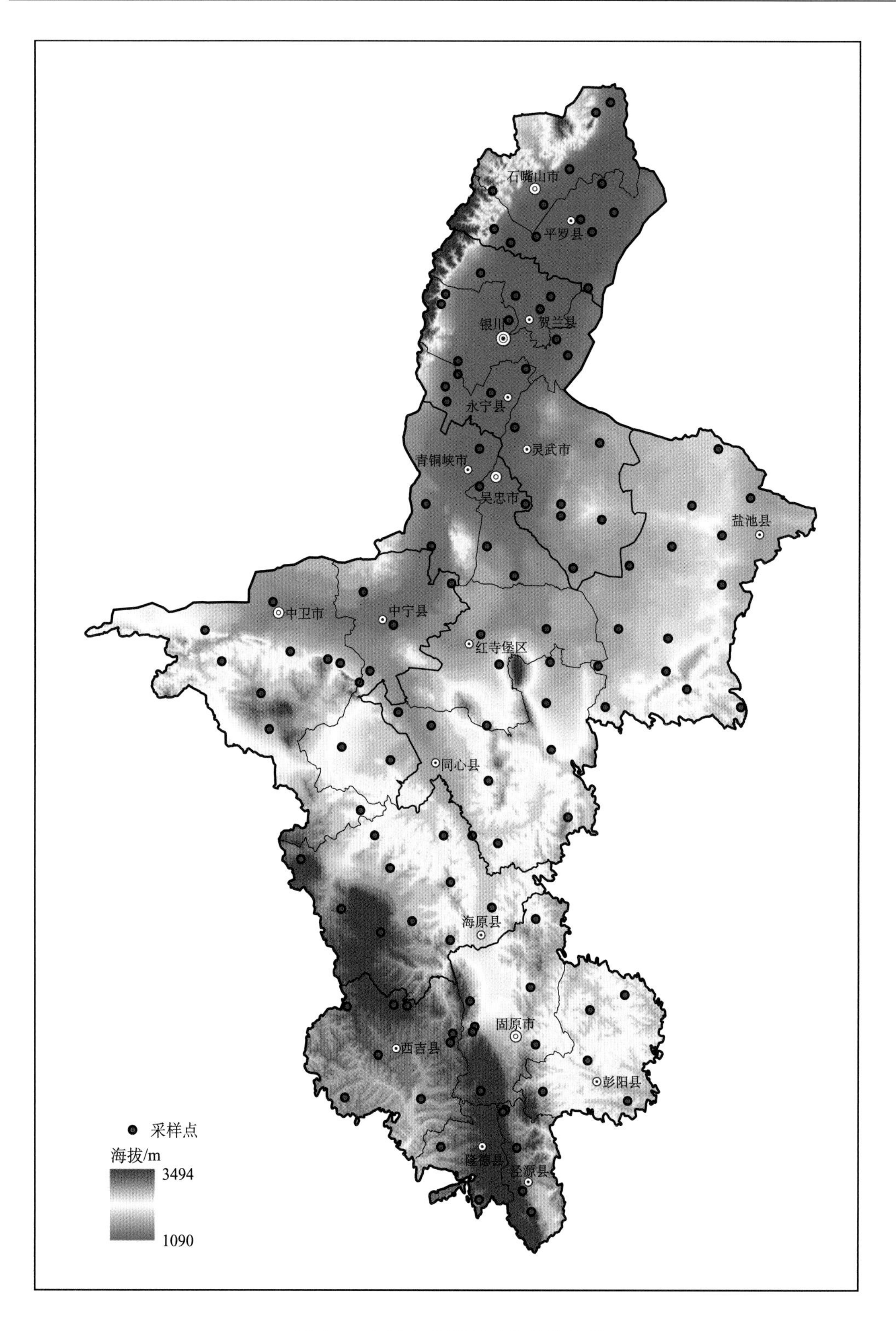

图 2-1　宁夏土系调查采样点分布图

1） 土壤剖面观察、描述和记录

剖面挖掘后，左半边用剖面刀自上而下修成自然面，右半边保留为光滑面；自上而下放置并固定好标尺，观察面上部放置土壤标本盒（已写好剖面号或地点名称、时间），然后进行剖面拍摄（包括全剖面拍摄和局部特写拍摄，尤其是特征土层的拍摄）；根据土壤颜色、紧实度、质地及特有现象等，用剖面刀划出土壤发生层的界线；按照课题组分发的《野外土壤描述与采样规范》中所述程序进行逐项观察和描述，翔实、准确地填写土壤剖面描述表，描述项目包括土壤颜色、质地、孔隙度、根系分布、结持性、土壤结构、干湿度、新生体和侵入体、土壤反应（石灰反应、NaF 反应等）等，其中，土壤颜色采用芒塞尔土色卡进行比色；土壤质地由有经验的人员进行初步判定；pH 的测定采用 pH 试纸、速测 pH 计进行；石灰反应采用 10%的稀盐酸滴加到土壤进行测定，根据气泡的多少及反应声音的大小判断石灰反应的强弱等级；NaF 反应采用先滴加 pH=7.5 的 NaF 溶液，2 min 左右后滴加酚酞试剂的方法，根据颜色的变化判断反应强弱，或滴加酚酞试剂后用 pH 试纸测定 pH，根据反应前后 pH 的变化来判断反应的强弱。其中，土壤颜色比色依据《中国标准土壤色卡》（中国科学院南京土壤研究所和中国科学院西安光学精密机械研究所，1989）。

2）环境的描述与记录

在剖面挖掘的同时，其他人员可以对剖面周围的环境进行描述和记录，包括剖面号、剖面地点、调查人及单位、调查日期、天气情况、经纬度等基本信息，地势、地形、海拔、坡度、坡形、坡向等地形地貌特征，土地利用情况（土地利用类型、植被类型、植被覆盖度、人类影响程度等），地表特征（岩石露头、地表粗碎块、地表黏闭板结、地表裂隙、地表盐斑等情况），水文状况（排水等级、泛滥情况、透水性或保水率、地下水深度及水质等）。同时，使用数码照相机对环境进行拍摄，包括植被、周围地形等，以便记录全部的环境信息。

3）土壤样品的采集

土壤样品的采集包括布袋样品和标本盒土样的采集。布袋样品用于实验室土壤属性指标的测定，采集布袋样品时，由下而上分层采取（防止下层土壤被上层土壤污染），每个发生层取样均匀，并去除其中的根系成分和大的石块，布袋上应写清楚采样地点、剖面号、层次深度、采样日期、采集人等信息；标本盒土样的采集应尽量保持土壤剖面原有的状态，保持土壤结构和根系成分，便于后期的查看和比对，标本盒正面应标清剖面号、采样地点、土壤名称、采样日期等信息，侧面应标清采样深度。

4）其他相关信息的收集

其他相关信息包括该地区气候变化、土地利用变化、植被类型变化、施肥、放牧等，可以查阅文献或向当地居民询问请教。

2.3.3 测试分析方法

将采集的土壤样品于阴凉通风的室内自然风干，然后混匀、磨细、过筛，用于土壤化学性质的测定。分析测定方法主要依据《土壤调查实验室分析方法》（张甘霖和龚子同，2012）、《土壤农化分析》（鲍士旦，2000）、《土壤农业化学分析方法》（鲁如坤，2000）。

1）土壤 pH 的测定

土壤 pH 采用 pH 计测定。称取过 2 mm 筛的风干土壤样品 10 g 于 50 mL 烧杯中，加入 25 mL 去 CO_2 蒸馏水（质量比为 1∶2.5），用搅拌器搅拌 1 min，静置 30 min 后，用 pH 计测定。静置时应用封口膜或保鲜膜密封烧杯口以防止 CO_2 溶入而影响土壤 pH（鲁如坤，2000；鲍士旦，2000；张甘霖和龚子同，2012）。

2）土壤阳离子交换量的测定

采用氯化铵-乙酸铵法（pH 为 7.0）测定阳离子交换量（cation exchange capacity，CEC）（鲁如坤，2000；吕贻忠和李保国，2006；马惠琴等，2019）。称取过 2 mm 筛的风干土样 2.00 g 于 200 mL 烧杯中，加入 1.0 mol/L NH_4Cl 溶液 50 mL，盖上蒸发皿，在电炉上低温煮沸，直至没有氨味。将土壤用上述 NH_4Cl 溶液洗至 100 mL 的离心管中，将离心管置于离心机（3000 r/min）内离心 3～5 min，倾去上清液，如此重复 3～5 次，直至洗出液中无钙离子；向装有土样的离心管中加入少量 95%乙醇溶液，用橡皮头玻璃棒充分搅拌，使土壤呈均匀泥浆状，再加入 95%乙醇溶液约 60 mL，再次搅拌均匀后，于离心机中离心，倾去上清液，如此重复 3～4 次，直至洗出液中无铵离子（用奈斯勒试剂检查）；将离心管内土样无损失地转移到蒸馏管内，于定氮装置上进行蒸馏，用足量的硼酸吸收，将蒸馏后的溶液吸入三角瓶内，用 0.05 mol/L 的 HCl 标准溶液滴定，根据所用的 HCl 标准溶液量计算阳离子交换量。

3）土壤腐殖质总碳量的测定

土壤腐殖质总碳量的测定采用重铬酸钾容量-外加热法（鲁如坤，2000）。需先借助放大镜仔细去除土壤样品中的植物残根及杂物，再用有机玻璃棒与绸布摩擦所产生的静电作用将土壤样品杂质进一步去除干净，尽量避免未分解的有机质混入，然后将土壤样品磨细，过 0.25 mm 筛。

称取通过 0.25 mm 筛孔的风干土壤样品 0.1～1.0 g，放入一个干燥的硬质试管中，用移液管准确加入 $K_2Cr_2O_7$ 和 H_2SO_4 的混合液 10 mL，充分摇匀，放入 190～200℃的油浴锅中加热，并保持温度在 170～180℃，待试管内液体沸腾时开始计时，煮沸 5 min，每次消煮时放 1～2 个空白试管作为对照。冷却后，将试管内物质全部转移到 250 mL 的三角瓶中，滴入 2～3 滴邻菲咯啉指示剂，用 $FeSO_4$ 溶液滴定，当溶液由橙黄经蓝绿变成砖红色时为滴定终点，记下 $FeSO_4$ 溶液消耗的体积。每次标定时，$FeSO_4$ 溶液均要用 0.1 mol/L 的 $K_2Cr_2O_7$ 标准溶液标定其浓度。本书中腐殖质总量以碳的形式表示，计算公式如下：

$$W = \frac{\dfrac{C \times V_1}{V_0} \times (V_0 - V) \times M \times 10^{-3} \times 1.08}{m} \times 1000 \qquad (2\text{-}1)$$

式中，W 为土壤腐殖质总量，g/kg；m 为样品质量，g；C 为 $K_2Cr_2O_7$ 标准溶液的浓度，0.1 mol/L；V_1 为 $K_2Cr_2O_7$ 标准溶液的体积，20 mL 或 25 mL；V_0 为空白滴定时消耗 $FeSO_4$ 溶液的体积，mL；V 为样品滴定时消耗 $FeSO_4$ 溶液的体积，mL；1.08 为氧化校正系数；M 为 1/4 碳原子的摩尔质量，即 3 g/mol。

4）土壤腐殖质组成的测定

土壤腐殖质组成采用焦磷酸钠-氢氧化钠提取法测定（鲁如坤，2000；吕贻忠和李保国，2006）。

称取通过 0.25 mm 筛的风干土样 10.00 g 置于 200 mL 三角瓶中，加入 100 mL 的焦磷酸钠（$Na_4P_2O_7$）和氢氧化钠（NaOH）混合液（土液比为 1∶10），加塞后在振荡机上振荡 10 min，使土液充分混合，放置提取 14～16 h（20～25℃），再次摇匀溶液并将溶液转移至 100 mL 离心管中，用离心机（4000 r/min）离心 5 min，将离心后的上清液收集于三角瓶中待测。吸取样品待测液 2～15 mL，置于硬质试管中，用 1 mol/L 1/2 H_2SO_4 溶液中和到颜色突然变浅（此时 pH=7.0，用 pH 试纸检验），将试管置于 80～90℃恒温水浴锅中加热至蒸干，按照土壤腐殖质总量的测定方法进行测定，即可得到腐殖酸总量。

吸取样品待测液 10～50 mL，移入 100 mL 三角瓶中，在电炉加热的情况下，用 1 mol/L 1/2 H_2SO_4 溶液调节溶液 pH 至 1.5 左右（用 pH 试纸检验），此时出现胡敏酸絮状沉淀，在 80℃左右保温 30 min，然后将溶液放置过夜，使胡敏酸与富里酸充分分离。将浸提液转移至 100 mL 离心管中，置于离心机（4000 r/min）内离心 15 min 后，弃去上清液。沉淀物用 0.05 mol/L 的热 NaOH 溶液溶解，溶解后的溶液接收于 100 mL 容量瓶中，即胡敏酸的待测液。吸取此待测液 10～20 mL，置于硬质试管中，用 1 mol/L 1/2 H_2SO_4 溶液中和至 pH 为 7.0（pH 试纸检验），再将试管置于 80～90℃恒温水浴锅中加热蒸至近干，然后按土壤腐殖质总量的测定方法测定胡敏酸含碳量。

腐殖酸总量与胡敏酸含碳量的差值即富里酸含碳量，土壤腐殖质总碳量与腐殖酸总量的差值即胡敏素含碳量。

5）土壤颗粒组成的测定

土壤颗粒组成采用吸管法测定（鲁如坤，2000；张甘霖和龚子同，2012）。

（1）>1 mm 石砾和粗砂的处理。将>2 mm 的石砾和>1 mm 的粗砂分别置于铝盒中，加热煮沸，并不断搅拌，然后弃去上部悬浊液，重复数次，直至弃去的液体澄清，将铝盒置于 105℃的恒温烘箱中烘至恒重后称重。

（2）<1 mm 土样的分级。称取 4 份通过 1 mm 筛的风干土壤样品 10 g，1 份用于吸湿水的测定，1 份用于洗失量的测定，剩余 2 份用于制备颗粒分析悬浊液。对于腐殖质总量较高的土壤样品，分散前应去除腐殖质总量。腐殖质总量的去除使用 15%的 H_2O_2 溶液在电热板加热的条件下进行，当加入 H_2O_2 溶液后不再出现气泡则说明腐殖质总量去除完毕；然后使用 0.2%及 0.05%的 HCl 溶液去除碳酸盐，直至检测不到 Ca^{2+}；去除碳酸盐后，用蒸馏水洗涤土样数次以去除 Cl^-。将去除 Cl^-的土壤样品中的两份转移至三角瓶中，加入 10 mL 的 5% NaOH 溶液（分散剂），置于电热板上加热至沸腾，并保持沸腾 1 h。将消煮后的土壤样品悬浊液通过 0.2 mm 的小筛转移至 1 L 容量瓶中，定容（过滤出来的细砂转移至铝盒中，蒸干后于 105℃烘箱中烘至恒重，称重）。根据实验室当时的水温，用斯托克斯公式计算 0.1 mm、0.05 mm、0.005 mm、0.002 mm 土粒沉降至量筒 10 cm 处所需要的时间，根据计算的时间准确地吸样并置于铝盒中，将铝盒放在加热板上蒸干水分（特别小心防止悬浊液溅出），再移至 105℃的烘箱内烘至恒重，称重。然后根据所得的数据分别计算各级颗粒的含量。

6）土壤无定形铁、铝、硅的测定

土壤中无定形铁、铝、硅的测定采用草酸-草酸铵溶液提取法，测定时分别采用邻菲咯啉比色法、铝试剂比色法及硫酸亚铁铵比色法（何群和陈家坊，1983；朱韵芬和王振权，1986；许祖诒和陈家坊，1980；鲁如坤，2000；McKeague and Day, 1966；张甘霖和龚子同，2012；Mehra and Jackson,1960）。

称取通过 0.25 mm 筛的风干土样 2.00 g，置于 250 mL 三角瓶中，在 20～25℃时，按土液比为 1∶50 加入 100 mL 草酸（$H_2C_2O_4$）和草酸铵[$(NH_4)_2C_2O_4$]提取液，加塞，将三角瓶放入外黑里红的双层布袋中，于振荡机上遮光振荡 2 h，然后将混合液转入 100 mL 离心管中，于 3000～4000 r/min 的离心机中离心，上清液可直接转入塑料瓶或三角瓶中，加塞，用作无定形铁、铝、硅的待测液。吸取 2～5 mL 待测液，采用邻菲咯啉比色法测定无定形铁（FeO_x）；无定形铝（AlO_x）的测定需先用浓 H_2SO_4 和 H_2O_2 消化待测液后，再用铝试剂进行比色；吸取样品待测液 2～5 mL 于 50 mL 容量瓶中定容，采用硫酸亚铁铵比色法测定无定形硅（SiO_x）。

7）土壤游离态铁、铝的测定

土壤中游离态铁、铝的测定采用枸橼酸钠-连二亚硫酸钠-碳酸氢钠法提取待测液，分别用邻菲咯啉比色法、铝试剂比色法进行测定（何群和陈家坊，1983；鲁如坤，2000；Mehra and Jackson, 1960；McKeague and Day, 1966；张甘霖和龚子同，2012）。

称取通过 0.25 mm 筛的风干土样 0.50～1.00 g 于 100 mL 离心管中，加入 20 mL 的枸橼酸钠（$Na_3C_6H_5O_7$）溶液和 2.5 mL 的碳酸氢钠（$NaHCO_3$）溶液，水浴加热至 80℃（±5℃），用骨勺加入 0.5 g 左右的连二亚硫酸钠（$Na_2S_2O_4$），不断搅拌，保持 15 min。冷却后，将离心管置于离心机中（3000～4000 r/min）离心分离。然后将上清液倾入 250 mL 容量瓶中，如此重复浸提 1～2 次，此时离心管中的残渣呈灰色或灰白色，最后用 1 mo1/L NaCl 溶液洗涤离心管中的残渣 2～3 次，洗液合并倾入容量瓶中，再加水稀释定容至刻度，摇匀，作为待测液备用。然后采用邻菲咯啉比色法测定游离态铁（Fe-d）；游离态铝（Al-d）的测定需先用浓 H_2SO_4 和 H_2O_2 消化待测液后，再用铝试剂进行比色。

8）土壤络合态铁、铝、碳的测定

土壤中络合态铁、铝待测液采用 $Na_4P_2O_7$ 溶液提取，络合态铁用邻菲咯啉比色法测定，络合态铝采用铝试剂法测定，络合态碳按照腐殖质总量的测定方法进行测定（何群和陈家坊，1983；朱韵芬和王振权，1985；鲁如坤，2000；张甘霖和龚子同，2012）。

准确称取通过 0.25 mm 筛的风干土样 2.00～5.00 g 置于 250 mL 锥形瓶中，按土液比为 1∶20 的比例加入 $Na_4P_2O_7$ 溶液，然后于振荡机上振荡 2 h（25℃）。振荡结束后，将混合液转入 100 mL 离心管中，于离心机（3000～4000 r/min）进行离心，将上清液置于 250 mL 锥形瓶或塑料瓶中，加塞或加盖，用作待测液。然后用邻菲咯啉比色法测定络合态铁（Fe-p）；络合态铝（Al-p）仍然需要先用浓 H_2SO_4 和 H_2O_2 加热消化去除腐殖质后再用铝试剂比色测定；络合态碳的测定按照土壤腐殖质总量的测定方法进行。

2.3.4　土壤系统分类

土壤系统分类高级单元确定依据《中国土壤系统分类检索（第三版）》（中国科学院南京土壤研究所土壤系统分类课题组和中国土壤系统分类课题协作组，2001），土族和土系建立依据“中国土壤系统分类土族和土系划分标准”（张甘霖等，2013），但是根据宁夏的实际情况做了一些补充。

1）关于“灌淤表层”

宁夏引黄灌溉的淤积物中很少有“煤渣、木炭、砖瓦碎屑、陶瓷片等人为侵入体”，因此取消“灌淤表层”中“全层含煤渣、木炭、砖瓦碎屑、陶瓷片等人为侵入体”的限制条件。

2）关于“钙积层”

《中国土壤系统分类检索（第三版）》中钙积层的定义：“c.（c）可辨认的次生碳酸盐含量比下垫或上覆土层中高 50 g/kg 或更多（绝对值）”，怀疑有误。因为，根据上下文，“可辨认的次生碳酸盐”指的是“石块底面悬膜、凝团、结核、假菌丝体、软粉状石灰、石灰斑或石灰斑点等”，现在还没有办法将它们和其他形式的碳酸钙分离开来单独测量，只有通过肉眼来观测其丰度（体积含量）。因此，将“c.（c）可辨认的次生碳酸盐含量比下垫或上覆土层中高 50 g/kg 或更多（绝对值）”的描述修改为“c.（c）可辨认的次生碳酸盐按体积计≥5%，或者 $CaCO_3$ 相当物含量比下垫或上覆土层中高 50 g/kg 或更多（绝对值）”。

2.4 不同分类下的土类对应

不同分类体系所采用的原则与指标体系是不同的，造成不同分类体系的土壤类型不可能是一一对应的，和其他学者在其他地区的研究类似（陈志诚等，2004；龚子同等，2002；史学正等，2004），宁夏发生分类与系统分类间的具体土壤类型大多数并不呈简单的、一对一的对应关系。从表 2-1 中可看出，发生分类（宁夏第二次土壤普查的分类）到本次土系调查所确定的系统分类的土类大多是一对多的关系，除了红黏土、灰漠土、碱土和亚高山草甸土只对应着 1 个系统分类土类外，其他发生分类土类对应着 2～10 个系统分类土类。但从表 2-2 中可以看出，50%以上的系统分类下的土类只对应着发生分类下的一个土类，其余大多只对应 2～3 个发生分类土类。可见，系统分类的土类信息要比发生分类的土类信息精细很多。

表 2-1 发生分类的土类到系统分类的土类对应关系

发生分类土类	系统分类土类
潮土	淡色潮湿雏形土、灌淤旱耕人为土、底锈干润雏形土、湿润正常新成土
冲积土	干旱冲积新成土、干旱砂质新成土、湿润正常新成土
粗骨土	干润正常新成土、红色正常新成土
风沙土	干旱砂质新成土、干旱正常新成土、干润砂质新成土、干润正常新成土、简育干润雏形土
灌淤土	肥熟旱耕人为土、灌淤旱耕人为土、扰动人为新成土
黑垆土	暗厚干润均腐土、暗色潮湿雏形土、钙积干润均腐土、简育干润雏形土
红黏土	简育干润雏形土
黄绵土	简育干润雏形土、简育湿润雏形土
灰钙土	钙积正常干旱土、干旱正常新成土、黄土正常新成土、简育干润雏形土、简育湿润雏形土、简育正常干旱土
灰褐土	暗厚干润均腐土、暗沃干润雏形土、淡色潮湿雏形土、钙积干润淋溶土、简育干润雏形土、冷凉湿润雏形土、扰动人为新成土

续表

发生分类土类	系统分类土类
灰漠土	简育湿润雏形土
碱土	潮湿碱积盐成土
石质土	干润正常新成土、红色正常新成土
新积土	钙积正常干旱土、干旱砂质新成土、湿润冲积新成土
亚高山草甸土	简育湿润均腐土
盐土	潮湿碱积盐成土、潮湿正常盐成土、淡色潮湿雏形土、钙积正常干旱土

表 2-2　系统分类的土类到发生分类的土类的对应关系

系统分类土类	发生土类
暗厚干润均腐土	灰褐土、黑垆土
暗色潮湿雏形土	黑垆土
暗沃干润雏形土	灰褐土
潮湿碱积盐成土	碱土、盐土
潮湿正常盐成土	盐土
淡色潮湿雏形土	潮土、灰褐土、盐土
底锈干润雏形土	潮土
肥熟旱耕人为土	灌淤土
钙积干润均腐土	黑垆土
钙积干润淋溶土	灰褐土
钙积正常干旱土	灰钙土、新积土、盐土
干旱冲积新成土	冲积土
干旱砂质新成土	冲积土、风沙土、新积土
干旱正常新成土	风沙土、灰钙土
干润砂质新成土	风沙土
干润正常新成土	粗骨土、风沙土、石质土
灌淤旱耕人为土	潮土、灌淤土
红色正常新成土	粗骨土、石质土
黄土正常新成土	灰钙土
简育干润雏形土	风沙土、黑垆土、红黏土、黄绵土、灰钙土、灰褐土
简育湿润雏形土	黄绵土、灰钙土、灰漠土
简育湿润均腐土	亚高山草甸土
简育正常干旱土	灰钙土
冷凉湿润雏形土	灰褐土
扰动人为新成土	灌淤土、灰褐土
湿润冲积新成土	新积土
湿润正常新成土	潮土、冲积土

第 3 章　宁夏土壤成土过程和诊断层与诊断特性

土壤是成土母质在自然与人为因素综合影响下，经历一系列成土过程才逐渐发育成的。在特定的生物、气候、地形等成土条件下，土壤的主导成土过程及辅助成土过程是相对稳定的，从而形成了特定的土壤属性。宁夏土壤形成过程主要有：腐殖化过程、碳酸盐迁移和淀积过程、黏化过程、氧化还原过程、盐分淋溶与累积过程、灌淤过程和熟化过程（宁夏农业勘查设计院，1990；史成华和龚子同，1995；曲潇琳等，2017，2018，2019）。这些土壤形成过程、土壤发育强弱及彼此间的相互组合影响了土壤属性，并在土壤剖面、土壤层次的性状和生产性能上不同程度地反映出来。

3.1　成 土 过 程

3.1.1　土壤腐殖化过程

土壤有机碳含量是表征土壤养分含量的重要指标，也是计算土壤有机碳库储量的重要依据（郭洋等，2016；Hobley et al.，2013，2015）。土壤腐殖质形成过程（土壤腐殖化过程）是土壤形成的重要过程，几乎每一种土壤的形成都存在土壤腐殖化过程，它的主要表现形式是形成土体上部的腐殖质层。

1）土壤腐殖质含量特征

总体上，宁夏土壤腐殖质化程度较弱，且不同地点表层土壤的有机碳含量相差悬殊，在 0.77～55.85 g/kg 变化，全区多样点平均值为 7.23 g/kg，变异系数达到了 94.5%。从表 3-1 可以看出，宁夏不同土纲的腐殖质有机碳含量有明显差别，除了只有一个剖面的淋溶土外，含量平均值最高的是均腐土，为 25.03 g/kg；其次是人为土，为 8.91 g/kg；最低的是干旱土，为 3.92 g/kg。另外，腐殖化过程在相同土纲内还有较大的差异，变异系数为 17.82%～100.79%。可见不同土纲腐殖质累积过程有明显差别，腐殖化过程最强的是均腐土，其次是人为土，干旱土的腐殖化过程最弱，主要是土壤长期干旱导致生物

表 3-1　宁夏不同土纲腐殖质有机碳含量统计

土纲	最小值/（g/kg）	最大值/（g/kg）	平均值/（g/kg）	标准差/（g/kg）	变异系数/%	样本数/个
人为土	6.07	12.16	8.91	1.59	17.82	13
干旱土	1.56	9.10	3.92	1.72	43.76	19
盐成土	1.93	8.83	5.12	2.95	57.61	4
均腐土	11.45	55.85	25.03	18.97	75.79	5
淋溶土	26.58	26.58	26.58	—	—	1
雏形土	1.60	24.95	6.59	3.88	58.91	53
新成土	0.77	27.44	6.35	6.40	100.79	28
统计	0.77	55.85	7.23	6.84	94.5	123

活动减弱。同时可以看到，人为土的有机碳含量变异系数只有 17.82%，远远小于其他受人类活动影响小的自然土壤，说明人类的生产活动将显著地改变土壤腐殖质化过程，使得土壤有机碳含量趋向同化。

2）土壤有机碳剖面分布特征

土壤有机碳剖面分布是土壤长期腐殖质化的结果，与土壤发育过程密切相关，在一定条件下可以反映成土母质、植被、人类活动等成土条件。一般而言，土壤剖面有机碳含量具有表聚性，随着剖面深度的增加，有机碳含量下降（Rong et al., 2014；Vejre et al., 2003）。但宁夏土壤有机碳剖面可分为表积型（陡降型）、缓降型、“凸”字形（“大肚”型）、平缓型、埋藏型等几类。

总体来讲，宁夏各土壤类型表层土壤腐殖质累积过程明显强于表下层，土壤剖面有机碳含量最大值出现在表层的数量占绝对优势，在所调查的 123 个剖面中有 102 个剖面（82.9%）的表层土壤有机碳含量为整个剖面的最大值，其中有 75 个为表积型剖面，表下层及其以下土层的土壤有机碳含量比表层降低了 20%以上，还有 4 个剖面的土壤有机碳含量随着深度的增加而逐渐降低，各层较上一层降低量小于 20%。表积型剖面表层土壤有机碳含量为 1.97～55.85 g/kg，平均为 7.86 g/kg。有机碳含量显著降低的拐点土层（一般为表下层或者表下下层）的土壤有机碳含量为 0.94～40.16 g/kg，平均为 4.50 g/kg，分别只有表层的 47.7%、71.9%、57.3%。拐点土层以下土层的土壤有机碳含量进一步降低，在 0.83～8.42 g/kg，平均为 2.96 g/kg。在发生分类下，有机碳表积型土壤类型大部分为灰钙土、黄绵土、灌淤土、灰褐土、黑垆土 5 个土类，但也有少数为潮土、风沙土、碱土、盐土、亚高山草甸土、新积土、灰漠土、红黏土等，主要为干旱土纲、初育土纲、人为土纲、半淋溶土纲 4 个土纲和半水成土纲、盐碱土纲、高山土纲 3 个土纲。在系统分类下，除新成土外，所有土纲均有有机碳表积型土壤，包括简育干润雏形土、灌淤旱耕人为土、钙积正常干旱土 3 个土类，也有极少量的属于简育湿润雏形土、简育正常干旱土、干旱正常新成土等 17 个土类。

有 5 个剖面的有机碳呈现为“凸”字形（“大肚”型），其一个显著共同特征是，整体表现为随着深度增加，土壤有机碳含量先增加，然后逐渐减小，表下层或者表下下层土壤有机碳含量是整个剖面最高的，表下层或者表下下层的有机碳含量比表层增加了 20%以上。拐点层以上土层土壤有机碳含量在 3.15～6.19 g/kg，平均为 4.40 g/kg。拐点层土壤有机碳含量在 4.68～8.14 g/kg，平均为 6.00 g/kg，分别是其上层的 148.6%、131.5%、136.4%。拐点层以下土层土壤有机碳含量在 2.00～3.81 g/kg，平均为 3.07 g/kg，分别是拐点层的 42.7%、46.8%、51.2%。在发生分类下，有机碳呈现为“凸”字形的土壤类型分别属于发生土类的风沙土（初育土纲）、灰钙土（干旱土纲）、黑垆土（钙层土纲）、灰褐土（半淋溶土）4 个土纲 4 个土类，在系统分类下为钙积正常干旱土、简育正常干旱土、简育干润雏形土 3 个土类。

有 27 个剖面的有机碳含量呈现为上下平缓型，在 1 m 土体内或是石质接触面/准石质接触面之上土层的有机碳含量在上下土层之间没有明显差异，这些剖面土壤有机碳含量总体上比较小，上下土层之间的绝对相差量不到 0.5 g/kg，或者虽然土壤有机碳含量总体上比较高，但是上下土层之间的相对相差量不到 10%。在发生分类中，以上平缓型剖面为干旱土纲、初育土纲，少数为盐碱土纲、半水成土纲，多数为灰钙土、风沙土、冲积土、黄绵土、粗骨土，少数为盐土、石质土、新积土、潮土等。在系统分类中大多数为新成土、雏形土，少数为干旱土、盐成土。分属于干旱砂质新成土、简育干润雏形土、红色正常新成土、简育正常干旱土、简育湿润雏形土、湿润正常新成土、干润正常新成土、干润砂质新成土等 13 个土类。

有 12 个剖面的土壤为埋藏型，由于坡积、冲积过程，堆积物直接覆盖到原来土壤的表层，形成了埋藏层，土壤有机碳剖面分布的连续性被打破，埋藏层有机碳含量跳跃性增加。其埋藏层土壤有机碳含量为 2.55～35.63 g/kg，平均为 9.77 g/kg，分别是其上层土壤有机碳含量的 129.7%、115.1%、128.2%。在发生分类中，该类型属于潮土（半水成土）、盐土（盐碱土）、灰褐土（半淋溶土）、灰钙土（干旱土）、新积土（初育土）、黑垆土（钙层土）、风沙土（初育土）7 个土类。在系统分类中，属于雏形土、均腐土、人为土、新成土、干旱土 5 个土纲，土类有淡色潮湿雏形土、暗厚干润均腐土、湿润冲积新成土、简育正常干旱土、简育干润雏形土、灌淤旱耕人为土、干润正常新成土。

3.1.2　碳酸盐迁移和淀积过程

土壤碳酸钙的迁移过程是指土壤上部土层中的石灰及植物残体分解释放出的钙以碳酸氢盐形式向剖面下部移动，到达一定深度后以碳酸钙形式淀积的过程。研究发现，碳酸钙在剖面中不同层次的淀积和母质类型有关，非钙质母质上发育的土壤，剖面通体没有石灰反应，而在石灰岩母质上发育的土壤，通体或下层有石灰反应，有钙积层出现。虽然钙积层中土壤的石灰淋溶淀积机制相同，但是其形态各异，有假菌丝、斑状、结核及层状等形态。

1）野外速测石灰反应特征

宁夏土壤的石灰反应是普遍存在的，在此次调查所挖掘的 123 个剖面、408 个有效土层（不包括处于底层的风化碎屑层、母岩层、粗岩块层）中，有 119 个剖面、380 个土层具有石灰反应，而且宁夏的土壤以极强、强石灰反应为主，在 380 个具有石灰反应的土层中有 280 个为极强石灰反应、74 个为强石灰反应，轻度石灰反应的只有 17 个，中度石灰反应的也只有 9 个。从石灰反应的剖面分布方面，119 个有石灰反应的剖面中有 65 个石灰反应强度在整个剖面上下基本保持一致，即从石灰反应角度看，土壤碳酸钙没有发生明显淋溶淀积和表聚过程；17 个剖面的石灰反应强度均表现为表层强于下部土体，即从石灰反应角度看，碳酸钙发生了表聚运动；35 个剖面的石灰反应强度在剖面中部强于上部和下部，即从石灰反应角度看，碳酸钙发生了淋溶淀积过程；还有 2 个剖面石灰反应没有明显变化，没有规律性。

2）土层碳酸钙含量特征

本次调查测定了 317 个土层的碳酸钙含量，其值在 4.3～227.0 g/kg，平均为 110.6 g/kg。从分布区间看，含量小于等于 50.0 g/kg 的占 13.6%，含量在 50.0～150.0 g/kg 的占 70.0%，含量大于等于 150.0 g/kg 的占 16.4%。有 105 个剖面的上下土层的碳酸钙含量不一致，有 40 个剖面呈现为“平稳”模式，上下土层的碳酸钙含量相差不到 5 g/kg，或者相对相差不到 10%。有 25 个剖面呈现为碳酸钙含量“表层低、底层高”模式，碳酸钙含量自上向下逐渐增加，至底层累积增加了 5.2～158.1 g/kg，较表层平均增加 44.4 g/kg，增加量超过 50.0 g/kg 的有 7 个。26 个剖面呈现为“表层高、底层低”模式，碳酸钙含量自上向下逐渐减小，自表层到底层的累积减少了 8.3～174.8 g/kg，平均减少 33.5 g/kg，其中 4 个剖面的累积减小量达到了 50.0 g/kg 以上。有 9 个剖面呈现为“中间高、上下低”模式，碳酸钙含量表现出先增加后减小的变化特征，含量最高土层的碳酸钙比上覆或下垫土层高出 2.0～47.1 g/kg。5 个剖面呈现为“中间低、上下高”模式，碳酸钙含量随着剖面深度的增加，呈现出先减少后增加的趋势。还有个别剖面（如罗山剖面）的碳酸钙含量在剖面上没有明显的规律性，忽高忽低，主要是因为这些剖面的成土母质系现代河流冲积物，碳酸钙在剖面上还没有发生明显移动，其含量主要取决于不同时期冲积母质的碳酸钙含量。

3）土壤碳酸盐的剖面运动

根据以上所述土层石灰反应特征和土层碳酸钙含量特征，可以推断出宁夏土壤剖面碳酸盐的运动情况主要有以下几种。

（1）维持原状。宁夏土壤母质碳酸钙的含量一般较高，如黄土类土壤多为 80～160 g/kg，风积沙或砂质洪积冲积物的土壤含量较低，为 20～50 g/kg，其余母质碳酸钙含量为 100 g/kg 左右。如果母质沉积时间短暂，成土作用微弱，土壤剖面碳酸盐基本维持母质的原来状态，在新成土、雏形土、盐碱土上会时常发生这种情况。原状的碳酸盐剖面，在均质土体中呈均质分布，剖面碳酸钙呈现为“平稳”模式。如果成土母质是多次冲积物，而每次冲积物又不同，其土壤碳酸钙含量主要取决于成土母质，剖面碳酸钙含量表现为“忽高忽低”的情况。

（2）淋溶淀积。在雨水自上而下垂直渗透的影响下，土壤剖面上层碳酸盐不同程度地下移，剖面下层碳酸盐有不同程度的增加和淀积，剖面碳酸钙呈现为“表层低、底层高”或者“中间高、上下低”模式。

（3）彻底脱钙。在南部山区或者贺兰山地区，海拔较高、水分条件比较好，由于较长时间的持续淋溶作用，土体碳酸盐淋失，1 m 深度内土层无石灰反应，全剖面碳酸钙含量很低，为 6.9～26.6 g/kg。

（4）外源复钙。在经过不同程度淋溶、脱钙过程的土壤上，由于风积、水积或人为活动影响，在土壤表层重新覆盖含碳酸盐物质，土壤上部碳酸盐含量由无变有，由少增多，剖面碳酸钙呈现为“中间低、上下高”模式。

4）土壤碳酸盐淀积形态

碳酸盐淀积形态因碳酸钙运动形式、母质种类及碳酸钙含量等因素的差异，呈现为以下几种形式。

（1）假菌丝状钙积层。菌丝体直径为 0.1～2.0 mm，长度为 2.0～30.0 mm，碳酸钙含量一般为 10～150 g/kg。

（2）斑状钙积层。碳酸钙含量为 100～200 g/kg。

（3）层状钙积层。碳酸钙含量为 150～300 g/kg。

（4）泥浆钙积层。因为与黏粒共同淋溶淀积，或者人为耕作等因素，碳酸钙没有与其他土壤物质分离，而是和矿质土壤混合在一起，外表看不到碳酸钙的淀积，但是有强烈的石灰反应，碳酸钙含量明显地高于其上下层土壤。

3.1.3 土壤盐化与碱化过程

土壤盐化是指土壤易溶盐分在土壤中的积聚，土壤碱化是指土壤胶粒上吸收多量的交换性钠。宁夏处于干旱半干旱内陆地区，降雨少，蒸发大，地下水矿化度高，引黄灌溉具备盐渍化的所有理论条件，土壤盐化与碱化过程是很容易发生的，应该存在一定的盐渍化土壤。

1）土壤盐化形成过程

（1）地下水引起的土壤盐化。这种类型的土壤盐化，主要发生在地下水位高的地区，地下水因土壤毛细管作用，自下而上运动到达地表，同时把地下水及心土层和底土层中所含的盐分也带到土壤表层。在干旱的气候条件下，水分不断蒸发，盐分不断集聚，土壤发生盐化，其中土体中含有黏土层的可以阻水滞盐，所以不含黏土层的土壤盐化更严重。因地下水引起的土壤盐化，盐分主要在地表或表土中积聚。灌水后盐分随土壤重力水下移，停灌后，又随毛细管水上升。结冻过程中受土壤温度及水分表面张力梯度的影响，土壤下层水分及盐分不断迁移至冻层，春季土壤自上而下融冻，因未融冻层滞水，上部土壤融冻水向地表运行而蒸发，表层土壤盐分积聚量增加，冻层融通后土壤毛细管上下接通，地下水又随土壤毛细管水向上运动而导致下部土壤盐分上移，而且随着土壤盐化作用加重土壤盐分组成变异。全盐量小于 1.0 g/kg 的未盐化土壤，以碳酸盐占优势。当全盐量增大时，阴离子中硫酸根增加较多，氯离子次之；阳离子中以钠离子为主，镁离子的增加比钙离子快；随盐分含量变化，不同盐化土壤的盐分组成也有差异。

（2）矿化水灌溉引起的土壤盐化。宁夏南部山区引用矿化度大于 3 g/L 的苦水灌溉，可导致土壤发生盐化。随苦水灌溉年限的增加，土壤全剖面的盐分积聚量不断增加。质地轻的土壤透水性强，盐分主要积聚在土壤剖面的下部。土壤剖面全年盐分变化的特点是灌水后有所下降，停灌后又再上升，以春季灌头水前在表土的盐分含量最大。

2）土壤碱化形成过程

宁夏碱化土壤主要是碱积盐成土（发生分类的龟裂碱土），主要分布于古湖泊边缘、交接洼地及某些洼地的略高处，其碱化度很高，一般在 10%～84%，pH 在 9 以上。初步推论，土壤的碱化作用是在地形低洼、地下水位较高、气候干旱的条件下，先发生苏打盐化，后向碱化发展。向龟裂碱土过渡的盐土及邻近的盐土，一般均含有较多的苏打，水分在土壤剖面运动比较频繁，钠离子取代交换性钙随水分频繁运动，使土壤发生碱化，部分受地表径流和地面积水影响的地区所含盐分可逐渐脱去，故部分龟裂碱土中易溶盐类的含量不高。

3）盐碱含量与剖面分布特征

（1）盐分的组成。通常情况下，土壤盐分主要由钾离子、钠离子、钙离子、镁离子 4 种阳离子和氯离子、硫酸根离子、碳酸根离子、碳酸氢根 4 种阴离子组成。通过对宁夏 121 个土层盐分组成的测定，发现各阳离子占阳离子总质量的份额有所不同，钠离子的质量份额为 0.012～0.848，平均为 0.389；钾离子为 0.000～0.866，平均为 0.291；钙离子为 0.002～0.973，平均为 0.213；镁离子为 0.005～0.738，平均为 0.107。以钠、钾、钙、镁为优势阳离子的土层占总土层的比例分别为 45.5%、35.5%、18.2%、0.8%。各阴离子占阴离子总质量的份额也相差较大，氯离子的质量份额为 0.005～0.790，平均为 0.115；硫酸根为 0.008～0.995，平均为 0.310；碳酸根（含碳酸氢根）为 0.000～0.944，平均为 0.575。以氯离子、硫酸根、碳酸根为优势阴离子的土层占总土层的比例分别为 2.5%、19.0%、78.5%。从以上分析可知，宁夏土壤盐分组成中，各种盐分成分均有可能在特定条件下占绝对优势，但是从分布的广泛度、质量份额等方面来看，阳离子以钠离子、钾离子、钙离子为主，阴离子以碳酸根为主，即平均起来盐分以碳酸钠、碳酸钙为主，硫酸钠、硫酸钙也有一定的分布，氯化钠的含量是比较小的，占优势的情况很少。

（2）盐分的剖面分布。表土层盐分含量是发生分类中划分盐土或者盐化土壤的重要依据，所调查的 123 个剖面表层的盐分含量为 0.5～12.8 g/kg，平均为 2.2 g/kg，其中小于 1.5 g/kg 的占 56.9%，1.5～6.0 g/kg 的占 35.0%，大于 6.0 g/kg 的占 8.1%。宁夏处于干旱半干旱内陆地区，降雨少、蒸发大，理论上讲宁夏土壤盐分应该普遍具有表聚性，然而在此次调查中发现，34.9%的土壤剖面中表层盐分含量与表下层没有明显差别（绝对相差量＜0.1 g/kg，或者相对相差量＜10%）。只有 16.0%的土壤剖面的表层盐分含量比表下层高，高 0.15～4.47 g/kg，平均高 1.24 g/kg，相对高 10.2%～63.2%，平均相对高 30.0%。而表层盐分含量比表下层低的剖面数占 49.1%，低 0.10～8.37 g/kg，平均低 2.07 g/kg；相对低 11.8%～589.0%，平均相对低 98.7%。可见宁夏土壤盐分的表聚性并不是普遍存在的，盐分表聚性与调查取样时间和水盐季节变化有关系。1 m 土体内（或者有效土体内）盐分含量较表层土壤盐分含量要稳定得多，也是诊断系统分类的重要依据。根据这次土系调查，约 3.3%的土壤盐分含量大于 10 g/kg 但小于 20 g/kg，约 9.8%的土壤盐分含量大于 5 g/kg 但小于 10 g/kg，约 64.2%的土壤盐分含量大于 2 g/kg 但小于 5 g/kg，约 22.7%的土壤盐分含量小于 2 g/kg。

在 317 个土壤剖面层次中，钠离子饱和度为 0.3%～52.5%，平均为 9.6%。其中钠离子饱和度大于 30%的占 6.4%，钠离子饱和度大于 5%但小于 30%的占 49.8%，钠离子饱和度小于 5%的占 43.8%。总体上，在 1 m 土体或有效土层之内宁夏土壤钠离子饱和度随着深度的增加而增加，表层土壤平均钠离子饱和度为 7.0%（n=123），第二层土壤平均钠离子饱和度为 10.6%（n=106），第三层土壤平均钠离子饱和度为 11.6%（n=77），第四层土壤平均钠离子饱和度为 15.8%（n=9）。但钠离子饱和度在不同调查的剖面之间有很大的差异，例如，在 106 个剖面的第二层土壤中，与表层没有明显差别（绝对相差量小于 0.1%或相对相差量小于 10.0%）的占 16.0%；明显比表层大（绝对相差量大于 0.1%而且相对相差量大于 10.0%）的有 58.5%，其值比表层高 0.1%～33.8%，平均高 7.6%，相对比表层高 13.4%～245.7%；明显比表层小（绝对相差量大于 0.1%而且相对相差量大于 10.0%）的有 25.5%，其值比表层低 0.2%～14.1%，平均低 4.0%，相对比表层低 13.0%～72.8%。

只有在土壤 pH 大于 9.0 的情况下，才可以认为高钠离子饱和度（碱化度）的土壤发生了碱化。本次调查的 317 个土层中，pH 大于等于 9.0 的土层有 37 个，碱化度为 1.2%～52.5%，平均为 17.0%，其中碱化度大于等于 30%的有 7 个，碱化度大于等于 5%但小于 30%的有 21 个，碱化度小于 5%的有 9 个。

4）盐碱累积形态

大部分情况下，宁夏土壤有以下几种盐碱累积形态。

（1）盐结皮层。干旱季节盐分在地表聚集，结皮厚度为 1～3 cm，与下层土体衔接不紧。蓬松状结皮含盐以硫酸盐为主，潮湿状结皮以氯化物为主。

（2）隐形盐化层。盐分聚集在剖面上的某个层次，但是并不展示出标志性形态特征，盐分以硫酸盐为主的土壤含盐量为 2 g/kg 以上，盐分以氯化物为主的土壤含盐量在 1 g/kg 以上。

（3）粉末状盐斑。在土壤结构体面上淀积白色的粉末状或者豆腐渣状的盐分，其丰度（覆盖结构体面的比例）往往在 50%～90%。

（4）盐分结晶。当盐分以硫酸钙为主时，在土体中可能形成结晶体（白色、蜂窝状），占土壤体积的 30%～80%，厚度为 30～90 cm。

（5）碱化结皮层。一般在低洼处，地表呈淡灰色结皮、裂缝，下面为 1～3 cm 的结壳，背面有较多海绵状气孔。

（6）碱化层。土壤钠离子占土壤交换性阳离子总量的 5%以上，pH>8.5。

3.1.4　土壤氧化还原过程

由于土壤有机质、微生物的存在，土壤形成了一个复杂的氧化还原体系，存在着氧化态与还原态物质之间的相互转化过程，称为氧化还原过程。宁夏土壤的氧化还原过程主要是铁和锰的氧化还原。

1）宁夏土壤氧化还原过程的主要类型

（1）还原占优势。低洼地的沼泽土地区地面长期积水，土壤通气不良，在厌氧微生物作用下，土壤中还原作用占优势。土壤中有较多的还原性物质形成，其中如蓝铁矿等，使潜育层呈现蓝灰色，腐殖质不易分解，形成腐泥层或泥炭层。淹水时期，潜育层、腐泥层、泥炭层亚铁含量分别为 1337 mg/kg、2793 mg/kg、3959 mg/kg，占全铁含量的 6.5%、13.6%和 19.2%。这些亚铁物质有 94%以上为沉淀态，水溶态不足 1%。沼泽地的亚锰总量较亚铁低，淹水时期潜育层、腐泥层、泥炭层的亚锰含量分别为 500.5 mg/kg、266.0 mg/kg、733.5 mg/kg。沼泽地潜育层在淹水季节的还原性物质总量平均为 185 单位，泥炭层及腐泥层的还原性物质总量高达 369～660 单位（宁夏农业勘查设计院，1990）。

（2）氧化还原交替。在地下水位较高、通气不良的情况下，铁和锰还原为低价离子，并可沿土壤孔隙运动。当地下水位下降时，通气改善，这些低价化合物便可氧化为高价化合物沉淀，形成锈纹、锈斑。部分引黄灌区土壤在 4 月旱季时底土的还原性物质总量约为表土的 2 倍，说明底土受地下水影响，还原作用比表土强。6 月灌溉时期地下水位升高，底土还原作用增强，其还原性物质总量比 4 月旱季增加 5 倍，但表土无明显变化。而在淹水季节（6 月），表土的还原性物质总量高于底土。常年稻田还原物质总量一般高达 40 单位（个别高达 72 单位），10 月撤水之后，表土还原性物质大幅度下降，说明其氧化还原的交替作用，因种稻淹水、撤水，主要发生在表层（宁夏农业勘查设计院，1990）。

2）宁夏土壤氧化还原过程的剖面形态

宁夏土壤氧化还原过程的剖面形态主要是在土体内、结构体面上、根孔周围形成红褐色的铁锰锈纹锈斑，或者形成铁锰结核。在此次调查所挖掘的 123 个剖面、408 个有效土层（即不包括处于底层的风化碎屑层、母岩层、粗岩块层）中，有 57 个土层具有铁锰锈纹锈斑，这些土层分布在 29 个剖面中，锈纹锈斑的丰度一般在 1%～5%，少数在 10%～30%，个别能达到 50%，出现深度在 0～100 cm，平均出现深度是 41.5 cm。有 12 个土层具有直径 1～2 mm 的铁锰结核，分布在 8 个剖面上，丰度一般在 1%～5%，出现深度为 25～125 cm，平均出现深度是 51.4 cm。

3.1.5 土壤黏化过程

黏化作用是土壤中的某个层位由于次生层状硅酸盐黏粒的产生或者淋溶淀积而导致黏粒含量增加的过程。宁夏位于中温带干旱与半干旱区，土壤少水干燥，温度较低，化学风化和淋溶淀积甚弱，故宁夏土壤黏化作用普遍微弱，但仍存在。

1）土壤黏粒的化学与矿物特征

各类土壤黏粒的化学组成变化不大，氧化硅含量为 470～590 g/kg、氧化铝含量为 190～240 g/kg、氧化铁含量为 80～140 g/kg，硅铁铝率为 2.8～3.7。同一剖面的硅铁铝率没有明显的变化，说明宁夏土壤风化程度较弱。黏粒中的氧化钾含量为 34～40 g/kg、氧化镁含量为 17～20 g/kg、氧化钠含量为 5～8 g/kg、氧化钙含量为 5～7 g/kg。

根据土壤黏粒的 X 射线衍射图谱，宁夏主要土壤的黏土矿物皆以水云母为主，其次为绿泥石、高岭石、蒙皂石、蛭石、混层矿物及石英。水成及半水成土壤，黏土矿物组成也以水云母为主，但土壤富含盐基且排水不良时，可促进蒙皂石的形成。

2）土壤黏化过程类型

黏粒在剖面上的淋溶淀积是黏化作用的一种重要形式，其主要特征就是在土壤结构体面上形成黏粒胶膜。在所调查的 123 个剖面中只在 14 个剖面上存在模糊的黏粒胶膜，其中还有 9 个剖面的成土母质是河流冲积物，土地利用类型是耕地，其黏粒胶膜是黏粒-腐殖质复合胶膜，是在人为耕作下形成的；其余 5 个剖面全部分布在宁夏南部山区，与宁夏北部相比，这里的降水量相对较多、温度较低、蒸发量较小。可见，宁夏总体上是不具备黏粒淋溶淀积条件的，淋溶淀积过程难以发生，即使在淋溶条件相对较好的南部山区，黏粒淋溶淀积过程也是很微弱的。

残积黏化是黏化作用的另外一种重要形式，一般认为残积黏化的黏粒直接来源于同一层次的粉粒，即粒径为 0.002～0.050 mm 的颗粒，因此残积黏化层次的黏粒/粉粒值在上下层次明显偏高，如果某一层次的黏粒/粉粒值明显比母质层偏高，表明可能具有残积黏化现象（俞震豫，1985；张凤荣等，1999）。在宁夏 64 个各土层母质同源的剖面中，有 38 个剖面的底层（母质层）土壤黏粒/粉粒值明显小于上覆土层，可见残积黏化在宁夏土壤的形成过程中是比较容易发生的。但如果是强烈的残积黏化，会有氧化铁锰物质析出，使得土壤颜色比母质要红艳，但以上所说的剖面土层的颜色色调和母质层基本没有差别，因此推断宁夏土壤的残积黏化过程又是非常微弱的，难以形成黏化层。

3.1.6 土壤熟化过程

土壤熟化是指在人为利用耕种过程中土壤生产障碍因素的消除，土壤理化、生物性状的改善和土壤肥力的提高。自然土壤经过长期耕作，引起土壤理化、生物性状的变化，在土体上部逐步形成土壤层次。

1）土壤灌淤熟化

引黄灌区长期引用含有大量泥沙的黄河水灌溉，致使灌区农田均有一定厚度的灌水淤积物，灌水淤积物含有较多的有机物质及养分；同时施用土粪、作物残茬、秸秆和绿肥翻压等，也不断向灌淤层补充有机物质及养分。随着灌淤土层逐年加厚，灌水落淤与耕作施肥交替进行，灌淤土层的沉积层次经耕作而消失，形成了均匀的灌淤熟化土层（简称灌淤土层）。这种土层质地均匀，呈块状、碎块状或粒状结构，有较多的孔隙，有机质及养分含量自上向下缓慢降低。耕作历史久的厚层灌淤土熟化度高，有机质及养分含量高于薄层灌淤土。而且，在灌淤过程中，因土层加厚导致地面相对抬高，地下水位相对下降，土壤因灌溉水淋洗而脱盐，这类土壤中常常由于地下水位高和土壤盐化位置低而加重盐化。

2）土壤旱耕熟化

宁夏旱作农业面积大，气候干旱，耕作层厚 10～20 cm，多呈碎块状或块状结构。部分旱地因多年耕地的深度相近形成犁底层，厚度约 10 cm，板结紧实，层状结构，孔隙减小，容重增加。黏土、壤土犁底层阻碍根系生长，砂土犁底层有利于保水保肥、减缓渗漏。旱耕土壤为新成土，耕作层土壤有机质含量较自然土壤降低，腐殖质胡富比增加，碳和氮含量比较低。

3.2 宁夏土壤的诊断层和诊断特性

诊断层、诊断特性是土壤系统分类学理论体系中的基本概念，是实现系统化、定量化土壤分类的基础。所谓诊断层就是用于鉴别土壤类别的、在性质上有一系列定量规定的特定土层，所谓诊断特性就是用于鉴别土壤类别的、在性质上有一系列定量规定的土壤理化性质。此外，那些理化性质接近却不能完全满足诊断层或诊断特性的量化规定，但是足以作为划分土壤类别依据的土层或者土壤理化性质称为诊断现象。

在《中国土壤系统分类检索（第三版）》中规定了 31 个诊断层（11 个诊断表层、20 个诊断表下层）、25 个诊断特性、20 个诊断现象。通过对宁夏 123 个土壤剖面、408 个土层的观测分析，共鉴定出诊断表层 5 个：淡薄表层、干旱表层、暗沃表层、灌淤表层、肥熟表层；诊断表下层 8 个：雏形层、钙积层、耕作淀积层、碱积层、盐积层、黏化层、磷质耕作淀积层、石膏层；诊断现象 7 个：钙积现象、盐积现象、碱积现象、钠质现象、肥熟现象、水耕现象、灌淤现象；诊断特性 10 个：盐基饱和度、石灰性、岩性特征、氧化还原特征、石质接触面和准石质接触面、钠质特性、均腐殖质特性、人为扰动层次、土壤温度状况、土壤水分状况，其中岩性特征包括黄土和黄土状沉积物岩性特征、砂质沉积物岩性特征、冲积物岩性特征、红色砂岩岩性特征。

3.2.1　诊断层

1）淡薄表层

淡薄表层是宁夏数量最多、分布范围最广的诊断表层，在 123 个剖面中共鉴定出 96 个淡薄表层，分布在各种气候、植被条件下，其中 85 个分布在自然土壤，在耕作土壤或果园中只有 11 个。就土壤类型而言，在宁夏 7 个土纲中的雏形土（50）、新成土（23）、干旱土（19）、盐成土（4）4 个土纲中发现了淡薄表层。

宁夏淡薄表层厚度平均约为 30 cm，但变幅较大，在 10～80 cm，其中≤25 cm 的有 29 个，约占总数的 30.2%，可见土层浅薄是形成宁夏淡薄表层的一个重要因素。

宁夏淡薄表层有机碳含量为 0.77～24.95 g/kg，平均为 5.26 g/kg，其中＜6.0 g/kg 的有 69 个，约占总数的 71.9%，有机碳含量偏低是形成宁夏淡薄表层的主要因素。

宁夏土壤淡薄表层干土颜色有浊黄橙色（56.2%）、黄棕色（11.4%）、浊棕色（6.2%）、浊橙色（6.2%）、亮棕色（4.0%）、浊黄棕色（3.0%）、亮黄棕色（2.0%）、浅淡黄色（2.0%）、灰黄棕色（2.0%）、橙色（2.0%）、亮黄棕色（1.0%）、粉红色（1.0%）、粉红白色（1.0%）、淡黄色（1.0%）、淡黄橙色（1.0%）15 种，但主要是浊黄橙色、黄棕色、浊棕色、浊橙色、亮棕色、浊黄棕色、亮黄棕色等明亮的颜色；干土色调有 5 种，即 10YR（76.0%）、7.5YR（19.7%）、5YR（3.1%）、2.5Y（1.0%）、5Y（0.2%）；干土明度为 6（59.3%）、5（26.1%）、7（11.4%）、8（3.2%）；干土彩度为 4（46.8%）、3（27.2%）、6（16.6%）、2（6.2%）、8（3.2%）。湿土颜色有棕色（37.8%）、黄棕色（26.5%）、浊黄橙色（8.0%）、暗棕色（7.2%）、亮黄棕色（5.2%）、亮棕色（3.1%）、浊棕色（2.0%）、浊黄棕色（2.0%）、浊红棕色（2.0%）、黑棕色（2.0%）、浊橙色（1.0%）、灰黄棕色（1.0%）、粉红色（1.0%）、橙色（1.0%）14 种，但主要是棕色、黄棕色、浊黄橙色、暗棕色、亮黄棕色；湿土色调只有 4 种，即 10YR（79.1%）、7.5YR（18.7%）、5YR（1.2%）、2.5YR（1.0%）；湿土明度为 4（43.7%）、5（37.5%）、6（13.5%）、3（5.3%）；湿土彩度为 4（43.9%）、6（36.7%）、3（9.2%）、8（7.1%）、1（2.0%）、2（1.0%）。以上数据表明，土壤颜色较亮、明度和彩度较高是宁夏土壤淡薄表层形成的主要因素。

2）暗沃表层

宁夏山地地区，特别是南部山地地区，水分条件相对比较好，而且气温冷凉，土壤腐殖质累积比较强，形成了一定数量的暗沃表层。在 123 个土壤剖面中，鉴定到 12 个暗沃表层，其平均厚度为 42.9 cm，但变化很大，直接发育于石质接触面上的葡萄泉系的暗沃表层厚度只有 20 cm，而发育于残积坡积母质上的绿塬顶系的暗沃表层厚度达到了 80 cm。宁夏暗沃表层的有机碳含量在 7.5～55.8 g/kg，不同剖面的加权平均值为 21.1/kg，同一剖面的加权平均值为 9.6～46.0 g/kg。土壤中的阳离子交换量较低，在 1.9～12.0 cmol/kg，不同剖面的加权平均值为 8.3 cmol/kg 左右，同一剖面的加权平均值为 2.1～12.0 cmol/kg。土壤 pH 在 6.2～8.5，盐基饱和度在 61.4%～100%。土壤质地有粉砂壤土、砂壤土、粉砂黏壤土、壤砂土、壤土等类型，颗粒大小有黏壤质、壤质、砂质等类型。土壤结构以团块状和团粒状结构为主，有少量的块状和棱块状结构。干土的颜色主要有浊黄橙色、灰黄棕色，还有极少量的浊棕色、浊黄棕色、黑棕色，色调绝大多数是 10YR，还有极少量的 7.5YR，明度绝大多数是 5，还有极少量是 3 和 4，彩度一般为 3，偶尔出现 2。湿土的颜色主要为黑棕色、暗棕色、浊黄棕色、浊红棕色，还有少量的黑色、黑暗棕色，色调绝大多数是 10YR，还有少量的 2.5Y 和 7.5YR，明度一般为 3、2、4，彩度一般为 3、2，还有极少量的 1。

3）灌淤表层与灌淤现象

引黄灌溉是宁夏农业灌溉最主要的形式，长期的引黄灌溉形成了一定数量的灌淤表层，本次土系调查共鉴定到 13 个灌淤表层，其厚度在 60～100 cm，平均为 80.5 cm。层段内加权平均有机碳含量在 4.6～9.5 g/kg，平均为 6.6 g/kg，有机碳含量自表层向下逐渐减小，剖面上部土层有机碳含量最高可达 12.2 g/kg，下部在 3.1 g/kg 以上，顶层和底层有机碳含量相差量在 2.6～6.8 g/kg。层段内加权平均阳离子交换量为 3.5～16.9 cmol/kg，平均为 11.3 cmol/kg。宁夏灌淤表层是在引黄灌溉下形成的，随着现代农业中土杂肥施用量的减少、化肥施用量的增加，大部分灌淤表层不含煤渣、木炭、砖瓦碎屑、陶瓷片等人为侵入体，或者含量非常少，但一般能够在土层的中下部见到灌溉微层理。该类型土壤的质地以壤土、粉砂壤土、粉砂黏壤土为主，另有少量黏壤土、黏土。土壤结构以块状、棱块状结构为主，还有少量的团块状和鳞片状结构。干土颜色最多的是浊黄橙色、浊橙色、浊棕色，还有少量的浊黄棕色、粉红色、淡黄橙色、橙白色，色调一般为 10YR 和 7.5YR，明度多数为 6 或 7、极少数为 5 或 8，彩度一般为 3 或 4、极少数为 2。湿土颜色多数为棕色、暗棕色、浊棕色，少数为浊黄棕色、亮棕色、黑棕色、暗红棕色、浊黄橙色、粉红灰色，色调一般为 7.5YR、10YR 或 5YR，明度多数为 4、5，少数为 3、6，彩度一般为 3 或 4，极少数为 2 或 6。

除了以上的灌淤表层，在河滩系、吉平堡系上还鉴定到了灌淤现象，其厚度仅仅为 20～30 cm。

4）肥熟表层与肥熟现象

肥熟表层是在长期的精耕细作、频繁灌溉下形成的高度熟化人为表层。此次土系调查共鉴定到 7 个肥熟表层，其中 4 个厚度为 25 cm，2 个为 40 cm，1 个为 30 cm。pH 在 8.0～9.1，有机碳含量为 8.3～12.1 g/kg，平均为 9.8 g/kg。有效磷含量为 35～91 mg/kg，平均为 55 mg/kg。阳离子交换量为 3.5～14.1 cmol/kg，平均为 11.0 cmol/kg。除极少数剖面的土壤盐分含量小于 0.6 g/kg 或者大于 3.0 g/kg 但小于 10.0 g/kg 外，土壤盐分含量一般在 1.0～3.0 g/kg。土壤质地多数为粉砂壤土、粉砂黏壤土，极少数为壤土、黏壤土。土壤结构多数为块状结构、团块状结构，少数为团粒状结构或棱块状结构。干土颜色为浊黄橙色、浊橙色，色调为 10YR 或 7.5YR，彩度为 3 或 4，明度为 6、5、7。湿土颜色为暗棕色、黑棕色、浊黄橙色、浊棕色、棕色，色调为 7.5YR 或 10YR，彩度为 3 或 4，明度为 3、5、4。

除以上肥熟表层外，还有 10 个剖面存在肥熟现象，它们的土壤质地、结构、侵入体、颜色等物理性能指标与上面所述的肥熟表层基本相同，其他诸如有机碳含量、盐分含量、阳离子交换量、pH 等化学性能指标与肥熟表层也基本相同。它们之所以不是肥熟表层，而只是肥熟现象，主要是因为有效磷含量小于 35 mg/kg 或厚度不足 25 cm。

5）水耕表层和水耕现象

水耕表层和水耕现象是在淹水耕作条件下形成的人为诊断表层和诊断特性，在此次调查的 9 个水旱轮作或者长期种水稻的耕地上，没有鉴定到水耕表层，仅仅鉴定到 7 个水耕现象。说明在宁夏的生产和生态条件下，是很难形成水耕表层和水耕人为土的，其主要原因是土壤黏粒含量较少，即使在耕作条件下也不容易形成犁底层，也不容易产生容重的剖面分异。7 个具有水耕现象的土体、根孔周围均有锈纹锈斑，土层厚度在 18～40 cm，容重在 1.5～1.7 g/cm^3，pH 在 8.0～9.1，有机碳含量为 4.2～12.2 g/kg，有效磷含量为 7.2～57.5 mg/kg，阳离子交换量为 3.4～17.0 cmol/kg，盐分含量一般为 0.7～7.1 g/kg。土壤质地有粉砂土、粉砂黏壤土、砂土、黏壤土、粉砂壤土、粉砂黏土。土壤结构有块状、棱块状、团块状和鳞片状结构。干土颜色为浊黄橙色的 10YR 7/3、10YR 6/3 和浊黄棕色 10YR 5/4，湿土颜色为暗棕色 7.5YR 3/3、暗红棕色 5YR 3/3、黑棕色 7.5YR 3/1、浊黄棕色 10YR 5/4、棕色 7.5YR 4/4、浊黄橙色 10YR 5/3。

6）干旱表层

宁夏处于暖温带、中温带的干旱、半干旱地区，部分地区具备了形成干旱表层的生境条件。在 123 个剖面中共鉴定出 20 个干旱表层，分布在宁夏中部、北部地区。宁夏干旱表层总体上发育特征不是很明显，在这 20 个干旱表层中有 13 个在地表有地衣苔藓等物质构成的黑褐色、菌落状或者片状的有机结皮，发育程度总体上比较低级，其厚度除房家沟剖面达到了 1～2 cm 外，其他剖面均在 2～5 mm，呈现为漆皮状，其地表覆盖度除房家沟剖面达到了 80%以上外，其他剖面均在 10%～50%。另外 7 个干旱表层的地表看不到明显的有机结皮，只有直径约 5～10 cm、高度约 1 cm、丰度约 3～10 个/m^2 的小沙包。在有机结皮或者沙包下的泡孔或者片状结构层比较薄，一般有 1～2 cm 厚，但比较脆，脚踩上去有明显的塌陷感，除了物理形态与下层土壤有差异外，颜色、手感质地等与下层土壤几乎没有差别。这 20 个干旱表层，同时也是淡薄表层，所在区域的多年降雨量在 210～325 mm，平均为 256 mm，Penman 干燥度在 3.5～5.5，平均为 4.5，有机碳含量在 1.56～5.61 g/kg，平均为 3.78 g/kg。

7）黏化层

宁夏干旱少雨，很难发生黏粒淋溶淀积，在土体中很难看到清晰的黏粒胶膜，特别是厚度为 0.5 mm 以上的黏粒胶膜，因此在宁夏是很难发育出黏化层的。此次土系调查，在 123 个剖面中仅仅鉴定到 2 个黏化层。其中，李家水剖面的黏化层直接位于准石质接触面上，颜色呈现为亮棕色（7.5YR 5/6，干）～棕色（10YR 4/4，润），比上层土壤明显艳丽，强发育的大粒状结构、小棱块结构，黏粒含量为 250 g/kg，比表层（171 g/kg）高出 79 g/kg。李家水系的年降水量仅为 303 mm，年干燥度为 3.65，很难发生黏粒的淋溶淀积，土体内也没有黏粒胶膜，因此其黏化层应该是古代的残积黏化作用形成的。马东山剖面的黏化层是腐殖质层与母质层之间的过渡层，浊黄棕色（10YR 5/4，干）～黑棕色（10YR 2/3，润），粉黏壤土，强发育的大团粒状结构和粒状结构，结构面有少量模糊黏粒-腐殖质胶膜，黏粒含量为 318 g/kg，是上层（231 g/kg）的 1.38 倍。马东山系的年降水量为 438 mm，年干燥度为 2.39，土体发生了一定的黏粒淋溶淀积过程，土体内有模糊黏粒胶膜，因此其黏化层应该是黏粒淋溶淀积过程的产物。

除了以上 2 个黏化层外，还有 24 个剖面黏粒含量分布符合黏化层的要求，其中 13 个剖面的成土母质是河流冲积物，其剖面黏粒含量的差异性起源于冲积过程，而且土体上没有 0.5 mm 以上的黏粒胶膜，因此既不是黏化层，也不是黏磐；另外 11 个剖面是均一的黄土母质，其表层黏粒的含量显著小于表下层以下的土壤，但是土体中没有任何黏粒胶膜，可能是因为这些剖面点气候干燥、植被低矮稀疏，黏粒附着力不足而被风刮走，从而导致底层土壤黏粒含量相对增加，因此这些剖面也不能被认定为具有黏化层。

8）盐积层与盐积现象

宁夏处于干旱半干旱的内陆，土壤普遍含有一定量的盐分，但是系统分类中的盐积层对土壤盐分的要求要比传统意义上盐碱土的要求高很多，因此盐积层并不多，在 123 个剖面中，仅仅鉴定到 3 个盐积层。

第一个盐积层出现在山火子系，山火子剖面地势平坦，为稀疏草灌植被，盐生植被覆盖度约 20%，地表有覆盖度小于 60%、厚度为 1～2 mm 的盐斑，年干燥度为 5.15，但由于地下水影响，形成了潮湿土壤水分状况，1 m 土体内各土层的盐分含量为 12.8～15.4 g/kg，盐积层的上界始于地表，盐分含量和盐分层厚度的乘积为 1435，土壤 pH 为 9.0～9.2，钠饱和度为 9.4%～11.5%。

第二个盐积层出现在碱滩沿剖面，地表植被是以碱蓬为主的盐生低矮灌木和草丛植被，地表有厚度约 3 cm、覆盖度约 90%的不连续的盐分结壳。年干燥度为 5.1，但由于地下水的影响，形成了潮湿土壤水分状况，盐积层的上界始于表下层，下界在 1 m 以下，盐积层土体内各土层的盐分含量为 11.5～12.4 g/kg，盐分含量和盐分层厚度乘积为 841，土壤 pH 为 9.0～9.2，钠饱和度为 40.3%～42.2%。

第三个盐积层出现在贺家口剖面，成土母质为洪积冲积物，植被为覆盖度约 30%的稀疏干旱草原，年干燥度为 4.27，但由于地下水影响，形成了潮湿土壤水分状况，盐积层的上界始于土体 80cm，下界在 1 m 以下，盐积层土体内各土层的盐分含量为 17.2 g/kg 左右，盐分含量和盐分层厚度乘积为 687，土壤 pH 在 8.5 以下，钠饱和度在 5.5%～25.0%。

除了以上盐积层外，还在 35 个剖面上鉴定到了盐积现象，其中 13 个为干旱地区下的盐积现象，土壤盐分含量在 5.2～15.2 g/kg，平均为 8.9 g/kg；盐积现象土层上界在 0～90 cm，平均为 27.7 cm；在 1 m 土体内的厚度为 10～100 cm，平均为 66.9 cm。其余 22 个为非干旱地区下的盐积现象，土壤盐分含量在 2.1～15.4 g/kg，平均为 5.7 g/kg；盐积现象土层上界在 0～100 cm，平均为 17.4 cm；在 1 m 土体内的厚度为 10～100 cm，平均为 65.0 cm。

9）碱积层与碱积现象

宁夏处于干旱半干旱的内陆，土壤盐碱化现象比较普遍，但是系统分类中碱积层划分的要求要比传统意义上碱化层土壤的要求高很多，因此碱积层并不多，在 123 个剖面中，仅仅鉴定到 3 个碱积层。

第一个碱积层出现在十分沟系，十分沟剖面的成土母质为冲积物，黄河冲积平原，旱地，主要种植玉米。地表有厚度为 2～6 mm、覆盖度约 90%的盐斑。0～32 cm 为表土层，pH 平均为 9.6，盐分含量为 1.5 g/kg，钠饱和度为 21.7%，黏粒含量为 273 g/kg。32～120 cm 为碱积层，pH 为 9.9～10.0，盐分含量为 3.2～3.4 g/kg，钠饱和度为 47.6～52.5%，黏粒含量为 330～495 g/kg。

第二个碱积层出现在西大滩剖面，成土母质为河流冲积物，高原冲积平原，自然草地，盐碱地草甸植被，主要植物有芦苇、苦苦菜等，覆盖度约 80%。地表有厚度约 1～2 mm，覆盖度约 30%的盐斑。0～30 cm 为表土层，pH 为 9.4，盐分含量为 2.5 g/kg，钠饱和度为 30.3%，黏粒含量为 346 g/kg。30～100 cm 为心土层、底土层，pH 为 9.5～9.8，盐分含量为 1.1～1.2 g/kg，钠饱和度为 16.2%～40.1%，黏粒含量为 256～317 g/kg。

第三个碱积层出现在碱滩沿剖面（同时也是盐积层），地表植被是以碱蓬为主的盐生低矮灌木和草丛植被，覆盖度约 80%，地表有厚度约 3 cm、覆盖度约 90%的不连续的盐分结壳。0～30 cm 为表土层，pH 为 8.8，盐分含量为 3.4 g/kg，钠饱和度为 11.2%，黏粒含量为 101 g/kg。30～130 cm 为碱积层，pH 为 9.0～9.2，盐分含量为 11.5～12.4 g/kg，钠饱和度为 40.3%～42.2%，黏粒含量为 128～193 g/kg。

除了以上碱积层外，还在 37 个剖面上鉴定到了碱积现象，这些具有碱积现象的土层的上界大多数是地表 0 cm 处，少数在 25～38 cm 处，平均在地表 7.4 cm 处；下界在 10～100 cm 处，平均在 48.6 cm 处，在土体 1 m 内的厚度为 10～100 cm，平均为 41.2 cm。具有碱积现象的土层土壤 pH 为 8.5～9.8，平均为 8.8。具有碱积现象的土层的钠饱和度为 5.1%～29.3%，平均为 11.3%。

10）钙积层与钙积现象

宁夏处于干旱半干旱地区，土壤碳酸钙淋洗微弱，有利于淀积过程，土体碳酸钙含量较高。在此次调查的 123 个土壤剖面中，在 34 个剖面中鉴定出了钙积层，其上界在地表 0～100 cm，平均出现深度为 36.4 cm，下界在地表 25～180 cm，其在 1 m 土体内的厚度在 10～80 cm，平均为 45.3 cm。碳酸钙含量在 60～227 g/kg，平均为 133.7 g/kg，但只有 14 个剖面钙积层比上覆土层或下垫土层的碳酸钙含量高出 50 g/kg 以上。在这 34 个剖面中，有 18 个剖面的钙积层含有 10%（体积分数）以上的碳酸钙假菌丝体，2 个剖面的钙积层含有 5%～10%（体积分数）的碳酸钙假菌丝体。因此，这些层次之所以被鉴定为钙积层，只有少部分是因为其碳酸钙含量比上覆土层或者下垫土层的碳酸钙含量高出 50 g/kg 以上，而更多的是因为其土层中含量较多的碳酸钙假菌丝体。宁夏钙积层的土壤结构以块状结构、棱块状结构为主。

除以上钙积层外，还有 53 个剖面鉴定出了钙积现象，其碳酸钙含量在 75～189 g/kg，平均含量为 130.3 g/kg，大多数有钙积现象的土层有少量或极少量的碳酸钙假菌丝体、粉末等。

11）耕作淀积层和磷质耕作淀积层

此次土系调查，在 123 个剖面中鉴定出了 5 个耕作淀积层，它们均出现在灌淤母质剖面上，而且这些剖面都具有灌淤表层，或者还同时具有肥熟表层。这些耕作淀积层的厚度一般为 20 cm 左右，但镇朔剖面的耕作淀积层的厚度达到了 42 cm，其结构一般为棱柱状结构、棱块状结构，结构体面上一般有模糊的腐殖质-黏粒胶膜，pH 在 8.5～9.1，平均为 8.8；土壤有机碳含量在 4.9～8.0 g/kg，平均为 6.50 g/kg；有效磷含量在 2.5～56.1 mg/kg，平均为 18.2 mg/kg；阳离子交换量在 3.5～16.4 cmol/kg，平均为 10.84 cmol/kg；盐分含量在 0.7～2.50 g/kg，平均为 1.7 g/kg。干土颜色一般为浊棕色、浊橙色、浊黄橙色，色调一般为 10YR 或 7.5YR，明度一般为 6 或 7，彩度一般为 3、4、5。湿土颜色一般为棕色、浊棕色、浊黄橙色，色调一般为 7.5YR 或 10YR，明度一般为 4 或 5，彩度一般为 3、4、5。

在上述耕作淀积层中，通桥剖面、黄渠桥剖面的有效磷含量平均值分别为 23.0 mg/kg、56.10 mg/kg，因此这两个耕作淀积层同时又是磷质耕作淀积层。

12）石膏层

在喊叫水剖面发现了石膏层，从表土层以下 30～110 cm，土体中存在显著的蜂窝状石膏结晶，其体积占土体的 50%以上，结晶体本身没有石灰反应，但土壤石灰反应十分强烈。表层土壤碳酸钙含量为 185 g/kg，结晶体层土壤（剔除结晶体后）的碳酸钙含量却只有 60～69 g/kg，结晶体层之下的底土层的碳酸钙含量只有 10 g/kg。结晶体层土壤（剔除结晶体后）的盐分含量为 8.5 g/kg，其中硫酸盐含量约为 2.7 g/kg。

13）雏形层

雏形层是宁夏分布最广的诊断表下层。此次土系调查，在 123 个剖面中有 88 个在 1 m 土体内鉴定到了雏形层，其上界在地表下 10～90 cm，平均为 32.9 cm，小于 30 cm 的有 60 个（68.2%）；其厚度在 12～135 cm，平均为 81.9 cm，可见宁夏雏形层的出现深度是比较浅的。下界深度在 100 cm 之内的只有 28 个（31.8%），平均为 76.8 cm，其余 60 个的下界深度在 100 cm 以下，最深的达到了 200 cm，可见宁夏雏形层的下界深度是比较大的。在 1 m 土体内的厚度在 10～85 cm，平均为 59.7 cm，可见宁夏土壤雏形层是比较厚的。

宁夏雏形层的土壤结构发育程度为微弱—中等，几乎所有的结构形态都有，但最常见是棱块状、块状、团块状、棱柱状及片状结构。约 21.6%的雏形层有少量铁锰锈纹锈斑，约 56.8%的雏形层有碳酸钙假菌丝或碳酸钙粉末。几乎所有土壤质地类型均有可能出现在雏形层中，但是最常见的是粉砂壤土、壤土、砂壤土、粉砂黏壤土等。干土颜色很多，主要是浊黄橙色（67.0%）、浊橙色（6.8%）、黄棕色（3.9%）、浊棕色（3.4%）、亮黄棕色（2.2%）、浊黄棕色（2.2%）、淡黄橙色（2.2%）、亮棕色（2.2%）、粉红色（2.2%）；干土色调绝大多数为 10YR（82.3%）、7.5YR（14.7%）、5YR（1.7%），以及很少量的 2.5YR、2.5Y 等；除了明度值 2 外，所有明度值均有，但是绝大多数是 6、5、7；所有的彩度值均有，但绝大多数是 4、3、6。湿土颜色很多，主要有棕色（42.0%）、黄棕色（11.9%）、浊黄橙色（9.0%）、亮黄棕色（7.9%）、浊棕色（6.2%）、暗棕色（6.2%）、黑棕色（3.4%）、亮棕色（2.8%）、浊黄棕色（2.2%）、暗红棕色（2.2%）；湿土色调绝大多数为 10YR、7.5YR，以及很少量的 5YR、2.5YR、2.5Y 等；除了明度值 8 外，所有明度值均有，但是绝大多数是 4、5、6；所有的彩度值均有，但绝大多数是 4、6、3。

3.2.2　诊断特性

1）钠质特性和钠质现象

宁夏处于干旱、半干旱区，土壤盐碱化现象普遍，123 个土壤剖面中，在 1 m 土体内鉴定到钠质特性的有 11 个，鉴定到钠质现象的有 54 个。钠质特性土层的上界在 0～90 cm，平均为 39.9 cm，在 1 m 土体内的厚度为 10～90 cm，平均为 48.3 cm；pH 在 8.1～

10.0，平均为 8.9；钠饱和度在 30.3%～52.5%，平均为 41.2%；盐分含量在 1.2～15.2 g/kg，平均为 8.3 g/kg；阳离子交换量在 4.9～18.0 cmol/kg，平均为 9.5 cmol/kg。钠质现象土层的上界在 0～90 cm，平均为 25.4 cm，在 1 m 土体内的厚度为 10～100 cm，平均为 82.8 cm；pH 在 6.5～9.3，平均为 8.5；钠饱和度在 5.0%～27.3%，平均为 11.8%；盐分含量在 0.5～14.1 g/kg，平均为 3.4 g/kg；阳离子交换量在 0.5～18.3 cmol/kg，平均为 6.3 cmol/kg。

2）氧化还原特征

氧化还原特征指示着土壤水分比较充足，而且季节性地交替发生氧化作用和还原作用。宁夏处于干旱、半干旱地区，在自然条件下很难存在氧化还原特征，但是由于引黄灌溉，地下水位得到了抬升，以及南部山区山高，水分条件较好而存在一定的冻融作用，使宁夏也存在一定数量的氧化还原特征，它们主要是地表灌溉及其导致的地下水抬升所引起的，因此出现的层位比较浅。在 123 个剖面中，有 31 个鉴定到了氧化还原特征，有 26 个的氧化还原土层上界小于或等于 50 cm，其中有 8 个从地表就开始出现。在土地利用类型方面，有 21 个为农用地，3 个为南部山区的林地，7 个为草甸草原植被。

宁夏的氧化还原特征土层在土体内或结构体面或根孔内有丰度为 1%～30%的铁或者铁锰的锈纹锈斑，有些具有丰度为 1%～5%的铁锰结核。干土颜色绝大多数是浊黄橙色，少数为浊橙色、淡黄橙色、浅淡黄色，极少数为浊棕色、浊黄棕色、浅灰色、灰黄棕色、粉红色、橙白色，干土色调一般为 10YR、7.5YR，极少数为 5Y、2.5Y，干土明度一般为 6、7，少数为 8、5，干土彩度一般为 3、4，少数为 2、1。湿土颜色绝大多数是棕色，少数为暗棕色、浊棕色、浊黄橙色、黑棕色、浊黄棕色、浊橙色，极少数为亮棕色、灰黄棕色、橄榄色、粉红色、暗红棕色，湿土色调一般为 10YR、7.5YR，极少数为 5Y、5YR，湿土明度一般为 4、5，少数为 3、6、7，湿土彩度一般为 3、4，少数为 6、2、1。

3）石灰性

石灰性是指土表到 50 cm 深处范围内所有亚层中碳酸钙相当物含量均≥10 g/kg，用浓盐酸和蒸馏水比例为 3∶1（体积比）的 HCl 溶液处理时有泡沫反应，而且土层碳酸钙相当物含量在上、下层之间的相差量不超过 20 g/kg（钙积现象的下限）。石灰性是宁夏分布范围最广的土壤诊断特性，在各种气候、植被条件下均有分布。本次调查发现 123 个剖面中有 86 个剖面具有石灰性。

4）石质接触面与准石质接触面

在 123 个剖面中，有石质接触面、准石质接触面各 20 个，其岩石除了一个为长石花岗岩和一个为花岗片麻岩外，其余全部为砂岩、砾岩和页岩。地形部位一般为高原中山坡地，少数为高原丘陵坡地，极少数为冲积平原。出现深度在 10～160 cm，平均为 92.4 cm。

5）岩性特征

在 123 个剖面上，发现 56 个具有岩性特征，其中 42 个为黄土和黄土状沉积物岩性特征，8 个为砂质沉积物岩性特征，4 个为红色砂岩岩性特征，2 个为冲积物岩性特征。

6）均腐殖质特性

均腐殖质特性是指土壤腐殖质含量较高，而且不随土壤深度增加而陡然降低的腐殖质剖面分布现象。在草原植被、森林草原植被下，由于草本植物根系分布较深而且逐渐减少，这种情况下的土壤很容易具备均腐殖质特性。在宁夏土系中，均腐殖质特性的出现频率不是很高，此次土系调查的123个剖面中只有5个剖面具有均腐殖质特性，而且集中分布在宁夏南部高原山地的坡地，植被均为茂盛的草原植被。这些剖面的暗色腐殖质的下界深度为40～140 cm，有机碳含量为8.3～55.8 g/kg，土层加权平均值为22.1 g/kg。干土颜色有暗棕色、黑棕色、灰黄棕色、浊黄橙色、棕色等，色调一般为10YR，明度一般为3、4、5，彩度一般为2、3、4。湿土颜色一般为暗棕色、黑暗棕色、黑色、黑棕色、灰黄棕色，色调一般为10YR或7.5YR，明度一般为2、3，彩度一般为1、2、3。

7）盐基饱和度

盐基饱和度是确定暗沃表层、暗瘠表层等诊断层和岩性特征、铝质特性等诊断特性的重要依据，也是确立均腐土，划分某些土类、亚类的重要指标，在系统分类检索中是一个运用较多的诊断特性。在此次宁夏土系调查中，没有发现盐基不饱和的土壤，盐基饱和度在60%～100%，但是宁夏南部山区土壤的盐基饱和度要小些。

8）人为扰动层次

在此次土系调查中，观察到了两个人为扰动层次。一个是在盘龙坡剖面上，由于修筑梯田，在50～100 cm的土层，黄土母质的原土壤腐殖质层碎块和红色页岩、砂质泥岩的残积坡积物的碎块混杂在一起，两者的界线分明。另外一个是在吉平堡剖面上，由于深翻，表层的灌溉淤积物和埋藏腐殖质层的碎块混在一起，两者的界线分明。

9）土壤温度状况

在系统分类中，土壤温度状况是一个非常重要的诊断特性，是很多亚纲、土类、亚类的划分指标，也是划分土族的依据之一，同时还是确定草毡表层、雏形层的依据之一。所谓土壤温度状况，是指土表下50 cm深度处或浅于50 cm的石质或准石质接触面处的土壤温度。然而实际上不可能对每个土壤剖面的温度进行测量，因此需要根据气温来推断土壤温度（具体见1.4节）。通过以上工作，发现宁夏仅仅具有冷性和温性两种土壤温度状况，而温性占绝对优势，在所观测的123个剖面中，116个为“温性土壤温度状况”，7个为“冷性土壤温度状况”，冷性土壤温度主要分布在宁夏南部山区。

10）土壤水分状况

按照《中国土壤系统分类检索（第三版）》中的描述，要确定土壤水分状况，首先要确定水分控制层段，多年测定控制层段内的土壤水分张力，然后还要结合土壤温度，才能得到土壤水分状况数据。显然直接测定土壤水分状况是不现实的，因此在此次土系调查中，以《中国土壤系统分类检索（第三版）》中的定义与描述为依据，通过土壤剖面形态、地下水位、气象计算等方法来估计土壤水分状况，其方法与步骤如下所述。

（1）根据土壤剖面形态、利用方式、地形部位。

①水耕种植水稻，则为“人为滞水土壤水分状况”；

②平地、洼地，在地表1 m内具有潜育特征，但不存在人为滞水水分状况，则为“常潮湿土壤水分状况”；

③平地、洼地，在地表1 m内具有氧化还原特征，但不存在人为滞水水分状况，则为“潮湿土壤水分状况”；在干旱气候条件下，由于长期灌溉而使1 m以上大部分土体产生一定的氧化还原过程，但没有形成明显的锈纹锈斑，铁锰结核体积占比不到1%的情况，则为“半干润土壤水分状况”；

④地表 2 m 内存在缓透水的黏土层、冻层、石质接触面，而其上面的土层具有氧化还原特征、潜育特征或潜育现象，或发生了显著的黄化作用而形成了一个 10 cm 以上的黄化层，则为“滞水土壤水分状况”；

⑤高海拔的山体中上部，整年被潮湿云雾接触缭绕，土壤含水量终年接近毛细管持水量，则为“常湿润土壤水分状况”；

⑥高海拔的坡地，降雨相对于平原有所增加，同时由于天寒地冻，一年至少有一半时间里土壤含水量接近田间持水量，则为“湿润土壤水分状况”。

（2）根据地下水位。有研究表明，宁夏土壤的毛细管水上升高度一般在 1.0～2.4 m，砂土低，壤土最高。在这里假设砂土类的土壤毛细管水上升高度为 1.5 m，壤土类、黏壤土类的土壤毛细管水上升高度为 2.5 m，黏土类的土壤毛细管水上升高度为 2.0 m。

①地下水埋深＜1.0 m 时，如果剖面上有氧化还原特征、潜育特征、潜育现象，则为“常潮湿土壤水分状况”，否则为“常湿润土壤水分状况”；

②砂土类，地下水埋深 1.0～1.5 m；壤土类、黏壤土类，地下水埋深 1.0～2.5 m；黏土类，地下水埋深 1.0～2.0 m；如果剖面上有氧化还原特征、潜育特征、潜育现象，则为“潮湿土壤水分状况”，否则为“湿润土壤水分状况”。

（3）根据气象干燥度、土地利用和植被状况综合情况确定。如果通过以上 8 个步骤仍然没有得到土壤水分状况，则进一步通过气象干燥度确定，具体方法参照《中国土壤系统分类检索（第三版）》和本书 1.5 节。但是，即使气候干燥度≥3.5，如果是连续耕作 5 年以上的耕地，也认为是半干润土壤水分状况。同时考虑到干燥度的空间插值不可避免地存在一定的误差，因此在地表没有干旱有机结皮的情况下，即使干燥度≥3.5，但自然植被主要由高度 30 cm 以上草本、灌木、树木组成，而且植被覆盖度大于 50%，也认为是半干润土壤水分状况。

通过以上方法，此次宁夏土系调查所观测的 123 个剖面分属于 5 种土壤水分状况，其中 41 个剖面属于“干旱土壤水分状况”，50 个剖面属于“半干润土壤水分状况”（其中 16 个为尽管气候干燥度大于 3.5 且剖面上也没有氧化还原特征等显示其他水分状况的特征，但是因为长期耕种或植被覆盖度较好的剖面），24 个剖面属于“潮湿土壤水分状况”，7 个剖面属于“人为滞水土壤水分状况”，还有“湿润土壤水分状况”1 个剖面。

3.3　土壤系统分类归属确定

根据剖面观测、土层测试等，确定各个剖面的诊断层和诊断特性，然后依据《中国土壤系统分类检索（第三版）》及 2.3.4 节所增加的分类，通过逐步检索确定各个土纲、亚纲、土类、亚类 4 个高级单元的名称。基层单元土族和土系划分方法也严格按照《中国土壤系统分类土族和土系划分标准》进行。土系的划分标准也基本按照《中国土壤系统分类土族和土系划分标准》，但根据宁夏具体情况有所增减。土系的命名则完全按照《中国土壤系统分类土族和土系划分标准》中所建议的地名法。

3.3.1 高级分类单元

1）土纲的确定

通过检索，此次土系调查所确定的 123 个剖面均无火山灰特征和半腐有机土壤物质。

红岗、星火、镇朔、五星、陈家庄、通贵、通桥、瞿靖、先锋、丁家湾、刘营、何滩、黄渠桥 13 个剖面具有灌淤表层，红岗、五星、通桥、先锋、黄渠桥 5 个剖面还同时具有肥熟表层，通桥、黄渠桥 2 个剖面还具有磷质耕作淀积层。因此，以上 13 个剖面属于人为土土纲。

继续逐步检索，在剩余其他剖面中，没有发现灰化淀积层、铁铝层、变性特征。因此，宁夏土壤中没有灰土、火山灰土、铁铝土、变性土。李家水、滴水羊、沟脑、喊叫水、孙家沟、沟门、任庄、石家堡、石坡、乱山子、康麻头、沙塘、小蒿子、熊家水、阎家窑、新生、房家沟、高家水、朱庄子等 19 个剖面具有干旱表层、钙积层或者雏形层，属于干旱土土纲。

继续逐步检索剩余剖面，十分沟、西大滩、碱滩沿 3 个剖面具有上界在矿质土表到 30 cm 范围内的碱积层，碱滩沿、山火子 2 个剖面具有上界在矿质土表到 75 cm 范围内的盐积层。因此，以上 4 个剖面的土壤类型属于盐成土土纲。

继续逐步检索，在剩余剖面中，矿质土表到 50 cm 范围内没有潜育特征。因此，此次调查没有发现潜育土。

继续逐步检索剩余剖面，干沟、杨家庄、西屏峰、李鲜崖、绿塬顶 5 个剖面，同时具有暗沃表层、均腐殖质特性，而且整个有效土体的盐基饱和度均＞50%。因此以上 5 个剖面为均腐土土纲。

继续逐步检索，在剩余其他剖面中，没有发现低活性富铁层，因此在此次土系调查中，没有发现富铁土。马东山剖面具有黏化层，为淋溶土土纲。

继续逐步检索剩余剖面，石落滩、简泉、金桥、水渠沟、联丰、回民巷、陶家圈、小碱坑、刘石嘴、堡子塘、史圪崂、硝池子、高家圈、石山子、杨家窑、银新、阎家岔、鸦嘴子、盐池、场子、硝口梁、九条沟、庙坪、吴家渠、明台、李白玉、红旗村、东山坡、大庄、夏塬、姜洼、小岔、梁家壕、怀沟湾、梁家洼、光彩、玉民山、苏家岭、芦和湾、郭家河、吴家湾、脱烈、公道台、村沟、乏牛坡、七百户、刘家川、红川子、罗山、红套、六盘山、硝口谷、河滩，等 53 个剖面具有雏形层或钙积层、石膏层。因此，以上 53 个剖面属于雏形土土纲。剩余 27 个剖面为新成土土纲。

通过以上逐步检索，可见宁夏存在 7 个土纲，即人为土、干旱土、盐成土、均腐土、淋溶土、雏形土、新成土。

2）亚纲的确定

在 13 个人为土剖面中，没有剖面具有“水耕表层”“水耕氧化还原层”，即所有剖面都是“旱耕人为土”。

在 19 个干旱土中，没有剖面具有“寒性土壤温度状况”，所以全部为“正常干旱土”。

在 4 个盐成土剖面中，碱滩沿、西大滩、十分沟 3 个剖面具有碱积层，而且其上界在矿质土表到 30 cm 范围内，属于“碱积盐成土”，而山火子剖面属于“正常盐成土”。

在 5 个均腐土剖面中，没有珊瑚砂岩岩性特征和碳酸盐岩岩性特征，即没有“岩性均腐土”。绿塬顶剖面具有潮湿土壤水分状况，属于“湿润均腐土”。剩余 4 个剖面具有“半干润土壤水分状况”，属于“干润均腐土”。

唯一的淋溶土剖面马东山剖面有“半干润土壤水分状况”，属于“干润淋溶土”。

在 53 个雏形土剖面中，没有“寒性土壤温度状况”及更冷的土壤温度状况，因此没有寒冻雏形土。简泉、金桥、陶家圈、银新、红旗村、罗山、硝口谷、河滩 8 个剖面有“潮湿土壤水分状况”，并且在土表 50 cm 内至少有一个≥10 cm 的土层具有氧化还原特征，为“潮湿雏形土”。剩余剖面中，盐池、场子、硝口梁、九条沟、庙坪、吴家渠、明台、李白玉、阎家岔、东山坡、大庄、夏塬、姜洼、小岔、梁家壕、怀沟湾、梁家洼、苏家岭、芦和湾、郭家河、吴家湾、脱烈、公道台、村沟、乏牛坡、红套、光彩、联丰、回民巷、堡子塘、史圪崂、硝池子、玉民山、七百户、刘家川、红川子，等 36 个剖面具有“半干润土壤水分状况”，为“干润雏形土”。剩余 9 个剖面为“湿润雏形土”。

在 27 个新成土剖面中，盘龙坡剖面在土表到 50 cm 范围内有人为扰动层次，平吉堡剖面有人为淤积物质，因此这两个剖面为“人为新成土”。在剩余剖面中，落石滩、八顷、闲贺、武河、满枣儿顶、活水塘、苏步、火山子 8 个剖面有“砂质沉积物岩性特征”，即为“砂质新成土”。在剩余剖面中，贺家口、榆树峡剖面有“冲积物岩性特征”，为“冲积新成土”。剩余 15 个剖面全部为“正常新成土”。

通过以上逐步检索，可见宁夏存在 14 个亚纲，依据所包括的剖面个数从多到少依次为：干润雏形土（36）、正常干旱土（19）、正常新成土（16）、旱耕人为土（13）、湿润雏形土（9）、砂质新成土（8）、潮湿雏形土（8）、干润均腐土（4）、碱积盐成土（3）、人为新成土（2）、冲积新成土（2）、正常盐成土（1）、湿润均腐土（1）、干润淋溶土（1）。

3）土类的确定

在 13 个旱耕人为土剖面中，通桥、黄渠桥 2 个剖面具有肥熟表层和磷质耕作淀积层，为“肥熟旱耕人为土”，其他 11 个剖面为“灌淤旱耕人为土”。

在 19 个“正常干旱土”剖面中，李家水、滴水羊、沟脑、喊叫水、孙家沟、沟门、任庄、石家堡、石坡、乱山子，等 10 个剖面具有钙积层，为“钙积正常干旱土”。剩余的 9 个剖面没有盐积层、超盐积层或盐磐、石膏层或超石膏层、黏化层，为“简育正常干旱土”。

3 个“碱积盐成土”剖面没有“干旱土壤水分状况”，因此不是龟裂碱积盐成土。但是具有“潮湿土壤水分状况”，即为“潮湿碱积盐成土”。

唯一的 1 个“正常盐成土”剖面，没有干旱土壤水分状况，即没有干旱正常盐成土，为“潮湿正常盐成土”。

在 4 个干润均腐土剖面中，没有寒性土壤温度状况，也没有在矿质土表到 50 cm 范围内的堆垫现象，即没有寒性干润均腐土和堆垫干润均腐土。李鲜崖、西屏峰、干沟有 1 个厚度至少为 50 cm 的暗沃表层，属于“暗厚干润均腐土”。杨家庄有 1 个在矿质土表到 1 m 范围内的钙积层，因此属于“钙积干润均腐土”。

湿润均腐土只有 1 个剖面，没有“滞水土壤水分状况”，在土表到 1 m 范围内也没有黏化层，因此为“简育湿润均腐土”。

干润淋溶土只有 1 个剖面，没有碳酸盐岩岩性特征，即不是钙质干润淋溶土，但具有钙积层，而且处于土表下 50～125 cm，因此该剖面为“钙积干润淋溶土”。

在 8 个潮湿雏形土剖面中，没有落叶有机现象，也没有砂姜层，即没有叶垫潮湿雏形土和砂姜潮湿雏形土，只有硝口谷具有暗沃表层，因此硝口谷为“暗色潮湿雏形土”，其余 7 个剖面为“淡色潮湿雏形土”。

在 36 个干润雏形土剖面中，没有灌淤现象、铁质特性，即没有灌淤干润雏形土、铁质干润雏形土，联丰剖面具有氧化还原特征，为“底锈干润雏形土”。九条沟剖面具有暗沃表层，为“暗沃干润雏形土”，其余 34 个剖面全部为“简育干润雏形土”。

在 9 个湿润雏形土剖面中，六盘山剖面具有“冷性土壤温度状况”，为“冷凉湿润雏形土”。其他 8 个剖面没有碳酸盐岩岩性特征、珊瑚砂岩岩性特征、红色砂页岩岩性特征、铝质特性、铝质现象、铁质特性，也没有盐基饱和度均＜50%或 pH 均＜5.5 的土层，因此不是钙质湿润雏形土、红色湿润雏形土、铝质湿润雏形土、铁质湿润雏形土、酸性湿润雏形土，为“简育湿润雏形土”。人为新成土有 2 个剖面，即吉平堡、盘龙坡，都有人为扰动层次，因此为“扰动人为新成土”。

在 9 个砂质新成土剖面中，没有寒性或更冷的土壤温度状况、潮湿土壤水分状况，即没有寒冻砂质新成土、潮湿砂质新成土。落石滩、武河、闲贺、八顷、火山子、苏步，等 6 个剖面具有“干旱土壤水分状况”，为“干旱砂质新成土”。活水塘、满枣儿顶剖面具有“半干润土壤水分状况”，为“干润砂质新成土”。

冲积新成土有贺家口、榆树峡 2 个剖面，没有寒性或更冷的土壤温度状况，也没有潮湿土壤水分状况剖面，即不是寒冻冲积新成土、潮湿冲积新成土，榆树峡具备干旱土壤水分状况，是“干旱冲积新成土”，贺家口具有潮湿土壤水分状况、但 1 m 土体内不具备氧化还原特征，是“湿润冲积新成土”。

在 16 个正常新成土剖面中，头台子剖面具有黄土和黄土状沉积物岩性特征，为“黄土正常新成土”。剩余剖面中，伏垴、黄色水、下峡 3 个剖面具有红色砂岩岩性特征，为“红色正常新成土”。其余剖面中，没有寒性或更冷的土壤温度状况，也没有冻融特征，即没有寒冻正常新成土，洞峁、杨记圈、南滩、一堆，等 4 个剖面具有“干旱土壤水分状况”，为“干旱正常新成土”。其他剖面中，绿塬腰、滚钟口、满枣儿腰、权刺子、葡萄泉，等 5 个剖面具有“半干润土壤水分状况”，为“干润正常新成土”。剩余的平吉堡、茆子山、五渠 3 个剖面具有“潮湿土壤水分状况”，为“湿润正常新成土”。通过以上逐步检索，共得到 27 个土类，依据包含的剖面个数从多到少依次为：简育干润雏形土（34）、灌淤旱耕人为土（11）、钙积正常干旱土（10）、简育正常干旱土（9）、简育湿润雏形土（8）、淡色潮湿雏形土（7）、干旱砂质新成土（6）、干润正常新成土（5）、干旱正常新成土（4）、暗厚干润均腐土（3）、红色正常新成土（3）、潮湿碱积盐成土（3）、湿润正常新成土（3）、肥熟旱耕人为土（2）、干润砂质新成土（2）、扰动人为新成土（2）、暗色潮湿雏形土（1）、暗沃干润雏形土（1）、湿润冲积新成土（1）、潮湿正常盐成土（1）、冷凉湿润雏形土（1）、干旱冲积新成土（1）、钙积干润均腐土（1）、钙积干润淋溶土（1）、简育湿润均腐土（1）、黄土正常新成土（1）、底锈干润雏形土（1）。

4）亚类的确定

按照《中国土壤系统分类检索（第三版）》对以上 27 个土类进行检索，得到了 37 个亚类，淡色潮湿雏形土、灌淤旱耕人为土、钙积正常干旱土，等 3 个土类各自包含了 3 个亚类，暗厚干润均腐土、简育干润雏形土、干旱砂质新成土、干润正常新成土，等 4 个土类各自包含了 2 个亚类，除以上 7 个土类外，其他 20 个土类均只有 1 个亚类，各土类所包含的亚类情况、以及各亚类包含的剖面数（括号中数）见表 3-2。

表 3-2　宁夏土壤系统分类中土类与亚类的对应情况

土类	亚类
肥熟旱耕人为土	灌淤肥熟旱耕人为土(2)
灌淤旱耕人为土	弱盐灌淤旱耕人为土(6)、肥熟灌淤旱耕人为土(3)、斑纹灌淤旱耕人为土(2)
钙积正常干旱土	钠质钙积正常干旱土(3)、石膏钙积正常干旱土(1)、普通钙积正常干旱土(6)
简育正常干旱土	普通简育正常干旱土(9)
潮湿碱积盐成土	弱盐潮湿碱积盐成土(3)
潮湿正常盐成土	普通潮湿正常盐成土(1)
暗厚干润均腐土	钙积暗厚干润均腐土(2)、普通暗厚干润均腐土(1)
钙积干润均腐土	普通钙积干润均腐土(1)
简育湿润均腐土	斑纹简育湿润均腐土(1)
钙积干润淋溶土	普通钙积干润淋溶土(1)
暗色潮湿雏形土	普通暗色潮湿雏形土(1)
淡色潮湿雏形土	水耕淡色潮湿雏形土(2)、弱盐淡色潮湿雏形土(3)、石灰淡色潮湿雏形土(2)
底锈干润雏形土	弱盐底锈干润雏形土(1)
暗沃干润雏形土	钙积暗沃干润雏形土(1)
简育干润雏形土	普通简育干润雏形土(26)、钙积简育干润雏形土(8)
冷凉湿润雏形土	斑纹冷凉湿润雏形土(1)
简育湿润雏形土	普通简育湿润雏形土(8)
扰动人为新成土	石灰扰动人为新成土(2)
干旱冲积新成土	普通干旱冲积新成土(1)
干旱砂质新成土	石灰干旱砂质新成土(4)、普通干旱砂质新成土(2)
干润砂质新成土	石灰干润砂质新成土(2)
湿润冲积新成土	普通湿润冲积新成土(1)
黄土正常新成土	灰色黄土正常新成土(1)
红色正常新成土	饱和红色正常新成土(3)
干旱正常新成土	石灰干旱正常新成土(4)
干润正常新成土	石质干润正常新成土(3)、石灰干润正常新成土(1)
湿润正常新成土	普通湿润正常新成土(3)

3.3.2　土族的划分

土族是土壤系统分类的基层分类单元，主要反映与土壤利用管理有关的土壤理化性质的分异，特别是能显著影响土壤功能潜力发挥的鉴别特征。土族划分时应该使用区域性成土因素所形成的、相对稳定的土壤属性差异作为划分依据。根据《中国土壤系统分类土族和土系划分标准》(张甘霖等，2013)，本书选用颗粒大小级别与替代、矿物类型、石灰性和土壤酸碱反应级别、土壤温度状况等作为土族划分标准，其具体数据的确定或计算方法也严格按照《中国土壤系统分类土族和土系划分标准》。

(1) 颗粒大小级别与替代。在 123 个剖面中共得到 12 种颗粒大小级别，按出现频率由高到低依次为：壤质（55）、砂质（25）、黏壤质（22）、粗骨质（7）、黏质（5）、壤质盖粗骨质（2）、粗骨砂质（2）、黏壤质盖粗骨质（1）、黏壤质盖粗骨黏壤质（1）、砂质盖黏质（1）、砂质盖粗骨质（1）、粗骨壤质（1），可见宁夏土壤颗粒大小级别与替代类型中最普遍的是壤质、砂质和黏壤质。

(2) 矿物类型。在 123 个矿质土壤土系中共得到 7 种矿物类型：硅质混合型（99）、长石混合型（11）、长石型（6）、伊利石型（4）、碳酸盐型（1）、石膏型（1）、蒙脱石混合型（1），可见宁夏土壤的矿物类型以硅质混合型占绝对优势。

(3) 石灰性和土壤酸碱反应级别。此次调查，在宁夏没有发现有机土。在矿质土壤中，4 种土壤酸碱反应级别中只出现非酸性、石灰性，以石灰性占绝对优势，出现了 119 次，非酸性只出现了 4 次。

(4) 土壤温度状况。温性土壤温度状况出现了 116 次，冷性土壤温度状况出现了 7 次。

通过以上 4 个指标的组合，得到了 27 个土族词头（表 3-3），从表中可见，不同词头所包含的剖面数相差很大，有 14 个词头只出现了 1 次，而“壤质硅质混合型石灰性温性”出现了 41 次，“砂质硅质混合型石灰性温性”出现了 21 次，“黏壤质硅质混合型石灰性温性”也出现了 17 次。

表 3-3　宁夏土系调查土族词头及其包含剖面数

土族词头	剖面数	土族词头	剖面数
壤质硅质混合型石灰性温性	41	砂质盖粗骨质硅质混合型石灰性温性	1
砂质硅质混合型石灰性温性	21	壤质长石型石灰性冷性	1
黏壤质硅质混合型石灰性温性	17	壤质石膏型石灰性温性	1
壤质长石混合型石灰性温性	7	粗骨壤质硅质混合型石灰性温性	1
粗骨质硅质混合型石灰性温性	4	砂质长石型石灰性温性	1
黏质伊利石型石灰性温性	4	砂质盖黏质硅质混合型石灰性温性	1
壤质长石型石灰性温性	3	黏壤质长石混合型石灰性冷性	1
黏壤质硅质混合型非酸性冷性	2	黏壤质长石型石灰性温性	1
粗骨质长石混合型石灰性温性	2	黏壤质盖粗骨黏壤质硅质混合型石灰性温性	1
粗骨砂质硅质混合型石灰性温性	2	黏壤质盖粗骨质硅质混合型石灰性温性	1
砂质硅质混合型非酸性温性	2	黏壤质硅质混合型石灰性冷性	1
壤质盖粗骨质硅质混合型石灰性温性	2	黏质蒙脱石混合型石灰性温性	1
壤质硅质混合型石灰性冷性	2	砂质长石混合型石灰性温性	1
粗骨质碳酸盐型石灰性温性	1		

通过以上 27 个土族词头和前面得到的 38 个亚类的组合，共得到 71 个土族，其中有 50 个土族只包含了一个剖面，另外 21 个土族包含了 2～19 个剖面，其清单如下（按照所包含剖面数从多到少排列）：

（1）壤质硅质混合型石灰性温性-普通简育干润雏形土（19）
（2）壤质硅质混合型石灰性温性-普通简育正常干旱土（5）
（3）黏壤质硅质混合型石灰性温性-弱盐灌淤旱耕人为土（4）
（4）壤质硅质混合型温性-钙积简育干润雏形土（4）
（5）壤质硅质混合型石灰性温性-普通简育湿润雏形土（4）
（6）壤质硅质混合型温性-普通钙积正常干旱土（3）
（7）砂质硅质混合型石灰性温性-普通简育正常干旱土（3）
（8）壤质长石混合型石灰性温性-普通简育干润雏形土（3）
（9）黏壤质硅质混合型温性-钙积简育干润雏形土（3）
（10）砂质硅质混合型石灰性温性-普通湿润正常新成土（3）
（11）黏壤质硅质混合型石灰性温性-灌淤肥熟旱耕人为土（2）
（12）壤质硅质混合型石灰性温性-弱盐淡色潮湿雏形土（2）
（13）黏壤质硅质混合型石灰性温性-普通简育干润雏形土（2）
（14）砂质硅质混合型石灰性温性-普通简育湿润雏形土（2）
（15）粗骨质硅质混合型温性-石灰干旱砂质新成土（2）
（16）砂质硅质混合型非酸性温性-普通干旱砂质新成土（2）
（17）砂质硅质混合型温性-石灰干润砂质新成土（2）
（18）砂质硅质混合型石灰性温性-饱和红色正常新成土（2）
（19）砂质硅质混合型温性-石灰干旱正常新成土（2）
（20）砂质硅质混合型石灰性温性-石质干润正常新成土（2）
（21）砂质硅质混合型温性-石灰干润正常新成土（2）

3.3.3　土系的划分

土系是土壤系统分类中最基层的分类单元，是发育在相同母质上、处于相同景观部位、具有相同土层排列和相似土壤属性的土壤集合、聚合土体（张甘霖，2000）。凡是用以划分土壤性质及影响植物生长的如养分含量、质地、空隙、结构等，都可以作为土系划分的依据，但特征土层的分异特征是土系划分的重要依据，特征土层指诊断层及具有明显母质特征的土层（杜国华等，2001）。因此，土系的划分依据应主要考虑土族内影响土壤利用的性质差异，以影响土壤利用的表土特征和地方性分异为主（张甘霖等，2013）。在宁夏，具体按照以下几个指标区分土系：①表层土壤质地，当表层（或耕作层）20 cm混合不同的类别时，按照砂土类、壤土类、黏壤土类、黏土类的质地类别区分土系；②土壤盐分含量，盐化类型的土壤（非盐成土）按照表层土壤盐分含量，即高盐含量（10～20 g/kg）、中盐含量（5～10 g/kg）、低盐含量（2～5 g/kg）3个级别划分不同的土系；③成土母岩，凡是具有不同成土母岩的土壤就是不同的土系；④根系限制层深度，如果根系层的类别相同，按照3个级别（0～50 cm、50～100 cm、100～150 cm）区分土系；⑤诊断层、诊断特性和诊断现象，在高级分类单元中没有使用的诊断层、诊断特性和诊断现象可以作为区分土系的依据，如果某个诊断层、诊断特性或诊断现象在某个土壤上存在，而在另一个土壤上不存在，那么这两个土壤必然是不同的土系；⑥埋藏腐殖质层，厚度＞20 cm 埋藏腐殖质层的有无可以区分为不同的土系；⑦剖面质地构型差异，1 m 内质地排列不同的是不同的土系，此外，1 m 内质地没有突变的，与具有突变的也将划分成不同的土系。

对于只包含一个剖面的土族，毫无疑问，该剖面必然是一个独立的土系。对于那些包含了 2 个及 2 个以上剖面的土族，对其土系归属仔细辨析如下所述。

1. "壤质硅质混合型石灰性温性-普通简育干润雏形土"土族的 19 个剖面

唯有回民巷剖面在 150 cm 内有准石质接触面，唯有玉民山剖面具有肥熟现象，除这两个剖面外，唯红川子在 100 cm（表土层）内具有钠质现象，因此回民巷、玉民山、红川子剖面都单独成系。

剩余 16 个剖面中，盐池、苏家岭、村沟、刘家川在 100 cm 内具有碱积现象，盐池、苏家岭剖面表土层有机碳含量大于 6 kg/kg，但盐池剖面土壤质地通体为粉砂壤土，苏家岭剖面土壤质地通体为砂壤土；村沟、刘家川剖面表土层有机碳含量小于 6 kg/kg、表土质地为壤土，但村沟剖面表土层以下的土壤质地为粉砂壤土，刘家川剖面表土层以下的土壤质地为砂壤土。因此以上 4 个剖面各自独立成系。

剩余剖面中，明台、梁家壕、小岔、堡子塘 4 个剖面的表土层有机碳含量在 6.0 g/kg 以下，诊断层、诊断现象和诊断特性完全相同，成土母质、剖面形态也基本一致，而且全剖面为粉砂壤土，所以明台、梁家壕、小岔、堡子塘 4 个剖面合并成系，取名为梁家壕系。

剩余 8 个剖面，即场子、夏塬、姜洼、芦和湾、吴家湾、脱烈、公道台、史圪崂剖面的表土层有机碳含量都在 6.0～15.0 g/kg 之间，但史圪崂剖面的表层土壤质地为粉砂土、心土层和底土层的土壤质地为粉砂壤土，脱烈剖面的表层土壤质地为粉砂壤土，心土层、底土层的土壤质地为壤土，而其他 5 个剖面全剖面为粉砂壤土，所以史圪崂剖面、脱烈剖面单独成系，场子、夏塬、姜洼、芦和湾、吴家湾、公道台，等 6 个剖面归并成一个土系，取名为夏塬系。

因此，"壤质硅质混合型石灰性温性-普通简育干润雏形土"土族包含了 11 个土系。

2. "壤质硅质混合型石灰性温性-普通简育正常干旱土"土族的 5 个剖面

在 100 cm 土体内，只有熊家水、康麻头剖面具有钠质现象，而且康麻头还同时有碱积现象，因此这两个剖面独自成系。

在剩余的 3 个剖面中，阎家窑剖面通体为壤土，沙塘剖面表土为壤土、表土以下为粉壤土，小蒿子通体为粉壤土，因此这三个剖面独自成系。

因此，"壤质硅质混合型石灰性温性-普通简育正常干旱土"土族包含了 5 个土系。

3. "壤质硅质混合型温性-钙积简育干润雏形土"土族的 4 个剖面

硝口梁、乏牛坡剖面具有黄土和黄土状沉积物岩性，但硝口梁 100 cm 土体内通体为粉砂壤土；乏牛坡 100 cm 土体内表土层和心土层为壤土，底土层为粉砂壤土。光彩、红套剖面没有"黄土和黄土状沉积物岩性"，红套剖面具有暗沃表层，表土有机碳在 6.0 g/kg

以上，土壤质地通体为粉砂壤土，100 cm 土体内有钠质现象；光彩剖面为淡薄表层，表土有机碳在 6.0 g/kg 以下，土壤质地通体为粉砂壤土表土层和心土层土壤质地为砂壤土、底土层为壤土，有碱积现象。因此，以上 4 个剖面都独自成系。

4.“黏壤质硅质混合型石灰性温性-弱盐灌淤旱耕人为土”土族的 4 个剖面

唯有镇朔剖面存在耕作淀积层和位于 100 cm 内的钙积层、唯有镇朔剖面不存在水耕现象，唯有先锋剖面在 100 cm 土体内有钠质现象，唯有何滩剖面表土层盐分含量超过了 5 g/kg。同时，先锋还有肥熟表层，先锋、瞿靖、何滩剖面具备水耕现象和人为滞水土壤水分状况，而镇朔剖面不具备水耕现象，是潮湿土壤水分状况，因此 4 个剖面均单独成系。

5.“壤质硅质混合型石灰性温性-普通简育湿润雏形土”土族的 4 个剖面

唯有杨家窑剖面在 100 cm 土体内没有钙积层。剩余 3 个剖面的 100 cm 土体内，石山子、小碱坑剖面有钠质现象，小碱坑剖面表层土壤颗粒大小为壤质、石山子剖面为砂质，刘石嘴剖面没有钠质现象、碱积现象。因此，以上 4 个剖面均单独成系。

6.“壤质硅质混合型温性-普通钙积正常干旱土”土族的 3 个剖面

唯石家堡剖面在 100 cm 土体内没有碱积现象。同时，100 cm 土体内的土壤质地，沟门剖面表层和心土层为砂壤土、底土层为粉砂壤土，任庄表层为壤土、心土层和底土层为粉砂壤土。因此，以上 3 个剖面均独立成系。

7.“砂质硅质混合型石灰性温性-普通简育正常干旱土”土族的 3 个剖面

在 100 cm 土体内，高家水剖面同时有钠质现象、碱积现象，朱庄子有钠质现象，房家沟剖面没有钠质现象、碱积现象。因此，以上 3 个剖面均单独成系。

8.“壤质长石混合型石灰性温性-普通简育干润雏形土”土族的 3 个剖面

庙坪剖面具有盐积现象，而其他剖面没有，因此庙坪单独成系。

剩余的怀沟湾、梁家洼剖面的成土母质、剖面形态和土壤质地、理化性质等也基本一样，全剖面为粉砂壤土，表层有机碳含量在 6.0～10.0 g/kg。因此，怀沟湾、梁家洼合并成系，取名为怀沟湾系。

9.“黏壤质硅质混合型温性-钙积简育干润雏形土”土族的 3 个剖面

在 100 cm 土体内，唯郭家河剖面有盐积现象、钠质现象、碱积现象，唯阎家岔有准石质接触面。因此，郭家河、阎家岔、李白玉 3 个剖面均单独成系。

10.“砂质硅质混合型石灰性温性-普通湿润正常新成土”土族的 3 个剖面

唯五渠剖面有水耕现象，唯茆子山系剖面有盐积现象，唯平吉堡剖面有钠质现象，因此，3 个剖面均单独成系。

11.“黏壤质硅质混合型石灰性温性-灌淤肥熟旱耕人为土”土族的 2 个剖面

通桥剖面具有水耕现象，为人为滞水土壤水分状况；黄渠桥剖面没有水耕现象为潮湿土壤水分状况。因此，2 个剖面均单独成系。

12.“壤质硅质混合型石灰性温性-弱盐淡色潮湿雏形土”土族的 2 个剖面

罗山剖面全剖面盐分含量在 6.0 g/kg 以上，重度盐化；河滩剖面部分层次盐分含量为 2.0～3.0 g/kg，轻度盐化，因此，2 个剖面均单独成系。

13.“黏壤质硅质混合型石灰性温性-普通简育干润雏形土”土族的 2 个剖面

七百户剖面有盐积现象、钠质现象，而东山坡剖面没有。因此，2 个剖面独自成系。

14.“砂质硅质混合型石灰性温性-普通简育湿润雏形土”土族的 2 个剖面

石落滩剖面具有钙积层和碱积现象，而高家圈剖面只有钙积现象。因此，2 个剖面独自成系。

15.“粗骨质硅质混合型温性-石灰干旱砂质新成土”土族的 2 个剖面

落石滩剖面的土壤有机碳含量为 6.0～15.0 g/kg，盐分含量为 1.5～3.0 g/kg，轻度盐化；而武河剖面的土壤有机碳含量小于 3.0 g/kg，盐分含量小于 1.5 g/kg。因此，2 个剖面均单独成系。

16.“砂质硅质混合型非酸性温性-普通干旱砂质新成土”土族的 2 个剖面

火山子剖面具有碱积现象，苏步剖面没有碱积现象。因此，2 个剖面均单独成系。

17.“砂质硅质混合型温性-石灰干润砂质新成土”土族的 2 个剖面

满枣儿顶剖面在 100 cm 内有准石质接触面，而活水塘剖面没有。因此，2 个剖面均单独成系。

18.“砂质硅质混合型石灰性温性-饱和红色正常新成土”土族的 2 个剖面

下峡剖面的成土母质为含砾泥岩的洪积冲积残积物，具有准石质接触面，有效土层厚度为 30～40 cm，土壤层逐渐过渡到母岩。黄色水的成土母质为砂砾岩的残积风化物，具有石质接触面，有效土层厚度小于 10 cm，土壤层突然过渡到母岩。因此，2 个剖面均单独成系。

19.“砂质硅质混合型温性-石灰干旱正常新成土”土族的 2 个剖面

杨记圈剖面具有钠质特性、没有钙积现象，南滩剖面具有钙积现象、没有钠质特性。因此，2 个剖面均单独成系。

20.“砂质硅质混合型石灰性温性-石质干润正常新成土”土族的 2 个剖面

葡萄泉系的有效土层厚度为 10～30 cm，土壤质地为砂壤土，有机碳含量在 6.0～15.0g/kg 之间；滚钟口系的有效土层厚度为 30～50 cm，有机碳含量在 15.0g/kg 以上，从土壤质地可以分出两个土层，上层为砂壤土，下层为壤砂土。因此，2 个剖面各自单独成系。

21.“砂质硅质混合型温性-石灰干润正常新成土”土族的 2 个剖面

满枣儿腰全剖面为砂壤土且 1 m 土体下为砂土，杈刺子表层为砂土、底层为壤质砂土，因此满枣儿沟和杈刺子各自单独成系。

至此，此次宁夏土系调查共鉴定到土系 114 个，其中有 111 个土系只包括 1 个代表性剖面，夏塬系包括 6 个代表性剖面，梁家壕系包括 4 个代表性剖面，怀沟湾系包括 2 个代表性剖面，详细情况见下篇。

下篇　区域典型土系

第4章 人 为 土

4.1 灌淤肥熟旱耕人为土

4.1.1 黄渠桥系（Huangquqiao Series）①

土　族：黏壤质硅质混合型石灰性温性-灌淤肥熟旱耕人为土

拟定者：龙怀玉，曹祥会，曲潇琳，徐　珊，莫方静

分布与环境条件　分布在引黄灌区，地下水埋深 100～180 cm，矿化度为 2 g/L 左右，主要种植小麦和蔬菜。分布区域属于中温带干旱气候，年均气温 8～11.5℃，年降水量 103～257 mm。

黄渠桥系典型景观

土系特征与变幅　诊断层有肥熟表层、灌淤表层、雏形层、磷质耕作淀积层；诊断现象和诊断特性有盐基饱和、石灰性、碱积现象、盐积现象、氧化还原特征、钠质现象、温性土壤温度、潮湿土壤水分。成土母质为砂质冲积物及上覆灌溉淤积物，灌溉淤积物厚度为 60～90 cm，土壤质地为粉砂壤土，灌溉淤积物之下为厚度在 10 cm 以上的砂土层，土壤 pH 为 8.0～9.0。耕作层以下土层和砂土层有铁锰锈纹锈斑，全剖面强石灰反应，碳酸钙含量 100～150 g/kg，层次之间没有明显差别。表层土壤盐分含量 2.0～3.0 g/kg，表层以下土层盐分含量往往小于 2.0 g/kg，灌淤熟化层有机碳含量 6.0～15.0 g/kg，速效磷含量 15～50 mg/kg，其中大于 35 mg/kg 的土层厚度在 25 cm 以上。

对比土系　与镇朔系相比，两者的成土母质皆为河流冲积物及上覆灌溉淤积物，都具有

① 括号内为土系的英文名。土系英文名命名原则为土系名汉字拼音加 Series。

雏形层、耕作淀积层等诊断层和碱积现象、盐积现象、钠质现象、氧化还原特征等诊断特性，剖面形态十分相似，土壤颗粒大小级别、矿物类型、石灰性和酸碱反应级别、土壤水分状况和土壤温度状况等也相同。但镇朔系还具有肥熟现象、钙积层；黄渠桥系的诊断表层是肥熟表层。

利用性能综述　地势平坦，土层深厚，土壤质地为粉砂壤土，适耕期较长，是较好的宜农用地，但心底土层质地偏沙，容易漏水漏肥，表土层轻度盐渍化，通体含盐量较高，pH 较高，生产中要注意加强土壤洗盐，适度施用石膏和酸性调理剂降低 pH，春季出苗期和苗期要特别注意盐碱的危害。

参比土种　沙层壤质薄层轻盐化灌淤土（漏沙轻盐卧土）。

代表性单个土体　宁夏石嘴山市平罗县黄渠桥镇渠中村，106°40′51″E、39°1′45″N，海拔 1080 m。成土母质上部为灌淤物、下部为冲积物。地势平坦，地形为冲积平原、河间地。水浇地，主要种植小麦、番茄等农作物。年均气温 9.4℃，≥10℃年积温 3646℃，50 cm 深处年均土壤温度 12.5℃，年≥10℃天数 190 d，年降水量 177 mm，年均相对湿度 52%，年干燥度 7.16，年日照时数 2946 h。野外调查时间：2016 年 4 月 26 日，天气（阴）。

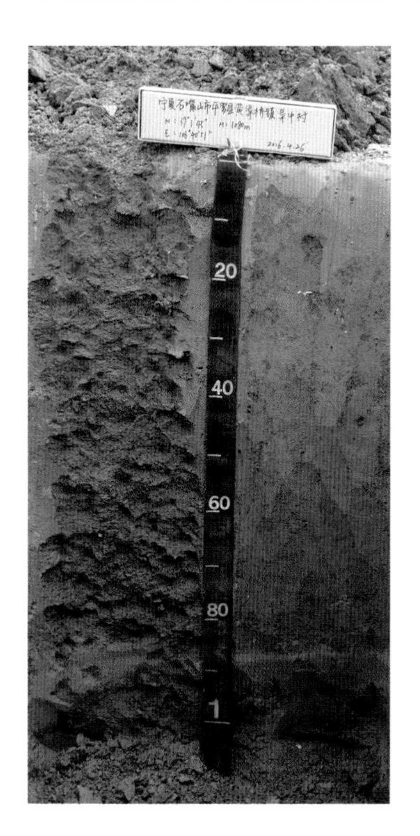

黄渠桥系代表性单个土体剖面

Aup11：0～10 cm，浊黄棕色（10YR 5/4，干），暗棕色（10YR 3/3，润）；润，坚实、稍黏着、稍塑，粉砂壤土，中度发育的团粒和大棱块状结构；少量中根；强石灰反应；向下渐变平滑过渡。

Aup12：10～30 cm，浊黄橙色（10YR 6/3，干），浊棕色（7.5YR 5/3，润）；润，坚实、稍黏着、稍塑，粉砂壤土，中度发育的大棱块状结构；很少量的炭块；少量中根，有 3 条蚯蚓；强石灰反应；向下渐变平滑过渡。

Bur1：30～50 cm，淡黄橙色（10YR 8/3，干），棕色（7.5YR 5/2，润）；润，坚实、稍黏着、稍塑，粉砂壤土，弱发育的中片状结构；有很少量铁锰锈纹锈斑，很少量的炭块；少量中根，有 1 条蚯蚓；强石灰反应；向下渐变平滑过渡。

Bur2：50～100 cm，橙白色（10YR 8/2，干），黑棕色（7.5YR 5/1，润）；润，疏松、稍黏着、稍塑，粉砂壤土，弱发育的中片状结构；有很少量铁锰锈纹锈斑，很少量的炭块；少量中根，有 1 条蚯蚓；强石灰反应；向下模糊平滑过渡。

2C：100～120 cm，浊黄橙色（10YR 6/3，干），浊黄橙色（10YR 7/3，润）；潮，疏松、稍黏着、无塑，细砂土，无结构；有少量铁锰锈纹锈斑；强石灰反应。

黄渠桥系代表性单个土体物理性质

土层	深度/cm	砾石(>2 mm)体积分数/%	细土颗粒组成(粒径：mm) /(g/kg)			质地
			砂粒 2～0.05	粉粒 0.05～0.002	黏粒 <0.002	
Aup11	0～10	0	196	640	164	粉砂壤土
Aup12	10～30	0	211	604	185	粉砂壤土
Bur1	30～50	0	293	503	204	粉砂壤土
Bur2	50～100	0	252	503	245	粉砂壤土

黄渠桥系代表性单个土体化学性质

深度/cm	pH (H_2O)	有机碳(C)/(g/kg)	全氮(N)/(g/kg)	全磷(P)/(g/kg)	全钾(K)/(g/kg)	有效磷(P)/(mg/kg)	CEC/(cmol/kg)	全盐/(g/kg)	钠饱和度/%	游离铁(Fe_2O_3)/(g/kg)
0～10	8.1	8.9	0.79	1.12	18.3	120.9	7.9	2.5	12.3	8.2
10～30	8.5	8.0	0.72	0.86	18.4	56.1	7.4	1.4	8.2	8.0
30～50	8.5	5.5	0.50	0.68	18.6	7.1	6.0	1.4	7.4	9.5
50～100	8.6	4.7	0.48	0.61	19.9	5.1	6.5	1.7	10.2	9.7

4.1.2 通桥系（Tongqiao Series）

土　族： 黏壤质硅质混合型石灰性温性-灌淤肥熟旱耕人为土

拟定者： 龙怀玉，谢　平，曹祥会，王佳佳

分布与环境条件　分布在引黄灌区，地下水埋深 100～180 cm，矿化度为 2 g/L 左右，种植水稻或者稻旱轮作。分布区域属于中温带干旱气候，年均气温 7.7～11.5℃，年降水量 105～263 mm。

通桥系典型景观

土系特征与变幅　诊断层有灌淤表层、肥熟表层、雏形层、磷质耕作淀积层；诊断特性和诊断现象有盐基饱和、石灰性、钙积现象、碱积现象、钠质现象、盐积现象、水耕现象、氧化还原特征、人为滞水土壤水分、温性土壤温度。成土母质为灌溉淤积物+冲积物，其厚度在 100 cm 以上，全剖面有铁锰锈纹锈斑，剖面质地为壤土—粉砂壤土，土壤 pH 为 8.0～9.5。全剖面强石灰反应，碳酸钙含量为 100～150 g/kg。耕作层有机碳含量为 6.0～15.0 g/kg，有效磷含量为 35～50 mg/kg，均显著高于其他土层。

对比土系　通桥系与陶家圈系相比，两者都具有雏形层和水耕现象、钙积现象、碱积现象、盐积现象、钠质现象、氧化还原特征、人为滞水土壤水分等诊断层、诊断现象和诊断特性，土壤矿物类型、石灰性和酸碱反应级别、土壤温度状况、土壤水分状况等也相同，分布地形部位、生产性能、农业利用方式等基本相同，剖面形态非常相似。但是两者属于不同的土纲，通桥系还具有灌淤表层、肥熟表层、磷质耕作淀积层等诊断层，成土母质是河流冲积物+上覆的灌溉淤积物，土壤颗粒大小级别是黏壤质；陶家圈系的诊断表层为淡薄表层，成土母质是河流冲积物，土壤颗粒大小级别是壤质。

利用性能综述　地势平坦，全剖面土壤质地为壤土、粉砂壤土，土体构型良好，耕性好，干湿易耕，土垡松散，适耕期较长，耕作层熟化程度高，自然肥力较高，适合农业生产。但通体轻度盐渍化，存在碱化的潜在危害，生产中需要防止春季土壤盐分表聚和低洼区

次生盐渍化，注意灌排设施建设，加强冬灌时的洗盐降碱，适量施用石膏和酸性改良剂降低碱化危害。

参比土种 壤质厚层轻盐化灌淤土（轻盐老户土）。

代表性单个土体 宁夏银川市永宁县望远镇通桥村一队，106°19′25.8″E、38°22′41.2″N，海拔 1100 m。100 cm 以上成土母质为冲积物和灌淤物。地势平坦，地形为黄河冲积平原、平地。水田，水旱轮作种植水稻、玉米、小麦。年均气温 9.4℃，≥10℃年积温 3627℃，50 cm 深处年均土壤温度 12.5℃，年≥10℃天数 189 d，年降水量 179 mm，年均相对湿度 53%，年干燥度 6.46，年日照时数 2967 h。野外调查时间：2014 年 10 月 15 日，天气（晴）。

Ap11：0～20 cm，浊黄橙色（10YR6/3，干），浊黄棕色（10YR 5/4，润）；润，坚实、黏着、中塑，粉砂壤土，中度发育的大块状结构和团粒状结构；土体内有少量铁锰锈纹锈斑；少量细根和多量中根；强石灰反应；向下模糊平滑过渡。

Ap12：20～40 cm，浊黄橙色（10YR 7/3，干），浊黄橙色（10YR 5/3，润）；润，坚实、黏着、中塑，粉砂壤土，中度发育的较大团粒状结构和团块状结构；土体内有中量铁锰锈纹锈斑，很少量的瓦砾；大量细根和中根；强石灰反应；向下模糊平滑过渡。

Bur1：40～70 cm，浊黄橙色（10YR 7/3，干），浊黄棕色（10YR 5/4，润）；润，坚实、稍黏着、稍塑，壤土，中度发育的中棱块状结构；土体内有少量铁锰锈纹锈斑；少量细根和中根；极强石灰反应；向下模糊平滑过渡。

Bur2：70～100 cm，浊黄橙色（10YR 6/4，干），浊黄橙色（10YR 6/4，润）；润，坚实、稍黏着、稍塑，壤土，中度发育的大棱块状结构；土体内有少量铁锰锈纹锈斑；极强石灰反应，向下清晰平滑过渡。

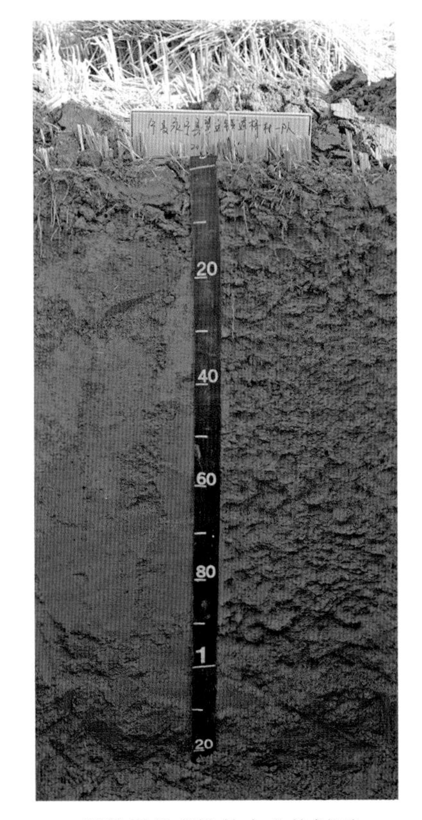

通桥系代表性单个土体剖面

Cr：100～120 cm，浊黄橙色（10YR 6/4，干），浊黄橙色（10YR6/4，润）；润，坚实、稍黏着、稍塑，壤土，无结构；极强石灰反应。

通桥系代表性单个土体物理性质

土层	深度/cm	砾石(>2 mm)体积分数/%	细土颗粒组成(粒径：mm)/(g/kg)			质地
			砂粒 2～0.05	粉粒 0.05～0.002	黏粒 <0.002	
Ap11	0～20	0	24	597	378	粉砂壤土
Ap12	20～40	0	134	500	366	粉砂壤土
Bur	40～100	0	235	444	322	壤土

通桥系代表性单个土体化学性质

深度/cm	pH (H_2O)	有机碳(C)/(g/kg)	全氮(N)/(g/kg)	全磷(P)/(g/kg)	全钾(K)/(g/kg)	有效磷(P)/(mg/kg)	CEC/(coml/kg)	全盐/(g/kg)	钠饱和度/%	游离铁(Fe_2O_3)/(g/kg)
0～20	8.6	12.2	0.78	0.67	17.2	48.1	16.6	2.5	8.1	5.7
20～40	9.1	7.2	0.83	0.70	18.0	23.0	11.7	2.5	12.1	5.7
40～100	8.9	5.5	0.69	0.50	15.9	13.7	11.9	2.7	12.2	5.3

4.2 弱盐灌淤旱耕人为土

4.2.1 陈家庄系（Chenjiazhuang Series）

土　族：黏质伊利石型石灰性温性-弱盐灌淤旱耕人为土

拟定者：龙怀玉，谢　平，曹祥会，王佳佳

分布与环境条件　分布在引黄灌区，地下水埋深为100～180 cm，矿化度为2 g/L左右，主要种植玉米和蔬菜。分布区域属于中温带干旱气候，年均气温7.7～11.5℃，年降水量102～257 mm。

陈家庄系典型景观

土系特征与变幅　诊断层有灌淤表层、雏形层、耕作淀积层；诊断特性和诊断现象有盐基饱和、石灰性、肥熟现象、碱积现象、钠质现象、氧化还原特征、潮湿土壤水分、温性土壤温度。成土母质为灌溉淤积物，其厚度在100 cm以上，土壤质地为粉砂壤土，土壤pH为8.0～9.0。底土层有少量锈纹锈斑，全剖面强石灰反应，碳酸钙含量100～150 g/kg，土壤盐分含量1.5～2.0 g/kg。耕作层有机碳含量6.0～15.0 g/kg，有效磷含量15～30 mg/kg，均显著高于其他土层。

对比土系　与红岗系相比，两者都具有灌淤表层、耕作淀积层、雏形层等诊断层和碱积现象、钠质现象、氧化还原特征等诊断现象和诊断特性，石灰性和酸碱反应级别、土壤温度状况、土壤水分状况等也相同，生产性能、剖面形态、农业利用方式等也非常相似。但是红岗系土壤颗粒大小级别为壤质，矿物类型为长石型；陈家庄系土壤颗粒大小级别为黏质，矿物类型为伊利石型。

利用性能综述　地势平坦，全剖面土壤质地为粉砂壤土，土体构型良好，耕性好，干湿易耕，土垡松散，适耕期较长，耕作层熟化程度高，自然肥力较高，适合农业生产。但

通体轻度盐渍化，耕作层下土壤 pH 较高，存在碱化的潜在风险，应注意加强冬灌时的洗盐降碱，低洼区可以适量施用石膏和酸性改良剂降低碱化危害，生产中需要防止春季土壤盐分表聚和低洼区次生盐渍化。

参比土种 壤质厚层轻盐化灌淤土（轻盐老户土）。

代表性单个土体 宁夏银川市贺兰县立岗镇陈家庄，106°26′06.6″E、38°37′53.5″N，海拔 1103 m。成土母质为灌淤物。地势平坦，地形为黄河冲积平原、平地。旱地，主要种植玉米。年均气温 9.4℃，年≥10℃积温 3631℃，50 cm 土壤温度年均 12.5℃，年≥10℃天数 189 d，年降水量 175 mm，年均相对湿度 52%，年干燥度 6.71，年日照时数 2970 h。野外调查时间：2014 年 10 月 15 日，天气（晴）。

陈家庄系代表性单个土体剖面

Aup1：0～30 cm，浊棕色（7.5YR 6/3，干），棕色（7.5YR 4/3，润）；润，坚实、黏着、中塑，粉砂壤土，弱发育的团粒和大棱块状结构；少量细根，有 1 条蚯蚓；强石灰反应；向下清晰平滑过渡。

Aup2：30～50 cm，浊黄橙色（10YR 7/3，干），棕色（7.5YR 4/4，润）；润，坚实、黏着、中塑，粉砂壤土，很弱发育的团粒和大棱块状结构；少量细根，有很少量土壤动物粪便；强石灰反应；向下清晰波状过渡。

Bur1：50～80 cm，浊黄橙色（10YR 6/3，干），棕色（7.5YR 4/6，润）；润，坚实、黏着、中塑，粉砂壤土，很弱发育的大棱块状结构；极少量细根；土体内有少量铁锰锈纹锈斑；极强石灰反应；向下模糊波状过渡。

Bur2：80～120 cm，浊黄橙色（10YR 6/3，干），亮棕色（7.5YR 5/6，润）；润，坚实、黏着、中塑，粉砂壤土，很弱发育的中棱块状结构；土体内有少量铁锰锈纹锈斑；极强石灰反应。

陈家庄系代表性单个土体物理性质

土层	深度/cm	砾石(>2 mm)体积分数/%	细土颗粒组成(粒径：mm)/(g/kg)			质地
			砂粒 2～0.05	粉粒 0.05～0.002	黏粒 <0.002	
Aup1	0～30	0	78	554	367	粉砂壤土
Aup2	30～50	0	137	570	293	粉砂壤土
Bur	50～120	0	41	588	372	粉砂壤土

陈家庄系代表性单个土体化学性质

深度/cm	pH (H_2O)	有机碳(C)/(g/kg)	全氮(N)/(g/kg)	全磷(P)/(g/kg)	全钾(K)/(g/kg)	有效磷(P)/(mg/kg)	CEC/(cmol/kg)	全盐/(g/kg)	钠饱和度/%	游离铁(Fe_2O_3)/(g/kg)
0～30	8.1	9.3	0.83	0.76	20.6	28.7	11.8	1.8	12.9	5.8
30～50	8.8	4.9	0.55	0.56	16.1	2.5	13.2	1.8	5.9	5.8
50～120	8.9	4.4	0.40	0.51	16.8	3.7	19.0	1.8	3.9	6.3

4.2.2　何滩系（Hetan Series）

土　族： 黏壤质硅质混合型石灰性温性-弱盐灌淤旱耕人为土

拟定者： 龙怀玉，曲潇琳，曹祥会，谢　平

分布与环境条件　零星分布于引黄灌区内地势较低的湖泊洼地边缘，长期引黄灌溉，以种植水稻为主的水旱轮作。分布区域属于暖温带干旱气候，年均气温 7.2～11.1℃，年降水量 143～321 mm。

何滩系典型景观

土系特征与变幅　诊断层有灌淤表层、雏形层；诊断特性和诊断现象有肥熟现象、盐基饱和、水耕现象、钙积现象、盐积现象、钠质现象、氧化还原特征、人为滞水土壤水分、温性土壤温度、石灰性。成土母质为覆盖在河流冲积物之上的灌溉淤积物+河流冲积物或湖积物，灌淤土层厚度为 50～60 cm，灌淤土层之下、1 m 以上有厚度为 10～15 cm 的青土层，全剖面有锈纹锈斑，表土层以下有少量铁锰结核。全剖面土壤质地为黏壤土或粉黏壤土，土壤 Ph 为 8.0～9.0，强石灰反应，碳酸钙含量 100～200 g/kg，含盐量 2.0～10.0 g/kg，而且含盐量随着深度的增加而下降。耕作层有机碳含量 10.0～15.0 g/kg，有效磷含量 35～　　　　50 mg/kg，均显著地高于其他土层。

对比土系　与先锋系、瞿靖系相比较，三者属于相同的土族，分布环境、利用方式、生产性能等基本相同。何滩系耕作表层的土壤质地为黏壤土。瞿靖系耕作表层的土壤质地为粉黏壤土，而先锋系耕作表层的土壤质地为粉砂壤土。

利用性能综述　土壤质地为粉黏壤土或黏壤土，耕性好，干湿易耕，土垡松散，适耕期较长，由于地势低洼，该土壤上大多常年种稻。该土壤通透性能差，地下水位高，通体土壤含盐量高，春季土壤盐分表聚严重，生产中需注意开沟排水，降低地下水位，结合冬灌加强洗盐，水稻种植前需注意泡田洗盐来降低土壤含盐量。

参比土种　青土层薄层中盐化灌淤土（夹青中盐卧土）。

代表性单个土体　宁夏中卫市沙坡头区迎水桥镇何滩村，105°09′21.3″E、37°32′53.8″N，

海拔1224 m。成土母质为灌淤物+冲积物或湖积物。地势平坦，地形为黄河冲积平原、河间地。水田，主要种植水稻。地下水埋深约1 m。年均气温9.1℃，≥10℃年积温3468℃，50 cm深处年均土壤温度12.2℃，年≥10℃天数186 d，年降水量225 mm，年均相对湿度55%，年干燥度5.28，年日照时数2901 h。野外调查时间：2015年4月14日，天气（晴）。

Aup1：0～25 cm，浊黄橙色（10YR 7/3，干），暗棕色（7.5YR 3/3，润）；润，疏松、黏着、中塑，岩石和矿物碎屑含量约1%、大小为2～3 mm、块状，黏壤土，中度发育的团粒结构和大团块状结构；根系周围有很少量铁锈纹锈斑，很少量的瓦砾；少量细根和极细根；强石灰反应；向下清晰平滑过渡。

Aup2：25～50 cm，浊黄橙色（10YR 7/2，干），棕色（7.5YR 4/3，润）；润，坚实、极黏着、强塑，粉黏壤土，弱发育的团粒结构、大棱块状结构和中片状结构；土体内有中量铁锰锈纹锈斑，很少量黑色铁锰结核；极少量细根和极细根；强石灰反应；向下清晰波状过渡。

2Br：50～65 cm，浊黄橙色（10YR 6/4，干），棕色（7.5YR 4/4，润）；潮，疏松、黏着、中塑，粉黏壤土，弱发育的大棱块状结构；土体内有中量铁锰锈纹锈斑；极少量细根和极细根；极强石灰反应；向下清晰间断过渡。

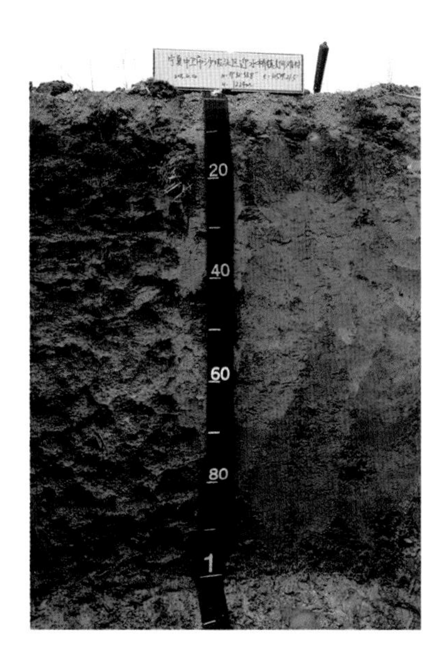

何滩系代表性单个土体剖面

2Cr：65～100 cm，浊黄橙色（10YR 7/3，干），棕色（7.5YR 4/6，润）；湿，疏松、黏着、中塑，粉黏壤土，较弱发育的大块状结构；有中量铁锰锈纹锈斑；极强石灰反应。

何滩系代表性单个土体物理性质

土层	深度/cm	砾石(>2 mm)体积分数/%	细土颗粒组成(粒径：mm)/(g/kg)			质地
			砂粒 2～0.05	粉粒 0.05～0.002	黏粒 <0.002	
Aup1	0～25	1	257	431	313	黏壤土
Aup2	25～50	0	194	510	295	粉黏壤土
2Br	50～65	0	124	558	317	粉黏壤土
2Cr	65～100	0	70	621	319	粉黏壤土

何滩系代表性单个土体化学性质

深度/cm	pH (H_2O)	有机碳(C)/(g/kg)	全氮(N)/(g/kg)	全磷(P)/(g/kg)	全钾(K)/(g/kg)	有效磷(P)/(mg/kg)	CEC/(cmol/kg)	全盐/(g/kg)	钠饱和度/%	游离铁(Fe_2O_3)/(g/kg)
0～25	8.0	10.2	0.92	0.77	17.6	34.9	10.8	7.1	14.9	5.6
25～50	8.3	10.0	0.80	0.65	17.2	7.6	11.1	2.6	10.2	5.4
50～65	8.3	7.5	0.60	0.63	19.0	1.1	11.4	2.5	4.4	4.5
65～100	8.4	6.1	0.60	0.68	19.0	1.1	11.8	2.5	4.4	4.5

4.2.3 瞿靖系（Qujing Series）

土　族：黏壤质硅质混合型石灰性温性-弱盐灌淤旱耕人为土

拟定者：龙怀玉，曹祥会，谢　平，王佳佳

分布与环境条件　分布在引黄灌区，地下水埋深 100～180 cm，矿化度为 2 g/L 左右，稻旱轮作。分布区域属于中温带干旱气候，年均气温 7.6～11.5℃，年降水量 114～276 mm。

瞿靖系典型景观

土系特征与变幅　诊断层有灌淤表层、雏形层；诊断特性和诊断现象有盐基饱和、石灰性、水耕现象、钙积现象、氧化还原特征、肥熟现象、人为滞水土壤水分、温性土壤温度。成土母质为灌溉淤积物和冲积物，其中灌溉淤积物的厚度在 100 cm 以上，土壤质地为黏壤土和粉黏壤土，土壤 pH 为 8.5～9.5。淀积层和母质层有少量铁锰锈纹锈斑，全剖面极强石灰反应，碳酸钙含量 100～200 g/kg，心土层盐分含量不高于 1.5 g/kg，表土层盐分含量 1.5～2.0 g/kg。耕作层有机碳含量 6.0～15.0 g/kg，有效磷含量 18～35 mg/kg，均明显高于其他土层。

对比土系　与先锋系、何滩系相比较，三者属于相同的土族，分布环境、利用方式、生产性能等基本相同。但瞿靖系成土母质中的灌溉淤积物厚度在 100 cm 以上，何滩系成土母质中的灌溉淤积物厚度为 50～60 cm。先锋系的表层为“肥熟表层”，耕作表层的土壤质地为粉砂壤土，瞿靖系只具备肥熟现象，耕作表层的土壤质地为粉黏壤土。

利用性能综述　地势平坦，土层深厚，全剖面土壤质地为黏壤土或者粉黏壤土，土壤质地适中，上壤下沙，无特殊障碍因素，经过长期耕作，土壤自然肥力和养分含量高，是很好的宜农用地，生产中应注意均衡施肥。但是土壤 pH 较高，表土层轻度盐化，具有脱盐碱化的潜在危害，要注意加强冬灌洗盐降碱，在地势低洼区适度施用石膏和酸性改

良剂降低碱化风险。

参比土种 壤质薄层轻盐化灌淤土（轻盐卧土）。

代表性单个土体 宁夏吴忠市青铜峡市瞿靖镇友好村，106°06′34.7″E、38°05′29.9″N，海拔 1123 m。成土母质为灌淤物+冲积物，其中灌溉淤积物厚度为 100 cm。地势平坦，地形为平地，水旱轮作，种植水稻、小麦。年均气温 9.4℃，≥10℃年积温 3595℃，50 cm 深处年均土壤温度 12.5℃，年≥10℃天数 189 d，年降水量 189 mm，年均相对湿度 54%，年干燥度 6.11，年日照时数 2956 h。野外调查时间：2014 年 10 月 16 日，天气（晴）。

Aup11：0～25 cm，浊黄橙色（10YR7/3，干），棕色（7.5YR 4/4，润）；稍润，坚实、黏着、中塑，岩石和矿物碎屑含量约 1%、大小约 5 mm、圆状，粉黏壤土，中度发育的大块状结构；少量细根和中根，有少量土壤动物粪便；极强石灰反应；向下模糊波状过渡。

Aup12：25～38 cm，浊黄橙色（10YR 7/3，干），浊棕色（7.5YR 5/4，润）；稍润，坚实、黏着、中塑，岩石和矿物碎屑含量约 1%、大小约 5 mm、圆状，粉黏壤土，中度发育的中鳞片状结构和小棱块状结构；少量细根和中根，有少量土壤动物粪便；极强石灰反应；向下渐变平滑过渡。

Bur：38～100 cm，浊黄橙色（10YR 7/3，干），棕色（7.5YR 4/3，润）；润，坚实、黏着、中塑，岩石和矿物碎屑含量约 1%、大小约 5 mm、圆状，黏壤土，中度发育的中棱块状结构和中片状结构；土体内有少量铁锰锈纹锈斑，很少量的炭块；极少量细根，有 1 条蚯蚓；极强石灰反应；向下模糊平滑过渡。

2Cr：100～130 cm，浊黄橙色（10YR 6/4，干），棕色（7.5YR 4/4，润）；润，疏松、黏着、中塑，岩石和矿物碎屑含量约 1%、大小约 5 mm、圆状，黏壤土，很弱发育的大棱块状结构；土体内有中量铁锰锈纹锈斑，很少量白色碳酸钙软质分凝物；极强石灰反应。

瞿靖系代表性单个土体剖面

瞿靖系代表性单个土体物理性质

土层	深度/cm	砾石(>2 mm)体积分数/%	细土颗粒组成(粒径：mm)/(g/kg)			质地
			砂粒 2～0.05	粉粒 0.05～0.002	黏粒 <0.002	
Aup1	0～38	1	195	473	333	粉黏壤土
Bur	38～100	1	210	469	322	黏壤土

瞿靖系代表性单个土体化学性质

深度 /cm	pH (H_2O)	有机碳(C) /(g/kg)	全氮(N) /(g/kg)	全磷(P) /(g/kg)	全钾(K) /(g/kg)	有效磷(P) /(mg/kg)	CEC /(cmol/kg)	全盐 /(g/kg)	钠饱和度/%	游离铁 (Fe_2O_3) /(g/kg)
0～38	9.1	7.7	0.88	0.66	15.9	20.8	12.3	1.6	2.4	5.9
38～100	8.6	4.9	0.63	0.55	16.6	7.3	11.2	1.5	2.9	5.5

4.2.4　刘营系（Liuying Series）

土　族：砂质长石型石灰性温性-弱盐灌淤旱耕人为土

拟定者：龙怀玉，曲潇琳，曹祥会，谢　平

分布与环境条件　主要分布在引黄灌区的二级阶地及较高的一级阶地。地下水位较深，多数情况下大于 200 cm，矿化度小于 1 g/L。引黄灌溉，常年旱作，目前有些地方退耕栽树。分布区域属于暖温带干旱气候，年均气温 7.4～11.3℃，年降水量 148～326 mm。

刘营系典型景观

土系特征与变幅　诊断层有灌淤表层、雏形层；诊断特性和诊断现象有盐基饱和、石灰性、肥熟现象、钙积现象、氧化还原特征、钠质现象、潮湿土壤水分、温性土壤温度。成土母质为覆盖在河流冲积物之上的灌溉淤积物，灌淤土层厚度在 100 cm 以上，土壤质地为壤土、粉砂壤土、砂壤土，全剖面有模糊的铁锰锈纹锈斑，表土层以下有少量黑色铁锰结核。耕作层有机碳含量 6.0～15.0 g/kg，有效磷含量 18～35 mg/kg，盐分含量 1.5～2.0 g/kg。耕作层、心土层 pH 8.0～9.0，底土层 pH 7.0～8.0，全剖面强石灰反应，碳酸钙含量 50～150 g/kg，而且自表土层向下逐渐减少。

对比土系　与通贵系相比，两者都具有灌淤表层、雏形层等诊断层和氧化还原特征，肥熟现象、石灰性和酸碱反应级别、土壤温度状况、成土母质等也相同，生产性能、剖面形态、农业利用方式等也非常相似。但是刘营系还具有钙积现象、钠质现象，矿物类型是长石型；通贵系还有水耕现象，土壤颗粒大小级别是黏质，矿物类型是伊利石型。

利用性能综述　该土壤属于灌淤土，灌淤熟化土层深厚，质地适中，耕性良好，干湿易耕，适耕期较长，适宜性广，属于生产性能较好的土壤。该地区属于引黄灌区，常年旱作，主要种植蔬菜、玉米等，是枸杞栽培的主要土壤。但是该土壤肥力不高，土壤养分

含量中等，应该加强土壤培肥，且耕作层轻微盐化，要注意防止盐化加重。

参比土种　壤质厚层灌淤土（厚立土）。

代表性单个土体　宁夏中卫市中宁县新堡镇刘营村，105°42′51.7″E、37°28′4.5″N，海拔1180 m。成土母质为灌淤物。地势平坦，地形为黄河冲积平原、河间地。撂荒耕地，撂荒前主要种植小麦，目前演变成草原植被和极稀疏的人造林，覆盖度约50%。年均气温9.3℃，≥10℃年积温3496℃，50 cm深入年均土壤温度12.3℃，年≥10℃天数187 d，年降水量229 mm，年均相对湿度56%，年干燥度5.29，年日照时数2881 h。野外调查时间：2015年4月13日，天气（晴）。

刘营系代表性单个土体剖面

Aup1：0～25 cm，浊黄橙色（10YR 6/4，干），棕色（7.5YR 4/4，润）；稍润，疏松、无黏着、稍塑，粉砂壤土，弱发育的团粒和大块状结构；土体内有少量铁锰锈纹锈斑，少量黑色铁锰结核；少量细根和极细根，有1条蚯蚓和少量土壤动物粪便；强石灰反应；向下渐变平滑过渡。

Aur1：25～60 cm，浊橙色（7.5YR 6/4，干），棕色（7.5YR 4/3，润）；稍润，坚实、无黏着、稍塑，壤土，很弱发育的中块状结构；土体内有少量铁锰锈纹锈斑，少量黑色铁锰结核；极少量细根和极细根；极强石灰反应；向下模糊平滑过渡。

Bur：60～110 cm，浊橙色（7.5YR 6/4，干），棕色（7.5YR 4/6，润）；润，坚实、无黏着、中塑，砂壤土，很弱发育的中块状结构；很少量黑色铁锰结核；有1条蚯蚓和很少量土壤动物粪便；极强石灰反应；向下模糊平滑过渡。

2Cr：110～140 cm，浊橙色（7.5Y R6/4，干），棕色（7.5YR 4/4，润）；润，坚实、无黏着、稍塑，砂壤土，很弱发育的中块状结构；有少量铁锰锈纹锈斑；极强石灰反应。

刘营系代表性单个土体物理性质

土层	深度/cm	砾石(>2 mm)体积分数/%	细土颗粒组成(粒径：mm)/(g/kg)			质地
			砂粒 2～0.05	粉粒 0.05～0.002	黏粒 <0.002	
Aup1	0～25	0	348	556	96	粉砂壤土
Aur1	25～60	0	450	397	153	壤土
Bur	60～110	0	648	220	132	砂壤土

刘营系代表性单个土体化学性质

深度/cm	pH (H_2O)	有机碳(C)/(g/kg)	全氮(N)/(g/kg)	全磷(P)/(g/kg)	全钾(K)/(g/kg)	有效磷(P)/(mg/kg)	CEC/(cmol/kg)	碳酸钙/(g/kg)	全盐/(g/kg)	钠饱和度/%	游离铁(Fe_2O_3)/(g/kg)
0～25	8.4	6.1	0.54	0.73	16.9	18.9	5.6	118	1.5	5.6	4.4
25～60	8.4	3.5	0.39	0.50	16.3	4.6	6.6	108	1.4	6.5	4.7
60～110	7.2	2.4	0.31	0.49	18.0	0.7	5.6	91	1.3	5.6	4.3

4.2.5　先锋系（Xianfeng Series）

土　族：黏壤质硅质混合型石灰性温性-弱盐灌淤旱耕人为土

拟定者：龙怀玉，曹祥会，谢　平，王佳佳

分布与环境条件　分布在引黄灌区，地下水埋深 100～180 cm，矿化度为 2 g/L 左右，稻旱轮作。分布区域属于中温带干旱气候，年均气温 7.6～11.5℃，年降水量 108～267 mm。

先锋系典型景观

土系特征与变幅　诊断层有灌淤表层、肥熟表层、雏形层；诊断特性和诊断现象有盐基饱和、石灰性、水耕现象、钙积现象、盐积现象、钠质现象、氧化还原特征、人为滞水土壤水分、温性土壤温度。成土母质为灌溉淤积物，其厚度在 100 cm 以上，颜色、质地等比较均一，有极少量炭块。土壤质地为粉砂壤土，土壤 pH 为 8.0～9.0。灌溉淤积物土层有机碳含量为 6.0～15.0 g/kg，表土耕作层有效磷含量为 35～90 mg/kg，显著高于其他土层，并自上往下逐渐减少。心土层有少量或中量铁锰锈纹锈斑。全剖面强石灰反应，碳酸钙含量为 100～200 g/kg，层次间没有明显差异，全剖面盐分含量为 2.0～3.0 g/kg。

对比土系　与瞿靖系、何滩系相比较，三者属于相同的土族，分布环境、利用方式、生产性能等基本相同。但先锋系的成土母质是灌溉淤积物，其厚度在 100 cm 以上，何滩系的成土母质为河流冲积物或湖积物及上覆的灌溉淤积物，灌溉淤积物的厚度小于 60 cm。先锋系的表层为“肥熟表层”，耕作表层的土壤质地为粉砂壤土，瞿靖系只具备肥熟现象，耕作表层的土壤质地为粉黏壤土。

利用性能综述　该土壤所处区域地势平坦，全剖面土壤质地为粉砂壤土，土体构型良好，耕性好，干湿易耕，土垡松散，适耕期较长，耕作层熟化程度高，自然肥力较高。但是通体含盐量略高，表土层出现轻度盐化，生产中主要结合冬灌加强洗盐，发展设施农业

时需要注意防止盐化加重。

参比土种 壤质薄层轻盐化灌淤土（轻盐卧土）。

代表性单个土体 宁夏银川市永宁县胜利乡先锋村三队，106°9′38.1″E、38°17′38.5″N，海拔 1120 m。成土母质为灌淤物，地势平坦，地形为黄河冲积平原、平地。水田，水旱轮作种植水稻、小麦、玉米等。年均气温 9.4℃，≥10℃年积温 3608℃，50 cm 深处年均土壤温度 12.5℃，年≥10℃天数 189 d，年降水量 182 mm，年均相对湿度 53%，年干燥度 6.33，年日照时数 2967 h。野外调查时间：2014 年 10 月 16 日，天气（晴）。

Aup1：0～40 cm，浊黄橙色（10YR 6/3，干），暗棕色（7.5YR 3/3，润）；润，坚实、黏着、中塑，粉砂壤土，中度发育的团粒及中块状结构；少量粗根和细根，有 1 只昆虫；强石灰反应；向下清晰平滑过渡。

Aup2：40～55 cm，浊黄橙色（10YR 6/3，干），灰棕色（7.5YR 4/2，润）；润，坚实、黏着、中塑，粉砂壤土，中度发育的中鳞片状结构和小棱块状结构；极少量粗根、中根、细根；强石灰反应；向下渐变波状过渡。

Bur： 55～100 cm，浊黄橙色（10YR 6/4，干），棕色（7.5YR 5/2，润）；润，坚实、黏着、中塑，粉砂壤土，中度发育的大棱块状结构；土体内有中量铁锰锈纹锈斑，很少量的炭块；极少量粗根和细根；极强石灰反应；向下模糊波状过渡。

C： 100～120 cm，浊黄橙色（10YR 6/4，干），粉红灰色（7.5YR 6/2，润）；润，坚实、黏着、中塑，粉砂壤土，很弱发育的中块状结构；极强石灰反应。

先锋系代表性单个土体剖面

先锋系代表性单个土体物理性质

土层	深度/cm	砾石(>2 mm)体积分数/%	细土颗粒组成(粒径：mm)/(g/kg)			质地
			砂粒 2～0.05	粉粒 0.05～0.002	黏粒 <0.002	
Aup1	0～40	0	211	554	235	粉砂壤土
Aup2	40～55	0	—	—	—	粉砂壤土
Bur	55～100	0	77	687	236	粉砂壤土

先锋系代表性单个土体化学性质

土层	深度 /cm	pH (H_2O)	有机碳(C) /(g/kg)	全氮(N) /(g/kg)	全磷(P) /(g/kg)	全钾(K) /(g/kg)	有效磷(P) /(mg/kg)	CEC /(cmol/kg)	碳酸钙 /(g/kg)	全盐 /(g/kg)	钠饱和度/%	游离铁 (Fe_2O_3) /(g/kg)
Aup1	0～40	8.2	9.1	1.01	0.73	16.6	57.5	11.8	131	2.1	5.6	5.6
Aup2	40～55	—	—	—	—	—	—	—	—	—		
Bur	55～100	8.3	6.0	0.74	0.52	17.1	8.0	9.8	132	2.0	5.1	4.9

4.2.6　镇朔系（Zhenshuo Series）

土　族：黏壤质硅质混合型石灰性温性-弱盐灌淤旱耕人为土

拟定者：龙怀玉，谢　平，曹祥会，王佳佳

分布与环境条件　主要分布在河滩、一级阶地、湖滩边缘，成土母质为河流冲积物及灌溉淤积物，地势平坦，地下水埋深 1～2 m。分布区域属于中温带干旱气候，年均气温 7.8～11.5℃，年降水量 102～256 mm。

镇朔系典型景观

土系特征与变幅　诊断层有灌淤表层、钙积层、雏形层、耕作淀积层；诊断特性和诊断现象有盐基饱和、钙积现象、碱积现象、钠质现象、盐积现象、氧化还原特征、肥熟现象、潮湿土壤水分、温性土壤温度。成土母质为河流冲积物+灌溉淤积物，有效土层厚度为 2 m 以上，灌溉淤积物层厚度在 50 cm 以上，土壤质地为粉黏壤土、黏壤土，土壤 pH 为 8.0～9.0。耕作层有效磷含量 15～30 mg/kg、有机碳含量 15～30 g/kg、碳酸钙含量 100～200 g/kg，均显著高于下层土壤，心土层以下有铁锰锈纹锈斑，全剖面强石灰反应。

对比土系　参见黄渠桥系。

利用性能综述　该土壤土层深厚，土壤质地较重，无特殊障碍因素，经过长期耕作，土壤熟化程度高，土壤自然肥力高，是较好的宜农用地。但土壤质地较为黏重，通体含盐量较高，pH 较高，生产中要注意结合冬灌加强土壤洗盐，低洼区注意适度施用石膏和酸性调理剂降低 pH，春季出苗要注意盐碱的危害。

参比土种　壤质灌淤潮土（灌淤锈土）。

代表性单个土体 宁夏石嘴山市平罗县崇岗镇镇朔村四队，106°15′20.9″E、38°49′26.8″N，海拔 1091 m。成土母质为冲积物及灌溉淤积物。地势平坦，地形为黄河冲积平原、平地，旱地，主要种植玉米。地下水埋深约 1.5 m。年均气温 9.4℃，≥10℃年积温 3641℃，50 cm 深处年均土壤温度 12.5℃，年≥10℃天数 189 d，年降水量 175 mm，年均相对湿度 52%，年干燥度 6.93，年日照时数 2962 h。野外调查时间：2014 年 10 月 13 日，天气（晴）。

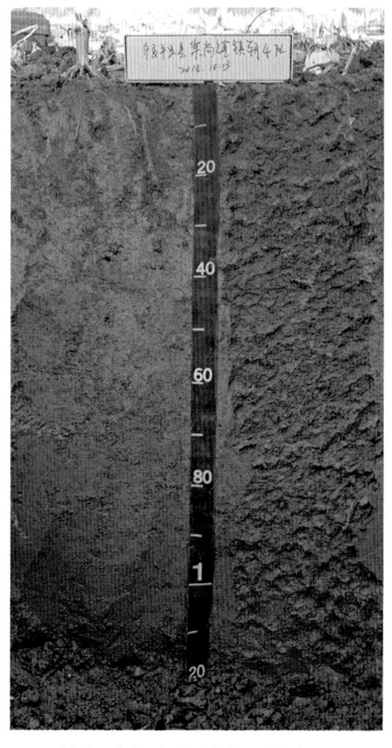

镇朔系代表性单个土体剖面

Aup1：0～30 cm，浊橙色（7.5YR 6/4，干），暗棕色（7.5YR 3/4，润）；润，坚实、黏着、中塑，黏壤土，中度发育的团粒和大团块状结构；很少量的瓦砾、炭块及砖块；少量细根和粗根；强石灰反应；向下渐变平滑过渡。

Bur1：30～72 cm，浊橙色（7.5YR 6/4，干），棕色（7.5YR 4/3，润）；润，坚实、极黏着、强塑，黏壤土，中度发育的大棱柱状结构；土体内有少量红褐色铁锰锈纹锈斑，极少量细根和粗根；强石灰反应；向下模糊平滑过渡。

Bur2：72～110 cm，浊黄橙色（7.5YR 7/4，干），浊棕色（7.5YR 5/4，润）；潮，坚实、极黏着、强塑，粉黏壤土，中度发育的大棱柱状结构；土体内有很少量红褐色铁锰锈纹锈斑，极强石灰反应；向下模糊平滑过渡。

2C：110～120 cm，浊黄橙色（10YR 6/4，干），棕色（7.5YR 4/6，润）；湿，疏松、极黏着、强塑，粉黏壤土；强石灰反应；向下突变平滑过渡。

3C：120～150 cm，浊黄橙色（10YR 6/3，干），棕色（10YR 4/4，润）；湿，松散、无黏着、无塑，细砂土。

镇朔系代表性单个土体物理性质

土层	深度 /cm	砾石 (>2 mm)体积分数/%	细土颗粒组成(粒径：mm) /(g/kg)			质地
			砂粒 2～0.05	粉粒 0.05～0.002	黏粒 <0.002	
Aup1	0～30	0	269	402	328	黏壤土
Bur1	30～72	0	306	313	380	黏壤土
Bur2	72～110	0	176	543	282	粉黏壤土

镇朔系代表性单个土体化学性质

深度/cm	pH (H_2O)	有机碳(C)/(g/kg)	全氮(N)/(g/kg)	全磷(P)/(g/kg)	全钾(K)/(g/kg)	有效磷(P)/(mg/kg)	碳酸钙/(g/kg)	CEC/(cmol/kg)	全盐/(g/kg)	钠饱和度/%	游离铁(Fe_2O_3)/(g/kg)
0～30	8.7	10.0	0.74	0.67	20.3	27.2	136	17.7	3.6	11.8	6.6
30～72	8.5	6.7	0.35	0.52	21.4	5.1	97	16.3	1.7	7.4	8.2
72～110	8.8	3.6	0.24	0.52	21.4	4.1	66	13.2	1.5	5.2	6.5

4.3　肥熟灌淤旱耕人为土

4.3.1　红岗系（Honggang Series）

土　族：壤质长石型石灰性温性-肥熟灌淤旱耕人为土

拟定者：龙怀玉，谢　平，曹祥会，王佳佳

分布与环境条件　主要分布在一级阶地或湖滩边缘，几乎全部为耕地。成土母质为灌溉淤积物及河流冲积物，地势平坦，地下水埋深 1～2 m。分布区域属于中温带干旱气候，年均气温 7.9～11.5℃，年降水量 102～256 mm。

红岗系典型景观

土系特征与变幅　诊断层有肥熟表层、灌淤表层、雏形层、耕作淀积层；诊断特性和诊断现象有盐基饱和、石灰性、钙积现象、碱积现象、钠质现象、氧化还原特征、潮湿土壤水分、温性土壤温度。成土母质为覆盖在河流冲积物之上的灌溉淤积物，土壤质地为粉砂壤土，底土层相对上层要黏，心土层以下有较多铁锰锈纹锈斑，土壤 pH 为 8.5～9.5，耕作层有机碳含量 6.0～15.0 g/kg，有效磷含量 35～50 mg/kg，碳酸钙含量 50～150 g/kg。

对比土系　参见陈家庄系。

利用性能综述　该土壤土层深厚，土壤质地适中，上壤下沙，无特殊障碍因素，经过长期耕作，土壤自然肥力和养分含量高，是很好的宜农用地，生产中应注意均衡施肥。但是土壤 pH 较高，具有轻度碱化的潜在危害，要注意加强冬灌洗盐降碱，在地势低洼区适度施用石膏和酸性改良剂降低碱化风险。

参比土种　壤质潮土（壤质潮土）。

代表性单个土体 宁夏石嘴山市平罗县头闸镇红岗村三队，106°44′3.5″E、38°55′51.9″N，海拔 1091 m，成土母质为灌溉淤积物+冲积物。地势平坦，地形为冲积平原、平地。旱地，主要种植玉米。年均气温 9.4℃，≥10℃年积温 3640℃，50 cm 深处年均土壤温度 12.4℃，年≥10℃天数 189 d，年降水量 176 mm，年均相对湿度 52%，年干燥度 7.04，年日照时数 2955 h。野外调查时间：2014 年 10 月 12 日，天气（阴）。

Aup11：0～25 cm，浊橙色（7.5YR 6/4，干），黑棕色（7.5YR 3/2，润）；润，疏松、黏着、中塑，粉砂壤土，中度发育的团粒和大团块状结构；很少量的瓦砾；中量中根；中等石灰反应；向下模糊波状过渡。

Aup12：25～45 cm，浊棕色（7.5YR 6/3，干），棕色（7.5YR 5/2，润）；润，疏松、黏着、中塑，粉砂壤土，中度发育的很大团块状结构；中量中根；中等石灰反应；向下渐变平滑过渡。

Bur1：45～85 cm，浊橙色（7.5YR 6/4，干），浊棕色（7.5YR 5/4，润）；润，疏松、黏着、中塑，粉砂壤土，中度发育的小团粒状结构；土体内有很少量铁锰锈纹锈斑，很少量黑色铁锰结核；极少量细根和极细根；强石灰反应；向下渐变平滑过渡。

Bur2：85～115 cm，浊黄橙色（7.5YR 7/4，干），棕色（7.5YR 4/6，润）；润，坚实、极黏着、强塑，粉砂壤土，弱发育的中棱块状结构；土体内有中量铁锰锈纹锈斑，极少量细根和极细根；极强石灰反应；向下模糊平滑过渡。

2C：115～145 cm，粉红白色（7.5YR 8/2，干），棕色（7.5YR 4/3，润）；润，坚实、极黏着、强塑，粉砂壤土，很弱发育的中棱块状结构；土体内有中量铁锰锈纹锈斑；极强石灰反应。

红岗系代表性单个土体剖面

红岗系代表性单个土体物理性质

土层	深度/cm	砾石(>2 mm)体积分数/%	细土颗粒组成(粒径：mm) /(g/kg)			质地
			砂粒 2～0.05	粉粒 0.05～0.002	黏粒 <0.002	
Aup11	0～25	0	300	510	190	粉砂壤土
Aup12	25～45	0	272	561	167	粉砂壤土
Bur1	45～85	0	287	516	197	粉砂壤土
Bur2	85～115	0	117	577	306	粉砂壤土
2C	115～145	0	125	511	364	粉砂壤土

红岗系代表性单个土体化学性质

深度 /cm	pH (H_2O)	有机碳(C) /(g/kg)	全氮(N) /(g/kg)	全磷(P) /(g/kg)	全钾(K) /(g/kg)	有效磷(P) /(mg/kg)	碳酸钙 /(g/kg)	CEC /(cmol/kg)	全盐 /(g/kg)	钠饱和度/%	游离铁 (Fe_2O_3) /(g/kg)
0～25	9.1	10.1	0.67	0.80	20.4	45.6	124	13.0	0.6	5.4	4.7
25～45	9.0	5.5	0.59	0.53	19.2	3.4	109	9.2	0.7	7.7	4.6
45～85	8.6	3.3	0.46	0.53	18.8	3.7	109	9.8	0.6	6.9	5.1
85～115	9.2	4.3	0.44	0.54	21.1	3.4	125	15.4	0.9	9.8	7.3
115～145	8.9	5.0	0.54	0.50	21.9	3.9	137	17.5	1.1	11.2	8.1

4.3.2　通贵系（Tonggui Series）

土　族：黏质伊利石型石灰性温性-肥熟灌淤旱耕人为土

拟定者：龙怀玉，谢　平，曹祥会，王佳佳

分布与环境条件　分布在引黄灌区，地下水埋深 100～180 cm，矿化度为 2 g/L 左右，稻旱轮作。分布区域属于暖温带干旱气候，年均气温 7.7～11.5℃，年降水量 104～261 mm。

通贵系典型景观

土系特征与变幅　诊断层有灌淤表层、雏形层；诊断特性和诊断现象有盐基饱和、石灰性、氧化还原特征、人为滞水土壤水分、温性土壤温度、肥熟现象、水耕现象。成土母质为灌溉淤积物，其厚度在 100 cm 以上，土壤质地为粉砂壤土，黏粒含量 300～450 g/kg，土壤 pH 为 8.0～9.0。表土层有铁锰锈纹锈斑，全剖面强石灰反应，碳酸钙含量 100～200 g/kg，盐分含量小于 1.5 g/kg。耕作层有机碳含量 6.0～15.0 g/kg，有效磷含量 35～50 mg/kg。

对比土系　与通桥系在地理位置上毗邻，都具有灌淤表层、雏形层等诊断层和氧化还原特征，石灰性和酸碱反应级别、土壤温度状况和土壤水分状况、成土母质等也相同，生产性能、剖面形态、农业利用方式等也非常相似。但是通桥系还具有磷质耕作淀积层、钙积现象、碱积现象、盐积现象等诊断层和诊断现象，土壤颗粒大小级别是黏壤质，矿物类型是硅质混合型；通贵系土壤颗粒大小级别是黏质，矿物类型是伊利石型。

利用性能综述　地势平坦，全剖面土壤质地为粉砂壤土，土体构型良好，耕性好，干湿易耕，土垡松散，适耕期较长，耕作层熟化程度高，自然肥力较高，全剖面土壤含盐量低。

参比土种　壤质薄层表锈灌淤土（薄卧土）。

代表性单个土体　宁夏银川市兴庆区通贵乡通贵村二队，106°27′57.7″E、38°28′59.5″N，海拔 1108 m，成土母质为灌淤物。地势平坦，地形为高原、冲积平原、平地。水田，主要种植水稻。年均气温 9.4℃，≥10℃年积温 3624℃，50 cm 深处年均土壤温度 12.5℃，年≥10℃天数 189 d，年降水量 177 mm，年均相对湿度 53%，年干燥度 6.55，年日照时数 2971 h。野外调查时间：2014 年 10 月 15 日，天气（晴）。

通贵系代表性单个土体剖面

Aup1：0～18 cm，浊黄橙色（10YR 7/3，干），暗红棕色（5YR 3/3，润）；润，坚实、黏着、中塑，粉砂壤土，很弱发育的很大团块状结构；土体内有中量铁锰锈纹锈斑；极少量细根和多量中根，有 1 条泥鳅；强石灰反应；向下渐变平滑过渡。

Aup2：18～50 cm，浊黄橙色（10YR 7/3，干），暗棕色（5YR 4/4，润）；润，坚实、黏着、中塑，粉砂壤土，很弱发育的大棱柱状结构；土体内有大量铁锰锈纹锈斑；极少量细根；强石灰反应；向下渐变平滑过渡。

Bu：50～110 cm，浊黄橙色（10YR 6/3，干），棕色（5YR 4/6，润）；潮，坚实、黏着、中塑，粉砂壤土，很弱发育的较大棱块状结构；极少量细根；极强石灰反应。

通贵系代表性单个土体物理性质

土层	深度 /cm	砾石 (>2 mm)体积分数/%	细土颗粒组成 (粒径：mm)/(g/kg)			质地
			砂粒 2～0.05	粉粒 0.05～0.002	黏粒 <0.002	
Aup1	0～18	0	46	521	433	粉砂壤土
Aup2	18～50	0	59	544	397	粉砂壤土
Bu	50～110	0	70	604	326	粉砂壤土

通贵系代表性单个土体化学性质

深度 /cm	pH (H_2O)	有机碳(C) /(g/kg)	全氮(N) /(g/kg)	全磷(P) /(g/kg)	全钾(K) /(g/kg)	有效磷(P) /(mg/kg)	CEC /(cmol/kg)	碳酸钙 /(g/kg)	游离铁(Fe_2O_3) /(g/kg)
0～18	8.5	8.8	0.74	0.41	20.4	35.5	17.0	150	6.1
18～50	8.9	6.1	0.66	0.55	18.2	9.2	16.8	144	5.5
50～110	8.6	4.9	0.40	0.46	17.5	4.2	15.7	139	6.1

4.3.3 五星系（Wuxing Series）

土　族：黏壤质硅质混合型石灰性温性-肥熟灌淤旱耕人为土

拟定者：龙怀玉，谢　平，曹祥会，王佳佳

分布与环境条件　分布在引黄灌区，地下水埋深100～180 cm，矿化度为2 g/L左右，主要种植小麦和蔬菜。分布区域属于中温带干旱气候，年均气温 7.7～11.5℃，年降水量102～258 mm。

五星系典型景观

土系特征与变幅　诊断层有灌淤表层、肥熟表层、雏形层；诊断特性和诊断现象有盐基饱和、石灰性、钙积现象、碱积现象、钠质现象、氧化还原特征、潮湿土壤水分、温性土壤温度。成土母质为灌溉淤积物及冲积物，灌溉淤积物厚度为60～80 cm，土壤质地为壤土—粉砂壤土—粉黏壤土，土壤pH为8.0～9.0，灌溉淤积物之下为厚度10 cm以上的砂土层，砂土层有铁锈纹锈斑，全剖面强石灰反应，碳酸钙含量100～150 g/kg，层次间差异不明显。耕作层有机碳含量6.0～15.0 g/kg，有效磷含量35～50 mg/kg，土壤盐分含量1.5～2.0 g/kg，耕作层以下土壤有机碳、有效磷含量均显著降低，盐分含量降低到1.5 g/kg以下。

对比土系　与星火系相比，两者都具有灌淤表层、雏形层等诊断层和钙积现象、碱积现象、钠质现象、氧化还原特征等诊断现象和诊断特性，石灰性和酸碱反应级别、土壤温度状况和土壤水分状况、成土母质等也相同，生产性能、剖面形态、农业利用方式等也非常相似。但是五星系还具有肥熟表层，土壤颗粒大小级别是黏壤质，矿物类型是硅质混合型；星火系的土壤颗粒大小级别是黏质，矿物类型是伊利石型。

利用性能综述　地势平坦，表层土壤质地为粉黏壤土，耕性好，适耕期较长，心底土层

质地偏沙，容易漏水漏肥，通体有轻度盐渍化，需要防止土壤进一步盐化。生产中应充分发挥灌排体系的作用，加强土壤肥力建设。

参比土种　沙层壤质薄层轻盐化灌淤土（漏沙轻盐卧土）。

代表性单个土体　宁夏银川市贺兰县习岗镇五星村五队，106°23′20.9″E、38°35′16.8″N，海拔 1102 m，成土母质为灌溉淤积物+冲积物。地势平坦，地形为高原、冲积平原、平地。水浇地，主要种植玉米、蔬菜。年均气温 9.4℃，≥10℃年积温 3631℃，50 cm 深处年均土壤温度 12.5℃，年≥10℃天数 189 d，年降水量 175 mm，年均相对湿度 53%，年干燥度 6.67，年日照时数 2970 h。野外调查时间：2014 年 10 月 14 日，天气（晴）。

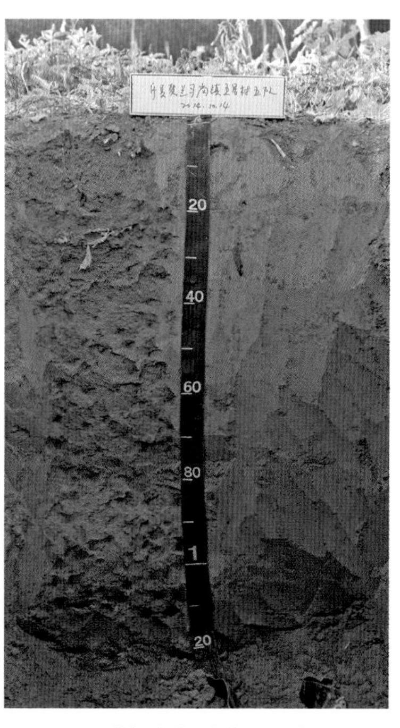
五星系代表性单个土体剖面

Aup11：0～25 cm，浊黄橙色（10YR 6/3，干），棕色（7.5YR 4/3，润）；润，疏松、稍黏着、稍塑，岩石和矿物碎屑含量约 1%、大小约 2 mm、圆状，粉黏壤土，弱发育的团粒和大块状结构；少量细根；强石灰反应；向下模糊平滑过渡。

Aup12：25～40 cm，浊橙色（7.5YR 6/4，干），棕色（7.5YR 4/4，润）；润，坚实、稍黏着、稍塑，岩石和矿物碎屑含量约 1%、大小约 2 mm、圆状，粉砂壤土，中度发育的团粒和大块状结构；中量细根；强石灰反应；向下渐变波状过渡。

Bur：40～80 cm，浊黄橙色（10YR 6/4，干），亮棕色（7.5YR 5/6，润）；润，坚实、无黏着、无塑，壤土，弱发育的大块状结构；土体内有大量青灰色铁锈纹锈斑；极少量细根；极强石灰反应；向下清晰间断过渡。

2C：80～100 cm，浊黄橙色（10YR 6/4，干），橙色（7.5YR 6/6，润）；润，松散、无黏着、无塑，砂土；极强石灰反应；向下清晰间断过渡。

3C：100～130 cm，浊黄橙色（10YR 6/3，干），棕色（7.5YR 4/4，润）；润，坚实、无黏着、无塑，壤土，很弱发育的大块状结构；极强石灰反应。

五星系代表性单个土体物理性质

土层	深度/cm	砾石(>2 mm)体积分数/%	细土颗粒组成(粒径：mm)/(g/kg)			质地
			砂粒 2～0.05	粉粒 0.05～0.002	黏粒 <0.002	
Aup11	0～25	1	58	589	353	粉黏壤土
Aup12	25～40	1	129	638	233	粉砂壤土
Bur	40～80	0	340	461	199	壤土

五星系代表性单个土体化学性质

深度/cm	pH (H_2O)	有机碳(C)/(g/kg)	全氮(N)/(g/kg)	全磷(P)/(g/kg)	全钾(K)/(g/kg)	有效磷(P)/(mg/kg)	CEC/(cmol/kg)	碳酸钙/(g/kg)	全盐/(g/kg)	钠饱和度/%	游离铁(Fe_2O_3)/(g/kg)
0～25	8.7	9.1	0.47	0.64	19.2	41.0	12.8	117	1.6	4.9	5.8
25～40	8.7	5.0	0.60	0.54	18.2	7.8	8.5	113	1.4	5.9	5.0
40～80	8.6	3.1	0.26	0.47	17.5	2.9	6.3	100	1.4	6.4	4.3

4.4 斑纹灌淤旱耕人为土

4.4.1 丁家湾系（Dingjiawan Series）

土 族：壤质硅质混合型石灰性温性-斑纹灌淤旱耕人为土

拟定者：龙怀玉，曹祥会，谢 平，王佳佳

分布与环境条件 分布在引黄灌区，地下水埋深 100～180 cm，矿化度为 2 g/L 左右，稻旱轮作或旱作。分布区域属于暖温带干旱气候，年均气温 7.6～11.5℃，年降水量 119～284 mm。

丁家湾系典型景观

土系特征与变幅 诊断层有灌淤表层、雏形层；诊断特性和诊断现象有盐基饱和、钙积现象、碱积现象、钠质现象、氧化还原特征、潮湿土壤水分、温性土壤温度。成土母质为河流冲积物及上覆的灌溉淤积物，灌溉淤积物厚度在 60 cm 以上，灌淤物土层质地为壤土—粉砂壤土，冲积物土层质地为砂土或壤砂土，心土层和底土层有铁锈纹锈斑。耕作层有机碳含量 6.0～15.0 g/kg，全剖面土壤 pH 8.0～9.0，盐分含量 1.5～2.0 g/kg，强石灰反应，碳酸钙含量 50～150 g/kg，耕作层含量高于其他土层。

对比土系 与河滩系相比，都具有雏形层、钙积现象、碱积现象、氧化还原特征、潮湿土壤水分、温性土壤温度等诊断层、诊断现象和诊断特性，成土母质都是河流冲积物及上覆的灌溉淤积物，剖面构型也基本相似。但丁家湾系具有灌淤表层，其中耕作层的有机碳含量为 6.0～15.0 g/kg，土壤质地为粉砂壤土。而河滩系是淡薄表层，还具有灌淤现象、盐积现象，耕作层的有机碳含量为 3.0～6.0 g/kg，土壤质地为粉砂土。

利用性能综述 地势平坦，灌淤物土层质地为壤土—粉砂壤土，耕性好，干湿易耕，土垡松散，适耕期较长，冲积物土层质地为砂土或壤砂土，通体轻度盐渍化，生产中需要完善灌排体系，结合冬灌加大洗盐降碱力度，防止土壤进一步盐化。

参比土种 壤质薄层轻盐化灌淤土（轻盐卧土）。

代表性单个土体 宁夏吴忠市利通区金积镇丁家湾村，106°06′43.9″E、37°57′ 32.4″N，海拔 1127 m，成土母质为灌淤物+冲种物。地势平坦，地形为黄河冲积平原、平地。旱地，主要种植玉米。年均气温 9.4℃，≥10℃年积温 3583℃，50 cm 深处年均土壤温度 12.5℃，年≥10℃天数 188 d，年降水量 195 mm，年均相对湿度 55%，年干燥度 5.96，年日照时数 2944 h。野外调查时间：2014 年 10 月 18 日，天气（小雨）。

Aup1：0～20 cm，浊棕色（7.5YR 6/3，干），棕色（7.5YR 4/3，润）；润，坚实、黏着、中塑，粉砂壤土，中度发育的团粒结构和大块状结构；很少量的瓦块、炭块；极少量粗根和中量细根，有 2 条蚯蚓和中量土壤动物粪便；强石灰反应；向下模糊平滑过渡。

Bur： 20～60 cm，浊橙色（7.5YR 6/4，干），浊棕色（7.5YR 5/4，润）；润，坚实、黏着、中塑，粉砂壤土，中度发育的中鳞片状结构和中棱块状结构；土体内有少量铁锈纹锈斑，很少量的炭块；少量细根，有中量土壤动物粪便；强石灰反应；向下模糊平滑过渡。

2Cr： 60～130 cm，浊黄橙色（10YR 6/4，干），浊橙色（7.5YR 6/4，润）；润，疏松、黏着、中塑，粉砂壤土，很弱发育的中块状结构；土体内有中量铁锈纹锈斑；极少量细根，有很少量土壤动物粪便；极强石灰反应。

丁家湾系代表性单个土体剖面

丁家湾系代表性单个土体物理性质

土层	深度/cm	砾石(>2 mm)体积分数/%	细土颗粒组成 (粒径：mm)/(g/kg)			质地
			砂粒 2～0.05	粉粒 0.05～0.002	黏粒 <0.002	
Aup1	0～20	0	122	723	155	粉砂壤土
Bur	20～60	0	164	688	148	粉砂壤土
2Cr	60～130	0	204	654	142	粉砂壤土

丁家湾系代表性单个土体化学性质

深度 /cm	pH (H_2O)	有机碳(C) /(g/kg)	全氮(N) /(g/kg)	全磷(P) /(g/kg)	全钾(K) /(g/kg)	碳酸钙 /(g/kg)	CEC /(cmol/kg)	全盐 /(g/kg)	钠饱和度/%	游离铁 (Fe_2O_3) /(g/kg)
0～20	8.6	7.7	0.86	0.60	18.6	112	9.6	1.6	5.3	5.2
20～60	8.6	5.5	0.66	0.54	18.4	100	8.8	1.6	5.4	5.2
60～130	8.5	3.3	0.46	0.48	17.9	88	8.2	1.6	5.3	5.1

4.4.2 星火系（Xinghuo Series）

土 族：黏质伊利石型石灰性温性-斑纹灌淤旱耕人为土

拟定者：龙怀玉，谢 平，曹祥会，王佳佳

分布与环境条件 主要分布在引黄灌区北部，长期引黄灌溉，成土母质为灌溉淤积物+冲积物，地下水埋深为2 m左右，常年旱作，以种植春小麦为主。分布区域属于中温带干旱气候，年均气温7.9～11.5℃，年降水量102～256 mm。

星火系典型景观

土系特征与变幅 诊断层有灌淤表层、雏形层；诊断特性和诊断现象有盐基饱和、石灰性、钙积现象、碱积现象、钠质现象、氧化还原特征、潮湿土壤水分、温性土壤温度。成土母质为灌溉淤积物+冲积物，有效土层厚度参见1 m以上，剖面土壤质地有壤土、黏土，土壤pH为8.5～9.5，心土层有铁锰锈纹锈斑，底土层相对上层要砂，通透性能好。全剖面强石灰反应，碳酸钙含量为100～150 g/kg，层次之间差异不明显，耕作层有机碳含量为6.0～15.0 g/kg。

对比土系 参见五星系。

利用性能综述 底部有沙土层，容易漏水漏肥，表层土壤疏松，耕性良好，土壤肥力较低，需注重精耕细作，促进土壤熟化、肥力提高，水肥管理上宜采用少量多次的措施。

参比土种 沙层壤质薄层潮灌淤土（漏沙新户土）。

代表性单个土体 宁夏石嘴山市平罗县城关镇星火村六队，106°34′45.0′′E、38°54′17.5′′N，海拔1093 m。处于山前洪积扇与黄河冲积平原交接区，成土母质为冲积物和灌淤物。地势平坦，地形为平地。旱地，主要种植玉米。地表有厚度约0.5 mm、覆盖度约5%～10%

的盐斑。年均气温 9.4℃，≥10℃年积温 3639℃，50 cm 深处年均土壤温度 12.4℃，年≥10℃天数 189 d，年降水量 175 mm，年均相对湿度 52%，年干燥度 7.01，年日照时数 2957 h。野外调查时间：2014 年 10 月 12 日，天气（晴）。

星火系代表性单个土体剖面

Aup1：0～40 cm，浊橙色（7.5YR 6/4，干），棕色（5YR 4/3，润）；稍润，坚实、黏着、中塑，岩石和矿物碎屑含量约 2%、大小为 2～3 mm、块状，黏土，中度发育的大块状结构；很少量黑色铁锰结核；中量细根和中根，有中量土壤动物粪便；强石灰反应；向下渐变平滑过渡。

Bur：40～65 cm，粉红色（7.5YR 7/3，干），暗棕色（5YR 4/4，润）；稍润，坚实、黏着、中塑，岩石和矿物碎屑含量约 2%、大小为 2～3 mm、块状，壤土，中度发育的大块状结构；土体内有少量铁锰锈纹锈斑，中量黑色铁锰结核，很少量的炭块；中量中根，有中量土壤动物粪便；强石灰反应；向下清晰波状过渡。

2Cr：65～100 cm，浊黄橙色（10YR 7/3，干），暗红棕色（5YR 3/3，润）；润，坚实、极黏着、强塑，黏土，很弱发育的大棱块状结构；少量细根和极细根；极强石灰反应；向下突变波状过渡。

3Cr：100～120 cm，浊黄橙色（10YR 7/3，干），棕色（5YR 4/3，润）；润，疏松、稍黏着、稍塑，壤砂土，很弱发育的大棱块状结构；极强石灰反应。

星火系代表性单个土体物理性质

土层	深度/cm	砾石(>2 mm)体积分数/%	细土颗粒组成(粒径：mm)/(g/kg)			质地
			砂粒 2～0.05	粉粒 0.05～0.002	黏粒 <0.002	
Aup1	0～40	2	231	362	408	黏土
Bur	40～65	2	348	389	264	壤土
2Cr	65～100	0	168	340	492	黏土

星火系代表性单个土体化学性质

深度/cm	pH (H_2O)	有机碳(C)/(g/kg)	全氮(N)/(g/kg)	全磷(P)/(g/kg)	全钾(K)/(g/kg)	CEC/(cmol/kg)	全盐/(g/kg)	碳酸钙/(g/kg)	钠饱和度/%	游离铁(Fe_2O_3)/(g/kg)
0～40	8.6	6.9	0.52	0.53	20.8	12.5	0.6	121	6.1	5.5
40～65	8.9	5.9	0.60	0.51	22.5	14.6	0.7	138	7.1	7.6
65～100	9.0	3.9	0.38	0.62	19.5	8.8	0.6	117	8.9	5.2

第5章　干　旱　土

5.1　钠质钙积正常干旱土

5.1.1　李家水系（Lijiashui Series）

土　族：壤质长石混合型温性-钠质钙积正常干旱土

拟定者：龙怀玉，曲潇琳，曹祥会，谢　平

分布与环境条件　分布于山地、丘陵、高阶地，地势较高；成土母质为泥质红色页岩残积风化物；稀疏干旱草原植被，主要植物为珍珠猪毛菜、红砂等耐盐植物，覆盖度20%～50%。分布区域属于暖温带半干旱气候，年均气温4.9～8.5℃，年降水量201～414 mm。

李家水系典型景观

土系特征与变幅　诊断层有干旱表层、淡薄表层、雏形层、钙积层、黏化层；诊断特性和诊断现象有盐基饱和、盐积现象、钠质特性、准石质接触面、干旱土壤水分、温性土壤温度。成土母质为泥质红色页岩残积风化物，有效土层厚度为50～100 cm，表土层、心土层含有10%～20%的石块，母质层含量更高；地表结壳厚度为0.5～1.0 cm，有覆盖度为30%～60%的盐霜斑块；土壤质地为粉砂壤土，全剖面有中量的碳酸钙或盐分斑点；土壤pH为8.0～9.0，表土层有机碳含量3.0～6.0 g/kg，强石灰反应，剖面碳酸钙含量50～150 g/kg，心土层含量比表土层高50 g/kg以上；土体含盐量在10.0 g/kg以上，心土层含量明显高于表土层和底土层；黏粒含量 150～350 g/kg，底土层黏粒含量是其上土层的1.2倍以上。

对比土系　李家水系与郭家河系相比，从外表形态方面，郭家河系是最为接近李家水系的，两者的成土母质比较接近，李家水系成土母质为泥质红色页岩残积风化物，郭家河系成土母质为古近系红土及上覆的黄土，土体基本上保留了母质的红颜色特征。而且两者都有淡薄表层、钙积层、盐积现象、钠质特性、温性土壤温度等诊断层、诊断现象和诊断特性。但李家水系还有干旱表层、黏化层、干旱土壤水分，颗粒大小级别为壤质，矿物类型为长石混合型；郭家河系还有碱积现象、半干润土壤水分，颗粒大小级别为黏壤质，矿物类型为硅质混合型。

利用性能综述　该土壤地处荒漠丘陵，土质良好，但肥力水平低，土壤盐分含量高，碱化度高，土壤盐碱并重，土壤通体含有较多的砾石，仅能生长珍珠猪毛菜、红砂等耐盐植物，草质差，产草量低，草场质量不高，不可用于农作物和果树等经济林。主要应进行封育保护，逐步提高植被覆盖度。

参比土种　壤质残余盐土（壤质干盐土）。

代表性单个土体　宁夏中卫市沙坡头区香山乡李家水村，105°09′0.4″E、37°05′29.8″N，海拔 1803 m。成土母质为泥质页岩残积物。地势起伏，地形为高原丘陵、低丘、坡中部。自然荒草地，稀疏干旱草原植被，覆盖度约 30%。地表有直径约 3 cm、高度 0.5～1.0 cm、丰度 3～5 个/m^3 的脆性结壳。年均气温 7.1℃，≥10℃年积温 2822℃，50 cm 深处年均土壤温度 10.2℃，年≥10℃天数 161 d，年降水量 303 mm，年均相对湿度 50%，年干燥度 3.65，年日照时数 2853 h。野外调查时间：2015 年 4 月 15 日，天气（晴）。

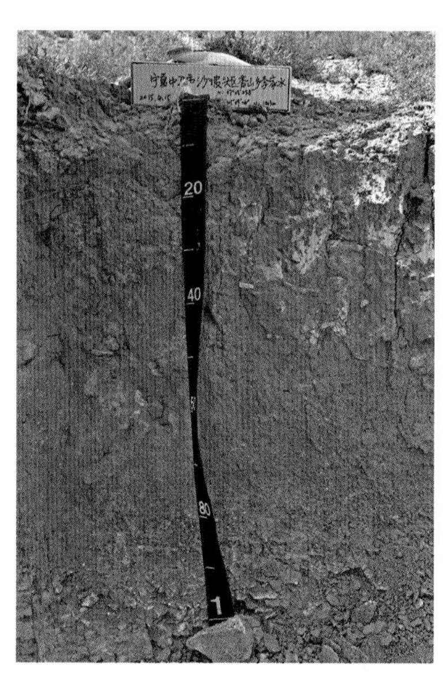

李家水系代表性单个土体剖面

Akn：0～30 cm，橙色（7.5YR 6/6，干），棕色（7.5YR 5/5，润）；干，疏松、无黏着、无塑，岩石和矿物碎屑含量约 10%、大小为 10～30 mm、块状，粉砂壤土，弱发育的中团块状结构；大量白色碳酸钙；极少量细根和极细根；强石灰反应；向下渐变平滑过渡。

Bkn：30～60 cm，浊橙色（7.5YR 6/4，干），棕色（7.5YR 4/4，润）；干，疏松、无黏着、无塑，岩石和矿物碎屑含量约 10%、大小为 30～40 mm、片状，粉砂壤土，弱发育的大棱块状结构；中量白色碳酸钙；少量细根和极细根；极强石灰反应；向下渐变平滑过渡。

Btkn：60～80 cm，亮棕色（7.5YR 5/6，干），棕色（10YR 4/4，润）；干，疏松、无黏着、无塑，岩石和矿物碎屑含量约 10%、大小为 30～40 mm、片状，粉砂壤土，强发育的大粒状结构、小棱块结构；中量白色碳酸钙；极强石灰反应；向下清晰平滑过渡。

C： 80～100 cm，准石质接触面。细土部分，浊黄橙色（7.5YR 7/4，干），棕色（7.5YR 5/5，润）；干，疏松、无黏着、无塑，岩石和矿物碎屑含量约50%、大小为30～40 mm、片状，石块面上有铁锰-黏粒胶膜，粉砂壤土，无结构；极强石灰反应；向下清晰平滑过渡。

R： 100 cm以下，石质接触面。

李家水系代表性单个土体物理性质

土层	深度/cm	砾石(>2 mm)体积分数/%	细土颗粒组成(粒径：mm)/(g/kg)			质地
			砂粒 2～0.05	粉粒 0.05～0.002	黏粒 <0.002	
Akn	0～30	10	203	626	171	粉砂壤土
Bkn	30～60	10	222	600	177	粉砂壤土
Btkn	60～80	10	182	568	250	粉砂壤土

李家水系代表性单个土体化学性质

深度/cm	pH (H_2O)	有机碳(C)/(g/kg)	全氮(N)/(g/kg)	全磷(P)/(g/kg)	全钾(K)/(g/kg)	碳酸钙/(g/kg)	CEC/(cmol/kg)	全盐/(g/kg)	钠饱和度/%	游离铁(Fe_2O_3)/(g/kg)
0～30	8.5	3.9	0.33	0.4	16.8	77	9.9	11.3	43.8	5.0
30～60	8.4	2.4	0.27	0.4	15.7	137	10.0	15.2	45.6	4.8
60～80	8.6	1.9	0.22	0.5	19.4	113	11.7	14.1	43.5	4.8

5.1.2　滴水羊系（Dishuiyang Series）

土　族： 砂质盖黏质硅质混合型温性-钠质钙积正常干旱土

拟定者： 龙怀玉，曲潇琳，曹祥会，谢　平

分布与环境条件　分布于宁夏中部黄土丘陵地带的缓坡丘陵、丘陵间平地、沟谷地及川地；成土母质为覆盖在红色砂岩上的黄土母质，土层深厚，地下水位很深。草原草甸植被，主要植物有毛刺锦鸡儿、蓍状亚菊、短花针茅、冷蒿、长芒草及无芒隐子草等，覆盖度在 60%以上。分布区域属于暖温带干旱气候，年均气温 7.2～11.1℃，年降水量 132～304 mm。

滴水羊系典型景观

土系特征与变幅　诊断层有干旱表层、淡薄表层、雏形层、钙积层；诊断特性和诊断现象有钠质特性、盐基饱和、碱积现象、盐积现象、准石质接触面、干旱土壤水分、温性土壤温度。成土母质为覆盖在红色砂岩上的黄土母质，土体中含有少量石块，有效土层厚度为 100～200 cm，剖面质地为砂壤土、黏壤土，土壤 pH 为 8.0～9.0，土表有菌落状干旱结皮。没有明显的腐殖质累积过程，表土层有机碳含量 3.0～6.0 g/kg，表层盐分含量在 1.4 g/kg 以上，50～60 cm 以下土层的盐分含量在 9.5 g/kg 以上，心土层、底土层有显著的碳酸钙假菌丝体，剖面碳酸钙含量 50～200 g/kg，底土层碳酸钙含量比表土层高出 50 g/kg 以上。

对比土系　滴水羊系与石家堡系相比，两者的成土母质均为红色砂岩残积物和风积黄土的混合物，黄土覆盖物下为红色砂岩残积风化物。两者都具有干旱表层、淡薄表层、雏形层、钙积层等诊断层，土壤反应级别、土壤温度状况和土壤水分状况等也相同。但是滴水羊系有碱积现象、盐积现象，土壤颗粒大小级别是砂质盖黏质；石家堡系的土壤颗粒大小级别是壤质。

利用性能综述 该土壤地处丘陵区，地势较为平坦，土层深厚，质地较好，但因气候干旱少雨和无灌溉条件，土壤水分含量很低，剖面下部土壤盐分含量和碱化度高，难以作为农用耕地。现大多为天然草场，草质较好，可以根据草地生长情况进行适当放牧。开发利用中注意该土壤由于缺少降水容易引起草场退化，应加强封育还草，提高植被覆盖度，同时要注意下部盐碱含量高，开发利用中要防止盐分表聚和次生盐碱化。

参比土种 壤质底盐灰钙土（咸性土）。

代表性单个土体 宁夏吴忠市利通区扁担沟镇滴水羊村，106°8′43.3″E、37°45′0.3″N，海拔 1232 m。成土母质为覆盖在红色砂岩上的黄土状母质，地势起伏，地形为丘陵、黄土墚（低丘）、缓坡。自然荒草地，以碱蓬为优势的草原草甸植被，覆盖度约 75%。地表有厚度为 2～3 mm、覆盖度约 50%的不连续的菌落状结皮。年均气温 9.1℃，≥10℃年积温 3482℃，50 cm 深处年均土壤温度 12.2℃，年≥10℃天数 186 d，年降水量 211 mm，年均相对湿度 53%，年干燥度 5.48，年日照时数 2933 h。野外调查时间：2015 年 4 月 12 日，天气（晴）。

A： 0～20 cm，黄棕色（10YR 5/6，干），黄棕色（10YR 5/5，润）；稍干，疏松、无黏着、无塑，砂壤土，弱发育的团粒结构和大块状结构；少量细根和中根；中度石灰反应；向下模糊平滑过渡。

2Bk1：20～60 cm，亮黄棕色（10YR 6/6，干），暗棕色（5YR 4/4，润）；稍干，疏松、无黏着、无塑，岩石和矿物碎屑含量约 2%、大小为 2～3 mm、块状，砂壤土-黏壤土，弱发育的大块状结构；中量白色碳酸钙假菌丝体；少量细根和极细根；极强石灰反应；向下模糊平滑过渡。

2Bk2：60～110 cm，亮黄棕色（10YR 6/8，干），暗棕色（5YR 4/4，润）；干，坚实、无黏着、无塑，岩石和矿物碎屑含量约 5%、大小为 5～10 mm、次圆状，黏壤土，弱发育的中棱块状结构；中量白色碳酸钙假菌丝体；少量细根和极细根；极强石灰反应；向下模糊平滑过渡。

2Ck：110～130 cm，亮棕色（7.5YR 5/6，干），棕色（7.5YR 4/4，润）；干，坚实、无黏着、无塑，黏壤土，弱发育的大粒状结构；中量白色碳酸钙假菌丝体；极少量粗根；极强石灰反应。

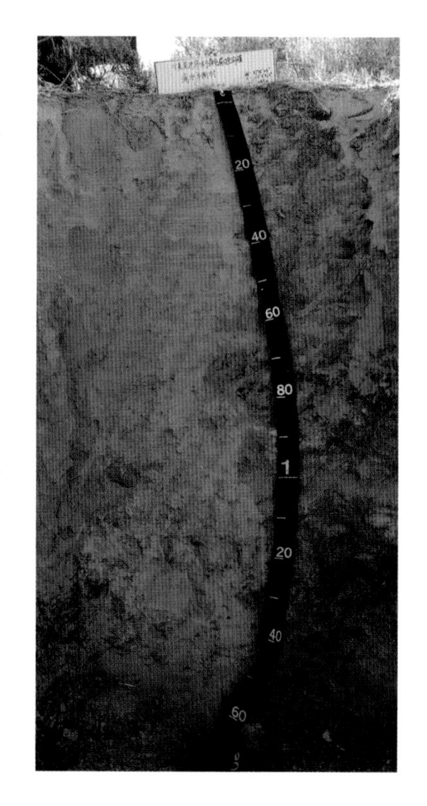

滴水羊系代表性单个土体剖面

滴水羊系代表性单个土体物理性质

土层	深度/cm	砾石(>2 mm)体积分数/%	细土颗粒组成(粒径：mm)/(g/kg)			质地
			砂粒 2～0.05	粉粒 0.05～0.002	黏粒 <0.002	
A	0～20	0	691	250	59	砂壤土
2Bk1	20～60	2	630	248	122	砂壤土-黏壤土
2Bk2	60～110	5	258	338	404	黏壤土

滴水羊系代表性单个土体化学性质

深度/cm	pH (H_2O)	有机碳(C)/(g/kg)	全氮(N)/(g/kg)	全磷(P)/(g/kg)	全钾(K)/(g/kg)	碳酸钙/(g/kg)	全盐/(g/kg)	CEC/(cmol/kg)	钠饱和度/%
0～20	8.8	3.2	0.30	0.50	16.7	61	1.4	4.1	8.4
20～60	8.1	3.8	0.38	0.38	17.0	83	9.5	5.8	42.0
60～110	8.6	2.5	0.34	0.52	19.5	160	12.5	17.9	35.5

5.1.3　沟脑系（Gounao Series）

土　族：砂质硅质混合型温性-钠质钙积正常干旱土
拟定者：龙怀玉，曲潇琳，曹祥会，谢　平

分布与环境条件　分布于宁夏南部、中部黄土丘陵区的河谷平原、川地，地形较为平坦，地面坡度一般小于 10°；黄土状母质，土层深厚，地下水位很深。旱耕地或者自然草地，自然植被为草原植被，植物以长芒草、地椒、茭蒿、狼毒等为主，覆盖度在 60%以上。分布区域属于暖温带干旱气候，年均气温 5.9～9.7℃，年降水量 161～353 mm。

沟脑系典型景观

土系特征与变幅　诊断层有干旱表层、淡薄表层、雏形层、钙积层；诊断特性和诊断现象有盐基饱和、盐积现象、钠质特性、干旱土壤水分、温性土壤温度。成土母质为冲积黄土，有效土层厚度为 1 m 以上，地表有不连续的约 2～3 mm 厚的黑色结皮。剖面质地、颜色、结构、紧实度等性质皆均一，土壤质地为砂壤土，土壤 pH 为 8.0～9.0。土壤发育微弱，没有明显的腐殖质累积过程，腐殖质层有机碳含量为 3.0～6.0 g/kg。50 cm 以下土层有少量碳酸钙假菌丝体和少量石块，剖面碳酸钙含量为 50～150 g/kg，而且表土层含量显著地高于底层。表土层盐分含量小于 1.5 g/kg，心土层、底土层盐分含量为 5.0～8.0 g/kg，交换性钠含量为 5～8 cmol/kg，钠饱和度为 30%～40%。

对比土系　与乱山子系相比较，同属于发生分类的“细白脑土”土种，都具有干旱表层、淡薄表层、雏形层、钙积层等诊断层，土壤颗粒大小级别、土壤反应级别、土壤温度状况等也相同，但沟脑系多具备了盐积现象、钠质特性，矿物类型是硅质混合型。

利用性能综述　该土壤大部分已开垦为坡耕地，土层深厚，质地适中，耕性好，适种性广，主要种植压砂西瓜或玉米等，是黄土丘陵区较好的旱作耕地。少部分生长天然草地，

草质良好，但是干旱少雨，容易导致草场退化，需严格控制载畜量进行适当放牧。在有一定补灌条件时也可以开发为农用地，但是由于蒸发强烈，土壤母质盐分含量较高，农业生产过程中，必须加强水分管理和土壤肥力培育，防止底层盐分上升表聚，引起土壤次生盐化和土壤板结。

参比土种　粉质淡灰钙土（细白脑土）。

代表性单个土体　宁夏中卫市沙坡头区沟脑，104°50′18.8″E、37°26′19.7″N，海拔 1555 m。成土母质为冲积黄土，地势较平坦，地形为丘陵平地、黄河古道阶地。自然荒草地，干旱草原植被，覆盖度约 80%。地表有厚度为 2～3 mm、覆盖度约 30%的不连续的地衣苔藓等物质构成的黑褐色漆皮状结皮。年均气温 8.1℃，≥10℃年积温 3146℃，50 cm 深处年均土壤温度 11.1℃，年≥10℃天数 174 d，年降水量 252 mm，年均相对湿度 50%，年干燥度 4.47，年日照时数 2915 h。野外调查时间：2015 年 4 月 14 日，天气（晴）。

沟脑系代表性单个土体剖面

A：　0～30 cm，浊黄橙色（10YR 6/4，干），棕色（10YR 4/4，润）；干，很坚实、无黏着、无塑，砂壤土，弱发育的团粒结构和大块状结构；极少量细根和极细根；强石灰反应；向下模糊平滑过渡。

Bk1：30～60 cm，浊黄橙色（10YR 6/4，干），棕色（10YR 4/4，润）；干，坚实、无黏着、无塑，砂壤土，弱发育的大块状结构；极少量细根和极细根；极强石灰反应；向下模糊平滑过渡。

Bk2：60～90 cm，浊黄橙色（10YR 6/4，干），棕色（10YR 4/4，润）；稍干，松散、无黏着、无塑，砂壤土，弱发育的大粒状结构；中量白色碳酸钙假菌丝体；极少量细根和极细根；极强石灰反应；向下模糊平滑过渡。

Ck：　90～120 cm，浊黄橙色（10YR 6/4，干），棕色（10YR 4/4，润）；稍干，松散、无黏着、无塑，砂壤土，很弱发育的大粒状结构；中量白色碳酸钙假菌丝体，很少量的砖块；极少量细根和极细根；极强石灰反应。

沟脑系代表性单个土体物理性质

土层	深度/cm	砾石(>2 mm)体积分数/%	细土颗粒组成(粒径：mm)/(g/kg)			质地
			砂粒 2～0.05	粉粒 0.05～0.002	黏粒 <0.002	
A	0～30	0	569	267	164	砂壤土
Bk	30～90	0	711	234	56	砂壤土
Ck	90～120	0	726	230	44	砂壤土

沟脑系代表性单个土体化学性质

深度/cm	pH(H_2O)	有机碳(C)/(g/kg)	全氮(N)/(g/kg)	全磷(P)/(g/kg)	全钾(K)/(g/kg)	碳酸钙/(g/kg)	全盐/(g/kg)	CEC/(cmol/kg)	钠饱和度/%
0～30	8.4	3.8	0.43	0.41	15.7	126	1.4	4.8	8.2
30～90	8.4	1.4	0.15	0.46	16.5	80	7.3	5.2	39.8
90～120	8.4	1.1	0.12	0.47	16.6	74	7.3	3.5	39.4

5.2　石膏钙积正常干旱土

5.2.1　喊叫水系（Hanjiaoshui Series）

土　族：壤质石膏型温性-石膏钙积正常干旱土

拟定者：龙怀玉，曲潇琳，曹祥会，谢　平

分布与环境条件　分布于洪积冲积平原，成土母质为黄土状洪积冲积物；稀疏干旱草原植被，主要植物为猫头刺、针茅、牛心朴子等植物，覆盖度为10%～30%。分布区域属于暖温带半干旱气候，年均气温5.5～9.2℃，年降水量200～409 mm。

喊叫水系典型景观

土系特征与变幅　诊断层有干旱表层、淡薄表层、雏形层、钙积层、石膏层；诊断特性和诊断现象有盐基饱和、钠质现象、盐积现象、干旱土壤水分、温性土壤温度。黄土状母质，有效土层厚度为2 m以上，土壤质地为壤土—粉砂壤土，剖面土壤pH为7.5～8.5。表土层厚度为10～30 cm，有机碳含量为6～15 g/kg，显著高于其他土层。地表有不连续的泡孔结皮。碳酸钙表聚现象非常显著，表土层碳酸钙含量显著高于其下所有土层，表土层、心土层为强石灰反应，碳酸钙含量比1 m以下的母质层至少高出50 g/kg以上，母质层石灰反应微弱，碳酸钙含量小于50 g/kg。表土层以下有厚度为60 cm以上的石膏层，石膏呈现为蜂窝状结晶，其质量占土体的30%～70%。表土层、心土层土壤盐分含量为6.0～10.0 g/kg，底土母质层盐分含量在10.0 g/kg以上。

对比土系　喊叫水系和石坡系相比较，两者的成土母质均为黄土状河流冲积物，土层深厚，植被都是极稀疏干旱草原植被，都有干旱表层、淡薄表层、雏形层、钙积层、钠质现象等诊断层和诊断现象，土壤颗粒大小级别、土壤水分状况和土壤温度状况、土壤反

应级别也相同。但喊叫水系有石膏层，为石膏型土壤矿物类型；石坡系有黄土和黄土状沉积物岩性，为长石混合型土壤矿物类型。

利用性能综述　该土壤区域地势平坦略起伏，土层深厚，通体为粉砂壤土或壤土，自然肥力很低，剖面整体含盐量高，并有脱盐碱化的潜在危害，难以农用。该区域干旱少雨，植被稀疏，土壤容易退化，可以根据草场生长控制载畜量进行适度放牧，生产中应该通过封育还草等措施，提高植被覆盖度，增加土壤肥力。开发利用中需加强节水技术应用和土壤培肥，防止剖面盐碱运动表聚产生次生盐碱化危害。

参比土种　石膏底盐淡灰钙土（咸石土）。

代表性单个土体　宁夏中卫市中宁县喊叫水乡三滩，105°28′31.5″E、37°02′6.3″N，海拔 1665 m。成土母质为冲积物，地势起伏，地形为缓坡丘陵、冲积平原、河间地。自然荒草地，极稀疏的干旱草原植被，覆盖度约 30%。地表有厚度约为 100 mm、覆盖度约 60%的不连续的泡孔结皮。年均气温 7.6℃，≥10℃年积温 2973℃，50 cm 深处年均土壤温度 10.7℃，年≥10℃天数 169 d，年降水量 298 mm，年均相对湿度 52%，年干燥度 3.81，年日照时数 2832 h。野外调查时间：2015 年 4 月 15 日，天气（晴）。

Ak：　0～10 cm，淡黄橙色（10YR 8/3，干），黄棕色（10YR 5/5，润）；干，疏松、无黏着、无塑，岩石和矿物碎屑含量约 20%、大小为 5～30 mm、块状，粉砂壤土，弱发育的团粒结构和中块状结构；少量细根和极细根；极强石灰反应；向下清晰平滑过渡。

Bw：　10～30 cm，淡黄橙色（10YR 8/3，干），黄棕色（10YR 5/5，润）；干，坚实、无黏着、无塑，粉砂壤土，弱发育的中块状结构；强石灰反应；向下渐变平滑过渡。

Bym1：30～60 cm，橙色（7.5YR 6/6，干），棕色（7.5YR 4/4，润）；干，坚实、无黏着、无塑，粉砂壤土，弱发育的中棱块状结构；大量白色蜂窝状石膏晶体；极强石灰反应；向下渐变波状过渡。

Bym2：60～110 cm，浊黄橙色（7.5YR 7/4，干），棕色（7.5YR 5/5，润）；干，坚实、无黏着、无塑，粉砂壤土，弱发育的中棱块状结构；大量白色蜂窝状石膏晶体；强石灰反应；向下清晰间断过渡。

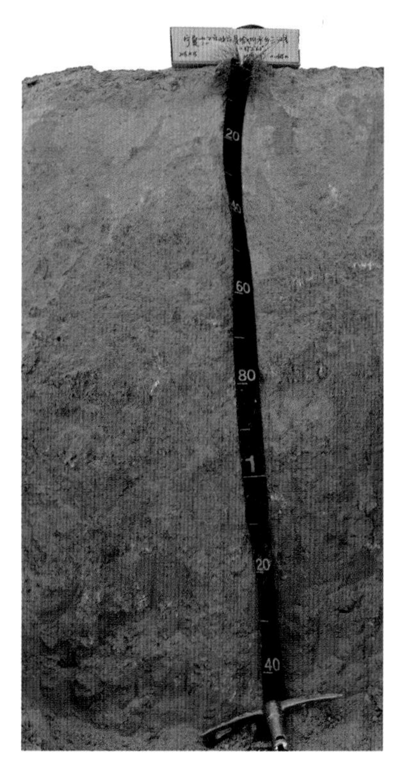
喊叫水系代表性单个土体剖面

Ck：　110～150 cm，浊黄橙色（10YR 6/4，干），棕色（10YR 4/4，润）；稍润，疏松、稍黏着、稍塑，壤土，极弱发育的大棱块状结构；少量白色蜂窝状石膏晶体；多量白色假菌丝体；强石灰反应。

喊叫水系代表性单个土体物理性质

土层	深度/cm	砾石(>2 mm)体积分数/%	细土颗粒组成(粒径：mm)/(g/kg)			质地
			砂粒 2～0.05	粉粒 0.05～0.002	黏粒 <0.002	
Ak	0～10	20	340	574	86	粉砂壤土
Bw	10～30	0	119	647	234	粉砂壤土
Bym	30～110	0	185	634	181	粉砂壤土
Ck	110～150	0	29	440	261	壤土

喊叫水系代表性单个土体化学性质

深度/cm	pH (H_2O)	有机碳(C)/(g/kg)	全氮(N)/(g/kg)	全磷(P)/(g/kg)	全钾(K)/(g/kg)	碳酸钙/(g/kg)	全盐/(g/kg)	CEC/(cmol/kg)	钠饱和度/%	游离铁(Fe_2O_3)/(g/kg)
0～10	8.3	9.1	0.95	0.52	17.2	185	7.2	7.3	18.2	4.8
10～30	8.1	3.1	0.36	0.17	5.9	60	8.5	3.1	6.4	1.6
30～110	7.9	1.8	0.18	0.18	8.9	69	8.4	4.7	11.4	2.6
110～150	8.0	1.7	0.19	0.41	18.7	10	12.3	6.5	16.0	5.6

5.3 普通钙积正常干旱土

5.3.1 孙家沟系（Sunjiagou Series）

土　族：粗骨壤质硅质混合型温性-普通钙积正常干旱土

拟定者：龙怀玉，曲潇琳，曹祥会，谢　平

分布与环境条件　分布于丘陵、山地与河谷平原的交接地带的沟谷地及川地；成土母质为洪积物，土体中砾石含量在75%以上，地下水位很深。荒漠草原植被，主要植物有刺旋花、锦鸡儿、猫头刺、短花针茅、骆驼蒿等，覆盖度为20%～50%，不少地方已开垦为耕地，种植压砂西瓜。分布区域属于暖温带干旱气候，年均气温6.9～10.8℃，年降水量141～319 mm。

孙家沟系典型景观

土系特征与变幅　诊断层有干旱表层、淡薄表层、钙积层；诊断特性和诊断现象有盐基饱和、石灰性、钠质现象、盐积现象、干旱土壤水分、温性土壤温度。成土母质为洪积物，土表有菌落状干旱结皮，表土层厚20～30 cm，砾石含量少于30%，表土层以下土层砾石含量在75%以上，表土层细土质地为壤土；成土过程微弱，没有明显的腐殖质累积过程，表土层有机碳含量为3.0～6.0 g/kg。土壤盐分含量为3.0～10.0 g/kg，土壤pH为8.0～9.0，碳酸钙含量为50～200 g/kg，表聚现象明显，表土层碳酸钙含量比其下土层高出50g/kg以上。

对比土系　与闲贺系相比，两者的成土母质皆为洪积物，土层砾石含量很高，成土过程微弱，没有明显的腐殖质累积过程，细土的颜色基本相同，剖面形态十分相似，土壤反应级别、土壤水分状况和土壤温度状况等也相同。但闲贺系有钙积现象，土壤矿物类型为长石混合型，粗骨质土壤颗粒大小级别；孙家沟系有干旱表层、钙积层、盐积现象、钠质现象，矿物类型为硅质混合型，粗骨壤质土壤颗粒大小级别。

利用性能综述　土层砾石含量高，气候干旱，土壤水分不足，土壤盐分含量高，难以农用，草质较好，可以适当放牧。但是，土壤松散透气，昼夜温差大，有厚度约 20～30 cm 的表土层，砾石含量低于 30%，地表砾石覆盖又有较好的保墒效果，不少地方已开垦为耕地，专门用于种植压砂西瓜。

参比土种　砾质新积土（洪淤砾质土）。

代表性单个土体　宁夏中卫市中宁县沙坡头区孙家沟，105°58′22.1″E、37°36′54.3″N，海拔 1297 m。成土母质为洪积物。地势起伏，地形为丘陵、低丘、谷地。自然荒草地，稀疏荒漠草原植被，覆盖度约 20%。地表有厚度为 2～3 mm、覆盖度约 50%的不连续的菌落状结皮。年均气温 8.9℃，年≥10℃积温 3413℃，50 cm 深处年均土壤温度 12℃，年≥10℃天数 184 d，年降水量 224 mm，年均相对湿度 53%，年干燥度 5.19，年日照时数 2921 h。野外调查时间：2015 年 4 月 13 日，天气（晴）。

孙家沟系代表性单个土体剖面

Ak：0～25 cm，亮黄棕（10YR 6/8，干），棕色（10YR 4/4，润）；稍干，疏松、无黏着、无塑，岩石和矿物碎屑含量约 15%、大小为 10～20 mm、棱角状，壤土，弱发育的中棱块状结构；极少量细根和极细根；极强石灰反应；向下渐变平滑过渡。

C1：25～60 cm，黄棕色（10YR 5/6，干），黄棕色（10YR 5/5，润）；干，疏松、无黏着、无塑，岩石和矿物碎屑含量约 60%、大小为 5～80 mm、棱角状，壤土，很弱发育的小粒状结构；少量细根和极细根；极强石灰反应；向下模糊平滑过渡。

C2：60～140cm，黄色（10YR 7/6，干），黄棕色（10YR 5/5，润）；干，松散、无黏着、无塑，岩石和矿物碎屑含量约 90%、大小为 5～150 mm、棱角状，壤土；少量细根和极细根；强石灰反应。

孙家沟系代表性单个土体物理性质

土层	深度 /cm	砾石 (>2mm)体积分数/%	细土颗粒组成(粒径：mm)/(g/kg)			质地
			砂粒 2～0.05	粉粒 0.05～0.002	黏粒 <0.002	
A	0～25	15	448	468	83	壤土
C1	25～60	60	—	—	—	壤土

孙家沟系代表性单个土体化学性质

深度 /cm	pH (H_2O)	有机碳(C) /(g/kg)	全氮(N) /(g/kg)	全磷(P) /(g/kg)	全钾(K) /(g/kg)	碳酸钙 /(g/kg)	全盐 /(g/kg)	CEC /(cmol/kg)	钠饱和度/%	游离铁 (Fe_2O_3) /(g/kg)
0～25	8.4	4.9	0.57	0.54	17.8	116	4.8	4.6	18.4	4.3
25～60	8.0	3.3	0.35	0.36	11.8	61	7.7	2.0	15.2	2.7

5.3.2 沟门系（Goumen Series）

土　族：壤质硅质混合型温性-普通钙积正常干旱土

拟定者：龙怀玉，曲潇琳，曹祥会，谢　平

分布与环境条件　分布于宁夏南部、中部黄土丘陵区，地形为丘陵坡地及梁峁地，地面坡度一般大于 15°，土壤侵蚀严重，地形破碎；黄土母质，土层深厚，地下水位很深。旱耕地或者自然草地，自然植被为干旱草原草甸植被，植物以长芒草、地椒、茭蒿、狼毒等为主，覆盖度在 30%～50%。分布区域属于暖温带干旱气候，年均气温 6.7～10.6℃，年降水量 165～353 mm。

沟门系典型景观

土系特征与变幅　诊断层有干旱表层、淡薄表层、雏形层、钙积层；诊断特性和诊断现象有盐基饱和、盐积现象、碱积现象、钠质特性、黄土和黄土状沉积物岩性、干旱土壤水分、温性土壤温度。成土母质为风积黄土，有效土层厚度为 1 m 以上，地表有不连续的约 2～3 mm 厚的黑色结皮，剖面质地、颜色、结构、紧实度等性质皆均一。剖面质地为粉砂壤土、砂壤土，土壤 pH 为 8.5～9.5，土壤发育微弱，没有明显的腐殖质累积过程，腐殖质层有机碳含量小于 3.0 g/kg。表土层以下有少量碳酸钙假菌丝，土层碳酸钙含量 50～200 g/kg，心土层比上下土层高出 10～50 g/kg。表土层盐分含量小于 1.5 g/kg，心土层、底土层盐分含量为 5.0～10.0 g/kg，并表现出随着深度增加而增加的趋势。

对比土系　和任庄系相比，两者属相同土族，具有相同的诊断层，剖面形态也比较相似。但沟门系有钠质特性，任庄系有钠质现象，而且两者表土层的盐分含量、有机碳含量、土壤质地不同，沟门系成土母质为风积黄土，表土腐殖质层有机碳含量小于 3.0 g/kg，土壤质地为砂壤土，盐分含量小于 3.0 g/kg；任庄系剖面的成土母质为冲积黄土，表土腐殖质层有机碳含量为 3.0～6.0 g/kg，土壤质地为壤土，盐分含量为 3.0～6.0 g/kg。

利用性能综述　该土壤大部分已开垦为农用耕地，土层深厚，质地适中，耕性好，适种性广，是黄土丘陵区较好的旱作地。但是由于该地区干旱少雨和风蚀作用，土壤抵御灾害能力较差，生产中应加强节水技术的应用，还要注意剖面下部盐碱含量高，应发展补灌或扬黄灌溉，防止下部盐碱上移形成次生盐碱化危害。部分是天然草地，植被覆盖度较高，草质良好，但是蒸发强烈，植被稀疏，畜牧承载力小，应该注意控制载畜量和封育还草，防止风蚀等引起草场退化。

参比土种　粉质淡灰钙土（细白脑土）。

代表性单个土体　宁夏中卫市中宁县大战场镇沟门，105°36′5.6″E、37°18′17.9″N，海拔1358 m。成土母质为黄土，地势起伏，地形为丘陵、低丘、坡下部。自然荒草地，极稀疏的干旱草原植被，覆盖度约 50%。地表有厚度为 2～3 mm、覆盖度约 40%的不连续的地衣苔藓等物质构成的黑褐色漆皮状结皮。年均气温 8.7℃，≥10℃年积温 3322℃，50 cm深处年均土壤温度 11.8℃，年≥10℃天数 182 d，年降水量 252 mm，年均相对湿度 54%，年干燥度 4.71，年日照时数 2870 h。野外调查时间：2015 年 4 月 16 日，天气（晴）。

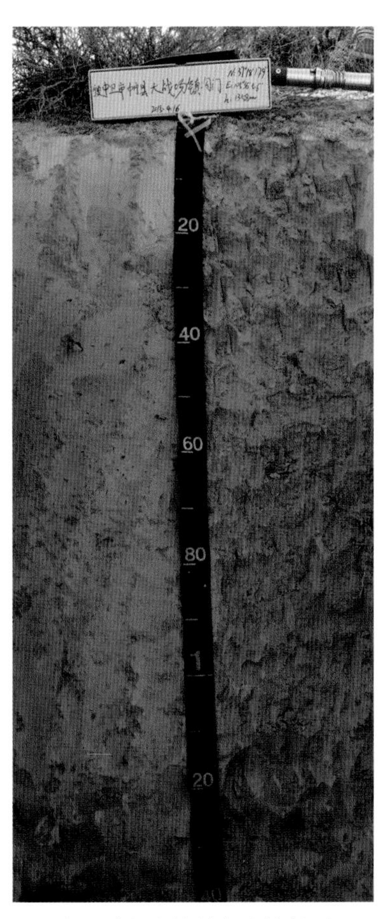

沟门系代表性单个土体剖面

A：　0～30 cm，浊黄橙色（10YR 6/4，干），亮黄棕色（10YR 6/6，润）；稍润，疏松、稍黏着、稍塑，砂壤土，弱发育的团粒结构和较大的粒状结构；极少量细根和极细根；强石灰反应；向下模糊平滑过渡。

Bk：30～80 cm，浊黄橙色（10YR 7/4，干），浊黄橙色（10YR 7/4，润）；稍润，坚实、稍黏着、稍塑，岩石和矿物碎屑含量约 1%、大小约 15 mm、次圆状，砂壤土，弱发育的中棱块状结构；中量白色碳酸钙假菌丝体；极少量细根和极细根；极强石灰反应；向下模糊平滑过渡。

Ck：80～120 cm，黄色（10YR 7/6，干），棕色（7.5YR 4/4，润）；稍干，极硬、稍黏着、稍塑，粉砂壤土，很弱发育的大棱块状结构；少量白色碳酸钙；极强石灰反应。

沟门系代表性单个土体物理性质

土层	深度/cm	砾石(>2 mm)体积分数/%	细土颗粒组成(粒径：mm)/(g/kg)			质地
			砂粒 2～0.05	粉粒 0.05～0.002	黏粒 <0.002	
A	0～30	0	627	361	12	砂壤土
Bk	30～80	1	480	479	40	砂壤土
Ck	80～120	0	330	620	51	粉砂壤土

沟门系代表性单个土体化学性质

深度/cm	pH (H_2O)	有机碳(C)/(g/kg)	全氮(N)/(g/kg)	全磷(P)/(g/kg)	全钾(K)/(g/kg)	碳酸钙/(g/kg)	全盐/(g/kg)	CEC/(cmol/kg)	钠饱和度/%
0～30	8.6	2.0	0.24	0.51	18.0	103	1.4	4.1	6.5
30～80	9.2	1.5	0.19	0.26	15.2	143	2.3	4.1	19.5
80～120	9.0	1.3	0.17	0.33	18.7	126	7.2	5.4	51.8

5.3.3　任庄系（Renzhuang Series）

土　族：壤质硅质混合型温性-普通钙积正常干旱土

拟定者：龙怀玉，曲潇琳，曹祥会，谢　平

分布与环境条件　分布于宁夏南部、中部黄土丘陵区的河谷平原、川地，地形平坦；成土母质为黄土母质、风积物和洪积冲积物，土层深厚，地下水位很深。旱耕地或者自然草地，自然植被为干旱草原植被，植物以长芒草、地椒、茭蒿、狼毒等为主，覆盖度为30%～50%。分布区域属于暖温带干旱气候，年均气温6.5～10.4℃，年降水量164～353 mm。

任庄系典型景观

土系特征与变幅　诊断层有干旱表层、淡薄表层、雏形层、钙积层；诊断特性和诊断现象有盐基饱和、碱积现象、钠质现象、盐积现象、黄土和黄土状沉积物岩性、干旱土壤水分、温性土壤温度。成土母质为黄土母质、风积物和洪积冲积物，地表有不连续的约2～3 mm厚的黑色结皮，有效土层厚度为1 m以上，土体中有含量为5%～15%的卵石块，土壤质地为粉砂壤土、壤土，土壤pH为8.0～9.0。剖面质地、颜色、结构、紧实度等性质皆均一，土壤发育微弱，没有明显的腐殖质累积过程，腐殖质层有机碳含量为3.0～6.0 g/kg，心土层有大量的碳酸钙假菌丝体，剖面碳酸钙含量为100～200 g/kg，土层之间差异不明显。

对比土系　参见沟门系。

利用性能综述　该土壤大部分已开垦为农用耕地，土层深厚，质地适中，耕性好，适种性广，是黄土丘陵区较好的旱作地，但是由于干旱少雨，通体有一定程度的盐化和碱化，剖面中部含盐量和碱化度较高，生产中需加强蓄水保墒等技术的应用，如果扬黄灌溉或补充灌溉更要注意防止盐碱化的表聚和盐碱积累。部分区域是天然草地，植被覆盖度较高，草质良好，但是蒸发强烈，植被稀疏，畜牧承载力小，应该注意控制载畜量，并且要加强封育保护，提高植被覆盖度，防止草场退化和风蚀。

参比土种 粉质淡灰钙土（细白脑土）。

代表性单个土体 宁夏吴忠市同心县韦州镇任庄，106°26′7″E、37°20′8.0″N，海拔 1410 m。成土母质为黄土状母质。地势平缓起伏，地形为丘陵、冲积平原、缓坡地。自然荒草地，极稀疏低矮干旱草地，覆盖度约 30%。地表岩石碎块大小约 1～5 cm、覆盖度约 40%。地表有厚度 2～3 mm、覆盖度约 50%的不连续的地衣苔藓等物质构成的黑褐色漆皮状结皮。年均气温 8.5℃，≥10℃年积温 3277℃，50 cm 深处年均土壤温度 11.6℃，年≥10℃天数 180 d，年降水量 252 mm，年均相对湿度 53%，年干燥度 4.64，年日照时数 2881 h。野外调查时间：2015 年 8 月 17 日，天气（晴）。

A：0～30 cm，浊黄橙色（10YR 7/3，干），棕色（10YR 4/4，润）；稍干，硬、无黏着、无塑，岩石和矿物碎屑含量约 5%、大小为 5～50 mm、次圆状，壤土，弱发育的团粒结构和大棱块状结构；中量细根、极细根和少量粗根；极强石灰反应；向下模糊平滑过渡。

Bw：30～60 cm，浊黄橙色（10YR 7/3，干），浊黄橙色（10YR 7/4，润）；稍润，坚实、无黏着、无塑，岩石和矿物碎屑含量约 15%、大小为 10～30 mm、块状，粉砂壤土，很弱发育的大棱块状结构；少量细根和极细根；极强石灰反应；向下模糊平滑过渡。

Ck：60～125 cm，浊黄橙色（10YR 6/4，干），浊黄橙色（10YR 7/3，润）；稍润，坚实、无黏着、无塑，岩石和矿物碎屑含量约 3%、大小 5～30 mm、块状，粉砂壤土，很弱发育的大块状结构；大量白色碳酸钙假菌丝体；极少量细根和极细根；极强石灰反应；向下模糊平滑过渡。

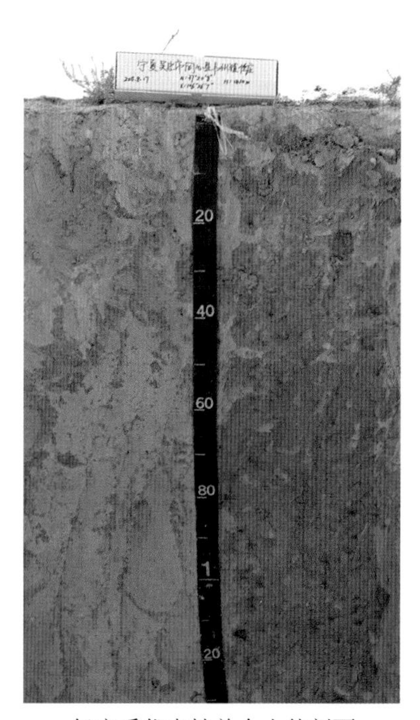

任庄系代表性单个土体剖面

任庄系代表性单个土体物理性质

土层	深度/cm	砾石(>2 mm)体积分数/%	细土颗粒组成(粒径：mm)/(g/kg)			质地
			砂粒 2～0.05	粉粒 0.05～0.002	黏粒 <0.002	
A	0～30	5	425	409	165	壤土
Bw	30～60	15	261	514	225	粉砂壤土
Ck	60～125	3	264	594	142	粉砂壤土

任庄系代表性单个土体化学性质

深度/cm	pH (H_2O)	有机碳(C)/(g/kg)	全氮(N)/(g/kg)	全磷(P)/(g/kg)	全钾(K)/(g/kg)	碳酸钙/(g/kg)	全盐/(g/kg)	CEC/(cmol/kg)	钠饱和度/%
0～30	8.4	4.9	0.33	0.49	17.3	159	3.1	4.3	15.4
30～60	8.6	2.7	0.16	0.49	16.2	139	4.7	5.4	25.9
60～125	8.4	1.6	0.09	0.56	17.3	144	2.2	3.3	15.5

5.3.4　石家堡系（Shijiabao Series）

土　族：壤质硅质混合型温性-普通钙积正常干旱土

拟定者：龙怀玉，曹祥会，谢　平，王佳佳

分布与环境条件　分布在缓坡丘陵区，海拔 1250～1600 m，母质为红色砂岩残积物和风积黄土的混合物，地下水位很深。荒漠草原植被，主要植物有柠条锦鸡儿、猫头刺、针茅、枝儿条、沙蒿及牛心朴子等，覆盖度为 20%～50%。分布区域属于暖温带干旱气候，年均气温 6.1～9.9℃，年降水量 181～380 mm。

石家堡系典型景观

土系特征与变幅　诊断层有干旱表层、淡薄表层、雏形层、钙积层；诊断特性有盐基饱和、干旱土壤水分、温性土壤温度。成土母质为红色砂岩残积物和风积黄土的混合物，地表有干旱结皮，有效土层厚度为 1 m 以上，黄土覆盖物厚度为 20～50 cm，其下为红色砂岩残积风化物，剖面质地为壤土、砂壤土，土体中含有少量岩石碎块和长石碎屑，土壤发育微弱，没有明显的腐殖质累积过程，有机碳含量为 3.0～6.0 g/kg。剖面土层 pH 为 8.0～9.0，除表层外，全剖面有碳酸钙假菌丝体，表土层碳酸钙含量小于 50 g/kg，而且比其下土层至少低 50 g/kg 以上。

对比土系　参见滴水羊系。

利用性能综述　该土壤地处丘陵和缓坡地，地势起伏不平，坡度较大，土层深厚，通体质地为砂壤土或者壤土，干旱少雨，一般不适宜作为农用耕地。该土壤主要是天然草场，草质良好，但降水量少且蒸发强烈，植被覆盖度低，只能控制载畜量进行适量放牧。开发利用中需注意加强封育还草，提高植被覆盖度，逐步增加土壤肥力，防止草场因风蚀退化。

参比土种 红沙淡灰钙土（红沙白脑土）。

代表性单个土体 宁夏吴忠市盐池县石家堡子，106°40′46.2″E、37°10′24.1″N，海拔1519 m。成土母质为红色砂岩和风积黄土的混合物。地势较平坦，地形为丘陵、低丘、坡中部。自然草地，荒漠草原植被，覆盖度约40%。地表有厚度为2～3 mm、覆盖度约50%的不连续的地衣苔藓等物质构成的黑褐色漆皮状结皮。均气温年8.2℃，≥10℃年积温3149℃，50 cm深处年均土壤温度11.2℃，年≥10℃天数175 d，年降水量274 mm，年均相对湿度52%，年干燥度4.23，年日照时数2855 h。野外调查时间：2014年10月20日，天气（晴）。

A： 0～30 cm，黄棕色（10YR 5/6，干），棕色（10YR 4/4，润）；稍润，疏松、无黏着、无塑，岩石和矿物碎屑含量约5%、大小为5～10 mm、块状，砂壤土，弱发育的中团粒状结构和中团块状结构；少量粗根和细根；弱石灰反应；向下清晰波状过渡。

2Bk1：30～90 cm，亮棕色（5YR 5/6，干），暗红棕色（5YR 3/3，润）；润，坚实、黏着、中塑，岩石和矿物碎屑含量约10%、大小为5～10 mm、块状，壤土，很弱发育的大块状结构；中量白色碳酸钙斑点；极少量细根；极强石灰反应；向下模糊波状过渡。

2Bk2：90～150 cm，亮棕色（5YR 5/6，干），暗红棕色（5YR 3/3，润）；润，坚实、黏着、中塑，岩石和矿物碎屑含量约10%、大小为5～10 mm、块状，壤土，很弱发育的大棱柱状结构；中量白色碳酸钙斑点；极少量细根；极强石灰反应；向下清晰平滑过渡。

3C： 150～160 cm，亮棕色（7.5YR 5/6，干），棕色（7.5YR 4/4，润）；润，疏松、无黏着、无塑，砂土；极强石灰反应。

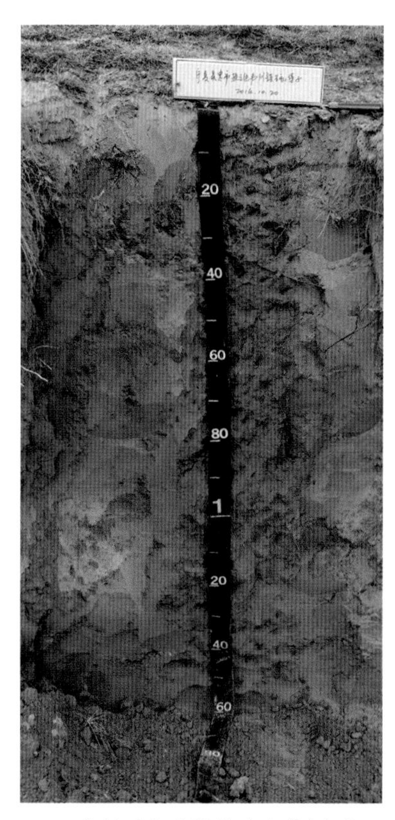

石家堡系代表性单个土体剖面

石家堡系代表性单个土体物理性质

土层	深度/cm	砾石(>2 mm)体积分数/%	细土颗粒组成(粒径：mm)/(g/kg)			质地
			砂粒 2～0.05	粉粒 0.05～0.002	黏粒 <0.002	
A	0～30	5	721	238	41	砂壤土
2Bk	30～150	10	41.7	430	154	壤土

石家堡系代表性单个土体化学性质

深度 /cm	pH (H_2O)	有机碳(C) /(g/kg)	全氮(N) /(g/kg)	全磷(P) /(g/kg)	全钾(K) /(g/kg)	碳酸钙 /(g/kg)	全盐 /(g/kg)	CEC /(cmol/kg)	游离铁 (Fe_2O_3) /(g/kg)
0～30	8.9	3.3	0.39	0.28	17.0	28	1.3	4.8	3.6
30～150	8.9	1.6	0.23	0.34	17.3	105	1.5	7.1	4.2

5.3.5 石坡系（Shipo Series）

土 族：壤质长石混合型温性-普通钙积正常干旱土

拟定者：龙怀玉，曲潇琳，曹祥会，谢 平

分布与环境条件 主要分布在河川地、缓坡丘陵、丘间平地，成土母质为黄土状母质和洪积冲积物。自然植被为荒漠草原植被，覆盖度为30%～50%，大部分已经开垦为耕地。分布区域属于暖温带干旱气候，年均气温6.7～10.5℃，年降水量182～378 mm。

石坡系典型景观

土系特征与变幅 诊断层有干旱表层、淡薄表层、雏形层、钙积层；诊断现象和诊断特性有盐基饱和、钠质现象、黄土和黄土状沉积物岩性、干旱土壤水分、温性土壤温度。黄土状成土母质，土层厚度在100 cm以上，通体主要为砂壤土—粉砂壤土，部分土层含有少量卵石块，土壤pH为8.0～9.0。地表有干旱微小沙包和片状结构。有机碳含量为3.0～6.0 g/kg，全剖面极强石灰反应，心土层及其以下有少量碳酸钙假菌丝体，其碳酸钙含量在100～200 g/kg，比表土层高出20%以上。全剖面盐分含量为1.5～3.0 g/kg，上下土层之间没有明显差别。

对比土系 与新生系相比，石坡系比新生系多了钙积层、少了钙积现象和盐积现象，其他诊断层、诊断现象和诊断特性相同，成土母质都是黄土状母质，颜色、质地、结构、层次过渡等剖面形态也极其相似。但新生系有盐积现象，整个土体中度至重度盐化，表土层盐分含量为3.0～6.0 g/kg，其他土层盐分含量在6.0 g/kg以上；石坡系没有盐积现象，盐分含量通体为1.5～3.0 g/kg，只是轻度盐化。

利用性能综述 该土壤所处区域地势平坦，土层深厚，通体主要为砂壤土—粉砂壤土，土体轻度盐渍化，并有碱化的潜在危害，自然肥力很低，目前主要是荒地和荒漠稀疏草地，要加强封育保护，逐步提高植被覆盖度。如果发展扬黄灌溉或补充灌溉，可以作为农用耕地开发利用，既要注意加强节水技术应用，也要防止土壤次生盐碱化。

参比土种 沙质盐化灰钙土（盐白脑土）。

代表性单个土体 宁夏吴忠市同心县河西镇石坡，105°53′7.4″E、37°06′20.7″N，海拔1369 m。成土母质为黄土母质和洪积冲积物。地势起伏，地形为丘陵、坡下部。自然荒草地，荒漠草原植被，覆盖度约45%。地表有直径约5 cm、高度0.5～1.0 cm、丰度3～

5 个/m^2 的小沙包和厚度 1 cm、易碎的片状结构。年均气温 8.7℃，年≥10℃积温 3285℃，50 cm 深处年均土壤温度 11.7℃，年≥10℃天数 181 d，年降水量 272 mm，年均相对湿度 55%，年干燥度 4.45，年日照时数 2825 h。野外调查时间：2015 年 4 月 16 日，天气（晴）。

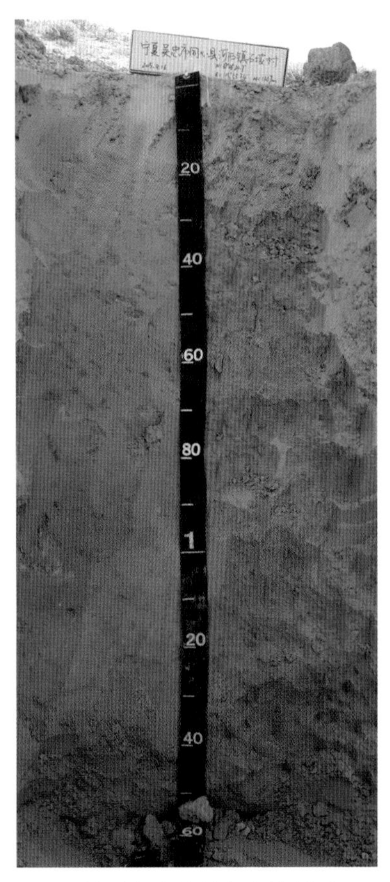

石坡系代表性单个土体剖面

A：0～25 cm，黄棕色（10YR 5/8，干），黄棕色（10YR 5/5，润）；稍干，松软、稍黏着、稍塑，砂壤土，弱发育的中团块状结构；极少量细根和极细根；极强石灰反应；向下模糊平滑过渡。

Bk1：25～50 cm，浊黄橙色（10YR 6/4，干），黄棕色（10YR 5/6，润）；稍润，坚实、稍黏着、稍塑，粉砂壤土，很弱发育的中棱块状结构；很少量白色碳酸钙假菌丝体；极强石灰反应；向下模糊平滑过渡。

Bk2：50～120 cm，浊黄橙色（10YR 7/3，干），黄棕色（10YR 5/6，润）；润，坚实、稍黏着、稍塑，岩石和矿物碎屑含量约 3%、大小为 10～30 mm、块状，壤土，很弱发育的中棱块状结构；极少量细根和极细根；极强石灰反应；向下模糊平滑过渡。

Ck：120～160 cm，浊黄橙色（10YR 6/4，干），黄棕色（10YR 5/6，润）；润，坚实、稍黏着、稍塑，壤土，很弱发育的中棱块状结构；少量白色碳酸钙假菌丝体；极强石灰反应。

石坡系代表性单个土体物理性质

土层	深度/cm	砾石(>2 mm)体积分数/%	细土颗粒组成(粒径：mm)/(g/kg)			质地
			砂粒 2～0.05	粉粒 0.05～0.002	黏粒 <0.002	
A	0～25	0	552	412	36	砂壤土
Bk1	25～50	0	383	545	73	粉砂壤土
Bk2	50～120	0	364	559	77	粉砂壤土

石坡系代表性单个土体化学性质

深度/cm	pH(H_2O)	有机碳(C)/(g/kg)	全氮(N)/(g/kg)	全磷(P)/(g/kg)	全钾(K)/(g/kg)	碳酸钙/(g/kg)	全盐/(g/kg)	CEC/(cmol/kg)	钠饱和度/%
0～25	8.3	4.8	0.54	0.31	17.6	126	1.6	4.9	9.7
25～50	8.4	2.7	0.34	0.35	16.6	165	1.7	6.0	9.8
50～120	8.4	2.5	0.32	0.54	16.5	169	1.7	6.1	9.8

5.3.6 乱山子系（Luanshanzi Series）

土　族：砂质长石混合型温性-普通钙积正常干旱土

拟定者：龙怀玉，曲潇琳，曹祥会，谢　平

分布与环境条件　分布于宁夏南部、中部黄土丘陵区的河谷平原、川地，地形平坦；黄土状母质，土层深厚，地下水位很深。旱耕地或者自然草地，自然植被为干旱草原植被，植物以长芒草、地椒、茭蒿、狼毒等为主，覆盖度为30%～50%。分布区域属于暖温带干旱气候，年均气温6.2～10.0℃，年降水量178～376 mm。

乱山子系典型景观

土系特征与变幅　诊断层有干旱表层、淡薄表层、雏形层、钙积层；诊断特性和诊断现象有盐基饱和、石灰性、钠质现象、碱积现象、干旱土壤水分、温性土壤温度。成土母质为冲积黄土，地表有不连续的约2～3 mm厚的黑色结皮，有效土层厚度为1 m以上，剖面土体中有含量为2%～30%的卵石块，土壤质地为砂壤土、壤土，土壤pH为8.0～9.0。剖面质地、颜色、结构、紧实度等性质皆均一，土壤发育微弱，没有明显的腐殖质累积过程，腐殖质层有机碳含量小于6 g/kg，母质特征明显。心土层有中量的碳酸钙假菌丝体，剖面碳酸钙含量100～200 g/kg，表土层、心土层比底土母质层高出20%以上。心土层、底土层盐分含量为1.5～3.0 g/kg，钠饱和度为10%～20%。

对比土系　参见沟脑系。

利用性能综述　该土壤大部分已开垦为坡耕地，土层深厚，质地适中，耕性好，适种性广，主要种植耐旱小杂粮等，是黄土丘陵区的主要旱作地。少部分生长天然草地，草质良好，但是干旱少雨，容易导致草场退化，需严格控制载畜量进行适当放牧。生产中应该加强封育还草，提高植被覆盖度，防止水土流失和风蚀。

参比土种　粉质淡灰钙土（细白脑土）。

代表性单个土体　宁夏吴忠市同心县下马关镇陈家乱山子，106°24′51″E、37°11′21″N，海拔 1490 m。成土母质为黄土冲积物。地势平缓起伏，地形为高原、山麓平原、谷间地。自然荒草地，极稀疏的低矮干旱草地，覆盖度约 50%。地表岩石碎块大小约 3～10 cm、覆盖度约 30%。地表有厚度为 2～3 mm、覆盖度约 20%的不连续的地衣苔藓等物质构成的黑褐色漆皮状结皮。年均气温 8.3℃，≥10℃年积温 3180℃，50 cm 深处年均土壤温度 11.3℃，年≥10℃天数 177 d，年降水量 271 mm，年均相对湿度 53%，年干燥度 4.31，年日照时数 2856 h。野外调查时间：2015 年 8 月 17 日，天气（晴）。

乱山子系代表性单个土体剖面

Ak：0～30 cm，浊黄橙色（10YR 7/3，干），棕色（7.5YR 5/5，润）；稍干，稍硬、无黏着、无塑，岩石和矿物碎屑含量约 30%、大小为 20～50 mm、块状，壤土，弱发育的中团粒状结构和中团块状结构；中量白色碳酸钙+硫酸钙软质分凝物；中量细根和极细根；极强石灰反应；向下模糊平滑过渡。

Bk：30～60 cm，浊橙色（7.5YR 6/4，干），棕色（7.5YR 5/5，润）；稍干，硬、无黏着、无塑，岩石和矿物碎屑含量约 2%、大小为 10～20 mm、块状，砂壤土，很弱发育的大棱块状结构；中量白色碳酸钙假菌丝体；少量细根和极细根；极强石灰反应；向下模糊平滑过渡。

C：60～110 cm，浊橙色（7.5YR 6/4，干），棕色（7.5YR 5/5，润）；稍润，坚实、无黏着、无塑，岩石和矿物碎屑含量约 2%、大小为 10～20 mm、块状，砂壤土，很弱发育的大棱块状结构；中量白色碳酸钙假菌丝体；少量细根和极细根；极强石灰反应；向下模糊平滑过渡。

2C：110～120 cm，橙色（7.5YR 6/6，干），棕色（7.5YR 5/5，润）；稍润，坚实、无黏着、无塑，壤土；极强石灰反应。

乱山子系代表性单个土体物理性质

土层	深度/cm	砾石(>2 mm)体积分数/%	细土颗粒组成(粒径：mm)/(g/kg)			质地
			砂粒 2～0.05	粉粒 0.05～0.002	黏粒 <0.002	
Ak	0～30	30	478	422	99	壤土
Bk	30～60	2	535	400	65	砂壤土
C	60～110	2	649	281	70	砂壤土

乱山子系代表性单个土体化学性质

深度/cm	pH (H_2O)	有机碳(C)/(g/kg)	全氮(N)/(g/kg)	全磷(P)/(g/kg)	全钾(K)/(g/kg)	碳酸钙/(g/kg)	全盐/(g/kg)	CEC/(cmol/kg)	游离铁(Fe_2O_3)/(g/kg)
0～30	8.6	5.4	0.40	0.38	13.5	164	1.1	1.6	0.5
30～60	8.9	2.5	0.23	0.40	15.4	160	1.7	1.3	12.6
60～110	8.9	0.8	0.08	0.42	15.8	131	2.1	0.9	13.0

5.4 普通简育正常干旱土

5.4.1 康麻头系（Kangmatou Series）

土　族：壤质硅质混合型石灰性温性-普通简育正常干旱土

拟定者：龙怀玉，曲潇琳，曹祥会，谢　平

分布与环境条件　主要分布于山麓的洪积扇中部或中下部，海拔 1200～1700 m。近代洪积黄土状母质，稀疏荒漠草原植被，主要植物有猫头刺、猪毛菜、刺旋花、红砂、酸枣、短花针茅及隐子草等，覆盖度为 10%～20%。分布区域属于暖温带干旱气候，年均气温 6.4～10.2℃，年降水量 168～360 mm。

康麻头系典型景观

土系特征与变幅　诊断层有干旱表层、淡薄表层、雏形层；诊断特性和诊断现象有盐基饱和、钙积现象、碱积现象、钠质现象、盐积现象、干旱土壤水分、温性土壤温度、黄土和黄土状沉积物岩性。黄土状母质，有效土层厚度为 1.5 m 以上，土壤质地为砂壤土—粉砂壤土，表土层、心土层土壤 pH 为 8.0～9.0。腐殖质累积过程微弱，腐殖质层厚度不到 30 cm，有机碳含量小于 3.0 g/kg，母质特征显著。全剖面强石灰反应，碳酸钙含量为 50～150 g/kg，腐殖质层比其下土层低 20%以上，底土层有中量碳酸钙假菌丝体。

对比土系　与沙塘系相比，两者具有相似的成土母质、成土条件、有效土层厚度，而且质地、颜色、结构、紧实度、新生体、层次过渡等剖面形态特征也非常相似。但康麻头系表土腐殖质层的土壤质地为砂壤土，而沙塘系表土腐殖质层的土壤质地为壤土。

利用性能综述　该土壤土层深厚，质地适中，但是干旱少雨，主要生长天然草地，草质良好，由于蒸发强烈，产草量不高，加上风蚀影响容易导致草场退化，需严格控制载畜量进行适当放牧。在有一定补灌条件时也可以开发为农用地，但是由于蒸发强烈，土壤

母质盐分含量高，农业生产过程中，必须加强水分管理和土壤肥力培育，防止底层盐分上升表聚引起土壤次生盐化和土壤板结。

参比土种 砾质新积白脑土（砾质白脑土）。

代表性单个土体 宁夏吴忠市红寺堡区南川乡康麻头村，106°57′51″E、37°17′53″N，海拔 1440 m。成土母质为黄土状母质。地势起伏，地形为丘陵、山麓平原、河间地。自然草地，极稀疏低矮旱生草原植被，覆盖度约 20%。年均气温 8.4℃，≥10℃年积温 3244℃，50 cm 深处年均土壤温度 11.5℃，年≥10℃天数 179 d，年降水量 257 mm，年均相对湿度 53%，年干燥度 4.53，年日照时数 2876 h。野外调查时间：2015 年 8 月 21 日，天气（晴）。

A： 0～30 cm，黄棕色（10YR 5/8，干），棕色（10YR 4/4，润）；稍干，松软、无黏着、无塑，砂壤土，中度发育的大团粒和中团块结构；少量细根和极细根；强石灰反应；向下模糊平滑过渡。

Bw：30～90 cm，浊黄橙色（10YR 7/3，干），浊黄橙色（10YR 6/4，润）；稍润，坚实、无黏着、无塑，粉砂壤土，弱发育的大团块状结构；极少量细根和极细根；极强石灰反应；向下模糊平滑过渡。

Ck：90～150 cm，浊黄橙色（10YR 7/4，干），浊黄橙色（10YR 7/3，润）；稍润，坚实、无黏着、无塑，粉砂壤土，很弱发育的大块状结构；少量白色碳酸钙假菌丝体；极少量细根和极细根；极强石灰反应。

康麻头系代表性单个土体剖面

康麻头系代表性单个土体物理性质

土层	深度/cm	砾石(>2mm)体积分数/%	细土颗粒组成(粒径：mm)/(g/kg)			质地
			砂粒 2～0.05	粉粒 0.05～0.002	黏粒 <0.002	
A	0～30	0	612	312	75	砂壤土
Bw	30～90	0	244	631	126	粉砂壤土
Ck	90～150	0	211	635	153	粉砂壤土

康麻头系代表性单个土体化学性质

深度/cm	pH (H_2O)	有机碳(C)/(g/kg)	全氮(N)/(g/kg)	全磷(P)/(g/kg)	全钾(K)/(g/kg)	碳酸钙/(g/kg)	全盐/(g/kg)	CEC/(cmol/kg)	钠饱和度/%	游离铁(Fe_2O_3)/(g/kg)
0～30	8.8	1.6	0.16	0.42	18.2	85	0.9	2.1	8.3	6.9
30～90	8.7	1.7	0.18	0.56	17.5	120	1.6	2.8	15.0	7.6
90～150	7.9	1.6	0.18	0.56	18.2	122	7.9	2.4	25.0	8.8

5.4.2　沙塘系（Shatang Series）

土　族：壤质硅质混合型石灰性温性-普通简育正常干旱土

拟定者：龙怀玉，曲潇琳，曹祥会，谢　平

分布与环境条件　主要分布于河川地、缓坡丘陵、丘间平地，海拔 1230～1700 m；地下水位很深，黄土状洪积冲积物成土母质；大多开垦为耕地，专门种植压砂西瓜，自然植被为荒漠草原，生长隐子草、针茅等旱生禾草，植被覆盖度为 30%左右。分布区域属于暖温带干旱气候，年均气温 5.7～9.5℃，年降水量 171～368 mm。

沙塘系典型景观

土系特征与变幅　诊断层有干旱表层、淡薄表层、雏形层；诊断特性和诊断现象有盐基饱和、石灰性、钙积现象、盐积现象、钠质特性、干旱土壤水分、温性土壤温度、黄土和黄土状沉积物岩性。黄土状成土母质，地表有不连续的约 2～3 mm 厚的黑色结皮，有效土层厚度为 1 m 以上，剖面质地、颜色、结构、紧实度等性质皆均一，有些土层有少量石块，土壤质地为粉砂壤土、壤土，土壤 pH 为 8.0～9.0；土壤发育微弱，没有明显的腐殖质累积过程，耕作层/腐殖质层有机碳含量为 3.0～6.0 g/kg。50 cm 以下的土层有少量碳酸钙假菌丝体，全剖面强石灰反应，剖面碳酸钙含量为 100～200 g/kg。1 m 深处土体平均含盐量为 3.0～10.0 g/kg，随着深度的增加而增加。

对比土系　参见康麻头系。

利用性能综述　该土壤大部分已开垦为坡耕地，土层深厚，质地适中，耕性好，适种性广，主要种植压砂西瓜或玉米等，是黄土丘陵区的旱作地。少部分生长天然草地，草质良好，但是干旱少雨，容易导致草场退化，需严格控制载畜量进行适当放牧。在有一定补灌条件时也可以开发为农用地，但是由于蒸发强烈，土壤母质盐分含量高，农业生产

过程中，必须加强水分管理和土壤肥力培育，防止底层盐分上升表聚，引起土壤次生盐化和土壤板结。

参比土种 普通底盐淡灰钙土（底咸白脑土）。

代表性单个土体 宁夏中卫市沙坡头区香山乡沙塘村，104°55′0.3″E、37°19′59.1″N，海拔 1602 m。成土母质为黄土状洪积冲积物。地势起伏，地形为山地、中山、坡地中部。自然荒草地，极稀疏的干旱草原植被，覆盖度约 30%。地表有厚度为 2～3 mm、覆盖度约 30%的不连续的地衣苔藓等物质构成的黑褐色漆皮状结皮。年均气温 7.9℃，年≥10℃积温 3083℃，50 cm 深处年均土壤温度 10.9℃，年≥10℃天数 172 d，年降水量 264 mm，年均相对湿度 50%，年干燥度 4.27，年日照时数 2897 h。野外调查时间：2015 年 4 月 14 日，天气（晴）。

A： 0～30 cm，粉红白色（7.5YR 8/2，干），棕色（10YR 4/4，润）；干，稍硬、稍黏着、稍塑，壤土，弱发育的团粒结构和中团块状结构；少量细根和极细根；强石灰反应；向下模糊平滑过渡。

Bw： 30～60 cm，粉红色（7.5YR 7/3，干），棕色（10YR 4/4，润）；干，稍硬、稍黏着、稍塑，粉砂壤土，弱发育的中团块状结构；少量细根和极细根；极强石灰反应；向下模糊平滑过渡。

Bk： 60～90 cm，浊橙色（7.5YR 6/4，干），棕色（10YR 4/4，润）；干，稍硬、稍黏着、稍塑，岩石和矿物碎屑含量约 3%、大小为 5～20mm、棱角状，粉砂壤土，弱发育的中棱块状结构；很少量白色碳酸钙斑点；少量细根和极细根；极强石灰反应；向下模糊平滑过渡。

C： 90～120 cm，粉红色（7.5YR 7/3，干），棕色（10YR 4/4，润）；干，硬、稍黏着、稍塑，粉砂壤土，很弱发育的大棱块状结构；极强石灰反应。

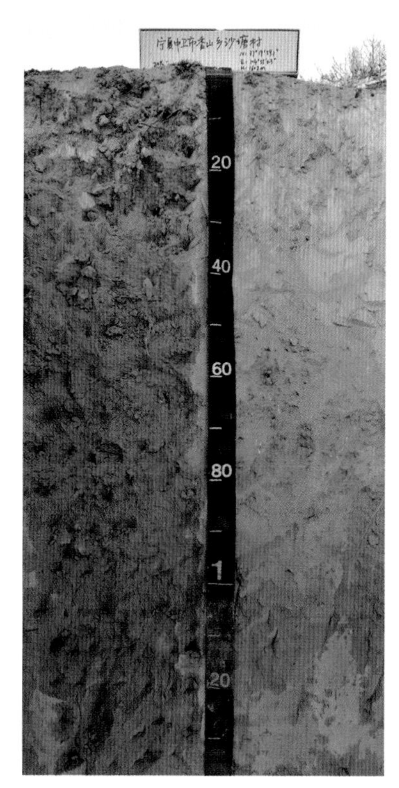

沙塘系代表性单个土体剖面

沙塘系代表性单个土体物理性质

土层	深度/cm	砾石(>2mm)体积分数/%	细土颗粒组成（粒径：mm)/(g/kg)			质地
			砂粒 2～0.05	粉粒 0.05～0.002	黏粒 <0.002	
A	0～30	0	443	445	112	壤土
Bw	30～60	0	180	699	121	粉砂壤土
Bk	60～90	3	162	720	118	粉砂壤土
C	90～120	0	211	640	148	粉砂壤土

沙塘系代表性单个土体化学性质

深度/cm	pH (H_2O)	有机碳(C)/(g/kg)	全氮(N)/(g/kg)	全磷(P)/(g/kg)	全钾(K)/(g/kg)	碳酸钙/(g/kg)	全盐/(g/kg)	CEC/(cmol/kg)	钠饱和度/%	游离铁(Fe_2O_3)/(g/kg)
0～30	8.3	3.5	0.37	0.49	15.7	134	1.9	5.2	7.1	4.4
30～60	8.1	2.3	0.25	0.51	15.5	131	7.9	5.1	17.6	4.6
60～90	8.4	1.9	0.22	0.59	16.4	124	9.2	5.5	25.6	4.6
90～120	8.6	2.6	0.29	0.57	18.9	134	8.6	6.3	45.7	4.8

5.4.3　小蒿子系（Xiaohaozi Series）

土　族： 壤质硅质混合型石灰性温性-普通简育正常干旱土

拟定者： 龙怀玉，曲潇琳，曹祥会，谢　平

分布与环境条件　主要分布在黄土高原梁峁地带，黄土状母质，稀疏干旱草原植被，主要植物有毛刺锦鸡儿、蓍状亚菊、短花针茅、冷蒿、长芒草及无芒隐子草等，覆盖度 20%～50%。分布区域属于暖温带半干旱气候，年均气温 5.5～9.2℃，年降水量 223～441 mm。

小蒿子系典型景观

土系特征与变幅　诊断层有干旱表层、淡薄表层、雏形层；诊断特性和诊断现象有盐基饱和、石灰性、钙积现象、碱积现象、钠质现象、干旱土壤水分、温性土壤温度、黄土和黄土状沉积物岩性。成土母质为黄土，土层深厚，地表有不连续的漆斑状生物结皮，剖面质地、颜色、结构、紧实度等性质皆均一，土壤质地为粉砂壤土，土壤 pH 为 8.0～9.0。碳酸钙含量为 100～200 g/kg，层次之间没有明显差异，心土层有少量碳酸钙新生体。腐殖质累积过程微弱，表土层有机碳含量为 3.0～6.0 g/kg。

对比土系　与阎家窑系相比较，两者具有相似的成土母质、成土条件、有效土层厚度，而且质地、颜色、结构、紧实度、新生体、层次过渡等剖面形态特征也非常相似。但小蒿子系多具备钠质现象，土壤质地通体为粉砂壤土，而阎家窑系多具备钠质特性、盐积现象，土壤质地通体为壤土。

利用性能综述　该土壤地势较为平坦，黄土沉积土层较厚，质地较好，但是气候干旱，没有灌溉条件，土壤水分少，有机质含量低，自然肥力低，目前一般为荒地或者适度放牧。应该加强封育还草，逐步增加植被覆盖度，提高土壤肥力。

参比土种　粉质淡灰钙土（细白脑土）。

代表性单个土体　宁夏中卫市沙坡头区蒿川乡小蒿子村，105°33′43.3″E、36°48′30.6″N，海拔 1674 m。成土母质为风积物。地势起伏，地形为山地、中山、坡下部。自然荒草地，

稀疏干旱草原植被，覆盖度约 30%。地表有厚度为 2～3 mm、覆盖度约 40%的不连续的地衣苔藓等物质构成的黑褐色漆皮状结皮。年均气温 7.5℃，≥10℃年积温 2926℃，50 cm 深处年均土壤温度 10.6℃，年≥10℃天数 168 d，年降水量 325 mm，年均相对湿度 53%，年干燥度 3.53，年日照时数 2769 h。野外调查时间：2015 年 4 月 17 日，天气（晴）。

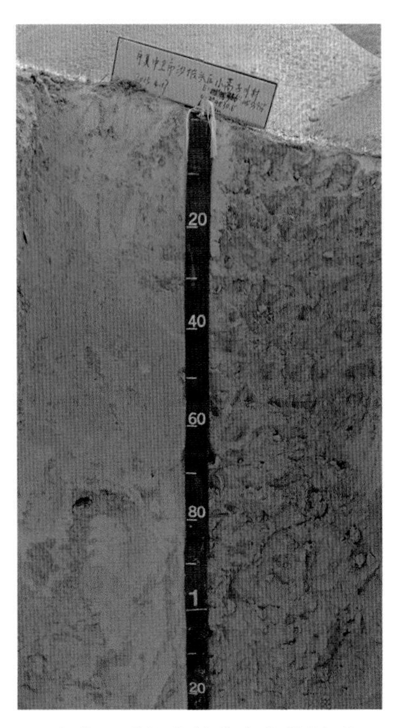

小蒿子系代表性单个土体剖面

A：0～30 cm，浊黄橙色（10YR 6/4，干），棕色（10YR 4/4，润）；稍干，坚实、黏着、中塑，粉砂壤土，弱发育的团粒结构和大棱块状结构；少量细根和极细根；极强石灰反应；向下模糊平滑过渡。

Bk：30～90 cm，浊黄橙色（10YR 6/4，干），浊黄橙色（10YR 6/4，润）；稍润，坚实、黏着、中塑，粉砂壤土，强发育的大棱块状结构；很少量白色碳酸钙；极少量细根和极细根；极强石灰反应；向下模糊平滑过渡。

C：90～120 cm，浊黄橙色（10YR 6/4，干），浊黄橙色（10YR 6/4，润）；稍润，坚实、黏着、中塑，粉砂壤土，很弱发育的中棱块状结构；极少量细根和极细根；极强石灰反应；向下模糊平滑过渡。

小蒿子系代表性单个土体物理性质

土层	深度/cm	砾石(>2mm)体积分数/%	细土颗粒组成(粒径：mm)/(g/kg)			质地
			砂粒 2～0.05	粉粒 0.05～0.002	黏粒 <0.002	
A	0～30	0	354	614	32	粉砂壤土
Bk	30～90	0	370	571	59	粉砂壤土
C	90～120	0	419	545	35	粉砂壤土

小蒿子系代表性单个土体化学性质

深度/cm	pH(H_2O)	有机碳(C)/(g/kg)	全氮(N)/(g/kg)	全磷(P)/(g/kg)	全钾(K)/(g/kg)	碳酸钙/(g/kg)	全盐/(g/kg)	CEC/(cmol/kg)	钠饱和度/%	游离铁(Fe_2O_3)/(g/kg)
0～30	8.5	3.2	0.39	0.48	20.0	121	1.4	4.5	9.7	4.5
30～90	8.3	4.5	0.44	0.38	19.8	126	2.1	5.7	14.6	4.4
90～120	8.5	2.0	0.23	0.72	19.3	121	2.3	4.2	13.9	4.2

5.4.4　熊家水系（Xiongjiashui Series）

土　族：壤质硅质混合型石灰性温性-普通简育正常干旱土

拟定者：龙怀玉，曲潇琳，曹祥会，谢　平

分布与环境条件　主要分布在宁夏中部丘陵、山地，坡度在 15° 以上，黄土母质，荒地植被为荒漠草原，主要生长猫头刺、针茅、牛心朴子等植物，覆盖度为 10%～50%。分布区域属于暖温带半干旱气候，年均气温 4.4～8.0℃，年降水量 196～409 mm。

熊家水系典型景观

土系特征与变幅　诊断层有干旱表层、淡薄表层、雏形层、钙积层；诊断特性和诊断现象有盐基饱和、钠质现象、黄土和黄土状沉积物岩性、干旱土壤水分、温性土壤温度。成土母质为黄土，有效土层厚度为 1 m 以上，部分土层含有少量石块，表层有干旱结皮，剖面质地、颜色、结构、紧实度等性质皆为均一，土壤质地为砂壤土、壤土，土壤发育微弱，没有明显的腐殖质累积过程，腐殖质层有机碳含量为 3.0～6.0 g/kg，母质特征明显。土壤 pH 为 8.0～8.5，土层碳酸钙含量为 50～150 g/kg，表现出表聚性，表土层碳酸钙含量比心土层高 20%以上，表土层以下有少量至中量的碳酸钙假菌丝体；心土层、底土层轻度盐渍化，盐分含量为 1.5～3.0 g/kg。

对比土系　和沟门系相比，两者都具有淡薄表层、雏形层、钙积层、黄土和黄土状沉积物岩性、干旱土壤水分、温性土壤温度等诊断层和诊断特性，成土母质均为黄土，剖面形态也比较相似。但熊家水系还有钠质现象，表土层的土壤质地为壤土；而沟门系还有钠质特性、盐积现象、碱积现象，表土层土壤质地为砂壤土。

利用性能综述　该土壤地处丘陵、山地，地势起伏不平，坡度较大，土层深厚，通体质地为砂壤土或壤土，通体有轻度盐化，该区域干旱少雨，土壤一般不适宜作为农用耕地。该土壤主要是天然草场，草质良好，但降水量少且蒸发强烈，植被覆盖度低，开发利用中应注意加强封育还草，增加植被覆盖度，逐步提高土壤肥力。

参比土种　粉质淡灰钙土（细白脑土）。

代表性单个土体　宁夏中卫市沙坡头区常乐镇熊家水村，105°6′5.2″E、37°13′18.2″N，海拔 1908 m。成土母质为风积黄土。地势起伏，地形为丘陵、黄土墚（低丘）、坡中部。自然荒草地，荒漠草原植被，覆盖度约 50%。地表有厚度为 2～3 mm、覆盖度约 30%的不连续的地衣苔藓等物质构成的黑褐色漆皮状结皮。年均气温 6.7℃，年≥10℃积温 2712℃，50 cm 深处年均土壤温度 9.8℃，年≥10℃天数 155 d，年降水量 299 mm，年均相对湿度 48%，年干燥度 3.65，年日照时数 2888 h。野外调查时间：2015 年 4 月 15 日，天气（晴）。

熊家水系代表性单个土体剖面

A：　0～40 cm，亮棕色（7.5YR 5/6，干），棕色（10YR 4/4，润）；稍干，坚实、无黏着、无塑，壤土，弱发育的团粒结构和中块状结构；少量细根和极细根，很少量土壤动物粪便；强石灰反应；向下模糊平滑过渡。

Bw：　40～100 cm，浊黄橙色（10YR 6/4，干），棕色（7.5YR 4/6，润）；稍润，松散、无黏着、无塑，砂壤土，弱发育的中棱块状结构；很少量白色碳酸钙假菌丝体；极少量细根和极细根；极强石灰反应；向下模糊平滑过渡。

Ck：　100～140 cm，橙色（7.5YR 6/6，干），棕色（7.5YR 4/6，润）；润，坚实、无黏着、无塑，砂壤土，很弱发育的中棱块状结构；中量白色碳酸钙假菌丝体；极强石灰反应。

熊家水系代表性单个土体物理性质

土层	深度/cm	砾石(>2mm)体积分数/%	细土颗粒组成(粒径：mm)/(g/kg)			质地
			砂粒 2～0.05	粉粒 0.05～0.002	黏粒 <0.002	
A	0～40	0	389	497	113	壤土
Bw	40～100	0	507	437	57	砂壤土
Ck	100～140	0	537	422	41	砂壤土

熊家水系代表性单个土体化学性质

深度/cm	pH (H_2O)	有机碳(C)/(g/kg)	全氮(N)/(g/kg)	全磷(P)/(g/kg)	全钾(K)/(g/kg)	碳酸钙/(g/kg)	全盐/(g/kg)	CEC/(cmol/kg)	钠饱和度/%
0～40	8.4	3.7	0.37	0.59	17.9	133	1.4	5.9	4.0
40～100	8.2	2.8	0.26	0.62	17.8	110	2.4	5.7	5.4
100～140	8.1	2.7	0.22	0.44	18.9	95	1.7	5.3	7.3

5.4.5 阎家窑系（Yanjiayao Series）

土　族：壤质硅质混合型石灰性温性-普通简育正常干旱土

拟定者：龙怀玉，曲潇琳，曹祥会，谢　平

分布与环境条件　分布于宁夏中部黄土丘陵坡地，地面坡度一般大于 15°，土壤侵蚀严重，地形破碎；黄土状母质，土层深厚，地下水位很深。荒漠草原植被，主要植物有毛刺锦鸡儿、蓍状亚菊、短花针茅、冷蒿、长芒草及无芒隐子草等，覆盖度为 10%～50%。分布区域属于暖温带干旱气候，年均气温 7.1～11.0℃，年降水量 138～314mm。

阎家窑系典型景观

土系特征与变幅　诊断层有干旱表层、淡薄表层、雏形层；诊断特性和诊断现象有盐基饱和、石灰性、钠质特性、钙积现象、碱积现象、盐积现象、黄土和黄土状沉积物岩性、干旱土壤水分、温性土壤温度。成土母质为冲积黄土，土表有菌落状干旱结皮，土体中含有少量石块，有效土层厚度为 1 m 以上，剖面质地、颜色、紧实度等性质皆均一，土壤质地为壤土，没有明显的腐殖质累积过程，有机碳含量 3.0～6.0 g/kg。土壤 pH 为 8.0～9.0，剖面碳酸钙含量 50～200 g/kg，盐分含量 1.5～10.0 g/kg，且随深度增加而增加。50～60 cm 以下土层有少量碳酸钙假菌丝体，其碳酸钙含量比表土层高出 20%以上。

对比土系　参见小蒿子系。

利用性能综述　该土壤土层深厚，质地适中，但是干旱少雨，主要生长天然草地，草质良好，由于蒸发强烈，产草量不高，加上风蚀影响容易导致草场退化，要严格控制载畜量进行适当放牧。由于地形破碎，沟壑纵横，土壤母质盐分含量高，不能作为农用土地，应该加强封育还草，提高植被覆盖度，防止水土流失和风蚀。

参比土种　粉质淡灰钙土（细白脑土）。

代表性单个土体　宁夏吴忠市利通区扁担沟镇阎家窑头，106°15′54.8″E、37°38′39.3″N，海拔1261 m。成土母质为黄土状母质。地势平缓起伏，地形为丘陵、黄土墚（低丘）、缓坡。自然荒草地，荒漠草原植被，覆盖度约50%。地表有厚度为2～3 mm、覆盖度约50%的不连续的菌落状结皮。年均气温9℃，≥10℃年积温3447℃，50 cm深处年均土壤温度12.1℃，年≥10℃天数185d，年降水量220 mm，年均相对湿度53%，年干燥度5.3，年日照时数2921 h。野外调查时间：2015年4月12日，天气（晴）。

A：0～30 cm，浊黄橙色（10YR 6/4，干），浊黄橙色（10YR 6/4，润）；润，疏松、稍黏着、稍塑，岩石和矿物碎屑含量约1%、大小为2～3 mm、块状，壤土，弱发育的大团块状结构和团粒状结构；少量细根；强石灰反应；向下模糊平滑过渡。

AB：30～50 cm，浊黄橙色（10YR 6/4，干），亮黄棕色（10YR 6/6，润）；稍润，疏松、无黏着、无塑，壤土，弱发育的大棱块状结构；极少量细根；极强石灰反应；向下模糊平滑过渡。

Bk：50～120 cm，浊黄橙色（10YR 7/4，干），棕色（10YR 4/4，润）；稍干，硬、无黏着、无塑，壤土，弱发育的大棱块状结构；很少量白色碳酸钙斑点；极少量细根；极强石灰反应；向下模糊平滑过渡。

Ck：120～150 cm，黄橙色（10YR 8/4，干），棕色（10YR 4/4，润）；干，极硬、无黏着、无塑，壤土，很弱发育的大棱柱状结构；很少量白色碳酸钙斑点；极少量细根；极强石灰反应。

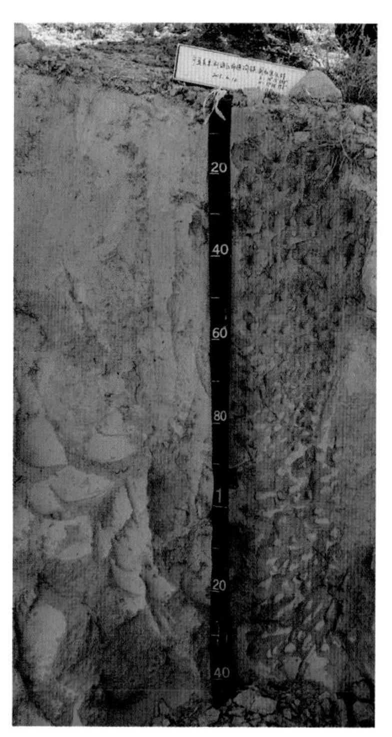
阎家窑系代表性单个土体剖面

阎家窑系代表性单个土体物理性质

土层	深度/cm	砾石(>2mm)体积分数/%	细土颗粒组成(粒径：mm)/(g/kg)			质地
			砂粒 2～0.05	粉粒 0.05～0.002	黏粒 <0.002	
A	0～30	1	498	405	97	壤土
Bk1	50～80	0	444	437	119	壤土
Bk2	80～120	0	471	408	12.0	壤土

阎家窑系代表性单个土体化学性质

深度/cm	pH(H_2O)	有机碳(C)/(g/kg)	全氮(N)/(g/kg)	全磷(P)/(g/kg)	全钾(K)/(g/kg)	碳酸钙/(g/kg)	全盐/(g/kg)	CEC/(cmol/kg)	钠饱和度/%	游离铁(Fe_2O_3)/(g/kg)
0～30	8.5	5.6	0.48	0.35	17.6	96	1.5	5.0	7.4	4.4
50～80	8. 6	5.3	0.56	0.40	18.1	103	3.6	6.2	20.0	4.6
80～120	8.5	4.2	0.41	0.43	16.9	110	7.9	5.9	33.3	4.3

5.4.6 新生系（Xinsheng Series）

土　族：壤质长石混合型石灰性温性-普通简育正常干旱土

拟定者：龙怀玉，曲潇琳，曹祥会，谢　平

分布与环境条件　主要分布于河川地、缓坡丘陵、丘间平地，海拔 1230～1700 m；地下水位很深，黄土状洪积冲积物成土母质；大多已开垦为耕地，自然植被为荒漠草原，生长隐子草、针茅等旱生禾草，植被覆盖度为 30%左右。分布区域属于暖温带干旱气候，年均气温 6.4～10.2℃，年降水量 130～306 mm。

新生系典型景观

土系特征与变幅　诊断层有干旱表层、淡薄表层、雏形层；诊断现象和诊断特性有盐基饱和、钙积现象、盐积现象、钠质现象、黄土和黄土状沉积物岩性、干旱土壤水分、温性土壤温度。成土母质为冲积黄土，有效土层厚度为 1 m 以上，有些土层有少量石块，土壤质地为粉砂壤土、砂壤土，土壤 pH 为 8.0～9.0。地表有干旱微小沙包。剖面质地、颜色、结构、紧实度等性质皆均一；土壤发育微弱，没有明显的腐殖质累积过程，腐殖质层有机碳含量小于 3.0 g/kg，母质特征明显。通体有少量碳酸钙假菌丝体，剖面碳酸钙含量 50～150 g/kg，心土层比上下土层高 20%以上。土体盐分含量为 3.0～10.0 g/kg。

对比土系　参见石坡系。

利用性能综述　该土壤大部分已开垦为坡耕地，土层深厚，质地适中，耕性好，适种性广，主要种植压砂西瓜或玉米等，是黄土丘陵区的旱作地。少部分生长天然草地，草质良好，但是干旱少雨，容易导致草场退化，应严格控制载畜量进行适当放牧。在有一定补灌条件时也可以开发为农用地，但是由于蒸发强烈，土壤母质盐分含量较高，且有碱化危害，农业生产过程中，必须加强土壤蓄水保墒和土壤肥力培育，防止底层盐分上升表聚引起表层土壤次生盐化和土壤板结。

参比土种　普通底盐淡灰钙土（底咸白脑土）。

代表性单个土体　宁夏吴忠市同心县兴隆乡新生村，105°51′40″E、36°53′36.6″N，海拔1440 m。成土母质为风积黄土。地势起伏，地形为高原丘陵、黄土墚（高丘）、坡中部。自然荒草地，极稀疏的干旱草原植被，覆盖度约30%。地表有直径约3 cm、高度0.5～1.0 cm、丰度3～5个/m^{2}的小沙包和厚度约1 cm、易碎的片状结构。年均气温8.5℃，≥10℃年积温3306℃，50 cm深处年均土壤温度11.4℃，年≥10℃天数179 d，年降水量214 mm，年均相对湿度49%，年干燥度5.2，年日照时数2974 h。野外调查时间：2015年4月16日，天气（晴）。

A：0～30 cm，浊黄橙色（10YR 6/4，干），黄棕色（10YR 5/6，润）；稍润，疏松、稍黏着、稍塑，砂壤土，弱发育的中块状结构；极少量细根和极细根；强石灰反应；向下模糊平滑过渡。

Bk1：30～80 cm，浊黄橙色（10YR 7/3，干），浊黄橙色（10YR 6/4，润）；稍润，疏松、稍黏着、稍塑，粉砂壤土，弱发育的中棱块状结构；少量白色碳酸钙假菌丝体；少量细根和极细根；极强石灰反应；向下模糊平滑过渡。

Bk2：80～130 cm，浊黄橙色（10YR 6/4，干），黄棕色（10YR 5/6，润）；稍润，疏松、稍黏着、稍塑，粉砂壤土，弱发育的中块状结构；少量白色碳酸钙假菌丝体；极强石灰反应；向下渐变平滑过渡。

Ck：130～160 cm，亮黄棕色（10YR 6/6，干），黄棕色（10YR 5/8，润）；稍润，疏松、黏着、中塑，岩石和矿物碎屑含量约2%、大小为10～20 mm、块状，砂壤土，很弱发育的中棱块状结构；少量白色碳酸钙假菌丝体；极少量中根；极强石灰反应。

新生系代表性单个土体剖面

新生系代表性单个土体物理性质

土层	深度/cm	砾石(>2mm)体积分数/%	细土颗粒组成(粒径：mm)/(g/kg)			质地
			砂粒 2～0.05	粉粒 0.05～0.002	黏粒 <0.002	
A	0～30	0	450	492	58	砂壤土
Bk	30～130	0	156	777	67	粉砂壤土
Ck	130～160	2	547	420	33	砂壤土

新生系代表性单个土体化学性质

深度/cm	pH(H_2O)	有机碳(C)/(g/kg)	全氮(N)/(g/kg)	全磷(P)/(g/kg)	全钾(K)/(g/kg)	碳酸钙/(g/kg)	全盐/(g/kg)	CEC/(cmol/kg)	钠饱和度/%
0～30	8.1	2.9	0.31	0.50	20.0	100	4.2	4.9	9.2
30～130	8.2	2.1	0.21	0.58	19.0	122	8.0	4.3	25.3
130～160	8.4	1.7	0.17	0.44	19.0	82	7.4	4.3	29.4

5.4.7　房家沟系（Fangjiagou Series）

土　族：砂质硅质混合型石灰性温性-普通简育正常干旱土

拟定者：龙怀玉，曹祥会，谢　平，王佳佳

分布与环境条件　主要分布在宁夏中部基岩为砂岩的缓坡丘陵，成土母质为混杂着砂岩坡积残积风化物的风积黄土。荒漠草原植被，主要生长猫头刺、针茅、牛心朴子等植物，覆盖度为 10%～50%。分布区域属于暖温带干旱气候，年均气温 6.9～10.8℃，年降水量 138～314 mm。

房家沟系典型景观

土系特征与变幅　诊断层有干旱表层、淡薄表层、雏形层；诊断特性和诊断现象有盐基饱和、石灰性、钙积现象、干旱土壤水分、黄土和黄土状沉积物岩性、温性土壤温度。成土母质为混杂着砂岩残积风化物的风积黄土，地表有厚度为 1～2 cm 不连续的以干苔藓物质为主的蜂窝状黑色结皮，有效土层厚度在 100 cm 以上，通体为砂壤土，土壤 pH 为 8.5～9.5。表土层除有少量新鲜根系外，几乎没有腐殖质累积，有机碳含量小于 3.0 g/kg，母质特征明显，强石灰反应；心土层有少量碳酸钙假菌丝体，碳酸钙含量小于 100 g/kg，其中表层含量比其他土层含量高 20%以上。

对比土系　和朱庄子系相比，两者属相同土族，具有相近的诊断层、诊断现象和诊断特性。但房家沟系的成土母质是风积黄土，朱庄子系的成土母质是洪积物，土体中含有 5%～10%的磨圆状石块；房家沟系表土腐殖质层的有机碳含量小于 3.0 g/kg，而朱庄子系表土腐殖质层的有机碳含量为 3.0～6.0 g/kg。和高家圈系相比，房家沟系比高家圈系多具备了黄土和黄土状沉积物岩性，且高家圈系表土腐殖质层的有机碳含量为 3.0～6.0 g/kg。

利用性能综述　该土壤区域内地势平缓起伏，土层深厚，通体为砂壤土，土壤有一定含盐量，且含量随剖面向下而增加，土壤自然肥力很低，由于风蚀严重，植被稀疏，土壤

容易退化。区域内干旱少雨，没有灌溉条件，该土壤不能作为农用土地，可以开发建设天然草场，在严格控制载畜量下适度放牧，应该加强封育保护，通过造林种草等措施，逐步增加植被覆盖度，提高土壤肥力，防止风蚀和草场退化。

参比土种 粗质淡灰钙土（粗白脑土）。

代表性单个土体 宁夏银川市灵武市白土岗乡房家沟，106°32′20.5″E、37°40′7.2″N，海拔1292 m。成土母质为砂岩上覆盖的风积黄土。地势起伏，地形为丘陵、风积平原、缓坡。自然草地，低矮草原植被，覆盖度约50%。地表有厚度为1～2 cm，覆盖度约90%的不连续的以干苔藓物质为主的黑色蜂窝状结皮。年均气温8.9℃，≥10℃年积温3423℃，50 cm深处年均土壤温度12℃，年≥10℃天数184 d，年降水量220 mm，年均相对湿度53%，年干燥度5.26，年日照时数2929 h。野外调查时间：2014年10月19日，天气（晴）。

A：0～30 cm，浊橙色（7.5YR 6/4，干），浊黄橙色（10YR 6/4，润）；润，坚实、无黏着、无塑，砂壤土，弱发育的团粒结构和大块状结构；极少量细根和极细根；强石灰反应；向下模糊平滑过渡。

Bk：30～100 cm，浊黄橙色（10YR 6/4，干），浊黄橙色（10YR 6/4，润）；润，坚实、无黏着、无塑，砂壤土，弱发育的大块状结构；很少量白色碳酸钙假菌丝体；极少量细根和极细根；极强石灰反应；向下模糊平滑过渡。

C：100～150 cm，浊黄橙色（10YR 6/4，干），浊黄橙色（10YR 7/4，润）；润，疏松、无黏着、无塑，砂壤土；极强石灰反应。

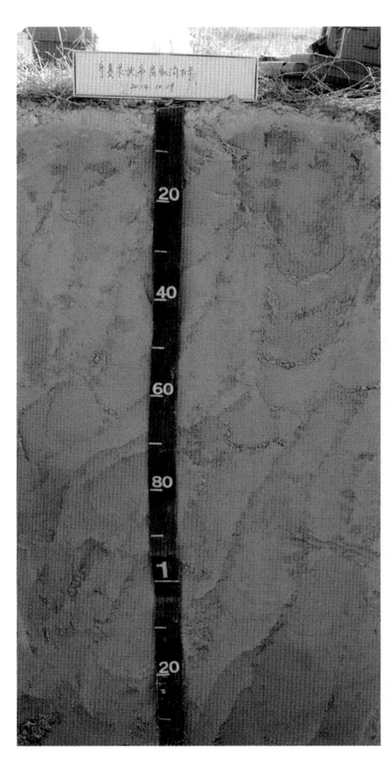

房家沟系代表性单个土体剖面

房家沟系代表性单个土体物理性质

土层	深度/cm	砾石(>2mm)体积分数/%	细土颗粒组成(粒径：mm)/(g/kg)			质地
			砂粒 2～0.05	粉粒 0.05～0.002	黏粒 <0.002	
A	0～30	0	593	387	20	砂壤土
Bk	30～100	0	626	360	14	砂壤土

房家沟系代表性单个土体化学性质

深度 /cm	pH (H_2O)	有机碳(C) /(g/kg)	全氮(N) /(g/kg)	全磷(P) /(g/kg)	全钾(K) /(g/kg)	碳酸钙 /(g/kg)	CEC /(cmol/kg)	游离铁 (Fe_2O_3) /(g/kg)
0～30	8.5	2.5	0.28	0.41	17.8	95	6.0	3.6
30～100	9.2	1.4	0.20	0.34	18.9	76	4.3	2.9

5.4.8 高家水系（Gaojiashui Series）

土　族：砂质硅质混合型石灰性温性-普通简育正常干旱土

拟定者：龙怀玉，曲潇琳，曹祥会，谢　平

分布与环境条件　主要分布于河川地、缓坡丘陵、丘间平地，海拔 1230～1700 m；地下水位很深，黄土母质；自然植被为荒漠草原，生长隐子草、针茅等旱生禾草，植被覆盖度为 30%左右。分布区域属于暖温带干旱气候，年均气温 6.2～10.0℃，年降水量 164～355 mm。

高家水系典型景观

土系特征与变幅　诊断层有干旱表层、淡薄表层、雏形层；诊断特性和诊断现象有盐基饱和、钙积现象、碱积现象、钠质现象、黄土和黄土状沉积物岩性、干旱土壤水分、温性土壤温度。成土母质为黄土，部分土层有少量石块，有效土层厚度为 1 m 以上，土壤质地为砂壤土、砂土，地表有不连续的约 2～3 mm 厚的黑色结皮，剖面质地、颜色、结构、紧实度等性质皆均一；土壤发育微弱，没有明显的腐殖质累积过程，腐殖质层有机碳含量小于 3.0 g/kg。土壤 pH 为 8.0～9.0，全剖面极强石灰反应，碳酸钙含量 30～100 g/kg，表层含量比底土层含量高 20%以上，50 cm 以下的土层有少量碳酸钙假菌丝体。表土层盐分含量小于 1.5 g/kg，其他土层盐分含量为 1.5～3.0 g/kg。

对比土系　与庙坪系相比，两者成土母质都是黄土，都具有淡薄表层、雏形层等诊断层和钙积现象、钠质现象等诊断现象，土壤反应级别、土壤温度状况等也相同，分布地形部位、生产性能、农业利用方式等基本相同，地表形态、剖面形态非常相似。但是高家水系还具有碱积现象，土壤颗粒大小级别是砂质，矿物类型是硅质混合型；庙坪系还具有盐积现象，土壤颗粒大小级别是壤质，矿物类型是长石混合型。

利用性能综述　该土壤大部分已开垦为坡耕地，土层深厚，质地适中，耕性好，适种性

广，主要种植压砂西瓜或玉米等，是黄土丘陵区的旱作地。少部分生长天然草地，草质良好，但是干旱少雨，容易导致草场退化，应严格控制载畜量进行适当放牧。在有一定补灌条件时也可以开发为农用地，但是由于蒸发强烈，土壤母质盐分含量较高，农业生产过程中，必须加强水分管理和土壤肥力培育，防止底层盐分上升表聚引起土壤次生盐化和土壤板结。

参比土种　普通底盐淡灰钙土（底咸白脑土）。

代表性单个土体　宁夏中卫市沙坡头区永康镇高家水，105°14′2.5″E、37°21′54.2″N，海拔 1481 m。成土母质为风积黄土。地势起伏，地形为高原丘陵、黄土墚（低丘）、坡中部。自然荒草地，荒漠草原植被，覆盖度约 45%。地表有厚度为 2～3 mm、覆盖度约 30%的不连续的地衣苔藓等物质构成的黑褐色漆皮状结皮。年均气温 8.3℃，≥10℃年积温 3212℃，50 cm 深处年均土壤温度 11.3℃，年≥10℃天数 177 d，年降水量 254 mm，年均相对湿度 51%，年干燥度 4.53，年日照时数 2894 h。野外调查时间：2015 年 4 月 15 日，天气（晴）。

高家水系代表性单个土体剖面

A：　0～30 cm，浊棕色（10YR 6/3，干），棕色（10YR 4/4，润）；干，坚实、无黏着、无塑，岩石和矿物碎屑含量约 1%、大小约 10 mm、次圆状，砂壤土，弱发育的中块状结构；少量细根和极细根；极强石灰反应；向下模糊平滑过渡。

Bk：　30～90 cm，浊橙色（10YR 6/4，干），棕色（10YR 4/4，润）；干，松散、无黏着、无塑，砂土，弱发育的大粒状结构；很少量白色碳酸钙斑点；少量细根和极细根；极强石灰反应；向下模糊平滑过渡。

Ck：　90～120 cm，橙色（10YR 6/6，干），棕色（10YR 4/4，润）；干，松散、无黏着、无塑，砂土；极少量细根和极细根；极强石灰反应。

高家水系代表性单个土体物理性质

土层	深度/cm	砾石(>2mm)体积分数/%	细土颗粒组成(粒径：mm)/(g/kg)			质地
			砂粒 2～0.05	粉粒 0.05～0.002	黏粒 <0.002	
A	0～30	1	646	294	60	砂壤土
Bk	30～90	0	906	55	39	砂土
Ck	90～120	0	880	84	36	砂土

高家水系代表性单个土体化学性质

深度/cm	pH (H_2O)	有机碳(C)/(g/kg)	全氮(N)/(g/kg)	全磷(P)/(g/kg)	全钾(K)/(g/kg)	碳酸钙/(g/kg)	全盐/(g/kg)	CEC/(cmol/kg)	钠饱和度/%
0～30	8.8	2.0	0.21	0.49	18.7	85	1.4	4.0	5.9
30～90	8.2	1.3	0.13	0.40	17.9	55	2.9	3.2	11.0
90～120	8.5	1.0	0.12	0.26	20.0	51	2.3	3.1	10.4

5.4.9 朱庄子系（Zhuzhuangzi Series）

土　族：砂质硅质混合型石灰性温性-普通简育正常干旱土

拟定者：龙怀玉，曲潇琳，曹祥会，谢　平

分布与环境条件　主要分布于山麓的洪积扇中部或中下部，海拔 1200～1700 m。近代洪积黄土状母质，稀疏荒漠草原植被，主要植物有猫头刺、猪毛菜、刺旋花、红砂、酸枣、短花针茅及隐子草等，覆盖度 10%～20%。分布区域属于暖温带干旱气候，年均气温 5.9～9.6℃，年降水量 171～366 mm。

朱庄子系典型景观

土系特征与变幅　诊断层有干旱表层、淡薄表层、雏形层；诊断特性和诊断现象有盐基饱和、石灰性、钙积现象、钠质现象、黄土和黄土状沉积物岩性、干旱土壤水分、温性土壤温度。洪积物母质，有效土层厚度为 100～150 cm，土体中含有 5%～10%的磨圆状石块，土壤质地为砂壤土、粉砂壤土，土壤 pH 为 8.0～9.0。腐殖质累积过程微弱，腐殖质层厚度不到 30 cm，有机碳含量为 3.0～6.0 g/kg，母质特征显著。全剖面强石灰反应，碳酸钙含量小于 100 g/kg，土层之间没有明显差异，心土层有 5%～10%的碳酸钙粉末。

对比土系　参见房家沟系。

利用性能综述　该地区地形破碎，沟壑较多，土壤砾石含量高，肥力差，且干旱缺水，不宜作为农用耕地，多用作天然牧场，但产草量低，畜牧承载力很低，生产中应注意防止水土流失和风蚀。

参比土种　砾质新积白脑土（砾质白脑土）。

代表性单个土体　宁夏吴忠市红寺堡区南川乡朱庄子村，106°11′53″E、37°19′27″N，海拔 1570 m。成土母质为黄土状母质。地势起伏，地形为高原丘陵、低丘、坡下部。自然荒草地，稀疏干旱草原植被，覆盖度约 10%。地表岩石碎块大小约 1～5 cm、丰度约 30%。

年均气温8℃，≥10℃年积温3116℃，50 m深处年均土壤温度11℃，年≥10℃天数173 d，年降水量263 mm，年均相对湿度50%，年干燥度4.31，年日照时数2893 h。野外调查时间：2015年8月21日，天气（晴）。

A：　0～20 cm，黄棕色（10YR 5/8，干），棕色（10YR 4/4，润）；干，稍硬、无黏着、无塑，岩石和矿物碎屑含量约5%、大小为10～20 mm、块状，砂壤土，中度发育的中团块状结构；中量细根和极细根；强石灰反应；向下模糊平滑过渡。

Bk：20～90 cm，浊黄橙色（10YR 6/4，干），棕色（10YR 4/4，润）；干，松软、无黏着、无塑，岩石和矿物碎屑含量约5%、大小为10～100 mm、块状，砂壤土，弱发育的大棱块状结构；中量白色碳酸钙石灰膜；少量细根和极细根；极强石灰反应；向下模糊平滑过渡。

C：　90～150 cm，浊黄橙色（10YR 6/4，干），棕色（10YR 4/4，润）；润，坚实、无黏着、无塑，粉砂壤土，很弱发育的大棱块状结构；中量白色碳酸钙石灰膜。

朱庄子系代表性单个土体剖面

朱庄子系代表性单个土体物理性质

土层	深度/cm	砾石(>2mm)体积分数/%	细土颗粒组成(粒径：mm)/(g/kg)			质地
			砂粒 2～0.05	粉粒 0.05～0.002	黏粒 <0.002	
A	0～20	5	649	264	87	砂壤土
Bk	20～90	5	613	294	93	砂壤土

朱庄子系代表性单个土体化学性质

深度/cm	pH (H_2O)	有机碳(C)/(g/kg)	全氮(N)/(g/kg)	全磷(P)/(g/kg)	全钾(K)/(g/kg)	碳酸钙/(g/kg)	CEC/(cmol/kg)	钠饱和度/%	游离铁(Fe_2O_3)/(g/kg)
0～20	8.4	4.2	0.42	0.52	17.8	86	4.1	4.5	6.9
20～90	8.4	3.8	0.16	0.47	17.9	79	4.4	6.0	7.0

第6章 盐 成 土

6.1 弱盐潮湿碱积盐成土

6.1.1 碱滩沿系（Jiantanyan Series）

土 族：壤质硅质混合型石灰性温性-弱盐潮湿碱积盐成土
拟定者：龙怀玉，曹祥会，谢 平，王佳佳

分布与环境条件 主要分布在古河床、河滩地的低洼地带。一般地下水埋深在 90～150 cm，地下水矿化度约为 3 g/L 以上。盐生植被，主要植物有盐爪爪、盐蒿、碱蓬、红砂等，覆盖度 60%～90%。分布区域属于暖温带干旱气候，年均气温 6.5～10.3℃，年降水量 137～315 mm。

碱滩沿系典型景观

土系特征与变幅 诊断层有淡薄表层、盐积层、碱积层；诊断特性有盐基饱和、石灰性、钠质特性、碱积现象、潮湿土壤水分、温性土壤温度。成土母质为河流冲积物，土壤质地为砂壤土—粉砂壤土，有效土层厚度为 100 cm 以上，土表常有不连续的厚度为 2～5 cm 的蓬松盐结皮。没有明显的腐殖质累积过程，腐殖质层有机碳含量 3.0～6.0 g/kg，母质特征明显。表土层 pH 为 8.0～9.0，心土层和底土层 pH 在 9.0 以上，自表层起就有显著的碳酸钙假菌丝体，心土层丰度更高，剖面碳酸钙含量小于 100 g/kg。100 cm 土体内，土表 20 cm 以下，有一个厚度大于 60 cm、含盐量大于 10 g/kg 的土层。

对比土系 与山火子系相比，两者都具有淡薄表层、盐积层、潮湿土壤水分、温性土壤

温度，成土母质也基本相同，土壤剖面形态非常相似，但碱滩沿系还具备碱积层、钠质特性，土壤颗粒大小级别是壤质；山火子系还具有氧化还原特征、石质接触面，土壤颗粒大小级别是砂质。

利用性能综述　该土壤区域地势较低，较为平坦，土壤土层深厚，质地较黏重，心土层有黏层，通体土壤 pH 高，碱化度高，含盐量高，且盐碱程度随土壤剖面向下逐渐加重。土壤生产力低下，由于地势低洼和排水困难，改良利用难度较大，灌排条件完善后可以开垦为农牧业用地，开发初期要注意加强洗盐降碱，结合施用石膏和酸性改良剂。

参比土种　沙质白盐土（沙质白盐土）。

代表性单个土体　宁夏吴忠市盐池县王乐井乡碱滩沿子牧点，106°59′26.2″E、37°44′38.2″N，海拔 1406 m、成土母质为冲积物。地势平缓起伏，地形为冲积平原、河间地。盐碱地，以碱蓬为主的盐生低矮灌木+草丛植被，植被覆盖度约 80%。地表有厚度约 3 cm、覆盖度约 90%的不连续的盐分结壳。年均气温 8.6℃，≥10℃年积温 3326℃，50 cm 深处年均土壤温度 11.6℃，年≥10℃天数 180 d，年降水量 221 mm，年均相对湿度 50%，年干燥度 5.1，年日照时数 2952 h。野外调查时间：2014 年 10 月 21 日，天气（晴）。

Ak：　0～30 cm，浊黄橙色（10YR 6/4，干），黄棕色（10YR 5/6，润）；润，疏松、稍黏着、稍塑，砂壤土，弱发育的大块状结构；中量白色碳酸钙假菌丝体；极少量粗根和少量细根；强石灰反应；向下模糊平滑过渡。

Bzk1：30～60 cm，浊黄橙色（10YR 6/4，干），棕色（10YR 4/6，润）；润，疏松、稍黏着、稍塑，粉砂壤土，弱发育的大棱块状结构；中量白色碳酸钙假菌丝体；极少量粗根和细根；极强石灰反应；向下模糊平滑过渡。

Bzk2：60～130 cm，浊黄橙色（10YR 6/4，干），棕色（10YR 4/4，润）；润，坚实、黏着、中塑，壤土，弱发育的大棱块状结构；中量白色碳酸钙假菌丝体；极少量细根；极强石灰反应。

碱滩沿系代表性单个土体剖面

碱滩沿系代表性单个土体物理性质

土层	深度/cm	砾石(>2 mm)体积分数/%	细土颗粒组成（粒径：mm）/ (g/kg)			质地
			砂粒 2～0.05	粉粒 0.05～0.002	黏粒 <0.002	
Ak	0～30	0	528	372	101	砂壤土
Bzk1	30～60	0	369	504	128	粉砂壤土
Bzk2	60～130	0	319	488	193	壤土

碱滩沿系代表性单个土体化学性质

深度/cm	pH (H_2O)	有机碳(C)/(g/kg)	全氮(N)/(g/kg)	全磷(P)/(g/kg)	全钾(K)/(g/kg)	CEC/(cmol/kg)	全盐/(g/kg)	钠饱和度/%	游离铁(Fe_2O_3)/(g/kg)
0～30	8.8	3.8	0.43	0.39	16.5	5.4	3.4	11.2	4.0
30～60	9.0	3.6	0.34	0.40	18.3	6.9	11.5	40.3	4.4
60～130	9.2	4.0	0.38	0.54	18.6	9.9	12.4	42.2	4.4

6.1.2 十分沟系（Shifen’gou Series）

土　族：黏质蒙脱石混合型石灰性温性-弱盐潮湿碱积盐成土

拟定者：龙怀玉，谢　平，曹祥会，王佳佳

分布与环境条件　主要分布在黄河冲积平原的低阶地、河滩地及向洪积扇过渡的交接洼地处，地下水埋深一般为100～150 cm，旱耕地。分布区域属于中温带干旱气候，年均气温7.9～11.5℃，年降水量103～256 mm。

十分沟系典型景观

土系特征与变幅　诊断层有淡薄表层、雏形层、碱积层；诊断特性和诊断现象有盐基饱和、石灰性、钙积现象、肥熟现象、盐积现象、钠质特性、氧化还原特征、潮湿土壤水分、温性土壤温度。成土母质为多次河流冲积物，剖面质地呈现为上壤下黏，非耕作期表土层有厚约1～3 cm的龟裂结壳层，心土层以下有较多铁锰锈纹锈斑，全剖面强石灰反应。土壤pH 9.5～10.5，碳酸钙含量100～200 g/kg，阳离子交换量10～20 cmol/kg。表土层有机碳含量6.0～15.0 g/kg，盐分含量1.5～3.0 g/kg，钠饱和度10%～24%，心土层、底土层盐分含量3.0～6.0 g/kg，钠饱和度40%～60%，干旱季节地表有白色盐斑。

对比土系　与西大滩系相比，两者都具有淡薄表层、碱积层、雏形层等诊断层和盐积现象、钠质特性、氧化还原特征等诊断现象和诊断特性。成土母质、土壤水分状况、土壤温度状况、石灰性和酸碱反应级别等也相同，自然植被状况、土壤剖面形态等也非常相似。但因两者的土壤颗粒大小级别、土壤矿物类型不同而属于不同的土族，而且十分沟系还具备了肥熟现象、钙积现象等诊断现象，土壤颗粒大小级别是黏质，矿物类型是蒙脱石混合型，耕作层有效磷含量加权值为18～35 mg/kg；西大滩系土壤颗粒大小级别是黏壤质，矿物类型是硅质混合型。

利用性能综述　该土壤区域地势较低，较为平坦，土壤土层深厚，质地较黏重，心土层

有黏层，通体土壤 pH 较高，土壤含有一定盐分，碱化度高，脱盐碱化较为明显，随土壤剖面向下逐渐加重。土壤生产力低下，由于地势低洼和排水困难，改良利用难度较大。生产中需加强灌排体系建设，可以施用石膏结合酸性改良剂，降低碱化度。

参比土种　黏层壤质中碱化盐渍龟裂碱土（盐白僵黏黄土）。

代表性单个土体　宁夏石嘴山市平罗县星海镇十分沟村，106°24′32.8″E、38°57′27.7″N，海拔 1087 m。成土母质为冲积物。地势平坦，地形为山地扇缘、冲积平原、平地。旱地，主要种植玉米。地表有厚度约 2～6 mm，覆盖度约 90%的盐斑。地下水埋深约 2 m。年均气温 9.4℃，≥10℃年积温 3643℃，50 cm 深处年均土壤温度 12.5℃，年≥10℃天数 189 d，年降水量 176 mm，年均相对湿度 52%，年干燥度 7.07，年日照时数 2953 h。野外调查时间：2014 年 10 月 13 日，天气（晴）。

十分沟系代表性单个土体剖面

Ap1：0～32 cm，浊黄橙色（10YR 7/2，干），棕色（7.5YR 4/3，润）；稍润，坚实、黏着、中塑，粉黏壤土，中度发育的大团块状结构；中量粗根；强石灰反应；向下渐变平滑过渡。

Btnr1：32～62 cm，浊黄橙色（10YR 7/2，干），浊棕色（7.5YR 5/4，润）；润，坚实、极黏着、强塑，黏壤土，中度发育的大棱柱状结构；土体内有中量铁锰锈纹锈斑；中量中根；强石灰反应；向下渐变平滑过渡。

Btnr2：62～120 cm，浅灰色（10YR 7/1，干），棕色（7.5YR 4/3，润）；润，坚实、极黏着、强塑，黏土，弱发育的中棱块状结构；土体内有中量铁锰锈纹锈斑；中量中根；强石灰反应。

十分沟系代表性单个土体物理性质

土层	深度 /cm	砾石 (>2 mm)体积分数/%	细土颗粒组成 (粒径：mm)/(g/kg)			质地
			砂粒 2～0.05	粉粒 0.05～0.002	黏粒 <0.002	
Ap1	0～32	0	172	555	273	粉黏壤土
Btnr1	32～62	0	339	331	330	黏壤土
Btnr2	62～120	0	200	305	495	黏土

十分沟系代表性单个土体化学性质

深度 /cm	pH (H_2O)	有机碳(C) /(g/kg)	全氮(N) /(g/kg)	全磷(P) /(g/kg)	全钾(K) /(g/kg)	有效磷(P) /(mg/kg)	CEC /(cmol/kg)	全盐 /(g/kg)	钠饱和度/%	游离铁 (Fe_2O_3) /(g/kg)
0～32	9.6	8.8	0.48	0.51	23.4	21.7	11.2	1.5	21.7	4.6
32～62	9.9	6.5	0.28	0.67	24.1	7.7	14.6	3.4	52.5	3.3
62～120	10.0	4.2	0.25	0.45	23.4	3.0	18.2	3.2	47.6	1.9

6.1.3　西大滩系（Xidatan Series）

土　族：黏壤质硅质混合型石灰性温性-弱盐潮湿碱积盐成土

拟定者：龙怀玉，谢　平，曹祥会，王佳佳

分布与环境条件　主要分布在黄河滩地、低洼湖泊边缘，地下水埋深为 150 cm 左右，地表有盐霜或盐斑，植被主要为芦苇、苦苦菜等草甸植物，覆盖度 50%～90%。分布区域属于中温带干旱气候，年均气温 7.8～11.4℃，年降水量 102～257 mm。

西大滩系典型景观

土系特征与变幅　诊断层有淡薄表层、雏形层、碱积层；诊断特性和诊断现象有盐基饱和、石灰性、盐积现象、钠质特性、氧化还原特征、潮湿土壤水分、温性土壤温度。成土母质为河流冲积物，地表有盐霜或盐斑，心土层以下有少量铁锰锈纹锈斑，剖面质地为黏壤土或壤土、砂土，剖面土壤 pH 9.0～10.5，强石灰反应，碳酸钙含量 100～200 g/kg，层次间碳酸钙含量无明显差异，阳离子交换量 6～17 cmol/kg，钠饱和度 10%～40%，表土层盐分含量 2.0～3.0 g/kg，心土层、底土层盐分含量小于 1.5 g/kg。表土层有机碳含量 3.0～6.0 g/kg。

对比土系　参见十分沟系。

利用性能综述　该土壤土层深厚，质地适中，土壤水分条件好，适宜于草甸植物生长，可以作为天然放牧草场，灌排条件完善后可以开发作为农用土地。通体含盐量和碱化度较高，表土层含盐量较高，有脱盐碱化的潜在危害。生产中需要注意防止春季土壤盐碱表聚、作物生长期盐碱危害和土壤盐碱化加重，农田应该利用冬灌加强排盐降碱，低洼区可以施用石膏（无害化工业磷石膏和脱硫石膏）结合酸性改良剂。

参比土种　壤质轻碱化龟裂碱土（轻碱黄土）。

代表性单个土体　宁夏石嘴山市平罗县西大滩镇前进农场，106°22′8.7″E、38°50′56.1″N，海拔 1108 m。成土母质为冲积物。地势平坦，地形为高原、冲积平原、平地。自然草地，盐碱地草甸植被，主要植物有芦苇、苦苦菜等，覆盖度约 80%。地表有厚度约 1～2 mm，覆盖度约 30%的盐斑，地下水埋深约 1.5 m。年均气温 9.3℃，≥10℃年积温 3628℃，50 cm 深处年均土壤温度 12.4℃，年≥10℃天数 189 d，年降水量 175 mm，年均相对湿度 52%，年干燥度 6.92，年日照时数 2963 h。野外调查时间：2014 年 10 月 13 日，天气（晴）。

Az：0～30 cm，浊黄橙色（10YR 7/2，干），暗棕色（7.5YR 3/3，润）；润，坚实、黏着、中塑，黏壤土，中度发育的小团粒状结构；中量粗根；极强石灰反应；向下模糊平滑过渡。

Br：30～55 cm，浊黄橙色（10YR 7/2，干），棕色（7.5YR 4/3，润）；润，坚实、黏着、中塑，壤土，中度发育的大棱块状结构；土体内有少量铁锰锈纹锈斑；中量粗根；极强石灰反应；向下模糊平滑过渡。

Btn：55～100 cm，浊黄橙色（10YR 7/2，干），浊棕色（7.5YR 5/4，润）；润，坚实、稍黏着、稍塑，壤土，弱发育的大棱块状结构；极少量细根和极细根；极强石灰反应；向下渐变平滑过渡。

C：100～120 cm，浊黄橙色（10YR 7/3，干），浊橙色（7.5YR 6/4，润）；润，松散、无黏着、无塑，砂土，很弱发育的中粒状结构；极少量细根和极细根；强石灰反应。

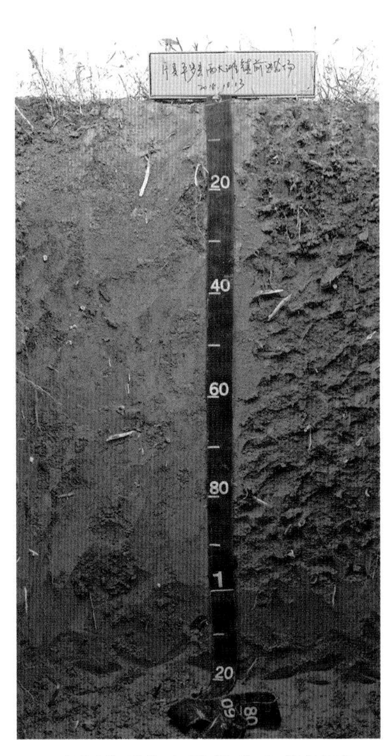

西大滩系代表性单个土体剖面

西大滩系代表性单个土体物理性质

土层	深度 /cm	砾石 (>2 mm)体积分数/%	细土颗粒组成(粒径：mm)/(g/kg)			质地
			砂粒 2～0.05	粉粒 0.05～0.002	黏粒 <0.002	
Az	0～30	0	253	402	346	黏壤土
Br	30～55	0	440	304	256	壤土
Btn	55～100	0	287	396	317	壤土

西大滩系代表性单个土体化学性质

深度 /cm	pH (H_2O)	有机碳(C) /(g/kg)	全氮(N) /(g/kg)	全磷(P) /(g/kg)	全钾(K) /(g/kg)	CEC /(cmol/kg)	全盐 /(g/kg)	钠饱和度/%	游离铁 (Fe_2O_3) /(g/kg)
0～30	9.4	5.9	0.38	0.55	21.3	16.2	2.5	30.3	1.9
30～55	9.8	4.3	0.40	0.35	19.3	8.7	1.1	16.2	1.4
55～100	9.5	4.6	0.40	0.41	18.7	11.3	1.2	40.1	2.0

6.2　普通潮湿正常盐成土

6.2.1　山火子系（Shanhuozi Series）

土　族：砂质硅质混合型石灰性温性-普通潮湿正常盐成土

拟定者：龙怀玉，曹祥会，谢　平，王佳佳

分布与环境条件　主要分布在古河床、河滩地的低洼地带，基岩埋深小于 2 m。一般地下水埋深在 90～150 cm，地下水矿化度约为 3 g/L 以上。盐生植被，主要植物有盐爪爪、盐蒿、碱蓬、红砂等，覆盖度 10%～50%。分布区域属于暖温带干旱气候，年均气温 6.3～10.1℃，年降水量 131～308 mm。

山火子系典型景观

土系特征与变幅　诊断层有淡薄表层、盐积层；诊断特性有盐基饱和、石灰性、氧化还原特征、碱积现象、钠质现象、石质接触面、潮湿土壤水分、温性土壤温度。成土母质为冲积物，土壤质地为细砂土，厚度大于 100 cm，其下为壤质或者黏质的河流冲积物，2 m 之内出现基岩，土表有大量盐斑，厚度 1～2 mm，覆盖度小于 60%。表土层有机碳含量小于 3.0 g/kg，心土层和底土层有少量铁锈纹锈斑，1 m 土体内有一个厚度大于 60 cm、含盐量大于 10 g/kg 的土层。土壤 pH 为 9.0 以上，剖面碳酸钙含量小于 100 g/kg。

对比土系　参见碱滩沿系。

利用性能综述　地形平坦，以冲积物为主，土层深厚，细土质地为细砂土—黏壤土，通体土壤盐分含量高，并伴有碱化危害，植被稀疏，主要是盐生植物，由于缺水和盐碱化，不宜作为农用土地，造林和牧用的价值也很低。主要作为荒漠草原进行封育，以提高植被覆盖度。

参比土种 沙质白盐土（沙质白盐土）。

代表性单个土体 宁夏吴忠市盐池县青山乡火山子，107°05′23.1″E、37°53′14.9″N，海拔 1460 m，成土母质为冲积物。地势平坦，地形为高原、冲积平原、漫岗。自然草地，稀疏草灌植被，覆盖度约 20%。年均气温 8.4℃，≥10℃年积温 3286℃，50 cm 深处年均土壤温度 11.4℃，年≥10℃天数 178 d，年降水量 215 mm，年均相对湿度 48%，年干燥度 5.15，年日照时数 2975 h。野外调查时间：2014 年 10 月 22 日，天气（晴）。

Az：0～40 cm，浊黄橙色（10YR 6/4，干），黄棕色（10YR 5/6，润）；潮，极疏松、无黏着、无塑，细砂土，无结构；强石灰反应；向下模糊平滑过渡。

Bz：40～110 cm，浊黄橙色（10YR 6/4，干），棕色（10YR 4/4，润）；潮，疏松、无黏着、无塑，细砂土，无结构；土体内有很少量铁锈纹锈斑；轻度石灰反应；向下清晰平滑过渡。

2C：110～150 cm，浊黄橙色（10YR 6/4，干），棕色（10YR 4/4，润）；湿，疏松、黏着、中塑，黏壤土；向下清晰平滑过渡。

R：150 cm 以下，岩石。

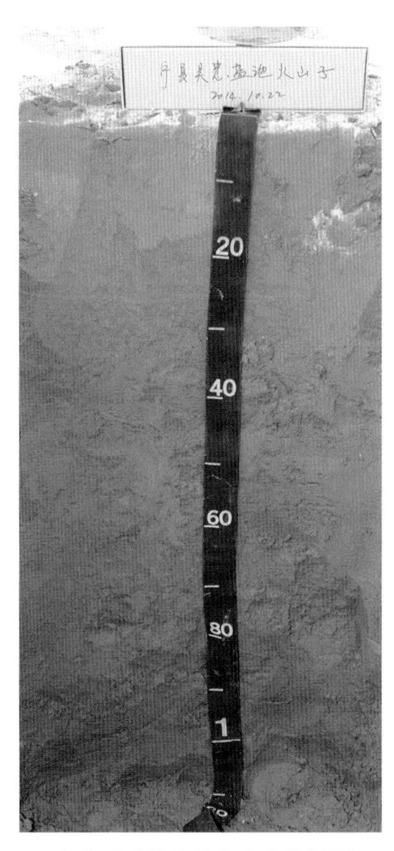

山火子系代表性单个土体剖面

山火子系代表性单个土体化学性质

土层	深度/cm	pH (H_2O)	有机碳(C)/(g/kg)	全氮(N)/(g/kg)	全磷(P)/(g/kg)	全钾(K)/(g/kg)	CEC/(cmol/kg)	全盐/(g/kg)	钠饱和度/%	游离铁(Fe_2O_3)/(g/kg)
Az	0～40	9.2	1.9	0.15	0.16	15.7	3.1	12.8	11.5	3.1
Bz	40～110	9.0	2.3	0.18	0.23	15.9	3.4	15.4	9.4	2.9

第7章 均 腐 土

7.1 钙积暗厚干润均腐土

7.1.1 干沟系（Gan’gou Series）

土 族：壤质硅质混合型冷性-钙积暗厚干润均腐土

拟定者：龙怀玉，曲潇琳，曹祥会，谢 平

分布与环境条件 主要分布在黄土塬地与山地、丘陵的交接地带，地势较高。黄土母质，草甸草原植被，主要植物有长芒草、硬质早熟禾、大针茅、铁杆蒿、披碱草、星毛委陵菜、糙隐子草和猪毛蒿等，覆盖度为70%以上。分布区域属于暖温带半干旱气候，年均气温 2.4～5.6℃，年降水量 319～589 mm。

干沟系典型景观

土系特征与变幅 诊断层有暗沃表层、钙积层、雏形层；诊断特性和诊断现象有盐基饱和、石灰性、均腐殖质特性、盐积现象、半干润土壤水分、冷性土壤温度。黄土成土母质，土层深厚，土壤质地为粉砂壤土，土壤 pH 为 7.5～8.5。一般在 60～100 cm 以下为埋藏腐殖质层，整个土体腐殖质累积过程明显，有机碳含量大于 10.0 g/kg，埋藏腐殖质层与上覆土层之间颜色差异明显，上层相对下层埋藏层颜色明亮一些、腐殖质含量少一些，下层埋藏层有模糊腐殖质胶膜、显著碳酸钙假菌丝体。全剖面中度到极强石灰反应，碳酸钙含量 100～150 g/kg，层次之间没有明显差异，心土层以下有中量显著的碳酸钙假菌丝体。

对比土系 与李白玉系相比，都具有钙积层、雏形层、半干润土壤水分等诊断层和诊断

特性。成土母质、地表形态、分布地形部位、生产性能、植被状况等基本相同。但因两者的诊断表层、土壤颗粒大小级别、温度等级不同而属于不同的土纲、土族，干沟系是暗沃表层、冷性土壤温度，壤质土壤颗粒大小级别，具有埋藏腐殖质层，总腐殖质厚度100～150 cm，有机碳含量10.0～25.0 g/kg；李白玉系是淡薄表层、温性土壤温度，黏壤质土壤颗粒大小级别，腐殖质层厚度60～100 cm，有机碳含量4.0～10.0 g/kg。

利用性能综述　土层深厚，质地适中，土壤肥沃，植被茂盛，草质好，是黄土高原地区良好的放牧草场，但是由于干旱少雨，需要加强封育保护，在严格控制载畜量下适度放牧。降水较多或有补充灌溉保障的地方可以适度发展农业，要加强蓄水保墒农艺技术的推广。

参比土种　普通暗黑垆土（暗黑垆土）。

代表性单个土体　宁夏中卫市海原县曹洼乡干沟村，105°39′36.9″E、36°22′31.9″N，海拔2359 m，成土母质为黄土状母质。地势起伏，地形为山地、中山、坡下部。自然荒草地，干旱禾本科草原植被，覆盖度约90%。年均气温4.4℃，≥10℃年积温1933℃，50 cm深处年均土壤温度7.9℃，年≥10℃天数123 d，年降水量449 mm，年均相对湿度56%，年干燥度2.15，年日照时数2633 h。野外调查时间：2015年4月17日，天气（晴）。

Ah：0～40 cm，浊黄橙色（10YR 5/3，干），暗棕色（7.5YR 3/3，润）；润，疏松、稍黏着、稍塑，粉砂壤土，很强发育的中团粒状结构和大团块状结构；少量细根和中根；强石灰反应；向下渐变平滑过渡。

AB：40～75 cm，浊黄棕色（10YR 5/4，干），暗棕色（7.5YR 3/4，润）；润，疏松、稍黏着、稍塑，粉砂壤土，很强发育的大块状结构；少量细根和中根；中度石灰反应；向下清晰平滑过渡。

Abk：75～110 cm，暗棕色（10YR 3/4，干），黑暗棕色（7.5YR 2/3，润）；润，坚实、黏着、中塑，粉砂壤土，强发育的大棱块状结构；有模糊腐殖质胶膜；中量白色碳酸钙假菌丝体；少量细根和中根；极强石灰反应；向下清晰波状过渡。

ABbk：110～150 cm，浊黄橙色（10YR 5/3，干），黑棕色（7.5YR 3/2，润）；润，坚实、黏着、中塑，粉砂壤土，强发育的大棱块状结构；有模糊腐殖质胶膜；中量白色碳酸钙假菌丝体；极强石灰反应。

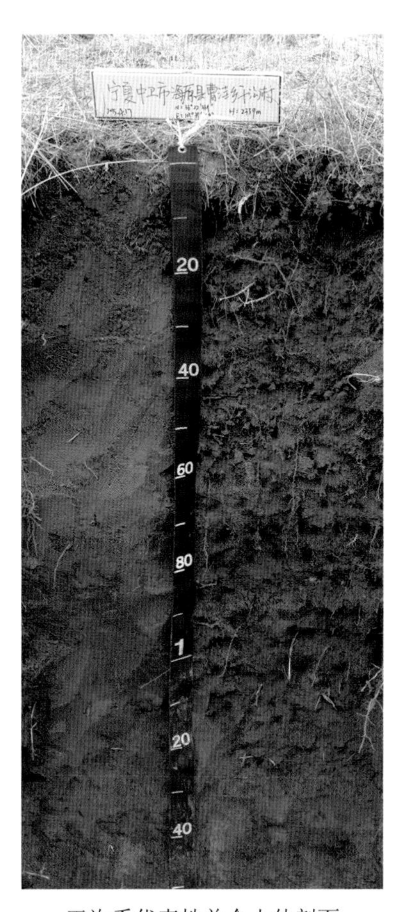

干沟系代表性单个土体剖面

干沟系代表性单个土体物理性质

土层	深度/cm	砾石(>2 mm)体积分数/%	细土颗粒组成(粒径：mm)/(g/kg)			质地
			砂粒 2～0.05	粉粒 0.05～0.002	黏粒 <0.002	
Ah	0～40	0	188	687	125	粉砂壤土
AB	40～75	0	321	545	135	粉砂壤土
Abk	75～110	0	159	687	154	粉砂壤土
ABbk	110～150	0	147	712	141	粉砂壤土

干沟系代表性单个土体化学性质

深度/cm	pH (H_2O)	有机碳(C)/(g/kg)	全氮(N)/(g/kg)	全磷(P)/(g/kg)	全钾(K)/(g/kg)	碳酸钙/(g/kg)	全盐/(g/kg)	CEC/(cmol/kg)	游离铁(Fe_2O_3)/(g/kg)
0～40	8.1	14.7	0.96	0.57	19.6	120	1.6	12.0	5.5
40～75	7.9	16.5	1.50	0.51	19.8	105	2.7	14.9	5.5
75～110	8.1	20.4	1.71	0.68	20.4	104	1.8	16.8	6.0
110～150	8.1	16.6	1.24	0.78	20.5	111	1.7	15.2	5.7

7.1.2 李鲜崖系（Lixianya Series）

土 族：壤质硅质混合型温性-钙积暗厚干润均腐土

拟定者：龙怀玉，曲潇琳，曹祥会，谢 平

分布与环境条件 主要分布在黄土高原梁峁地带，黄土母质，大部分开垦为耕地。自然植被为干旱草原植被，主要植物有长芒草、硬质早熟禾、大针茅、铁杆蒿、披碱草、星毛委陵菜、糙隐子草和猪毛蒿等，植被覆盖度为70%以上。分布区域属于暖温带半干旱气候，年均气温4.6～8.1℃，年降水量236～465 mm。

李鲜崖系典型景观

土系特征与变幅 诊断层有暗沃表层、雏形层、钙积层；诊断特性有盐基饱和、石灰性、均腐殖质特性、半干润土壤水分、温性土壤温度。黄土母质，土层深厚，土壤质地为粉砂壤土，土壤pH为8.0～9.0。腐殖质累积过程明显，暗色腐殖质厚度在100 cm以上，其有机碳含量为10.0～25.0 g/kg，向下模糊过渡。碳酸钙含量为100～200 g/kg，钙积层碳酸钙含量比其下层土壤小50 g/kg以上，且有少量碳酸钙假菌丝体。

对比土系 与李白玉系相比，都具有钙积层、雏形层、温性土壤温度、半干润土壤水分等诊断层和诊断特性。成土母质、地表形态、分布地形部位、生产性能、植被状况等基本相同。但因两者的颗粒大小不同而属于不同的土族，李鲜崖系是壤质土壤颗粒大小级别，李白玉系是黏壤质土壤颗粒大小级别。

利用性能综述 土层深厚，质地适中，地形较为平坦，是条件较好的旱作农业土壤。自然植被较为茂盛，由于草质好，产草量较高，是黄土高原地区良好的放牧草场。作为农用土地开发时要注意保水农艺措施的应用，建设保水性能较好的等高梯田。

参比土种 普通黑垆土（孟塬黑垆土）。

代表性单个土体 宁夏吴忠市同心县预旺镇李鲜崖子，106°30′28″E、36°47′5″N，海拔1890 m，成土母质为黄土。地势起伏，地形为丘陵、中山、山坡上部。自然草地，草原

草甸植被，主要植物有芦苇、稗子、低矮灌丛，覆盖度约为 75%。年均气温 6.7℃，≥10℃年积温 2667℃，50 cm 深处年均土壤温度 9.8℃，年≥10℃天数 156 d，年降水量 245 mm，年均相对湿度 52%，年干燥度 3.16，年日照时数 2772 h。野外调查时间：2015 年 8 月 18 日，天气（晴、多云）。

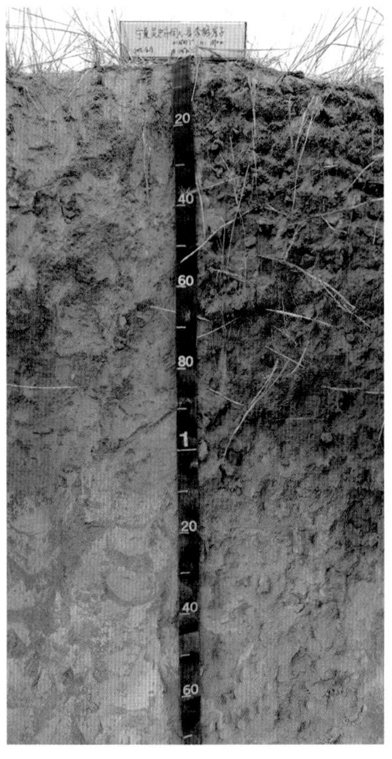

李鲜崖系代表性单个土体剖面

Ah：0～45 cm，黄棕色（10YR 5/6，干），暗棕色（10YR 3/3，润）；稍干，松软、稍黏着、无塑，粉砂壤土，强发育的团粒结构、中块状结构和团块状结构；很少量白色碳酸钙假菌丝体；少量细根和大量中根；强石灰反应；向下模糊平滑过渡。

Bk：45～100 cm，棕色（10YR 4/6，干），暗棕色（10YR 3/3，润）；稍干，松软、稍黏着、无塑，粉砂壤土，强发育的中块状结构和团块状结构；很少量白色碳酸钙假菌丝体；少量细根和大量中根；极强石灰反应；向下渐变平滑过渡。

C1：100～140 cm，浊黄橙色（10YR 6/3，干），暗棕色（10YR 3/3，润）；稍干，硬、稍黏着、无塑，粉砂壤土，弱发育的大棱块状结构；少量细根；极强石灰反应；向下模糊平滑过渡。

C2：140～180 cm，浊黄橙色（10YR 6/4，干），棕色（10YR 4/4，润）；稍干，硬、稍黏着、无塑，粉砂壤土，很弱发育的大棱块状结构；极强石灰反应。

李鲜崖系代表性单个土体物理性质

土层	深度/cm	砾石(>2 mm)体积分数/%	细土颗粒组成（粒径：mm)/(g/kg)			质地
			砂粒 2～0.05	粉粒 0.05～0.002	黏粒 <0.002	
Ah	0～45	0	397	528	74	粉砂壤土
Bk	45～100	0	312	609	79	粉砂壤土
C1	100～140	0	376	577	46	粉砂壤土

李鲜崖系代表性单个土体化学性质

深度/cm	pH (H_2O)	有机碳(C)/(g/kg)	全氮(N)/(g/kg)	全磷(P)/(g/kg)	全钾(K)/(g/kg)	碳酸钙/(g/kg)	CEC/(cmol/kg)	游离铁(Fe_2O_3)/(g/kg)
0～45	8.2	11.5	0.83	0.75	16.5	110	13.0	6.9
45～100	8.1	8.3	0.45	0.67	15.7	164	8.9	8.1
100～140	8.4	2.7	0.25	0.61	15.9	162	3.5	7.7

7.2　普通暗厚干润均腐土

7.2.1　西屏峰系（Xipingfeng Series）

土　族：壤质硅质混合型石灰性冷性-普通暗厚干润均腐土

拟定者：龙怀玉，曲潇琳，曹祥会，谢　平

分布与环境条件　主要分布在山地中上部，成土母质为页岩、砂质泥岩的残积风化物。森林植被为混合草甸植被，植物主要有山杨、辽东栎、红桦、白桦等乔木，以及山梨子、栒子、山柳等灌木，覆盖度在90%以上。分布区域属于暖温带半干旱气候，年均气温2.8～5.9℃，年降水量349～630 mm。

西屏峰系典型景观

土系特征与变幅　诊断层有暗沃表层、雏形层；诊断特性有盐基饱和、石灰性、均腐殖质特性、半干润土壤水分、冷性土壤温度。成土母质为砂质泥岩、页岩风化物的坡残积物，100 cm以内土壤主体为埋藏的腐殖质层，上覆非埋藏层厚度一般为30～50 cm，总有效土层厚度在100 cm以上，土体内有少量石块，剖面土壤质地有粉砂壤土、砂壤土、壤土等多种类型，土壤pH为8.0～9.0。石灰反应微弱，碳酸钙含量小于50 g/kg。腐殖质累积过程显著，总腐殖质层大于100 cm，有机碳含量在15 g/kg以上。非埋藏腐殖质层的下部有极少量碳酸钙假菌丝体和模糊黏粒胶膜，但其黏粒含量没有明显差别。

对比土系　与红旗村系相比，两者的成土母质都是砂质泥岩、页岩风化物的坡积残积物，都有埋藏腐殖质层，剖面形态、分布地形部位、生产性能、地表植被等基本相同。但红旗村系具有淡薄表层、钙积层、氧化还原特征、潮湿土壤水分、温性土壤温度，为长石

型矿物类型；西屏峰系具有暗沃表层、雏形层、半干润土壤水分、冷性土壤温度，为混合型矿物类型。

利用性能综述　该土壤地处坡地，有大量深厚枯枝落叶，土壤养分含量丰富，水分状况良好，适合森林生长，地形陡峭，坡度较大，容易造成水土流失和塌方，生产中要加强封育保护，提高植被覆盖度。由于坡度大，不易作为农牧业用地。

参比土种　厚层细质暗灰褐土（暗麻土）。

代表性单个土体　宁夏固原市西吉县火石寨乡西屏峰，105°43′12.9″E、36°6′52.6″N，海拔 2300 m，成土母质为砂岩坡积残积物。地势强烈起伏，地形为高原山地、中山、山坡中上部。林地，茂盛落叶林+禾本科草原植被，主要植物是禾本科草和针叶林乔木，覆盖度约 90%。年均气温 4.6℃，≥10℃年积温 1966℃，50 cm 深处年均土壤温度 8.1℃，年≥10℃天数 128 d，年降水量 484 mm，年均相对湿度 58%，年干燥度 1.87，年日照时数 2531 h。野外调查时间：2015 年 4 月 19 日，天气（阴转晴）。

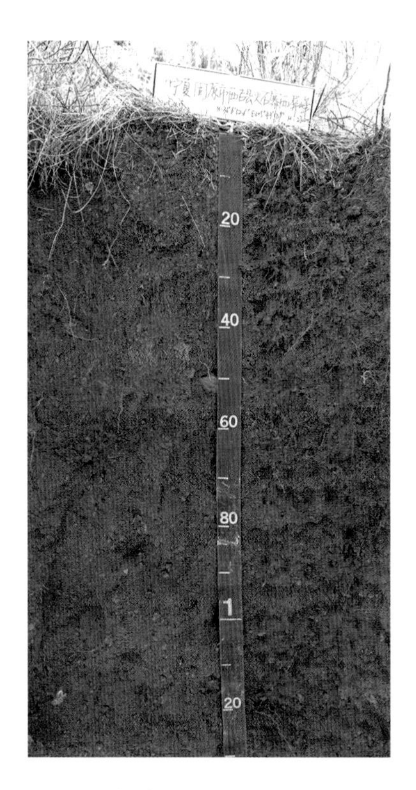

西屏峰系代表性单个土体剖面

Ah：0～40 cm，浊黄橙色（10YR 5/3，干），黑暗棕色（7.5YR 2/3，润）；润，疏松、稍黏着、无塑，岩石和矿物碎屑含量约 20%、大小为 5～20 mm、块状，砂壤土，很强发育的中团粒状结构和中团块状结构；中量细根和极细根，有 1 条蚯蚓和中量土壤动物粪便；轻度石灰反应；向下模糊平滑过渡。

ABtk：40～70 cm，暗棕色（10YR 3/4，干），黑棕色（7.5YR 2/2，润）；润，坚实、稍黏着、无塑，岩石和矿物碎屑含量约 5%、大小为 10～50 mm、块状，壤土，很强发育的大棱块状结构；结构面有很少量模糊黏粒胶膜，很少量白色碳酸钙假菌丝体；中量细根和极细根，有 1 条蚯蚓和少量土壤动物粪便；向下渐变平滑过渡。

Bhk：70～120 cm，暗棕色（10YR 3/4，干），黑暗棕色（7.5YR 2/3，润）；润，坚实、稍黏着、无塑，岩石和矿物碎屑含量约 10%、大小为 10～50 mm、块状，粉砂壤土，很强发育的大棱块状结构；少量白色碳酸钙假菌丝体；中量细根和极细根，有 1 条蚯蚓和很少量土壤动物粪便；向下清晰波状过渡。

Ck：120～140 cm，浊棕色（7.5YR 5/3，干），黑棕色（7.5YR 2/2，润）；潮，松散、稍黏着、无塑，岩石和矿物碎屑含量约 10%、大小为 10～50 mm、块状，砂壤土；很少量白色碳酸钙假菌丝体；轻度石灰反应。

西屏峰系代表性单个土体物理性质

土层	深度/cm	砾石(>2 mm)体积分数/%	细土颗粒组成(粒径：mm)/(g/kg)			质地
			砂粒 2～0.05	粉粒 0.05～0.002	黏粒 <0.002	
Ah	0～40	20	507	395	98	砂壤土
ABtk	40～70	5	470	427	103	壤土
Bhk	70～120	10	532	376	92	粉砂壤土

西屏峰系代表性单个土体化学性质

深度/cm	pH (H_2O)	有机碳(C)/(g/kg)	全氮(N）/(g/kg)	全磷(P)/(g/kg)	全钾(K)/(g/kg)	CEC/(cmol/kg)	游离铁(Fe_2O_3)/(g/kg)
0～40	8.2	30.9	2.60	0.92	22.9	19.2	4.8
40～70	8.1	35.6	2.52	1.07	21.0	20.6	4.8
70～120	8.1	28.7	2.31	1.00	20.3	23.2	5.1

7.3　普通钙积干润均腐土

7.3.1　杨家庄系（Yangjiazhuang Series）

土　族： 壤质长石混合型温性-普通钙积干润均腐土

拟定者： 龙怀玉，曲潇琳，曹祥会，谢　平

分布与环境条件　主要分布在黄土丘陵残塬与丘陵顶部，母质为黄土，大部分开垦为旱耕地，自然荒地放牧草场，生长针茅、紫菀等干旱草原植被，覆盖度 40%～80%。分布区域属于暖温带半干旱气候，年均气温 4.1～7.1℃，年降水量 358～636 mm。

杨家庄系典型景观

土系特征与变幅　诊断层有暗沃表层、雏形层、钙积层；诊断特性有盐基饱和、石灰性、均腐殖质特性、半干润土壤水分、温性土壤温度。黄土成土母质，土层深厚，颜色、结构、紧实度等性质皆均一，土壤质地为粉砂壤土，土壤 pH 为 8.0～9.0。全剖面强石灰反应，部分层次或全部层次碳酸钙含量为 145～200 g/kg，心土层以下有大量显著碳酸钙假菌丝体。腐殖质累积过程明显，腐殖质层（耕作层）厚度小于 30 cm，有机碳含量为 10.0～15.0 g/kg。

对比土系　杨家庄系与李白玉系相比，两者都具有雏形层、钙积层、半干润土壤水分、温性土壤温度等诊断层和诊断特性，成土母质、成土环境、有机碳含量、土壤质地，以及颜色、结构、土层过渡等剖面形态十分相似。但杨家庄系暗沃表层的厚度小于 50 cm，土壤颗粒大小级别为壤质，矿物类型为长石混合型；李白玉系的矿物类型为硅质混合型，土壤颗粒大小级别为黏壤质。

利用性能综述　该土壤土层深厚，通体为粉砂壤土，质地适中，耕性好，适种性广，是

黄土丘陵区较好的旱作农业用地，大部分已开垦为农用坡耕地，少部分为天然草地，植被稀疏，但草质良好，畜牧承载力小，可以适度放牧。由于该地区干旱少雨，水土流失严重，坡度较大，抗御灾害能力低，已经开发为农用地的建议逐步扩大退耕还草或建设等高梯田，开发利用中要注意提高植被覆盖度，防止水土流失，增加土壤肥力。

参比土种 钙斑黑垆土（钙斑黑垆土）。

代表性单个土体 宁夏固原市西吉县什字乡杨家庄村，105°39′4.3″E、35°56′22.9″N，海拔 2064 m，成土母质为黄土。地势起伏，地形为山地、丘陵和坡地上部。果园+放牧草地，植被覆盖度约 70%。年均气温 5.6℃，≥10℃年积温 2262℃，50 cm 深处年均土壤温度 9.1℃，年≥10℃天数 145 d，年降水量 490 mm，年均相对湿度 60%，年干燥度 1.88，年日照时数 2457 h。野外调查时间：2015 年 4 月 18 日，天气（阴）。

Ah：0～40 cm，浊黄橙色（10YR 6/3，干），暗棕色（10YR 3/4，润）；润，疏松、稍黏着、稍塑，粉砂壤土，很强发育的大团粒状结构；中量细根和极细根；极强石灰反应；向下清晰波状过渡。

Bk：40～100 cm，浊黄橙色（10YR 6/4，干），棕色（10YR 4/4，润）；润，坚实、无黏着、无塑，粉砂壤土，中度发育的大棱块状结构；大量白色碳酸钙假菌丝体；极少量细根和极细根；极强石灰反应；向下模糊平滑过渡。

C：100～160 cm，浊黄橙色（10YR 6/3，干），浊黄棕色（10YR 5/4，润）；润，坚实、无黏着、无塑，粉砂壤土，弱发育的中棱块状结构；极少量细根和中根；极强石灰反应。

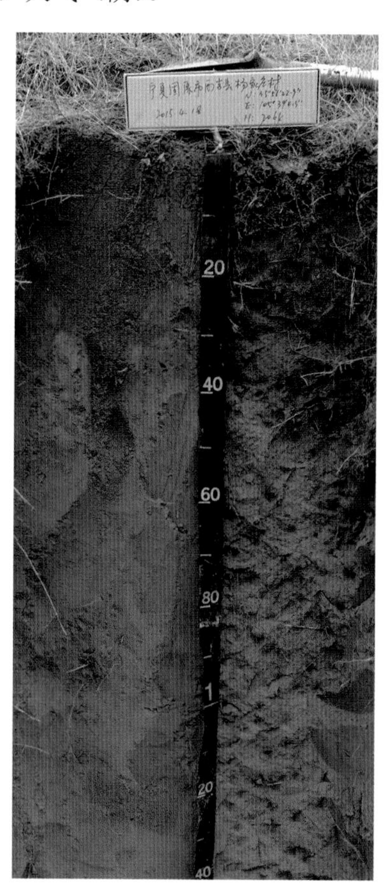

杨家庄系代表性单个土体剖面

杨家庄系代表性单个土体物理性质

土层	深度 /cm	砾石 (>2 mm)体积分数/%	细土颗粒组成(粒径：mm)/(g/kg)			质地
			砂粒 2～0.05	粉粒 0.05～0.002	黏粒 <0.002	
Ah	0～40	0	249	595	156	粉砂壤土
Bk	40～100	0	102	770	128	粉砂壤土
C	100～160	0	181	716	103	粉砂壤土

杨家庄系代表性单个土体化学性质

深度 /cm	pH (H_2O)	有机碳(C) /(g/kg)	全氮(N) /(g/kg)	全磷(P) /(g/kg)	全钾(K) /(g/kg)	碳酸钙 /(g/kg)	全盐 /(g/kg)	CEC /(cmol/kg)	钠饱和度/%	游离铁 (Fe_2O_3) /(g/kg)
0～40	8.3	12.2	1.24	0.62	19.6	149	1.5	8.3	1.5	5.3
40～100	8.5	4.5	0.50	0.62	21.4	165	1.7	6.3	1.4	4.8
100～160	8.8	2.2	0.32	0.66	20.6	147	1.6	6.2	7.0	4.7

7.4　斑纹简育湿润均腐土

7.4.1　绿塬顶系（Lüyuanding Series）

土　族： 黏壤质硅质混合型非酸性冷性-斑纹简育湿润均腐土
拟定者： 龙怀玉，曹祥会，曲潇琳，徐　珊，莫方静

分布与环境条件　主要分布于六盘山地区海拔较高的山峰和山梁顶部；母质为砂岩残积风化物，生长草甸与森林植被，草类植物主要有薹草、紫羊茅、珠芽蓼等，森林植物主要有油松、红桦、柳树、椴树、辽东栎等，覆盖度 100%。分布区域属于暖温带半湿润气候，年均气温 2.2～4.9℃，年降水量 421～733 mm。

绿塬顶系典型景观

土系特征与变幅　诊断层有暗沃表层、雏形层；诊断特性有盐基饱和、均腐殖质特性、氧化还原特征、准石质接触面、潮湿土壤水分、冷性土壤温度。成土母质为砂岩残积风化物，有效土层厚度在 100 cm 以上，含有极少量石块，细土质地为粉砂壤土、粉黏壤土，土壤 pH 为 6.0～7.0。腐殖质层厚 60～100 cm，有机碳含量 30～80 g/kg，腐殖质层的顶部为 5～10 cm 草根盘结层。腐殖质层之下为母质层，石块含量 25%～70%，有少量铁锰锈纹锈斑，母质层之下为岩石碎屑层。全剖面没有石灰反应。

对比土系　与马东山系相比，都具有暗沃表层、准石质接触面，成土母质、地形部位、地表植被等基本相同，剖面形态相似。土壤矿物类型等也相同，但因两者的土壤颗粒大小级别、石灰性和酸碱反应级别、土壤温度状况不同而属于不同的土族，而且剖面腐殖质累积强度差异明显。绿塬顶系具有均腐殖质特性、氧化还原特征、潮湿土壤水分、冷性土壤温度、非酸性土壤反应，为均腐土；马东山系具有黏化层、半干润土壤水分、温

性土壤温度、石灰性土壤反应，为淋溶土。

利用性能综述　该土壤土层深厚，有机质含量高，但是由于坡度大和水土流失严重，抗御灾害能力低，已经开发为农用地的建议逐步扩大退耕还草或退耕还林，开发利用中要提高植被覆盖度，防止水土流失，增加土壤肥力。

参比土种　厚层壤质亚高山草甸土（壤质底冻土）。

代表性单个土体　宁夏固原市泾源县绿塬林场顶，106°12′36″E、35°44′11″N，海拔2460 m，成土母质为砂岩残积物。地势陡峭切割，地形为山地、中山、山坡上部。林地，落叶松，覆盖度约100%。年均气温3.6℃，≥10℃年积温1623℃，50 cm深处年均土壤温度7.3℃，年≥10℃天数114 d，年降水量571 mm，年均相对湿度64%，年干燥度1.25，年日照时数2354 h。野外调查时间：2016年4月29日，天气（晴）。

绿塬顶系代表性单个土体剖面

Ah：0～30 cm，黑棕色（10YR 3/2，干），黑棕色（10YR 2/2，润）；润，疏松、稍黏着、稍塑，粉黏壤土，弱发育的团粒和大块状结构；中细根和中量中根；向下模糊平滑过渡。

AB：30～95 cm，灰黄棕色（10YR 4/2，干），黑色（10YR 2/1，润）；润，坚实、稍黏着、稍塑，岩石和矿物碎屑含量约1%、大小约5 mm、块状，粉砂壤土，中度发育的大团块状结构；少量细根和中量中根，有1条蚯蚓；向下渐变波状过渡。

Br：95～120 cm，浊黄橙色（10YR 6/3，干），灰黄棕色（10YR 5/2，润）；润，坚实、稍黏着、无塑，岩石和矿物碎屑含量约40%、大小为10～50 mm、块状，粉砂壤土，中度发育的小块状结构；土体内有少量铁锰锈纹锈斑；少量细根和极细根；向下清晰波状过渡。

C：120 cm以下；浊黄橙色（10YR 7/2，干），暗棕色（10YR 3/3，润）。

绿塬顶系代表性单个土体物理性质

土层	深度/cm	砾石(>2 mm)体积分数/%	细土颗粒组成(粒径：mm)/(g/kg)			质地
			砂粒 2～0.05	粉粒 0.05～0.002	黏粒 <0.002	
Ah	0～30	0	109	592	299	粉黏壤土
AB	30～95	1	130	607	263	粉砂壤土
Br	95～120	40	232	579	189	粉砂壤土

绿塬顶系代表性单个土体化学性质

深度 /cm	pH (H_2O)	有机碳(C) /(g/kg)	全氮(N) /(g/kg)	全磷(P) /(g/kg)	全钾(K) /(g/kg)	CEC /(cmol/kg)	游离铁 (Fe_2O_3) /(g/kg)
0～30	6.3	55.9	4.28	1.20	21.2	38.5	12.2
30～95	6.2	40.2	3.19	1.20	17.8	41.0	12.7
95～120	6.9	8.1	0.74	0.55	20.6	13.8	10.8

第 8 章　淋　溶　土

8.1　普通钙积干润淋溶土

8.1.1　马东山系（Madongshan Series）

土　族：黏壤质盖粗骨质硅质混合型温性-普通钙积干润淋溶土

拟定者：龙怀玉，曲潇琳，曹祥会，谢　平

分布与环境条件　主要分布在中山坡地，成土母质为页岩、砂质泥岩的残积风化物。森林植被为混合草甸植被，植物主要有山杨、辽东栎、红桦、白桦等乔木，以及花楸、箭竹等。分布区域属于暖温带半干旱气候，年均气温 5.0～8.2℃，年降水量 317～575 mm。

马东山系典型景观

土系特征与变幅　诊断层有暗沃表层、钙积层、黏化层；诊断特性有盐基饱和、准石质接触面、半干润土壤水分、温性土壤温度。成土母质为页岩、砂质泥岩的残积风化物，有效土层厚度为 50～100 cm，土体内有少量石块，土壤质地为粉砂壤土、粉黏壤土，土壤 pH 为 7.5～8.5。剖面结构相对简单，腐殖质层逐渐过渡到岩石碎屑层。全剖面石灰反应较强，腐殖质层碳酸钙含量小于 100 g/kg，碎屑层含量大于 150 g/kg。腐殖质累积过程显著，腐殖质层厚度为 50～100 cm，有机碳含量大于 10.0 g/kg。腐殖质层可以分为过渡不明显的两层，上层相对下层颜色黑暗一些、腐殖质含量高一些，下层有腐殖质胶膜、显著的碳酸钙新生体，黏粒含量是上层的 1.2 倍以上。

对比土系　参见绿塬顶系。

利用性能综述 该土壤地处坡地，有大量深厚枯枝落叶，土壤养分含量丰富，水分状况良好，适合森林生长，地形陡峭，坡度较大，容易造成水土流失和塌方，生产中要加强封育保护，提高植被覆盖度。由于坡度大，不宜作为农牧业用地。

参比土种 薄层细质淋溶灰褐土（中性薄山黑土）。

代表性单个土体 宁夏固原市原州区马东山林场，106°3′48.5″E、36°7′51.6″N，海拔 1862 m。成土母质为页岩残积物。地势起伏，地形为高原山地、中山、坡下部。林地，茂盛乔灌木及草甸植被，覆盖度约 90%。年均气温 6.6℃，≥10℃年积温 2569℃，50 cm 深处年均土壤温度 9.9℃，年≥10℃天数 158 d，年降水量 438 mm，年均相对湿度 59%，年干燥度 2.39，年日照时数 2535 h。野外调查时间：2015 年 4 月 18 日，天气（小雨）。

Ah：0～30 cm，浊黄棕色（10YR 5/4，干），黑棕色（10YR 2/3，润）；润，疏松、黏着、中塑，岩石和矿物碎屑含量约 2%、大小为 10～20 mm、块状，粉砂壤土，很强发育的中团粒状结构和大团块状结构；大量细根和极细根；中度石灰反应；向下渐变平滑过渡。

Btk：30～50 cm，浊黄棕色（10YR 5/4，干），黑棕色（10YR 2/3，润）；润，疏松、黏着、中塑，岩石和矿物碎屑含量约 2%、大小为 10～20 mm、块状，粉黏壤土，强发育的大团粒状结构和粒状结构；结构面有少量黏粒-腐殖质胶膜，中量白色碳酸钙粉末；中量细根和极细根；极强石灰反应；向下渐变平滑过渡。

Bk：50～60 cm，浊黄棕色（10YR 5/4，干），棕色（10YR 4/4，润）；润，松散、黏着、无塑，岩石和矿物碎屑含量约 30%、大小为 10～20 mm、块状，粉砂壤土，中发育的中块状结构；中量白色碳酸钙粉末；极少量细根和极细根；极强石灰反应；向下清晰平滑过渡。

马东山系代表性单个土体剖面

Ck：60～100 cm，浅淡黄色（2.5Y 8/3，干），浊黄橙色（10YR 6/4，润）；润，松散、稍粘、无塑，岩石和矿物碎屑含量约 95%、大小为 10～20 mm、块状，粉砂壤土；中量白色碳酸钙粉末；极强石灰反应。

R：100 cm 以下，准石质接触面。

马东山系代表性单个土体物理性质

土层	深度/cm	砾石(>2 mm)体积分数/%	细土颗粒组成(粒径：mm)/(g/kg)			质地
			砂粒 2～0.05	粉粒 0.05～0.002	黏粒 <0.002	
Ah	0～30	2	163	607	231	粉砂壤土
Btk	30～50	2	235	447	318	粉黏壤土
Bk	50～60	30	216	523	261	粉砂壤土
Ck	60～100	95	187	573	240	粉砂壤土

马东山系代表性单个土体化学性质

深度/cm	pH (H_2O)	有机碳(C)/(g/kg)	全氮(N)/(g/kg)	全磷(P)/(g/kg)	全钾(K)/(g/kg)	CEC/(cmol/kg)	碳酸钙($CaCO_3$)/(g/kg)	游离铁(Fe_2O_3)/(g/kg)
0～30	7.9	26.6	2.41	0.63	23.4	18.8	69	9.3
30～50	8.0	17.9	1.51	0.44	25.6	19.5	94	11.1
50～60	8.0	11.4	1.01	0.43	21.9	10.9	174	11.1
60～100	8.2	7.0	0.65	0.43	19.5	11.3	227	8.7

第 9 章 雏 形 土

9.1 普通暗色潮湿雏形土

9.1.1 硝口谷系（Xiaokougu Series）

土　族：黏壤质硅质混合型石灰性温性-普通暗色潮湿雏形土

拟定者：龙怀玉，曹祥会，曲潇琳，徐　珊，莫方静

分布与环境条件　分布在黄土丘陵区的川地和沟谷地。黄土母质和洪积冲积物，耕地。分布区域属于暖温带半干旱气候，年均气温 5.5～8.6℃，年降水量 325～585 mm。

硝口谷系典型景观

土系特征与变幅　诊断层有暗沃表层、钙积层、雏形层；诊断特性和诊断现象有盐基饱和、石灰性、盐积现象、钠质现象、氧化还原特征、潮湿土壤水分、温性土壤温度。成土母质为河流冲积的次生黄土，地形平坦，有效土层厚度在 100 cm 以上，土体中有少量砾石，极强石灰反应，土壤质地为粉砂壤土，土壤 pH 为 7.0～8.0。剖面自上而下可分为耕作层、黑土层和母质层。耕作层厚度多在 15～40 cm，黑土层厚 20～60 cm，黑土层有中量—大量斑点状或者假菌丝体碳酸钙淀积，碳酸钙含量为 100～200 g/kg，耕作层、黑土层比母质层高出 20%以上，黑土层之下的土层有少量铁锰锈纹锈斑。耕作层和黑土层的有机碳含量为 6.0～15.0 g/kg。

对比土系　与绿塬顶系相比，两者都具有暗沃表层、雏形层等诊断层和氧化还原特征等

诊断特性。土壤颗粒大小级别、土壤矿物类型、土壤水分状况等也相同，但因两者的石灰性和酸碱反应级别、土壤温度状况、成土母质不同、剖面腐殖质累积强度差异明显。绿塬顶系是冷性土壤温度、石灰性和酸碱反应级别为非酸性，成土母质为砂岩残积风化物，腐殖质层厚 60～100 cm，有机碳含量 30～80 g/kg，具有均腐殖质特性；硝口谷系是温性土壤温度、石灰性和酸碱反应级别为石灰性，成土母质为河流冲积的次生黄土，黑土层厚 20～60 cm，有机碳含量 6.0～15.0 g/kg。

利用性能综述　淤黑垆土地形平坦，土层深厚，土质适中，土体比较疏松，通透性和耕性均较好，适种性广。但通体含盐量较高，剖面逐步形成钙积层，可以开发建设旱作农田，不适合发展果树等深根植物。

参比土种　壤质新积黑垆土（淤黑垆土）。

代表性单个土体　宁夏固原市原州区中河乡硝口村，106°5′6″E、36°2′17″N，海拔 1770 m。成土母质为黄土状母质。地势平缓起伏，地形为高原、冲积平原、河间地。旱地，主要种植玉米。年均气温 6.9℃，≥10℃年积温 2658℃，50 cm 深处年均土壤温度 10.2℃，年≥10℃天数 163 d，年降水量 407 mm，年均相对湿度 50%，年干燥度 2.41，年日照时数 2492 h。野外调查时间：2016 年 4 月 30 日，天气（晴）。

硝口谷系代表性单个土体剖面

Ap1：0～35 cm，灰黄棕色（10YR 5/2，干），黑棕色（10YR 2/3，润）；润，疏松、稍黏着、稍塑，岩石和矿物碎屑含量约 1%、大小约 10 mm、块状，粉砂壤土，中度发育的小团粒状结构和中团块状结构；中量细根和极细根，有 2 条蚯蚓和很少量土壤动物粪便；极强石灰反应；向下清晰波状过渡。

ABk：35～60 cm，灰黄棕色（10YR 5/2，干），黑棕色（10YR 3/2，润）；润，坚实、稍黏着、稍塑，岩石和矿物碎屑含量约 1%、大小约 10 mm、块状，粉砂壤土，中度发育的大棱块状结构；大量白色碳酸钙假菌丝体；极少量细根和极细根，有 1 条蚯蚓和很少量土壤动物粪便；极强石灰反应；向下渐变平滑过渡。

Br：60～110 cm，浊黄橙色（10YR 6/4，干），黄棕色（5Y 5/4，润）；润，坚实、稍黏着、稍塑，岩石和矿物碎屑含量约 1%、大小约 10 mm、块状，粉砂壤土，中度发育的大棱块状结构；土体内有少量铁锰锈纹锈斑；极强石灰反应。

硝口谷系代表性单个土体物理性质

土层	深度/cm	砾石(>2 mm)体积分数/%	细土颗粒组成(粒径：mm)/(g/kg)			质地
			砂粒 2～0.05	粉粒 0.05～0.002	黏粒 <0.002	
Ap1	0～35	1	165	615	220	粉砂壤土
ABk	35～60	1	182	615	203	粉砂壤土
Br	60～110	1	175	650	176	粉砂壤土

硝口谷系代表性单个土体化学性质

深度/cm	pH (H_2O)	有机碳(C)/(g/kg)	全氮(N)/(g/kg)	全磷(P)/(g/kg)	全钾(K)/(g/kg)	碳酸钙/(g/kg)	CEC/(cmol/kg)	全盐/(g/kg)	钠饱和度/%	游离铁(Fe_2O_3)/(g/kg)
0～35	7.8	11.5	0.99	0.63	16.8	160	11.0	1.5	1.0	7.3
35～60	7.5	7.5	0.56	0.54	16.4	145	8.5	9.8	5.6	7.1
60～110	8.0	2.3	0.25	0.62	19.4	112	6.0	2.9	11.8	9.1

9.2　水耕淡色潮湿雏形土

9.2.1　陶家圈系（Taojiajuan Series）

土　族：壤质硅质混合型石灰性温性-水耕淡色潮湿雏形土

拟定者：龙怀玉，曹祥会，谢　平，王佳佳

分布与环境条件　分布于黄河冲积平原低阶地及河滩地，地形低平，地下水位高，一般埋深为100～200 cm，矿化度小于3 g/L。分布区域属于中温带干旱气候，年均气温7.6～11.5℃，年降水量111～272 mm。

陶家圈系典型景观

土系特征与变幅　诊断层有淡薄表层、雏形层；诊断特性和诊断现象有盐基饱和、水耕现象、钙积现象、碱积现象、钠质现象、盐积现象、氧化还原特征、人为滞水土壤水分和温性土壤温度。成土母质为河流冲积物，质地剖面表现为上壤下沙，上部为粉（砂）土-粉砂壤土，厚度为60～90 cm，下部为砂土，粉（砂）土层有明显的铁锰锈纹锈斑，1 m以下部分土层有大量铁锈、铁锰片状结核。耕作层有机碳含量3.0～6.0 g/kg，全剖面土壤pH为8.5～9.0，盐分含量2.0～3.0 g/kg，强石灰反应，碳酸钙含量100～200 g/kg，耕作层含量比其他心土层低约20%。

对比土系　参见通桥系。

利用性能综述　该土壤地势低平，属于冲积母质，有效土层厚度在1 m以上，土体上壤下沙，容易漏水漏肥，土壤肥力较低，轻度盐化，并有碱化潜在危害，适合种稻或者稻旱轮作，降低地下水位后可以发展旱作物。生产中需通过结合种稻洗盐和冬灌改良土壤，适量施用石膏（无害化工业磷石膏和脱硫石膏）结合酸性改良剂。

参比土种 沙层黏质盐化表锈潮土（表锈盐表黏性土）。

代表性单个土体 宁夏银川市灵武市梧桐树乡陶家圈村三队，106°16′19.1″E、38°10′2.3″N，海拔 1110 m。成土母质为冲积物。地势平坦，地形为冲积平原、平地。水田，水旱轮作种植水稻、小麦、玉米。年均气温 9.4℃，≥10℃年积温 3610℃，50 cm 深处年均土壤温度 12.5℃，年≥10℃天数 189 d，年降水量 185 mm，年均相对湿度 54%，年干燥度 6.22，年日照时数 2959 h。野外调查时间：2014 年 10 月 18 日，天气（阴）。

Ap1：0～20 cm，浊黄橙色（10YR 6/3，干），浊黄橙色（10YR 5/3，润）；润，疏松、稍黏着、稍塑，粉（砂）土，中度发育的团粒结构和大块状结构；土体内有大量铁锰锈纹锈斑；中量细根和粗根；强石灰反应；向下清晰平滑过渡。

Ap2：20～30 cm，浊黄橙色（10YR 6/3，干），浊黄橙色（10YR 6/4，润）；润，坚实、黏着、中塑，粉砂壤土，弱发育的大棱块状结构；土体内有很少量铁锰锈纹锈斑；极少量细根；极强石灰反应；向下渐变波状过渡。

Br：30～70 cm，浊黄橙色（10YR 7/3，干），浊黄橙色（10YR 6/4，润）；润，坚实、黏着、中塑，粉砂壤土，弱发育的大棱块状结构；土体内有很少量铁锰锈纹锈斑；极少量细根，有 1 只昆虫；极强石灰反应；向下突变波状过渡。

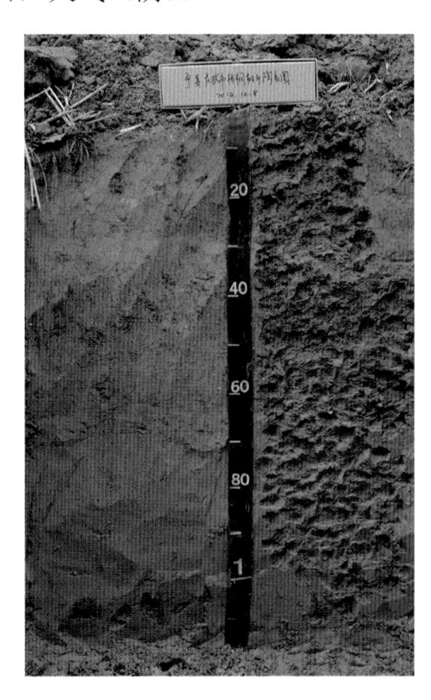

陶家圈系代表性单个土体剖面

2C：70～120 cm，浊黄橙色（10YR 7/3，干），浊黄棕色（10YR 5/4，润）；润，坚实、稍黏着、无塑，砂土，很弱发育的中片状结构；极强石灰反应；向下突变波状过渡。

2Cr：120 cm 以下，浊黄橙色（10YR 6/3，干），棕色（10YR 4/4，润）；润，坚实、稍黏着、无塑，壤砂土；结构面有大量明显的铁锰胶膜；极强石灰反应。

陶家圈系代表性单个土体物理性质

土层	深度/cm	砾石(>2 mm)体积分数/%	细土颗粒组成(粒径：mm)/(g/kg)			质地
			砂粒 2～0.05	粉粒 0.05～0.002	黏粒 <0.002	
Ap	0～30	0	86	860	54	粉（砂）土或粉砂壤土
Br	30～70	0	157	703	140	粉砂壤土

陶家圈系代表性单个土体化学性质

深度/cm	pH (H_2O)	有机碳(C)/(g/kg)	全氮(N)/(g/kg)	全磷(P)/(g/kg)	全钾(K)/(g/kg)	碳酸钙/(g/kg)	CEC/(cmol/kg)	全盐/(g/kg)	钠饱和度/%	游离铁(Fe_2O_3)/(g/kg)
0～30	8.5	4.9	0.50	0.46	18.2	112	5.6	2.5	12.4	3.7
30～70	9.0	3.1	0.38	0.51	16.5	139	7.1	2.2	21.5	5.2

9.2.2 银新系（Yinxin Series）

土　族：壤质长石型石灰性温性-水耕淡色潮湿雏形土

拟定者：龙怀玉，曲潇琳，曹祥会，谢　平

分布与环境条件　主要分布在黄河冲积平原一级阶地，地形低平，地下水位高，一般埋深为 100 cm 左右，淡水，矿化度为 1～3 g/L。大部分已经开垦为农田，以旱作为主的水旱轮作。自然荒地为草甸植被，生长赖草、盐地芦苇和苦苦菜等草甸植物。分布区域属于暖温带干旱气候，年均气温 10.5～15.0℃，年降水量 133～281 mm。

银新系典型景观

土系特征与变幅　诊断层有淡薄表层、雏形层；诊断特性和诊断现象有盐基饱和、石灰性、钙积现象、盐积现象、氧化还原特征、钠质现象、潮湿土壤水分、温性土壤温度。土壤由草甸土开垦而来，成土母质为河流冲积物，并有灌溉淤积物不断加入，灌溉淤积物厚度小于或者等于 50 cm，1.0～1.5 m 土体以上为壤土，其下为砂土，全剖面有中量铁锰锈纹锈斑、少量—中量的粗芦苇新鲜根，旱作时期地表有盐霜或盐斑。耕作层有机碳含量 3.0～6.0 g/kg，pH 为 7.0～8.0，心土层、底土层 pH 为 8.0～9.0。全剖面强石灰反应，碳酸钙含量 50～150 g/kg，土体盐分含量 3.0～10.0 g/kg，而且表层含量高于心土层和底土层。

对比土系　与吉平堡系相比，都具有盐积现象、氧化还原特征、钠质现象等诊断现象和诊断特性，石灰性和酸碱反应级别、土壤温度状况和土壤水分状况、成土母质等也相同，生产性能、剖面形态、农业利用方式等也非常相似。但是吉平堡系具有肥熟表层，土壤颗粒大小级别是黏壤质，矿物类型是硅质混合型；银新系具有淡薄表层，土壤颗粒大小级别是壤质，矿物类型是长石型。

利用性能综述　地势平坦，土层深厚，1 m 以上为壤土，土壤质地适中，土壤水分条件好。但是该土壤 pH 高，表土层轻度盐化，具有脱盐碱化的潜在危害，要注意加强冬灌洗盐降碱，在地势低洼区适度施用石膏和酸性改良剂降低碱化风险，需要采用开沟排盐、水

旱轮作等措施才能维持较高的生产力。

参比土种 壤质盐化潮土（盐锈土）。

代表性单个土体 宁夏吴忠市利通区金银滩镇银新村，106°19′17.3″E、37°54′3.9″N，海拔 1120 m。成土母质为冲积物+淤积物。地势平坦，地形为高原、冲积平原、平地。水田，水旱轮作种植玉米、水稻。地表有厚度约 1 mm、覆盖度约 30%的盐斑。地下水埋深约 1.2 m。年均气温 11.2℃，≥10℃年积温 4044℃，50 cm 深处年均土壤温度 15.2℃，年≥10℃天数 189 d，年降水量 190 mm，年均相对湿度 91%，年干燥度 3.10，年日照时数 2726 h。野外调查时间：2015 年 4 月 12 日，天气（晴）。

Aup1：0～30 cm，浊黄橙色（10YR 6/3，干），棕色（10YR 4/6，润）；润，疏松、稍黏着、无塑，壤土，中度发育团粒结构和弱发育的很大块状结构；中量细根和中根；强石灰反应；向下模糊平滑过渡。

Bur1：30～50 cm，浊黄橙色（10YR 6/4，干），棕色（10YR 4/6，润）；润，疏松、稍黏着、无塑，壤土，弱发育的很大块状结构；土体内有中量铁锰锈纹锈斑，结构面有中量明显铁锰胶膜；中量中根；强石灰反应；向下模糊平滑过渡。

Bur2：50～80 cm，浊黄橙色（10YR 6/4，干），棕色（10YR 4/4，润）；潮，疏松、稍黏着、稍塑，壤土，弱发育的大棱块状结构；土体内有中量铁锰锈纹锈斑，结构面有中量明显铁锰胶膜；中量中根；强石灰反应；向下模糊平滑过渡。

银新系代表性单个土体剖面

2Cr：80～130 cm，浊黄橙色（10YR 6/4，干），浊黄棕色（10YR 5/4，润）；潮，疏松、稍黏着、稍塑，砂壤土，很弱发育的很大块状结构；土体内有中量铁锰锈纹锈斑，结构面有中量明显铁锰胶膜；大量粗根；强石灰反应；向下模糊平滑过渡。

银新系代表性单个土体物理性质

土层	深度/cm	砾石(>2 mm)体积分数/%	细土颗粒组成(粒径：mm)/(g/kg)			质地
			砂粒 2～0.05	粉粒 0.05～0.002	黏粒 <0.002	
Aup1	0～30	0	473	427	100	壤土
Bur	30～80	0	481	382	137	壤土
2Cr	80～130	0	570	343	87	砂壤土

银新系代表性单个土体化学性质

深度 /cm	pH (H_2O)	有机碳(C) /(g/kg)	全氮(N) /(g/kg)	全磷(P) /(g/kg)	全钾(K) /(g/kg)	碳酸钙 /(g/kg)	CEC /(cmol/kg)	全盐 /(g/kg)	钠饱和度/%	游离铁(Fe_2O_3) /(g/kg)
0～30	7.8	4.3	0.41	0.53	18.5	104	5.1	8.5	23.8	3.7
30～80	8.1	7.2	0.62	0.51	17.1	103	6.5	7.7	22.3	4.4
80～130	8.3	1.4	0.12	0.41	15.4	90	4.3	3.4	16.3	3.7

9.3 弱盐淡色潮湿雏形土

9.3.1 河滩系（Hetan Series）

土　族：壤质硅质混合型石灰性温性-弱盐淡色潮湿雏形土

拟定者：龙怀玉，曹祥会，曲潇琳，徐　珊，莫方静

分布与环境条件　分布在黄河冲积平原的低阶地与河滩地，成土母质为灌溉淤积物+黄河冲积物。地势低平，地下水埋深 150～180 cm，矿化度为 1～2 g/L。分布区域属于中温带干旱气候，年均气温 7.6～11.5℃，年降水量 105～263 mm。

河滩系典型景观

土系特征与变幅　诊断层有淡薄表层、雏形层；诊断特性和诊断现象有盐基饱和、石灰性、肥熟现象、灌淤现象、钙积现象、碱积现象、钠质现象、盐积现象、氧化还原特征、潮湿土壤水分、温性土壤温度。成土母质为灌溉淤积物+下垫的河流冲积物，灌溉淤积物厚度小于或者等于 50 cm，冲积物层沉积层理显著，有效土层厚度在 2 m 以上，剖面土壤质地主体为粉（砂）土、粉砂壤土，土壤 pH 为 8.0～9.0。在 1 m 土体内有一个 10 cm 以上的质地明显更粗的层次。表土层为灌淤土层，厚度为 20～24 cm，有效磷含量 18.0～35.0 mg/kg。自表土层起就有少量—中量的铁锈纹锈斑，底土层还有少量铁锰结核。全剖面强石灰反应，剖面有机碳含量 3.0～6.0 g/kg，盐分含量 1.5～3.0 g/kg，碳酸钙含量 100～200 g/kg，层次之间没有明显差别。

对比土系　参见丁家湾系。和同一土族的罗山系相比，罗山系具有钠质特性，河滩系具有肥熟现象、碱积现象。而且罗山系全剖面盐分含量在 6.0 g/kg 以上，重度盐化；河滩系部分层次盐分含量为 2.0～3.0 g/kg，轻度盐化。

利用性能综述　该土壤属于黄河灌溉淤积物+黄河冲积物母质，土层深厚，质地适中，但土体中夹有沙层，漏水漏肥，养分含量不高，土壤有一定含盐量，并有碱化的潜在危害，常受季节性河水影响，为灌区旱作低产田。生产中需加强灌排体系建设，加大有机肥投入培肥地力，施肥时注意少量多次的施肥原则。

参比土种　沙层壤质灌淤潮土（灌淤漏沙土）。

代表性单个土体　宁夏银川市兴庆区通贵乡河滩村，106°30′ 39″ E、38°25′ 39″N，海拔 1120 m。成土母质为黄河冲积物。地势较平坦，地形为高原、冲积平原、阶地。水田，水旱轮作种植水稻、苜蓿。年均气温 9.4℃，≥10℃年积温 3613℃，50 cm 深处年均土壤温度 12.4℃，年≥10℃天数 189 d，年降水量 179 mm，年均相对湿度 53%，年干燥度 6.47，年日照时数 2971 h。野外调查时间：2016 年 4 月 30 日，天气（阴）。

河滩系代表性单个土体剖面

Aup1：0～20 cm，浅淡黄色（5Y 8/4，干），黑棕色（7.5YR 5/1，润）；润，坚实、稍黏着、稍塑，粉砂土，弱发育的团粒结构、中棱块状结构和中片状结构；根系周围有少量铁锈纹锈斑；中量细根和极细根，有 1 条小虫；强石灰反应；向下模糊波状过渡。

Aur：20～30 cm，浊黄橙色（10YR 7/4，干），浊棕色（7.5YR 5/3，润）；润，坚实、稍黏着、稍塑，粉砂壤土，中度发育的中片状结构；根系周围有中量铁锈纹锈斑；极少量细根和极细根；强石灰反应；向下清晰波状过渡。

Bw：30～70 cm，浊黄橙色（10YR 7/3，干），棕色（7.5YR 4/3，润）；潮，坚实、稍黏着、稍塑，粉砂壤土，弱发育大块状结构；极少量细根和粗根；极强石灰反应；向下突变波状过渡。

2C：70～80 cm，浊黄橙色（10YR 6/3，干），棕色（7.5YR 4/4，润）；潮，松散、无黏着、无塑，砂土，无结构；强石灰反应；向下突变波状过渡。

3Cr：80～120 cm，浊黄橙色（10YR 6/3，干），棕色（10YR 4/4，润）；潮，疏松、稍黏着、稍塑，壤土，无结构；土体内有中量铁锈纹锈斑，很少量黑色铁锰结核；少量粗根；强石灰反应。

河滩系代表性单个土体物理性质

土层	深度/cm	砾石(>2 mm)体积分数/%	细土颗粒组成(粒径：mm)/(g/kg)			质地
			砂粒 2～0.05	粉粒 0.05～0.002	黏粒 <0.002	
Aup1	0～20	0	82	811	107	粉砂土
Aur	20～30	0	116	772	112	粉砂壤土
Bw	30～70	0	107	698	19.5	粉砂壤土

河滩系代表性单个土体化学性质

深度/cm	pH (H_2O)	有机碳(C)/(g/kg)	全氮(N)/(g/kg)	全磷(P)/(g/kg)	全钾(K)/(g/kg)	有效磷/(mg/kg)	CEC/(cmol/kg)	碳酸钙/(g/kg)	全盐/(g/kg)	钠饱和度/%	游离铁(Fe_2O_3)/(g/kg)
0～20	8.7	3.8	0.37	0.68	18.0	32.9	5.6	138	2.9	13.2	6.5
20～30	8.3	3.3	0.31	0.66	17.1	9.8	5.0	136	1.9	8.9	6.2
30～70	8.4	4.7	0.44	0.64	20.0	10.9	8.0	155	2.5	7.1	8.6

9.3.2　简泉系（Jianquan Series）

土　族： 黏壤质硅质混合型石灰性温性-弱盐淡色潮湿雏形土

拟定者： 龙怀玉，谢　平，曹祥会，王佳佳

分布与环境条件　主要分布在平原的低洼地、古河道、古河漫滩，成土母质为河流冲积物，地下水埋深一般为 100～180 cm，地表一般生长碱蓬、盐爪爪、芦苇等盐生和耐盐的植物。分布区域属于中温带干旱气候，年均气温 8.0～11.4℃，年降水量 104～258 mm。

简泉系典型景观

土系特征与变幅　诊断层有淡薄表层、雏形层；诊断特性和诊断现象有盐基饱和、石灰性、钙积现象、碱积现象、钠质现象、盐积现象、氧化还原特征、潮湿土壤水分、温性土壤温度。成土母质为河流冲积物，土壤质地为粉砂壤土，土壤剖面 pH 为 8.0～9.0，心土层以下有较多铁锰锈纹锈斑，在 50 cm 以上就开始出现氧化还原特征。1 m 土体内有机碳含量加权平均值为 6.0～10.0 g/kg，耕作层略低，碳酸钙含量 50～150 g/kg，盐分含量在 5.5 g/kg 以上，表土层盐分含量在 10.0 g/kg 以上，非耕作期土表常有一层白色盐霜或盐结皮。

对比土系　与金桥系相比，两者都具有雏形层、钙积现象、碱积现象、钠质现象、氧化还原特征、潮湿土壤水分、温性土壤温度等诊断层、诊断现象和诊断特性，成土母质都是河流冲积物，土壤剖面构型也比较相似。但简泉系诊断表层为淡薄表层，具有盐积现象，1 m 土体内盐分含量在 6.0 g/kg 以上，重度盐化，耕作层土壤质地为粉砂壤土；金桥系诊断表层为肥熟表层，通体盐分含量 1.5～3.0 g/kg，轻度盐化，耕作层土壤质地为粉砂壤土-壤土。

利用性能综述　该土壤地势平坦，属于冲积母质，土层深厚，土壤质地适中，但土壤盐

分含量和碱化度高，自然肥力低，主要生长荒漠盐生植物。经过开沟排水等盐碱土改良措施，可以农业开发利用，生产中需注意利用冬灌加强排盐降碱，低洼区施用石膏结合酸性改良剂。

参比土种　草甸白盐土（草甸白盐土）。

代表性单个土体　宁夏石嘴山市惠农区燕子墩乡简泉村，106°31′39.6″E、39°05′1.7″N，海拔 1086 m。成土母质为河流冲积物。地势平坦，地形为冲积平原、平地。自然草地，盐碱地草甸植被，覆盖度约 95%。地表有厚度约 3 mm、覆盖度约 50%的不连续的白色盐结皮。地表有厚度约 1～2 mm、覆盖度约 50%～60%的盐斑。地下水埋深约 1.8 m。年均气温 9.3℃，≥10℃年积温 3641℃，50 cm 深处年均土壤温度 12.4℃，年≥10℃天数 189 d，年降水量 178 mm，年均相对湿度 52%，年干燥度 7.2，年日照时数 2942 h。野外调查时间：2014 年 10 月 11 日，天气（晴）。

Az1：0～15 cm，浊黄橙色（10YR 7/2，干），浊黄橙色（10YR 5/3，润）；稍润，疏松、稍黏着、稍塑，粉砂壤土，中度发育的团粒结构和中粒状结构；中量细根和极细根；强石灰反应；向下清晰波状过渡。

Az2：15～30 cm，浊黄橙色（10YR 6/3，干），灰黄棕色（10YR 4/2，润）；稍润，疏松、黏着、中塑，粉砂壤土，弱发育的较大棱块状结构；中量细根和极细根；强石灰反应；向下渐变波状过渡。

Br1：30～70 cm，浊黄橙色（10YR 6/3，干），黑棕色（10YR 3/2，润）；润，疏松、黏着、强塑，粉砂壤土，弱发育的较大棱块状结构；结构体面有大量红褐色铁锰锈纹锈斑；少量细根和极细根；强石灰反应；向下模糊波状过渡。

Br2：70～95 cm，浊黄橙色（10YR 6/3，干），黑棕色（10YR 3/2，润）；润，坚实、极黏着、强塑，粉砂壤土，弱发育的较大棱块状结构；结构体面有大量红褐色铁锰锈纹锈斑；少量细根和极细根；极强石灰反应；向下清晰波状过渡。

Cr：95～120 cm，浊黄橙色（10YR 7/3，干），暗棕色（10YR 3/3，润）；潮，坚实、极黏着、强塑，粉砂壤土，很弱发育的较大棱块状结构；极强石灰反应。

简泉系代表性单个土体剖面

简泉系代表性单个土体物理性质

土层	深度/cm	砾石(>2 mm)体积分数/%	细土颗粒组成（粒径：mm)/(g/kg)			质地
			砂粒 2～0.05	粉粒 0.05～0.002	黏粒 <0.002	
Az1	0～15	0	173	540	28.7	粉砂壤土
Az2	15～30	0	172	531	296	粉砂壤土
Br1	30～70	0	282	482	237	粉砂壤土
Br2	70～95	0	183	471	346	粉砂壤土
Cr	95～120	0	145	511	344	粉砂壤土

简泉系代表性单个土体化学性质

深度/cm	pH (H_2O)	有机碳(C)/(g/kg)	全氮(N)/(g/kg)	全磷(P)/(g/kg)	全钾(K)/(g/kg)	碳酸钙/(g/kg)	CEC/(cmol/kg)	全盐/(g/kg)	钠饱和度/%	游离铁(Fe_2O_3)/(g/kg)
0～15	8.7	5.7	0.42	0.55	19.4	136	13.2	10.1	24.2	6.3
15～30	8.6	7.6	0.72	0.64	20.3	123	15.9	8.8	20.9	7.7
30～70	8.4	7.0	0.54	0.61	18.8	104	11.9	8.3	18.2	7.6
70～95	8.3	6.9	0.68	0.69	20.4	90	25.0	9.7	16.7	10.0
95～120	8.2	8.5	0.69	0.55	22.4	134	8.4	5.8	13.3	6.7

9.3.3　罗山系（Luoshan Series）

土　族：壤质硅质混合型石灰性温性-弱盐淡色潮湿雏形土

拟定者：龙怀玉，曹祥会，曲潇琳，徐　珊，莫方静

分布与环境条件　主要分布在河漫滩地，地形低洼，地下水位高，一般埋深在 150 cm 左右，地下水矿化度大于 3 g/L。河流冲积物母质，生长盐生植被，主要植物有盐爪爪、盐蒿等，覆盖度为 30%～60%。分布区域属于暖温带半干旱气候，年均气温 6.1～9.7℃，年降水量 227～445 mm。

罗山系典型景观

土系特征与变幅　诊断层有淡薄表层、雏形层；诊断特性和诊断现象有盐基饱和、石灰性、钙积现象、盐积现象、氧化还原特征、钠质特性、潮湿土壤水分、温性土壤温度。母质为河流冲积物，土层深厚，细土质地壤土—粉砂壤土，土壤 pH 为 8.0～9.0，表层有机碳含量 3.0～6.0 g/kg。土壤盐分含量在 6 g/kg 以上，心土层盐分含量在 10 g/kg 以上，地表可见盐霜或盐斑。全剖面强石灰反应，碳酸钙含量 100～200 g/kg。

对比土系　与联丰系相比，两者的成土母质都是河流冲积物（黄土状母质），土层深厚，都具有淡薄表层、雏形层等诊断层和钙积现象、盐积现象、氧化还原特征等诊断现象和诊断特性，石灰性和酸碱反应级别、土壤温度状况等也相同，剖面土壤层次构型也非常相似。但是联丰系的土壤颗粒大小级别是黏质，矿物类型是伊利石型，氧化还原特征出现在 50 cm 以下的土层；罗山系还具有钠质特性，土壤颗粒大小级别是壤质，矿物类型是硅质混合型，氧化还原特征出现在 50 cm 以上的土层。和同一土族的河滩系相比，罗山系具有钠质特性，河滩系具有肥熟现象、碱积现象。而且罗山系全剖面盐分含量在 6.0 g/kg 以上，重度盐化；河滩系部分层次盐分含量为 2.0～3.0 g/kg，轻度盐化。

利用性能综述　该土壤地势平坦，土层深厚，全剖面土壤质地为壤土或粉砂壤土，土壤

质地适中，通体土壤含盐量和 pH 较高，盐碱并重，主要生长荒漠化盐生植物。由于没有灌排系统，不能作为农林用地，可以进行封育还草，提高植被覆盖度。

参比土种　壤质白盐土（壤质白盐土）。

代表性单个土体　宁夏中卫市海原县关桥乡罗山村，105°37′57″E、36°43′6″N，海拔 1560 m。成土母质为多次冲积物。地势起伏，地形为山地、山麓平原、河间地。自然草地，干旱草原植被，覆盖度约 30%。年均气温 7.9℃，≥10℃年积温 3033℃，50 cm 深处年均土壤温度 11.1℃，年≥10℃天数 174 d，年降水量 329 mm，年均相对湿度 56%，年干燥度 3.04，年日照时数 2733 h。野外调查时间：2016 年 4 月 28 日，天气（晴）。

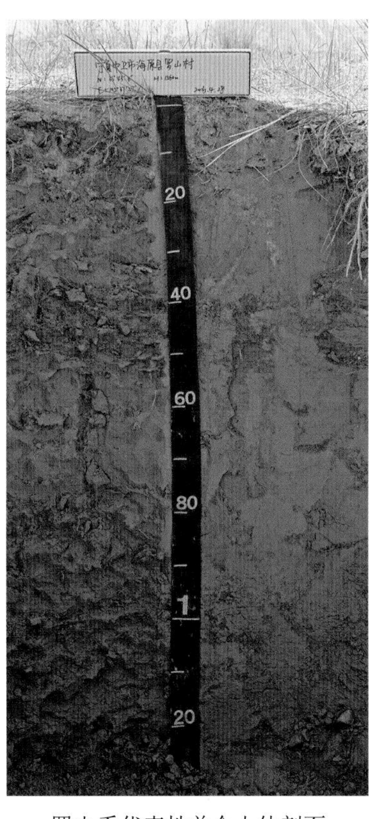

罗山系代表性单个土体剖面

A：　0～35 cm，浊黄橙色（10YR 7/3，干），黄棕色（10YR 5/6，润）；润，坚实、稍黏着、稍塑，粉砂壤土，中度发育的团粒和中片状结构；少量细根和中量中根；强石灰反应；向下模糊平滑过渡。

Br：　35～50 cm，浊黄橙色（10YR 7/3，干），棕色（10YR 4/6，润）；润，坚实、稍黏着、稍塑，粉砂壤土，中度发育的大块状结构；有少量铁锰锈纹锈斑；极少量细根和粗根；极强石灰反应；向下清晰波状过渡。

Bkr：50～75 cm，浊黄橙色（10YR 6/3，干），黄棕色（10YR 5/8，润）；润，坚实、稍黏着、稍塑，粉砂壤土，中度发育的中片状结构；很少量白色碳酸钙；少量细根和极细根；极强石灰反应；无亚铁反应；向下清晰平滑过渡。

Br：　75～120 cm，浊黄橙色（10YR 7/3，干），棕色（7.5YR 4/4，润）；润，坚实、稍黏着、稍塑，粉砂壤土，中度发育的中片状结构（沉积层理）；有中量铁锰锈纹锈斑；极少量细根和中量粗根；极强石灰反应；无亚铁反应。

罗山系代表性单个土体物理性质

土层	深度/cm	砾石(>2 mm)体积分数/%	细土颗粒组成(粒径：mm)/(g/kg)			质地
			砂粒 2～0.05	粉粒 0.05～0.002	黏粒 <0.002	
A	0～35	0	235	633	13.	粉砂壤土
Br	35～50	0	39	786	175	粉砂壤土
Bkr	50～75	0	196	672	132	粉砂壤土
Br	75～120	0	115	667	219	粉砂壤土

罗山系代表性单个土体化学性质

深度/cm	pH (H_2O)	有机碳(C)/(g/kg)	全氮(N)/(g/kg)	全磷(P)/(g/kg)	全钾(K)/(g/kg)	碳酸钙/(g/kg)	全盐/(g/kg)	CEC/(cmol/kg)	钠饱和度/%	游离铁(Fe_2O_3)/(g/kg)
0～35	8.4	3.3	0.29	0.62	16.5	142	8.4	3.8	27.3	7.1
35～50	8.5	3.6	0.32	0.59	18.3	158	11.1	1.1	41.0	7.2
50～75	8.5	2.3	0.21	0.59	15.9	142	8.1	3.4	37.6	6.6
75～120	8.4	3.5	0.33	0.57	18.9	149	9.3	6.1	39.2	8.1

9.4　石灰淡色潮湿雏形土

9.4.1　红旗村系（Hongqicun Series）

土　族： 黏壤质长石型温性-石灰淡色潮湿雏形土

拟定者： 龙怀玉，曲潇琳，曹祥会，谢　平

分布与环境条件　主要分布在海拔 2000 m 以上的山地阴坡、沟谷地带。成土母质多为泥岩、页岩、泥质砂岩残积坡积物，土壤结冻时间长，底土潮湿。森林草甸植被，生长山杨、椴树、红桦、黄花柳、峨眉蔷薇等乔灌木，草本层覆盖度在 80%以上。分布区域属于暖温带半湿润气候，年均气温 4.8～7.4℃，年降水量 434～740 mm。

红旗村系典型景观

土系特征与变幅　诊断层有淡薄表层、雏形层、钙积层；诊断特性有盐基饱和、石灰性、氧化还原特征、潮湿土壤水分、温性土壤温度。成土母质多为砂质泥岩、页岩、泥质砂岩坡积残积物，一般情况下在 30～50 cm 以下为埋藏腐殖质层，总有效土层厚度为 100 cm 以上，砾石含量为 5%～20%，土壤质地为粉黏壤土—黏壤土，土壤 pH 为 8.0～9.0。结构面上和岩石碎片中有模糊的铁锰锈纹锈斑及少量铁锰结核。腐殖质层厚度为 60 cm 以上，有机碳含量为 10 g/kg 以上，表土层有机碳含量略小于其下埋藏层，自次表土层起，土体中有 20%～50%霉菌状碳酸钙新生体。

对比土系　参见西屏峰系。

利用性能综述　该土壤处于山地阴坡或沟谷，光照少，气温偏低，湿度大，有大量枯枝落叶腐殖物质积累，土体砾石含量高。由于坡度大和光照不足，不宜作为农用土地，适合森林植物生长或育苗，生产中需加强封育，提高植被覆盖度，减少水土流失。

参比土种　厚层细质草甸灰褐土（锈山黑土）。

代表性单个土体　宁夏固原市泾源县香水镇红旗村，106°17′50.5″E、35°27′12.8″N，海拔

2004 m。成土母质为砂岩残积物。地势起伏，地形为山地、中山、山脚。以林地，松树为优势的茂盛乔木植被，覆盖度约90%。年均气温5.7℃，≥10℃年积温2211℃，50 cm深处年均土壤温度9.2℃，年≥10℃天数149 d，年降水量529 mm，年均相对湿度66%，年干燥度1.31，年日照时数2217 h。野外调查时间：2015年4月20日，天气（大雨、大雾）。

Ah1： 0～25 cm，浅淡黄色（2.5Y 8/3，干），棕色（10YR 4/4，润）；润，坚实、黏着、稍塑，岩石和矿物碎屑含量约5%、大小为10～30 mm、棱角状，粉黏壤土，中度发育团粒和很强发育的中团粒状结构；少量细根和极细根；强石灰反应；向下渐变平滑过渡。

Ah2： 25～50 cm，浅淡黄色（2.5Y 8/3，干），棕色（10YR 4/4，润）；润，坚实、黏着、稍塑，岩石和矿物碎屑含量约10%、大小为30～50 mm、棱角状，粉黏壤土，很强发育的大棱块状结构；土体内有少量铁锰锈纹锈斑和很少量褐色铁锰结核；极强石灰反应；向下模糊平滑过渡。

Bkr： 50～140 cm，浊黄橙色（10YR 7/3，干），暗棕色（10YR 3/3，润）；润，坚实、黏着、稍塑，岩石和矿物碎屑含量约15%、大小为30～50 mm、棱角状，黏壤土，很强发育的大棱块状结构；土体内有少量铁锰锈纹锈斑，大量白色碳酸钙新生体和很少量褐色铁锰结核；极强石灰反应；向下模糊平滑过渡。

C/R： 140 cm以下；浊黄橙色（10YR 6/4，干），棕色（10YR 4/4，润）。

红旗村系代表性单个土体剖面

红旗村系代表性单个土体物理性质

土层	深度/cm	砾石(>2 mm)体积分数/%	细土颗粒组成(粒径：mm)/(g/kg)			质地
			砂粒 2～0.05	粉粒 0.05～0.002	黏粒 <0.002	
Ah	0～50	5	181	499	319	粉黏壤土
Bkr	50～140	15	258	449	293	黏壤土

红旗村系代表性单个土体化学性质

深度/cm	pH (H_2O)	有机碳(C)/(g/kg)	全氮(N)/(g/kg)	全磷(P)/(g/kg)	全钾(K)/(g/kg)	碳酸钙/(g/kg)	CEC/(coml/kg)	游离铁(Fe_2O_3)/(g/kg)
0～50	8.1	10.5	1.00	0.62	24.9	80	14.1	6.7
50～140	8.2	19.5	1.86	0.88	26.8	17	18.7	7.2

9.4.2 金桥系（Jinqiao Series）

土　族：黏壤质硅质混合型温性-石灰淡色潮湿雏形土

拟定者：龙怀玉，谢　平，曹祥会，王佳佳

分布与环境条件　主要分布在黄河冲积平原的低阶地、河滩地及向洪积扇过渡的交接洼地处，地下水埋深一般为 100～150 cm，水质较好，多为淡水。分布区域属于中温带干旱气候，年均气温 7.8～11.5℃，年降水量 102～256 mm。

金桥系典型景观

土系特征与变幅　诊断层有肥熟表层、雏形层；诊断特性和诊断现象有盐基饱和、石灰性、钙积现象、碱积现象、钠质现象、氧化还原特征、潮湿土壤水分、温性土壤温度。成土母质为多次河流冲积物，剖面质地为壤土—粉砂壤土，呈现为上壤下黏，土壤 pH 为 8.5～9.5，心土层以下有较多铁锰锈纹锈斑，全剖面强石灰反应，含盐量 1.5～3.0 g/kg，碳酸钙含量 50～150 g/kg，土层之间差异不明显。耕作层有机碳含量 6.0～15.0 g/kg，有效磷含量在 50 mg/kg 以上，有机碳和有效磷含量均显著高于其他土层。

对比土系　参见简泉系。

利用性能综述　土层深厚，土壤质地适中，心土层有黏层，保水保肥性能良好，经过长期耕作，土壤自然肥力高，是很好的农用耕地。但是土壤有一定的含盐量，且伴有碱化的潜在危害，生产中要加强灌排体系建设，利用冬灌加强洗盐降碱，低洼区可以施用石膏和酸性改良剂降低碱化度。

参比土种　黏层壤质潮土（黏层锈土）。

代表性单个土体　宁夏石嘴山市平罗县渠口乡金桥村六队，106°37′57.1″E、38°51′45.3″N，

海拔 1095 m。成土母质为冲积物。地势平坦，地形为黄河冲积平原、平地。旱地，主要种植玉米。地表有厚度约 5～8 mm、覆盖度约 50%～60%的盐斑。地下水埋深约 2 m。年均气温 9.4℃，≥10℃年积温 3638℃，50 cm 深处年均土壤温度 12.5℃，年≥10℃天数 189 d，年降水量 175 mm，年均相对湿度 52%，年干燥度 6.96，年日照时数 2960 h。野外调查时间：2014 年 10 月 12 日，天气（晴）。

Ap1：0～25 cm，浊黄橙色（10YR 6/3，干），棕色（7.5YR 4/4，润）；润，疏松、黏着、中塑，粉砂壤土，中度发育的小团粒状结构；中量细根和中根；强石灰反应；向下模糊波状过渡。

Ap2：25～50 cm，浊黄橙色（10YR 7/3，干），棕色（7.5YR 4/3，润）；润，疏松、黏着、中塑，壤土，中度发育的大团块状结构；土体内有很少量红褐色铁锰锈纹锈斑；少量细根和极细根；极强石灰反应；向下清晰波状过渡。

Br1：50～65 cm，浊黄橙色（10YR 7/3，干），浊棕色（7.5YR 5/4，润）；润，疏松、极黏着、强塑，壤土，很弱发育的较大棱块状结构；土体内有少量黄褐色铁锰锈纹锈斑；极强石灰反应；向下清晰波状过渡。

Br2：65～75 cm，淡黄橙色（10YR 8/3，干），浊棕色（7.5YR 6/3，润）；润，疏松、黏着、中塑，壤土，很弱发育的较大棱块状结构；土体内有很少量黄褐色铁锰锈纹锈斑；极强石灰反应；向下清晰波状过渡。

Br3：75～110 cm，淡黄橙色（10YR 8/3，干），浊橙色（7.5YR 6/4，润）；润，疏松、极黏着、强塑，壤土，很弱发育的较大棱块状结构；土体内有很少量黄褐色铁锰锈纹锈斑；极强石灰反应。

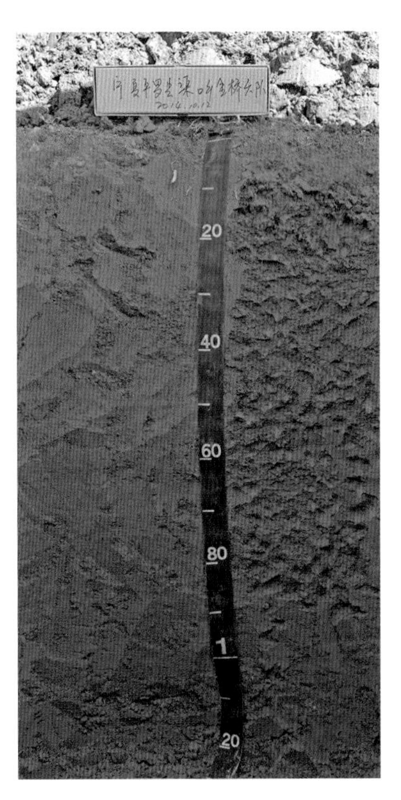

金桥系代表性单个土体剖面

金桥系代表性单个土体物理性质

土层	深度 /cm	砾石 (>2 mm)体积分数/%	细土颗粒组成(粒径：mm)/(g/kg)			质地
			砂粒 2～0.05	粉粒 0.05～0.002	黏粒 <0.002	
Ap1	0～25	0	174	612	215	粉砂壤土
Ap2	25～50	0	433	241	327	壤土
Br	50～110	0	454	224	322	壤土

金桥系代表性单个土体化学性质

深度 /cm	pH (H_2O)	有机碳(C) /(g/kg)	全氮(N) /(g/kg)	全磷(P) /(g/kg)	全钾(K) /(g/kg)	有效磷(P) /(mg/kg)	碳酸钙 /(g/kg)	CEC /(coml/kg)	全盐 /(g/kg)	钠饱和度/%	游离铁 (Fe_2O_3) /(g/kg)
0～25	8.8	12.1	1.30	0.81	18.5	90.3	126	11.2	1.9	20.5	4.7
25～50	9.1	4.8	0.50	0.58	20.7	3.4	133	20.0	1.8	12.8	7.7
50～110	9.0	3.9	0.32	0.47	20.4	8.4	132	16.6	1.7	14.4	6.9

9.5　弱盐底锈干润雏形土

9.5.1　联丰系（Lianfeng Series）

土　族：黏质伊利石型石灰性温性-弱盐底锈干润雏形土

拟定者：龙怀玉，谢　平，曹祥会，王佳佳

分布与环境条件　主要分布在高阶地及其与洪积扇的交接地带，黄土状母质，草原植被、弃耕草地，主要植物有毛刺锦鸡儿、蓍状亚菊、短花针茅、冷蒿、长芒草及无芒隐子草等，覆盖度为50%以上。分布区域属于中温带干旱气候，年均气温7.7～11.5℃，年降水量103～259 mm。

联丰系典型景观

土系特征与变幅　诊断层有淡薄表层、雏形层；诊断特性和诊断现象有盐基饱和、石灰性、肥熟现象、钙积现象、盐积现象、钠质现象、氧化还原特征、半干润土壤水分、温性土壤温度。黄土状成土母质，土层深厚，有效土层厚度为2 m以上，土壤质地主要为粉砂壤土，黏粒含量为300～450 g/kg，底层土层黏粒含量是上层的1.2倍以上。表土层土壤pH为8.0～9.0，其他土层土壤pH在9.0以上。底土母质层有少量铁锰结核，在50 cm以下才开始出现氧化还原特征。表层土壤盐分含量为6.0～10.0 g/kg，其他土层盐分含量小于3.0 g/kg。表层土壤有机碳含量为6.0～15.0 g/kg，略高于其他土层；全剖面石灰反应强烈，碳酸钙含量为100～200 g/kg。

对比土系　参见罗山系。

利用性能综述　该土壤地势较为平坦，土层深厚，质地适中，土壤水分条件好，适于牧草生长，草质良好，是优良的天然放牧草场。完善灌排体系，经过一定时间改良后的土

壤也适于农用，但是该土壤通体含盐量较高，盐分表聚导致耕作层土壤盐化，并伴有碱化的危害，生产中要加强灌溉期的洗盐降碱，低洼区注意结合冬灌施用石膏和酸性改良剂，降低碱化度。

参比土种　壤质盐化潮土（盐锈土）。

代表性单个土体　宁夏银川市金凤区丰登镇联丰村，106°14′36.5″E、38°33′3.9″N，海拔1100 m。成土母质为黄土状母质和洪积冲积物。地势平坦，地形为黄河冲积平原、平地。弃耕后的自然草地，草原植被，覆盖度约 80%。年均气温 9.4℃，≥10℃年积温 3632℃，50 cm深处年均土壤温度12.5℃，年≥10℃天数189 d，年降水量176 mm，年均相对湿度53%，年干燥度6.64，年日照时数2970 h。野外调查时间：2014 年 10 月 14 日，天气（晴）。

联丰系代表性单个土体剖面

A：　0～25 cm，浊黄橙色（10YR 6/4，干），棕色（7.5YR 4/4，润）；稍润，坚实、黏着、中塑，粉砂壤土，中度发育的小团块状结构和小团粒状结构；中量细根和大量粗根；极强石灰反应；向下清晰平滑过渡。

Bw：　25～40 cm，浊黄橙色（10YR 6/4，干），亮棕色（7.5YR 5/6，润）；稍润，坚实、稍黏着、稍塑，粉砂壤土，中度发育的中棱块状结构；中量细根；强石灰反应；向下突变平滑过渡。

2Bw1：40～50 cm，浊黄橙色（10YR 7/3，干），棕色（7.5YR 4/3，润）；稍润，坚实、极黏着、强塑，粉砂壤土，中度发育的大棱块状结构；结构面有中量模糊黏粒胶膜；中量细根；极强石灰反应；向下清晰平滑过渡。

2Bw2：50～75 cm，浊黄橙色（10YR 7/2，干），棕色（7.5YR 4/6，润）；稍润，坚实、黏着、中塑，粉黏壤土，弱发育的大棱块状结构；少量细根；强石灰反应；向下模糊平滑过渡。

2Br：75～120 cm，浊黄橙色（10YR 7/3，干），暗棕色（7.5YR 3/4，润）；润，坚实、黏着、中塑，粉（砂）黏土，弱发育的大棱块状结构；少量黑褐色铁锰结核；极少量细根和粗根；强石灰反应。

联丰系代表性单个土体物理性质

土层	深度 /cm	砾石 (>2mm)体积分数/%	细土颗粒组成(粒径：mm)/(g/kg)			质地
			砂粒 2～0.05	粉粒 0.05～0.002	黏粒 <0.002	
A	0～25	0	76	558	366	粉砂壤土
Bw	25～40	—	—	—	—	粉砂壤土
2Bw	40～75	0	55	569	376	粉砂壤土
2Br	75～120	0	73	480	447	粉（砂）黏土

联丰系代表性单个土体化学性质

深度 /cm	pH (H_2O)	有机碳(C) /(g/kg)	全氮(N) /(g/kg)	全磷(P) /(g/kg)	全钾(K) /(g/kg)	有效磷(P) /(mg/kg)	CEC /(cmol/kg)	碳酸钙 /(g/kg)	全盐 /(g/kg)	钠饱和度/%	游离铁 (Fe_2O_3) /(g/kg)
0～25	8.3	6.9	0.70	0.60	18.6	20.8	21.1	132	7.3	20.4	4.8
25～40	—	—	—	—	—	—	—	—	—	—	—
40～75	9.2	5.9	0.28	0.53	19.0	9.0	19.9	147	2.9	17.6	4.7
75～120	9.2	5.5	0.56	0.66	20.6	4.9	13.3	149	1.0	9.7	5.5

9.6　钙积暗沃干润雏形土

9.6.1　九条沟系（Jiutiaogou Series）

土　族：壤质长石型冷性-钙积暗沃干润雏形土

拟定者：龙怀玉，曲潇琳，曹祥会，谢　平

分布与环境条件　主要分布在中山坡地，成土母质为砂质泥岩、页岩的残积风化物。森林植被为混合草甸植被，植物主要有山杨、辽东栎、红桦、白桦等乔木，以及山梨子、栒子、山柳等灌木，覆盖度在 90%以上。分布区域属于暖温带半干旱气候，年均气温 3.7～6.8℃，年降水量 337～609 mm。

九条沟系典型景观

土系特征与变幅　诊断层有暗沃表层、雏形层、钙积层；诊断特性有盐基饱和、准石质接触面、半干润土壤水分、冷性土壤温度。成土母质为砂质泥岩、页岩风化物的残积物，有效土层厚度为 50～100 cm，土体内有少量石块，土壤质地主要为粉砂壤土、壤土，土壤 pH 为 8.0～9.0。全剖面碳酸钙含量 50～150 g/kg，腐殖质层含量比淀积层少 20%以上。腐殖质累积过程显著，腐殖质层厚度小于 50 cm，有机碳含量 10.0～15.0 g/kg。淀积层及其以下土层有显著的碳酸钙假菌丝体及少量模糊黏粒胶膜，其黏粒含量与腐殖质层没有明显差别。

对比土系　与六盘山系相比，在发生分类中同属于灰褐土，共同点是：成土母质为砂质泥岩、页岩风化物的坡积残积物，层次之间逐渐过渡，心土层有少量黏粒-铁锰胶膜，森林植被和植物种类基本相同，分布的地形地貌基本相同，土壤温度状况相同、土壤水分状况类似，剖面形态相似性较高。但九条沟系全剖面有石灰反应，心土层、底土层有中

量显著的碳酸钙假菌丝体，土壤 pH 为 8.0～9.0，具有暗沃表层、钙积层、雏形层等诊断层，壤质土壤颗粒大小级别，长石型矿物类型；六盘山系全剖面为轻度石灰反应，没有碳酸钙新生体，土壤 pH 为 7.0～8.0，具有淡薄表层、雏形层等诊断层和氧化还原特征，黏壤质土壤颗粒大小级别，硅质混合型矿物类型。

利用性能综述　该土壤地处坡地下部，坡度较大，洪积物堆积多，土壤质地较好，土层深厚，但地形陡峭，不宜作为农牧业用地，可以作为水土保持型林灌用地，生产中要加强封育保护，提高植被覆盖度，防止水土流失。

参比土种　厚层细质灰褐土（山黑土）。

代表性单个土体　宁夏固原市西吉县火石寨乡九条沟，105°46′37.8″E、36°6′39.5″N，海拔 2132 m。成土母质为红色砂质泥岩残积物。地势起伏，地形为山地、中山、山坡中部。自然荒草地，茂盛山地草原植被，覆盖度约 90%。年均气温 5.4℃，≥10℃年积温 2209℃，50 cm 深处年均土壤温度 8.8℃，年≥10℃天数 140 d，年降水量 467 mm，年均相对湿度 58%，年干燥度 2.03，年日照时数 2531 h。野外调查时间：2015 年 4 月 19 日，天气（阴）。

Ah：0～30 cm，浊棕色（7.5YR 5/4，干），暗棕色（7.5YR 3/3，润）；润，坚实、黏着、中塑，壤土，中度发育的团粒结构和很强发育的中团块状结构；中量细根和极细根；强石灰反应；向下渐变平滑过渡。

Bk：30～70 cm，浊棕色（7.5YR 5/4，干），棕色（7.5YR 4/6，润）；润，疏松、黏着、中塑，粉砂壤土，弱发育的中棱块状结构；结构面有很少量模糊黏粒胶膜，大量白色碳酸钙假菌丝体；中量细根和极细根；极强石灰反应；向下模糊平滑过渡。

Ck：70～90 cm，浊棕色（7.5YR 5/4，干），棕色（7.5YR 4/6，润）；润，疏松、黏着、中塑，粉砂壤土，很弱发育的中棱块状结构；大量白色碳酸钙假菌丝体；少量细根和极细根；极强石灰反应；向下清晰波状过渡。

R：90～140 cm，准石质接触面。细土深红棕色（5YR 3/6，干），深红棕色（5YR 3/6，润）；湿，松散、无黏着、无塑，壤砂土；无结构，中量白色碳酸钙假菌丝体；少量细根和极细根；轻度石灰反应。

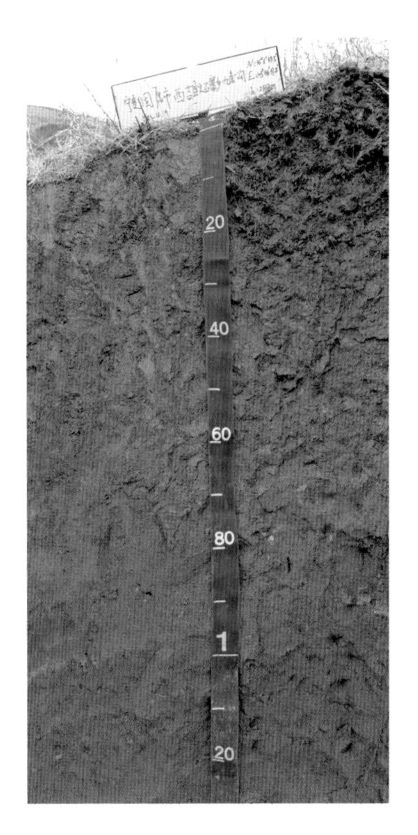

九条沟系代表性单个土体剖面

九条沟系代表性单个土体物理性质

土层	深度/cm	砾石(>2 mm)体积分数/%	细土颗粒组成(粒径：mm)/(g/kg)			质地
			砂粒 2～0.05	粉粒 0.05～0.002	黏粒 <0.002	
Ah	0～30	2	369	495	136	壤土
Bk	30～70	5	322	560	118	粉砂壤土
Ck	70～90	10	828	151	22	壤砂土

九条沟系代表性单个土体化学性质

深度/cm	pH (H_2O)	有机碳(C)/(g/kg)	全氮(N)/(g/kg)	全磷(P)/(g/kg)	全钾(K)/(g/kg)	碳酸钙/(g/kg)	CEC/(cmol/kg)	游离铁(Fe_2O_3)/(g/kg)
0～30	8.2	10.9	0.94	0.62	19.7	92	11.7	6.8
30～70	8.1	4.1	0.40	0.57	20.5	112	13.2	7.4
70～90	8.4	1.4	0.15	0.60	23.7	101	5.5	8.3

9.7　钙积简育干润雏形土

9.7.1　大庄系（Dazhuang Series）

土　族：黏壤质盖粗骨质硅质混合型温性-钙积简育干润雏形土

拟定者：龙怀玉，曲潇琳，曹祥会，谢　平

分布与环境条件　主要分布在石质山地和土石丘陵区，成土母质为砂质泥岩、页岩风化物的残积物或坡积物。绝大部分开垦为坡耕地，自然荒地为草原植被，主要生长长芒草、铁杆蒿、白蒿、狼毒、蕨类和黑刺李等植物。分布区域属于暖温带半干旱气候，年均气温 5.2～8.2℃，年降水量 365～641 mm。

大庄系典型景观

土系特征与变幅　诊断层有淡薄表层、钙积层、雏形层；诊断特性有盐基饱和、石灰性、准石质接触面、红色砂岩岩性特征、半干润土壤水分、温性土壤温度。成土母质多为砂质泥岩和页岩风化物的残积物或坡积物，有效土层厚度小于 100 cm，土体中有少量—大量砾石，土壤质地主要为砂壤土、壤土，土壤 pH 为 8.0～9.0。腐殖质层厚度为 30～60 cm，其有机碳含量 6～15 g/kg。全剖面强石灰反应，碳酸钙含量 100～200 g/kg，淀积层含量是腐殖质层、母质层的 1.2 倍以上。

对比土系　大庄系与阎家岔系相比，成土母质都为泥岩或者砂质泥岩的残积或坡积风化物，都有淡薄表层、雏形层等诊断层和准石质接触面，土壤矿物类型、土壤水分状况、土壤温度状况、石灰性和酸碱反应级别等相同，分布的地形部位类似、地表植被基本相同，剖面构型相似。但大庄系土壤颗粒大小级别是黏壤质盖粗骨质；阎家岔系的土壤颗粒大小级别是黏壤质。

利用性能综述　该土壤土层深厚，质地适中，耕性好，适种性广，大部分已开垦为农用坡耕地，少部分用于天然草地，草质良好，但畜牧承载力小，可以作为适度放牧草场。由于该地区干旱少雨，水土流失严重，坡度较大，抗御灾害能力低，已经开发为农用地的建议逐步扩大退耕还草或建设等高梯田，开发利用中要提高植被覆盖度，防止水土流失，增加土壤肥力。

参比土种　薄层侵蚀暗灰褐土（薄麻土）。

代表性单个土体　宁夏固原市彭阳县古城镇大庄，106°23′22.4″E、35°48′35.5″N，海拔1851 m。成土母质为红色砂质泥岩坡积物。地势起伏，地形为山地、中山、坡中部。自然荒草地，茂盛草甸草原植被，覆盖度约90%。年均气温6.5℃，≥10℃年积温2504℃，50 cm深处年均土壤温度9.9℃，年≥10℃天数159 d，年降水量494 mm，年均相对湿度63%，年干燥度1.99，年日照时数2392 h。野外调查时间：2015年4月21日，天气（晴）。

大庄系代表性单个土体剖面

A：　0～40 cm，浊棕色（7.5YR 6/3，干），橙色（5YR 6/6，润）；润，疏松、稍黏着、稍塑，岩石和矿物碎屑含量约5%、大小为1～20 mm、块状，壤土，中度发育的中团粒状结构和中团块状结构；极少量细根和中根；极强石灰反应；向下清晰平滑过渡。

Bk：　40～90 cm，粉红色（7.5YR 7/3，干），棕色（7.5YR 4/4，润）；稍润，松散、无黏着、无塑，岩石和矿物碎屑含量约80%、大小为5～40 mm、块状，砂壤土；大量白色碳酸钙假菌丝体；极少量粗根和中量细根；极强石灰反应；向下突变波状过渡。

Ck：　90～150 cm，浊棕色（7.5YR 5/4，干），黄红色（5YR 5/5，润）；稍干，松散、无黏着、无塑，壤砂土；中量白色碳酸钙假菌丝体；极强石灰反应。

大庄系代表性单个土体物理性质

土层	深度/cm	砾石(>2 mm)体积分数/%	细土颗粒组成(粒径：mm)/(g/kg)			质地
			砂粒 2～0.05	粉粒 0.05～0.002	黏粒 <0.002	
A	0～40	5	306	432	261	壤土
Bk	40～90	80	592	266	141	砂壤土
Ck	90～150	0	853	77	70	壤砂土

大庄系代表性单个土体化学性质

深度 /cm	pH (H_2O)	有机碳(C) /(g/kg)	全氮(N) /(g/kg)	全磷(P) /(g/kg)	全钾(K) /(g/kg)	碳酸钙 /(g/kg)	CEC /(cmol/kg)	游离铁 (Fe_2O_3) /(g/kg)
0～40	8.3	10.5	1.10	0.59	21.6	142	13.2	3.8
40～90	8.5	9.4	0.87	0.59	18.3	168	7.4	1.9
90～150	8.6	1.9	0.25	0.66	19.3	140	2.7	2.2

9.7.2　乏牛坡系（Faniupo Series）

土　族：壤质硅质混合型温性-钙积简育干润雏形土

拟定者：龙怀玉，曲潇琳，曹祥会，谢　平

分布与环境条件　分布于海拔 1600～2000 m 的黄土丘陵坡地，一般坡度为 7°～15°。母质为黄土和洪积风积堆积物。荒漠草原植被，覆盖度 30%～50%，禾草多于小半灌木；大部分已开垦为旱作农田。分布区域属于暖温带半干旱气候，年均气温 4.6～8.2℃，年降水量 243～474 mm。

乏牛坡系典型景观

土系特征与变幅　诊断层有淡薄表层、钙积层；诊断特性有盐基饱和、钠质现象、石灰性、黄土和黄土状沉积物岩性、半干润土壤水分、温性土壤温度。成土母质为风积黄土，地表有不连续的气孔状结壳，有效土层厚度为 1 m 以上，剖面质地、颜色、结构、紧实度等性质皆均一，土壤质地为壤土—粉砂壤土，土壤 pH 为 8.0～9.0。土壤发育微弱，腐殖质累积过程较弱，有机碳含量 3.0～6.0 g/kg，腐殖质层厚度不到 30 cm，母质特征明显，向下模糊过渡。土层碳酸钙含量 150～200 g/kg，层次间没有明显差别，心土层和底土层有中量—大量碳酸钙假菌丝体，且数量随着深度增加而增多。

对比土系　和硝口梁系属于相同的土族，诊断层、诊断特性相同，成土母质、成土环境、剖面形态、理化性质等基本相似，但是两者表土层的土壤质地不同，硝口梁系表土层的土壤质地为粉砂壤土，乏牛坡系表土层的土壤质地为壤土。与红套系相比，两者属于相同土族，都具有淡薄表层、钙积层等诊断层和半干润土壤水分、温性土壤温度等诊断特性，但乏牛坡系还具有黄土和黄土状沉积物岩性，成土母质为风积黄土，而红套系的成土母质为砂质泥岩、页岩风化物的残积物或坡积物。

利用性能综述　该土壤土层深厚，通体为粉砂壤土或壤土，质地适中，大部分用于天然草地，草质良好，但干旱少雨，植被稀疏，畜牧承载力小，可以作为适度放牧草场。由于该地区水土流失和风蚀严重，坡度较大，抗御灾害能力低，已经开发为农用地的建议

逐步扩大退耕还草，要提高植被覆盖度，防止水土流失，增加土壤肥力。

参比土种 上位钙层粉质灰钙土（蒿川黄白土）。

代表性单个土体 宁夏中卫市海原县高崖乡乏牛坡村，105°56′20″E、36°43′17″N，海拔1880 m。成土母质为黄土母质。地势起伏，地形为丘陵、中山、坡上部。自然荒草地，草原植被，覆盖度约45%。年均气温6.7℃，≥10℃年积温2668℃，50 cm深处年均土壤温度9.9℃，年≥10℃天数157 d，年降水量353 mm，年均相对湿度52%，年干燥度3.1，年日照时数2752 h。野外调查时间：2015年8月20日，天气（晴）。

A：0～20 cm，浊黄橙色（10YR 6/4，干），黄棕色（10YR 5/6，润）；稍润，坚实、无黏着、无塑，壤土，弱发育的中团块状结构和块状结构；中量中根；极强石灰反应；向下模糊平滑过渡。

Bk：20～80 cm，浊黄橙色（10YR 7/4，干），亮黄棕色（10YR 6/6，润）；稍润，疏松、无黏着、无塑，壤土，弱发育的小团粒状结构和中团块状结构；中量白色碳酸钙假菌丝体；中量中根；极强石灰反应；向下模糊平滑过渡。

Ck：80～150 cm，浊黄橙色（10YR 7/4，干），浊黄橙色（10YR 6/4，润）；稍润，疏松、无黏着、无塑，粉砂壤土，很弱发育的中块状结构；大量白色碳酸钙假菌丝体；极少量细根和极细根；极强石灰反应。

乏牛坡系代表性单个土体剖面

乏牛坡系代表性单个土体物理性质

土层	深度/cm	砾石(>2 mm)体积分数/%	细土颗粒组成(粒径：mm)/(g/kg)			质地
			砂粒 2～0.05	粉粒 0.05～0.002	黏粒 <0.002	
A	0～20	0	424	423	154	壤土
Bk	20～80	0	397	465	138	壤土
Ck	80～150	0	284	575	141	粉砂壤土

乏牛坡系代表性单个土体化学性质

深度 /cm	pH (H_2O)	有机碳(C) /(g/kg)	全氮(N) /(g/kg)	全磷(P) /(g/kg)	全钾(K) /(g/kg)	碳酸钙 /(g/kg)	全盐 /(g/kg)	CEC /(cmol/kg)	游离铁 (Fe_2O_3) /(g/kg)
0～20	8.1	4.9	0.51	0.47	17.0	165	1.1	4.7	6.4
20～80	8.2	2.6	0.25	0.45	15.8	163	0.9	2.0	7.0
80～150	8.1	1.9	0.18	0.52	16.6	162	1.6	1.7	8.9

9.7.3 郭家河系（Guojiahe Series）

土　族：黏壤质硅质混合型温性-钙积简育干润雏形土

拟定者：龙怀玉，曲潇琳，曹祥会，谢　平

分布与环境条件　主要分布于古近系红土出露的丘陵坡地上；成土母质为古近系红土及上覆的黄土；干旱草原植被，生长冰草、星毛委陵菜、蒿类等植物，覆盖度为20%～50%。分布区域属于暖温带半干旱气候，年均气温6.5～10.1℃，年降水量254～480 mm。

郭家河系典型景观

土系特征与变幅　诊断层有淡薄表层、钙积层；诊断特性和诊断现象有盐基饱和、石灰性、碱积现象、盐积现象、钠质特性、半干润土壤水分、温性土壤温度。成土母质为古近系红土及上覆的黄土，黄土层厚度为20～50 cm，红土层通体呈棕红色，土层深厚，土体紧实，土壤质地为壤土或粉砂壤土，土壤pH为8.0～9.0。腐殖质层厚度不到30 cm，有机碳含量为6.0～15.0 g/kg。黄土层之下便是红土母质，沉积层理清晰，强石灰反应，有大量的碳酸钙假菌丝体或斑点。土层碳酸钙含量为100～200 g/kg，腐殖质层低于下部土层。

对比土系　与滴水羊系相比，两者都具有淡薄表层、钙积层等诊断层和碱积现象、盐积现象等诊断现象，矿物类型、石灰性和酸碱反应级别、土壤温度等也相同，但是滴水羊系具有干旱土壤水分状况，pH为8.0～9.0，心土层、底土层盐分含量8.0～15.0 g/kg，交换性钠含量2.0～8.0 cmol/kg，钠饱和度30%～45%；郭家河系具有半干润土壤水分状况，pH为8.0～9.0，心土层、底土层盐分含量在6.0～10.0 g/kg，钠饱和度30%～40%。此外，滴水羊系的土壤颗粒大小级别是砂质盖黏质，郭家河系的土壤颗粒大小级别是黏壤质。

利用性能综述　该土壤土层深厚，质地黏重，耕性差，不适合作为农用耕地。大多生长

天然草地，草质良好，但是干旱少雨，容易导致草场退化，应在严格控制载畜量下进行适当放牧，并加强退耕还草，提高植被覆盖度，防止水土流失。由于蒸发强烈，土壤母质盐分含量高，开发利用过程中必须加强水分管理和土壤肥力培育，防止底层盐分上升表聚，引起土壤次生盐化和土壤板结。

参比土种　残积石灰性红黏土（侵蚀红黏土）。

代表性单个土体　宁夏中卫市海原县七营镇郭家河，106°9′32″E、36°27′48″N，海拔1470 m。成土母质为古近系红色黏土。地势起伏，地形为缓坡丘陵、冲积平原、平地。自然荒草地，极稀疏干旱草原植被，覆盖度约25%。年均气温8.2℃，≥10℃年积温3076℃，50 cm深处年均土壤温度11.4℃，年≥10℃天数177 d，年降水量358 mm，年均相对湿度59%，年干燥度3.48，年日照时数2639 h。野外调查时间：2015年8月19日，天气（晴）。

郭家河系代表性单个土体剖面

A：　0～30 cm，亮棕色（5YR 5/6，干），暗棕色（7.5YR 3/3，润）；干，极硬、黏着、中塑，壤土，中度发育的大棱块状结构；大量白色碳酸钙；极少量细根和中根；极强石灰反应；向下清晰平滑过渡。

2Bk：30～90 cm，橙色（5YR 6/6，干），暗红棕色（5YR 3/3，润）；干，极硬、黏着、中塑，粉砂壤土，很弱发育的大棱块状结构；大量白色碳酸钙；极强石灰反应；向下模糊平滑过渡。

2Ck：90～150 cm，亮棕色（5YR 5/8，干），暗棕色（5YR 4/4，润）；干，极硬、黏着、中塑，壤土，很弱发育的大块状结构；大量白色碳酸钙；极强石灰反应。

郭家河系代表性单个土体物理性质

土层	深度/cm	砾石(>2 mm)体积分数/%	细土颗粒组成(粒径：mm)/(g/kg)			质地
			砂粒 2～0.05	粉粒 0.05～0.002	黏粒 <0.002	
A	0～30	0	289	479	232	壤土
2Bk	30～90	0	314	485	201	粉砂壤土
2Ck	90～150	0	331	489	180	壤土

郭家河系代表性单个土体化学性质

深度 /cm	pH (H_2O)	有机碳(C) /(g/kg)	全氮(N) /(g/kg)	全磷(P) /(g/kg)	全钾(K) /(g/kg)	碳酸钙 /(g/kg)	全盐 /(g/kg)	CEC /(cmol/kg)	钠饱和度/%	游离铁 (Fe_2O_3) /(g/kg)
0～30	8.5	7.3	0.76	0.55	18.4	114	2.1	11.1	9.5	7.2
30～90	8.6	3.5	0.39	0.57	17.1	127	4.7	7.7	22.7	7.2
90～150	8.8	0.9	0.14	0.58	16.2	136	6.5	3.8	31.5	8.3

9.7.4　红套系（Hongtao Series）

土　族：壤质硅质混合型温性-钙积简育干润雏形土

拟定者：龙怀玉，曹祥会，曲潇琳，徐　珊，莫方静

分布与环境条件　主要分布在宁夏南部石质山地和土石丘陵区。地形陡峭，成土母质为砂质泥岩、页岩风化物的残积物或坡积物。草原草甸植被，主要植物有长芒草、铁杆蒿、白蒿、狼毒、蕨类、黑刺李等，植被覆盖度为 50%～80%。分布区域属于暖温带半干旱气候，年均气温 5.0～8.1℃，年降水量 334～600 mm。

红套系典型景观

土系特征与变幅　诊断层有淡薄表层、钙积层、雏形层；诊断特性和诊断现象有盐基饱和、石灰性、盐积现象、钠质现象、半干润土壤水分、温性土壤温度。成土母质为砂质泥岩、页岩风化物的残积物或坡积物，有效土层厚度大于 100 cm，含有少量石块，土壤层次过渡不明显，土壤质地为粉砂壤土，土壤 pH 为 8.0～9.0。腐殖质层厚 30～90 cm，土壤有机碳含量 6.0～15.0 g/kg。过渡层结构面上有较多碳酸钙假菌丝体或霉状物，全剖面有极强石灰反应，碳酸钙含量为 150～200 g/kg，层次之间没有明显差异。表土层、心土层土壤盐分含量小于 2.0 g/kg，底层土壤盐分含量为 2.0～5.0 g/kg。

对比土系　参见乏牛坡系。

利用性能综述　该土壤土层深厚，通体为粉砂壤土，土壤肥力较好，但坡度较陡，一般为 20°～35°，土层浅薄，通体有轻度盐化，且剖面下部含盐量较高，不宜农用，大部分是自然生草或灌木。由于该地区干旱少雨，加上水土流失严重，抗御灾害能力低，应该扩大退耕还草，提高植被覆盖度，防止水土流失，提高水土保持能力。

参比土种　厚层侵蚀暗灰褐土（厚麻土）。

代表性单个土体　宁夏固原市西吉县红套村，105°58′59″E、36°1′1″N，海拔1880 m。成土母质为泥质页岩残积物。地势陡峭切割，地形为高原山地、中山、坡中部。自然草地，干旱草原植被，覆盖度约60%。年均气温6.5℃，≥10℃年积温2520℃，50 cm深处年均土壤温度9.8℃，年≥10℃天数157 d，年降水量459 mm，年均相对湿度60%，年干燥度2.22，年日照时数2487 h。野外调查时间：2016年4月28日，天气（晴）。

Ah：0～50 cm，灰黄棕色（10YR 6/2，干），棕色（10YR 4/4，润）；稍润，疏松、稍黏着、稍塑，岩石和矿物碎屑含量约2%、大小为2～10 mm、块状，粉砂壤土，很强发育的小团粒状结构和大团块状结构；中量细根和粗根；极强石灰反应；向下模糊平滑过渡。

Bk：50～90 cm，浊黄棕色（10YR 5/4，干），黄棕色（10YR 5/5，润）；稍干，松软、稍黏着、稍塑，岩石和矿物碎屑含量约5%、大小为2～10 mm、块状，粉砂壤土，很强发育的小团粒状结构和大团块状结构；中量白色碳酸钙假菌丝体；极少量细根和粗根；极强石灰反应；向下模糊波状过渡。

Ck：90～140 cm，浊黄橙色（10YR 7/2，干），浊黄橙色（10YR 5/3，润）；润，坚实、稍黏着、稍塑，岩石和矿物碎屑含量约15%、大小为2～30 mm、块状，粉砂壤土，弱发育的小团粒状结构和大团块状结构；中量白色碳酸钙假菌丝体；少量细根和极细根；极强石灰反应。

红套系代表性单个土体剖面

红套系代表性单个土体物理性质

土层	深度/cm	砾石(>2 mm)体积分数/%	细土颗粒组成(粒径：mm)/(g/kg)			质地
			砂粒 2～0.05	粉粒 0.05～0.002	黏粒 <0.002	
Ah	0～50	2	272	549	179	粉砂壤土
Bk	50～90	5	305	515	180	粉砂壤土
Ck	90～140	15	347	510	143	粉砂壤土

红套系代表性单个土体化学性质

深度 /cm	pH (H_2O)	有机碳(C) /(g/kg)	全氮(N) /(g/kg)	全磷(P) /(g/kg)	全钾(K) /(g/kg)	碳酸钙 /(g/kg)	全盐 /(g/kg)	CEC /(cmol/kg)	游离铁 (Fe_2O_3) /(g/kg)
0～50	8.2	12.0	1.26	0.66	17.2	160	1.5	6.8	6.4
50～90	8.1	9.4	0.97	0.60	17.6	159	1.9	11.4	6.5
90～140	8.1	6.5	0.71	0.55	14.7	161	3.1	11.6	5.7

9.7.5 光彩系（Guangcai Series）

土　族：壤质硅质混合型温性-钙积简育干润雏形土

拟定者：龙怀玉，曲潇琳，曹祥会，谢　平

分布与环境条件　主要分布于河川地、丘间平地，海拔1230～1700 m；地下水位很深，成土母质为冲积物；大多开垦为耕地，自然植被为盐生植被，主要植物有盐爪爪、盐蒿等，覆盖度为60%左右。分布区域属于暖温带干旱气候，年均气温6.7～10.6℃，年降水量154～339 mm。

光彩系典型景观

土系特征与变幅　诊断层有淡薄表层、钙积层、雏形层；诊断特性和诊断现象有盐基饱和、盐积现象、碱积现象、钠质现象、半干润土壤水分、温性土壤温度。成土母质为冲积物，有效土层厚度为1 m以上，土壤质地为砂壤土、壤土，土壤pH为8.5～9.0。剖面质地、颜色、结构、紧实度等性质皆均一，土壤发育微弱，没有明显的腐殖质累积过程，腐殖质层有机碳含量为3.0～6.0 g/kg，向下模糊过渡。全剖面石灰反应较强，剖面碳酸钙含量为50～200 g/kg，表层含量比心土层低50 g/kg以上，土体含盐量为6.0～10.0 g/kg。

对比土系　光彩系和七百户系相比，所处的环境条件相似，剖面形态特征相似，都有淡薄表层、雏形层、盐积现象、钠质现象等诊断层和诊断现象，土壤矿物类型、土壤温度状况、石灰性和酸碱反应级别等相同。但光彩系有钙积层、壤质土壤颗粒大小级别；七百户系有钙积现象、黏壤质土壤颗粒大小级别。

利用性能综述　该土壤大部分已开垦为农用耕地，土层深厚，质地适中，耕性好，适种性广，是黄土丘陵区较好的旱作地。少部分生长天然草地，草质良好，但是干旱少雨，容易导致草场退化，必须严格控制载畜量进行适当放牧。另外，由于蒸发强烈，土壤母

质盐分含量高，农业生产过程中必须加强水分管理和土壤肥力培育，防止底层盐分上升表聚，引起土壤次生盐化和土壤板结。

参比土种　普通底盐淡灰钙土（底咸白脑土）。

代表性单个土体　宁夏吴忠市红寺堡区柳泉乡光彩村，106°06′39″E、37°26′8.0″N，海拔 1350 m。成土母质为冲积物。地势平坦，地形为丘陵、洪积冲积平原、河间地。盐碱地，碱蓬等盐生草甸，附近耕地种植玉米、枸杞，覆盖度约 60%。地表有厚度约 1 mm、覆盖度约 10%的盐斑。地下水埋深约 1 m。年均气温 8.7℃，≥10℃年积温 3346℃，50 cm 深处年均土壤温度 11.8℃，年≥10℃天数 182 d，年降水量 240 mm，年均相对湿度 53%，年干燥度 4.87，年日照时数 2895 h。野外调查时间：2015 年 8 月 17 日，天气（晴）。

光彩系代表性单个土体剖面

Az：0～30 cm，浊黄橙色（10YR 6/4，干），黄棕色（10YR 5/6，润）；润，疏松、稍黏着、无塑，砂壤土，弱发育的团粒结构和中块状结构；极少量细根和极细根；中度石灰反应；向下模糊平滑过渡。

Bk：30～60 cm，浊黄橙色（10YR 7/3，干），棕色（10YR 4/6，润）；潮，疏松、稍黏着、稍塑，砂壤土，弱发育的中块状结构；极少量细根和中根；极强石灰反应；向下模糊平滑过渡。

C：60～100 cm，浊黄橙色（10YR 7/4，干），棕色（10YR 4/4，润）；湿，疏松、稍黏着、稍塑，壤土，很弱发育的中棱块状结构；极少量细根和极细根；强石灰反应。

光彩系代表性单个土体物理性质

土层	深度 /cm	砾石 (>2 mm)体积分数/%	细土颗粒组成(粒径：mm)/(g/kg)			质地
			砂粒 2～0.05	粉粒 0.05～0.002	黏粒 <0.002	
Az	0～30	0	732	208	60	砂壤土
Bk	30～60	0	61	296	89	砂壤土
C	60～100	0	364	462	175	壤土

光彩系代表性单个土体化学性质

深度/cm	pH(H_2O)	有机碳(C)/(g/kg)	全氮(N)/(g/kg)	全磷(P)/(g/kg)	全钾(K)/(g/kg)	碳酸钙/(g/kg)	全盐/(g/kg)	CEC/(cmol/kg)	钠饱和度/%	游离铁(Fe_2O_3)/(g/kg)
0～30	8.9	3.5	0.10	0.42	18.1	70	9.8	2.6	29.0	5.6
30～60	9.0	1.9	0.08	0.51	17.2	125	6.8	1.2	17.5	6.3
60～100	8.9	2.6	0.13	0.61	18.8	148	8.2	1.1	24.8	5.5

9.7.6 李白玉系（Libaiyu Series）

土　族： 黏壤质硅质混合型温性-钙积简育干润雏形土

拟定者： 龙怀玉，曲潇琳，曹祥会，谢　平

分布与环境条件　主要分布于黄土丘陵坡地，阴坡或半阴半阳坡、坡中部与中上部。黄土母质，草原草甸植被，植物主要有百里香、长芒草、星毛委陵菜、阿尔泰狗娃花、牛枝子、猪毛蒿等，覆盖度为60%以上。分布区域属于暖温带半湿润气候，年均气温4.5～7.3℃，年降水量408～704 mm。

李白玉系典型景观

土系特征与变幅　诊断层有淡薄表层、雏形层、钙积层；诊断特性有盐基饱和、石灰性、半干润土壤水分、温性土壤温度。黄土成土母质，土层深厚，土壤质地为粉砂壤土，土壤pH为8.0～9.0。全剖面极强石灰反应，碳酸钙含量在150～200 g/kg ，层次之间没有明显差异，心土层以下有中量显著的碳酸钙假菌丝体。腐殖质累积过程较明显，腐殖质层厚度为60～100 cm，有机碳含量小于15.0 g/kg。腐殖层可以分为两层，上层相对下层颜色明亮些、腐殖质含量少一些，下层有模糊腐殖质胶膜和中量显著碳酸钙假菌丝体。

对比土系　参见干沟系。

利用性能综述　土层深厚，通体为粉砂壤土，质地适中，耕性好，适种性广，是黄土丘陵区较好的旱作农业用地，大部分已开垦为农用坡耕地，少部分用于天然草地，植被稀疏，但草质良好，畜牧承载力小，可以作为适度放牧草场。由于该地区干旱少雨，水土流失严重，坡度较大，抗御灾害能力低，已经开发为农用地的建议逐步扩大退耕还草或建设等高梯田，开发利用中要提高植被覆盖度，防止水土流失，增加土壤肥力。

参比土种　厚层侵蚀黑垆土（厚层黑黄土）。

代表性单个土体 宁夏固原市隆德县张程乡李白玉村，105°56′2.9″E、35°36′48.9″N，海拔 2027 m。成土母质为黄土。地势起伏，地形为高原山地、中山、山顶。果园，自然植被为禾本科，覆盖度约 95%。年均气温 5.7℃，≥10℃年积温 2226℃，50 cm 深处年均土壤温度 9.2℃，年≥10℃天数 148 d，年降水量 548 mm，年均相对湿度 64%，年干燥度 1.5，年日照时数 2300 h。野外调查时间：2015 年 4 月 20 日，天气（小雨）。

Ah：0～25 cm，浊黄棕色（10YR 5/3，干），棕色（10YR 4/4，润）；润，疏松、稍黏着、稍塑，粉砂壤土，很强发育的中团粒状结构；少量细根和极细根，有 1 条蚯蚓和很少量土壤动物粪便；极强石灰反应；向下模糊平滑过渡。

Bhk：25～80 cm，浊黄橙色（10YR 6/4，干），棕色（10YR 4/4，润）；润，坚实、稍黏着、稍塑，粉砂壤土，很强发育的大棱块状结构和团块状结构；中量白色碳酸钙假菌丝体；少量细根和极细根；极强石灰反应；向下渐变波状过渡。

Bk：80～140 cm，浊黄橙色（10YR 6/4，干），棕色（10YR 4/4，润）；稍润，坚实、稍黏着、稍塑，粉砂壤土，弱发育的大棱块状结构；大量白色碳酸钙假菌丝体；极少量细根和极细根；极强石灰反应。

李白玉系代表性单个土体剖面

李白玉系代表性单个土体物理性质

土层	深度 /cm	砾石 (>2 mm)体积分数/%	细土颗粒组成 (粒径：mm)/(g/kg)			质地
			砂粒 2～0.05	粉粒 0.05～0.002	黏粒 <0.002	
Ah	0～25	0	149	659	192	粉砂壤土
Bhk	25～80	0	170	635	196	粉砂壤土
Bk	80～140	0	174	626	200	粉砂壤土

李白玉系代表性单个土体化学性质

深度 /cm	pH (H_2O)	有机碳(C) /(g/kg)	全氮(N) /(g/kg)	全磷(P) /(g/kg)	全钾(K) /(g/kg)	碳酸钙 /(g/kg)	CEC /(coml/kg)	游离铁 (Fe_2O_3) /(g/kg)
0～25	8.3	4.7	0.49	0.54	19.0	158	7.5	5.0
25～80	8.3	6.7	0.77	0.56	17.5	161	8.3	5.1
80～140	8.3	3.4	0.42	0.55	19.5	154	7.1	5.0

9.7.7　阎家岔系（Yanjiacha Series）

土　族：黏壤质硅质混合型温性-钙积简育干润雏形土

拟定者：龙怀玉，曲潇琳，曹祥会，谢　平

分布与环境条件　主要分布在中山山地和低山丘陵区，成土母质为泥岩、页岩风化物的残积坡积物。自然荒地为草原草甸复合灌丛植被，植物主要有百里香、长芒草、星毛委陵菜、阿尔泰狗娃花、牛枝子、猪毛蒿等，覆盖度在60%以上。分布区域属于暖温带半湿润气候，年均气温4.6～7.2℃，年降水量442～751 mm。

阎家岔系典型景观

土系特征与变幅　诊断层有淡薄表层、雏形层、钙积层；诊断特性有盐基饱和、石灰性、准石质接触面、半干润土壤水分、温性土壤温度。成土母质为红色泥岩的坡积残积风化物，有效土层厚度为30～50 cm，土壤质地为粉砂壤土、粉黏壤土，土壤pH为8.0～9.0。腐殖质层厚20～40 cm，有机碳含量在10.0～20.0 g/kg。全剖面强石灰反应，碳酸钙含量为100～150 g/kg，层次间差异不明显，有大量显著的碳酸钙假菌丝体。

对比土系　与东山坡系都具有淡薄表层、雏形层，剖面构型也基本相似。但阎家岔系有钙积层，其准石质接触面出现在50～100 cm处，成土母质为红色泥岩的残积风化物，腐殖质层的土壤质地为粉黏壤土；东山坡系有钙积现象，其准石质接触面出现在100～200 cm处，成土母质多为砂质泥岩、页岩风化物的残积物或坡积物，腐殖质层的土壤质地为壤土。

利用性能综述　该土壤土层深厚，通体为壤土和粉砂壤土和粉黏壤土，土壤肥力高，但坡度较陡，一般为20°～35°，土层浅薄，不宜农用，大部分是自然生草或种植灌。由于该地区多雨，水土流失严重，抗御灾害能力低，应该提高植被覆盖度，防止水土流失，

提高水土保持能力。

参比土种 薄层细质暗灰褐土（薄层暗麻土）。

代表性单个土体 宁夏固原市隆德县奠安乡阎家岔，106°6′20″E、35°25′30.2″N，海拔2035 m。成土母质为红色泥岩残积物。地势起伏，地形为山地、中山、山顶。果园，杏树、桃树，自然植被主要为松树，覆盖度约85%。年均气温5.6℃，≥10℃年积温2162℃，50 cm深处年均土壤温度9.1℃，年≥10℃天数147 d，年降水量588 mm，年均相对湿度67%，年干燥度1.24，年日照时数2202 h。野外调查时间：2015年4月20日，天气（晴）。

A： 0～30 cm，浊黄橙色（7.5YR 7/4，干），棕色（10YR 4/6，润）；润，疏松、黏着、中塑，粉黏壤土，中度发育的中团粒状结构和中团块状结构；中量细根和极细根；极强石灰反应；向下清晰平滑过渡。

Bk：30～50 cm，浊黄橙色（7.5YR 7/4，干），棕黄色（10YR 6/5，润）；润，疏松、黏着、无塑，粉砂壤土，中度发育的中鳞片状结构；大量白色碳酸钙假菌丝体；少量细根和极细根；极强石灰反应；向下渐变平滑过渡。

Ck：50～90 cm，浊黄橙色（7.5YR 7/4，干），亮黄棕（10YR 6/8，润），润，坚实、稍黏、无塑，粉砂壤土，弱发育的薄鳞片状结构；大量白色碳酸钙假菌丝体；强石灰反应。

R： 90 cm以下，岩石破碎块。

阎家岔系代表性单个土体剖面

阎家岔系代表性单个土体物理性质

土层	深度/cm	砾石(>2 mm)体积分数/%	细土颗粒组成(粒径：mm)/(g/kg)			质地
			砂粒 2～0.05	粉粒 0.05～0.002	黏粒 <0.002	
A	0～30	0	152	558	290	粉黏壤土
Bk	30～50	0	167	598	235	粉砂壤土
Ck	50～90	0	171	608	221	粉砂壤土

阎家岔系代表性单个土体化学性质

深度/cm	pH (H_2O)	有机碳(C)/(g/kg)	全氮(N)/(g/kg)	全磷(P)/(g/kg)	全钾(K)/(g/kg)	碳酸钙/(g/kg)	CEC/(cmol/kg)	游离铁(Fe_2O_3)/(g/kg)
0～30	8.1	11.8	1.19	0.52	19.3	139	16.3	5.4
30～50	8.3	3.8	0.45	0.48	17.1	135	10.7	4.9
50～90	8.3	1.7	0.27	0.47	16.5	134	10.9	4.9

9.7.8　硝口梁系（Xiaokouliang Series）

土　族：壤质硅质混合型温性-钙积简育干润雏形土

拟定者：龙怀玉，曲潇琳，曹祥会，谢　平

分布与环境条件　主要分布在黄土丘陵坡地，母质为黄土，大部分已开垦为旱耕地，自然荒地为干旱草原植被，覆盖度为 30%～50%，禾草与小灌木杂生。分布区域属于暖温带半干旱气候，年均气温 4.5～7.6℃，年降水量 339～609 mm。

硝口梁系典型景观

土系特征与变幅　诊断层有淡薄表层、雏形层、钙积层；诊断特性有盐基饱和、石灰性、黄土和黄土状沉积物岩性、半干润土壤水分、温性土壤温度。黄土成土母质，土层深厚，颜色、结构、紧实度等性质皆均一，土壤质地为粉砂壤土，土壤 pH 为 8.0～9.0。全剖面强石灰反应，部分土层或者全部土层碳酸钙含量在 150～200 g/kg，层次之间没有明显差异，心土层以下有中量显著的碳酸钙假菌丝体。腐殖质累积过程微弱，腐殖质层（耕作层）厚度小于 30 cm，有机碳含量为 3.0～6.0 g/kg。

对比土系　和夏塬系相比，绝大部分诊断层、诊断特性相同，成土母质、成土环境、剖面形态、理化性质等基本相似，但是夏塬系具有钙积现象，只在剖面底部有少量碳酸钙假菌丝体，腐殖质层的有机碳含量为 6.0～15.0 g/kg。硝口梁系具有钙积层，在剖面中部有大量碳酸钙假菌丝体，腐殖质层的有机碳含量为 3.0～6.0 g/kg。

利用性能综述　地处丘陵缓坡地，土层较厚，质地较好，但气候干旱，水资源不足，农用难度较大，可以用作放牧草场，但产草量低，畜牧承载力很低。

参比土种　粉质淡灰钙土（细白脑土）。

代表性单个土体　宁夏固原市原州区中河乡硝口村，106°4′25.4′′E、36°1′17.1′′N，海拔 1975 m。成土母质为黄土。地势起伏，地形为山地、中山、台地。水浇地，目前主要种

植葱。年均气温 6.1℃，≥10℃年积温 2400℃，50 cm 深处年均土壤温度 9.4℃，年≥10℃天数 151 d，年降水量 467 mm，年均相对湿度 59%，年干燥度 2.1，年日照时数 2492 h。野外调查时间：2015 年 4 月 18 日，天气（小雨）。

Ap1：0～20 cm，浊黄橙色（10YR 6/4，干），黄棕色（10YR 5/5，润）；润，疏松、稍黏着、稍塑，粉砂壤土，弱发育的小团粒状结构和中团块状结构；少量细根和极细根，有大量土壤动物粪便；极强石灰反应；向下渐变波状过渡。

Bk：20～40 cm，浊黄橙色（10YR 6/4，干），黄棕色（10YR 5/5，润）；润，坚实、稍黏着、稍塑，粉砂壤土，弱发育的中团块状结构；少量白色碳酸钙假菌丝体；少量细根和极细根；极强石灰反应；向下模糊平滑过渡。

Ck1：40～80 cm，浊黄橙色（10YR 7/3，干），棕色（10YR 4/4，润）；润，坚实、无黏着、无塑，粉砂壤土，很弱发育的大棱块状结构；大量白色碳酸钙假菌丝体；极少量细根和极细根；极强石灰反应；向下模糊平滑过渡。

Ck2：80～130 cm，浊黄橙色（10YR 6/4，干），棕色（10YR 4/4，润）；润，坚实、无黏着、无塑，粉砂壤土，很弱发育的大棱块状结构；中量白色碳酸钙假菌丝体；中量中根；极强石灰反应。

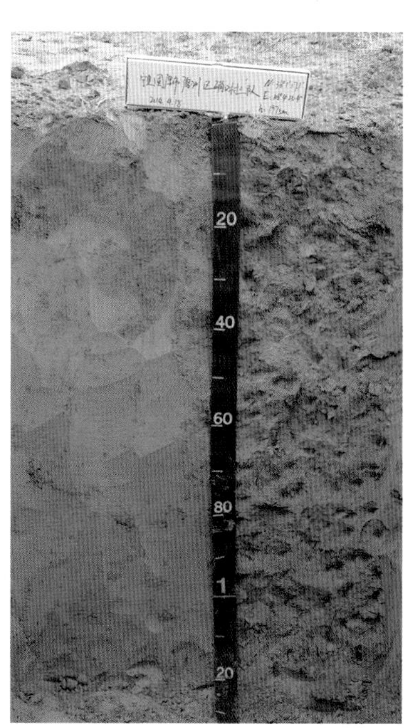

硝口梁系代表性单个土体剖面

硝口梁系代表性单个土体物理性质

土层	深度/cm	砾石(>2 mm)体积分数/%	细土颗粒组成(粒径：mm)/(g/kg)			质地
			砂粒 2～0.05	粉粒 0.05～0.002	黏粒 <0.002	
Ap1	0～20	0	160	728	112	粉砂壤土
Bk	20～40	0	201	694	105	粉砂壤土
Ck1	40～80	0	226	674	100	粉砂壤土
Ck2	80～130	0	105	800	95	粉砂壤土

硝口梁系代表性单个土体化学性质

深度/cm	pH (H_2O)	有机碳(C)/(g/kg)	全氮(N)/(g/kg)	全磷(P)/(g/kg)	全钾(K)/(g/kg)	碳酸钙/(g/kg)	CEC/(cmol/kg)	游离铁(Fe_2O_3)/(g/kg)
0～20	8.2	5.3	0.58	0.52	17.8	151	7.5	4.6
20～40	8.3	3.8	0.43	0.49	18.7	152	6.9	4.6
40～80	8.4	2.7	0.26	0.61	17.6	144	6.9	4.7
80～130	8.5	2.6	0.24	0.39	19.4	141	6.3	4.6

9.8　普通简育干润雏形土

9.8.1　硝池子系（Xiaochizi Series）

土　族：粗骨质碳酸盐型石灰性温性-普通简育干润雏形土

拟定者：龙怀玉，曹祥会，谢　平，王佳佳

分布与环境条件　主要分布在河谷平原，自然植被为荒漠草原植被，覆盖度为 30%～60%，大部分已经开垦为耕地。分布区域属于暖温带干旱气候，年均气温 5.9～9.7℃，年降水量 163～355 mm。

硝池子系典型景观

土系特征与变幅　诊断层有淡薄表层、钙积层；诊断特性和诊断现象有盐基饱和、钠质现象、半干润土壤水分、温性土壤温度。成土母质为冲积物，土层厚度为 100 cm 以上，通体为砂壤土，土层含有少量卵石块，土壤 pH 为 8.5～9.0，中度至极强石灰反应，表土层以下土体呈现为胶结着的白色泥浆形态，其碳酸钙含量在 150 g/kg 以上，比表土层高出 50 g/kg 以上，心土层盐分含量为 1.5～3.0 g/kg，表土层盐分含量小于 1.5 g/kg。没有明显的腐殖质累积过程，腐殖质层有机碳含量 3.0～6.0 g/kg，母质清晰。

对比土系　与刘石嘴系相比，两者都是河流冲积物母质，都具有淡薄表层、钙积层等诊断层，石灰性和酸碱反应级别、土壤温度状况等也相同，分布的地形部位、生产性能、农业利用方式等也非常相似。但是刘石嘴系为壤质颗粒大小级别，硅质混合型矿物类型；硝池子系为粗骨质颗粒大小级别，碳酸盐型矿物类型。

利用性能综述　该土壤区域地势平坦，土层深厚，通体为砂壤土，土壤有一定程度盐化，自然肥力很低，该区域干旱少雨，植被稀疏，土壤容易退化，难以农用，可以适度放牧，

应该通过封育还草等措施，增加植被覆盖度，提高土壤肥力。60 cm 以下有红色黏土，通体土壤有一定含盐量，开发利用中应加强节水技术应用，防止形成次生盐碱化危害。

参比土种 沙质盐化灰钙土（盐白脑土）。

代表性单个土体 宁夏吴忠市盐池县大水坑镇硝池子，106°58′5.9″E、37°25′7.5″N，海拔 1558 m。成土母质为洪积冲积物。地势较平坦，地形为冲积平原、平地。自然草地，荒漠草原植被，覆盖度约 60%。年均气温 8℃，年≥10℃积温 3140℃，50 cm 深处年均土壤温度 11.1℃，年≥10℃天数 174 d，年降水量 254 mm，年均相对湿度 50%，年干燥度 4.44，年日照时数 2911 h。野外调查时间：2014 年 10 月 21 日，天气（晴）。

A： 0～25 cm，浊橙色（7.5YR 6/4，干），亮棕色（7.5YR 5/6，润）；稍润，极疏松、稍黏着、稍塑，岩石和矿物碎屑含量约 15%、大小为 5～20 mm、块状，砂壤土，弱发育的小团粒状结构和中团块状结构；少量粗根和细根；中度石灰反应；向下清晰平滑过渡。

CA：25～50 cm，粉红色（5YR 8/3，干），红黄色（7.5YR 8/8，润）；润，坚实、无黏着、无塑，岩石和矿物碎屑含量约 80%、大小为 5～40 mm、块状，砂壤土；极少量细根和极细根；极强石灰反应；向下渐变平滑过渡。

C： 50～120 cm，粉红色（5YR 8/3，干），红黄色（7.5YR 8/8，润）；润，极坚实、无黏着、无塑，砂壤土；极强石灰反应。

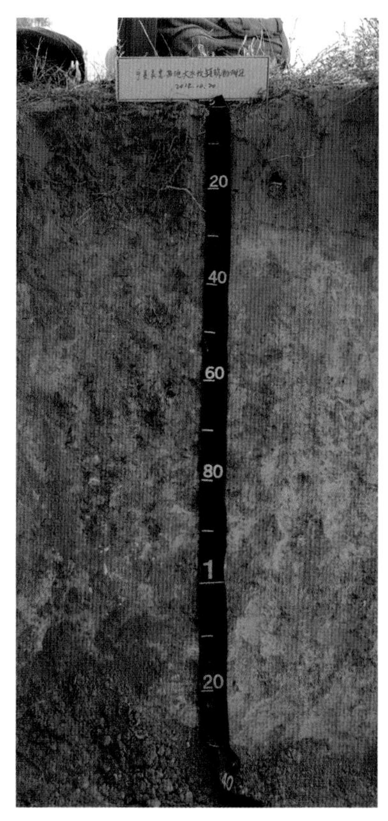

硝池子系代表性单个土体剖面

硝池子系代表性单个土体物理性质

土层	深度/cm	砾石(>2mm)体积分数/%	细土颗粒组成(粒径：mm)/(g/kg)			质地
			砂粒 2～0.05	粉粒 0.05～0.002	黏粒 <0.002	
A	0～25	15	701	271	28	砂壤土
CA	25～50	80	622	231	147	砂壤土
C	50～120	0	616	193	191	砂壤土

硝池子系代表性单个土体化学性质

深度 /cm	pH (H_2O)	有机碳(C) /(g/kg)	全氮(N) /(g/kg)	全磷(P) /(g/kg)	全钾(K) /(g/kg)	碳酸钙 /(g/kg)	全盐 /(g/kg)	CEC /(cmol/kg)	钠饱和度/%	游离铁 (Fe_2O_3) /(g/kg)
0～25	9.0	3.6	0.38	0.26	14.8	60	1.3	4.9	1.7	2.9
25～50	8.5	2.9	0.29	0.15	9.1	155	2.0	6.9	4.9	1.7
50～120	8.8	2.3	0.14	0.14	8.2	156	1.8	7.8	5.2	1.7

9.8.2 村沟系（Cungou Series）

土 族：壤质硅质混合型石灰性温性-普通简育干润雏形土

拟定者：龙怀玉，曲潇琳，曹祥会，谢 平

分布与环境条件 分布于宁夏南部、中部黄土丘陵区，地形为丘陵坡地及梁峁地，地面坡度一般大于 15°，土壤侵蚀严重，地形破碎；黄土母质，土层深厚，地下水位很深。旱耕地或者自然草地，荒地为干旱草原植被，主要植物有白草、冰草、针茅、蒿类和芨芨草等，覆盖度为20%～30%。分布区域属于暖温带半干旱气候，年均气温 5.1～8.6℃，年降水量 251～483 mm。

村沟系典型景观

土系特征与变幅 诊断层有淡薄表层、雏形层；诊断特性和诊断现象有盐基饱和、石灰性、钙积现象、碱积现象、黄土和黄土状沉积物岩性、半干润土壤水分、温性土壤温度。成土母质为风积黄土，地表有不连续的约 2～3 mm 厚的黑色结皮，有效土层厚变为 1 m 以上，土壤质地为壤土—粉砂壤土，土壤 pH 为 8.0～9.0。剖面质地、颜色、结构、紧实度等性质皆均一，土壤发育微弱，腐殖质累积过程较弱，有机碳含量小于 3.0 g/kg，腐殖质层厚度不到 30 cm，母质特征明显，向下模糊过渡。土层碳酸钙含量为 100～200 g/kg，层次间没有明显差别，心土层、底土层有时有少量碳酸钙假菌丝体。

对比土系 和盐池系属于相同的土族，诊断层、诊断特性相同，成土母质、成土环境、剖面形态、理化性质等基本相似，但盐池系腐殖质层有机碳含量为 6.0～10.0 g/kg，村沟系腐殖质层有机碳含量不到 3.0 g/kg。

利用性能综述 该土壤大部分已开垦为农用耕地，土层深厚，质地适中，耕性好，适种性广，是黄土丘陵区较好的旱作地，但是由于干旱少雨、风蚀和水土流失，抵御灾害能力较差，生产中需加强蓄保水技术的应用。部分是天然草地，植被覆盖度较高，草质良好，但是蒸发强烈，植被稀疏，畜牧承载力小，应该注意控制载畜量和封育还草，防止

水土流失和风蚀等使草场退化。

参比土种　侵蚀黄绵土（缃黄土）。

代表性单个土体　宁夏中卫市海原县史店乡村沟村，105°42′5″E、36°36′10″N，海拔 1780 m。成土母质为黄土母质。地势波状起伏，地形为山地、中山、坡中部。自然荒草地，稀疏干旱草原植被，覆盖度约 30%。地表有厚度为 2～3 mm、覆盖度约 20%的不连续的地衣苔藓等物质构成的黑褐色漆皮状结皮。年均气温 7.1℃，≥10℃年积温 2767℃，50 cm 深处年均土壤温度 10.2℃，年≥10℃天数 163 d，年降水量 360 mm，年均相对湿度 54%，年干燥度 3.11，年日照时数 2709 h。野外调查时间：2015 年 8 月 20 日，天气（晴）。

村沟系代表性单个土体剖面

A：　0～30 cm，黄棕色（10YR 5/6，干），黄棕色（10YR 5/5，润）；稍干，松软、无黏着、无塑，壤土，弱发育的团粒结构、中块状结构和团块状结构；极少量粗根和少量细根；极强石灰反应；向下模糊平滑过渡。

Bk：　30～80 cm，浊黄橙色（10YR 6/4，干），棕色（10YR 4/4，润）；稍干，硬、无黏着、无塑，壤土-粉砂壤土，弱发育的大棱块状结构；很少量白色碳酸钙假菌丝体；极少量细根和极细根；极强石灰反应；向下模糊平滑过渡。

Ck：　80～140 cm，浊黄橙色（10YR 7/3，干），棕色（10YR 4/4，润）；稍干，硬、无黏着、无塑，粉砂壤土，很弱发育的大棱块状结构；很少量白色碳酸钙假菌丝体；极少量细根和极细根；极强石灰反应。

村沟系代表性单个土体物理性质

土层	深度/cm	砾石(>2 mm)体积分数/%	细土颗粒组成(粒径：mm)/(g/kg)			质地
			砂粒 2～0.05	粉粒 0.05～0.002	黏粒 <0.002	
A	0～30	0	378	495	127	壤土
Bk	30～80	0	241	641	118	壤土-粉砂壤土
Ck	80～140	0	219	651	130	粉砂壤土

村沟系代表性单个土体化学性质

深度/cm	pH (H_2O)	有机碳(C)/(g/kg)	全氮(N)/(g/kg)	全磷(P)/(g/kg)	全钾(K)/(g/kg)	碳酸钙/(g/kg)	全盐/(g/kg)	CEC/(cmol/kg)	钠饱和度/%	游离铁(Fe_2O_3)/(g/kg)
0～30	8.4	2.8	0.30	0.60	17.4	155	0.9	1.5	3.1	8.0
30～80	8.7	2.3	0.22	0.61	18.0	151	1.0	2.2	5.1	6.2
80～140	8.8	2.2	0.18	0.61	19.1	159	1.2	0. 8	4.5	7.9

9.8.3　红川子系（Hongchuanzi Series）

土　族：壤质硅质混合型石灰性温性-普通简育干润雏形土

拟定者：龙怀玉，曲潇琳，曹祥会，谢　平

分布与环境条件　分布于宁夏南部、中部黄土丘陵区，地形为丘陵坡地及梁峁地，地面坡度一般大于 15°，土壤侵蚀严重，地形破碎；黄土母质，土层深厚，地下水位很深。旱耕地或者自然草地，荒地为干旱草原植被，主要植物有白草、冰草、针茅、蒿类和芨芨草等，覆盖度为20%～30%。分布区域属于暖温带半干旱气候，年均气温 4.9～8.6℃，年降水量 199～411 mm。

红川子系典型景观

土系特征与变幅　诊断层有淡薄表层、雏形层；诊断特性和诊断现象有盐基饱和、石灰性、钠质现象、钙积现象、黄土和黄土状沉积物岩性、半干润土壤水分、温性土壤温度。黄土状成土母质，地表有不连续的约 2～3 mm 厚的黑色结皮，有效土层厚度为 1 m 以上，剖面质地、颜色、结构、紧实度等性质皆均一，土壤质地为粉砂壤土，土壤 pH 为 8.0～9.0。土壤发育微弱，腐殖质累积过程较弱，有机碳含量 3.0～6.0 g/kg，腐殖质层厚度为 30～60 cm，母质特征明显，向下模糊过渡。土层碳酸钙含量 100～200 g/kg，层次间没有明显差别。

对比土系　红川子系与史圪崂系属于相同的土族，它们的诊断层、诊断现象和诊断特性几乎相同，成土母质、成土环境、剖面形态、理化性质等也基本相似。差别主要体现在：史圪崂系在 100～200 cm 的土体内存在盐分含量为 1.5～3.0 g/kg 的轻度盐化土层，而红川子系在 200 cm 的土体内没有盐化土层；史圪崂系腐殖质层有机碳含量为 6.0～10.0 g/kg，而红川子系腐殖质层有机碳含量为 3.0～6.0 g/kg。

利用性能综述　该土壤土层深厚，质地适中，耕性好，适种性广，是黄土丘陵区较好的旱作农业用地，大部分已开垦为农用耕地，少部分用于天然草地，植被稀疏，但草质良

好，畜牧承载力小，可以作为适度放牧草场。由于该地区干旱少雨，水土流失严重，抗御灾害能力低，农业生产中要加强抗旱保墒，注意防止水土流失，逐步扩大退耕还草，提高植被覆盖度，增加土壤肥力。

参比土种　侵蚀黄绵土（缃黄土）。

代表性单个土体　宁夏吴忠市红寺堡区南川乡红川子，106°8′43″E、37°6′43″N，海拔 1800 m。黄土状成土母质。地势较平坦，地形为冲积平原、河间地。自然荒草地，干旱草原植被，覆盖度约 20%。地表有厚度为 2～3 mm、覆盖度约 20%的地衣苔藓等物质构成的不连续的黑褐色漆皮状结皮。年均气温 7.1℃，≥10℃年积温 2829℃，50 cm 深处年均土壤温度 10.2℃，年≥10℃天数 161 d，年降水量 300 mm，年均相对湿度 50%，年干燥度 3.68，年日照时数 2858 h。野外调查时间：2015 年 8 月 21 日，天气（晴）。

AC：0～65 cm，浊黄橙色（10YR 6/3，干），黄棕色（10YR 5/8，润）；润，坚实、稍黏着、稍塑，粉砂壤土，弱发育的团粒和块状结构；少量细根和中量中根；30～50 cm 土层内有极强石灰反应；向下模糊平滑过渡。

Bw：65～110 cm，浊黄橙色（10YR 6/4，干），黄棕色（10YR 5/6，润）；润，坚实、稍黏着、稍塑，粉砂壤土，很弱发育的大块状结构；少量粗根和极少量细根；极强石灰反应；向下渐变平滑过渡。

C：110～180 cm，浊黄橙色（10YR 6/4，干），黄棕色（10YR 5/8，润）；润，疏松、稍黏着、稍塑，粉砂壤土，很弱发育的大团粒和中团块结构；极少量细根和极细根；极强石灰反应。

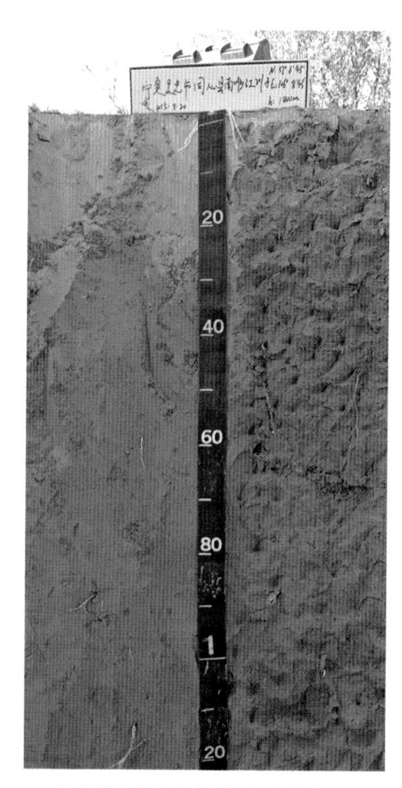

红川子系代表性单个土体剖面

红川子系代表性单个土体物理性质

土层	深度/cm	砾石(>2mm)体积分数/%	细土颗粒组成(粒径：mm)/(g/kg)			质地
			砂粒 2～0.05	粉粒 0.05～0.002	黏粒 <0.002	
AC	0～65	0	263	576	161	粉砂壤土
Bw	65～110	0	333	552	116	粉砂壤土

红川子系代表性单个土体化学性质

深度 /cm	pH (H_2O)	有机碳(C) /(g/kg)	全氮(N) /(g/kg)	全磷(P) /(g/kg)	全钾(K) /(g/kg)	碳酸钙 /(g/kg)	全盐 /(g/kg)	CEC /(cmol/kg)	钠饱和度/%	游离铁(Fe_2O_3) /(g/kg)
0～65	8.3	4.9	0.47	0.66	17.6	132	1.1	4.8	5.0	8.0
65～110	8.6	4.4	0.29	0.62	17.2	134	1.3	3.4	4.4	8.3

9.8.4　回民巷系（Huiminxiang Series）

土　族：壤质硅质混合型石灰性温性-普通简育干润雏形土

拟定者：龙怀玉，曹祥会，谢　平，王佳佳

分布与环境条件　分布在缓坡丘陵区，海拔 1250～1600 m，红色砂岩母质，地下水位很深。荒漠草原植被，主要植物有柠条、猫头刺、针茅、枝儿条、沙蒿及牛心朴子等，覆盖度为20%～50%。分布区域属于中温带干旱气候，年均气温 7.0～10.8℃，年降水量 117～284 mm。

回民巷系典型景观

土系特征与变幅　诊断层有淡薄表层、钙积层、雏形层；诊断特性和诊断现象有盐基饱和、石灰性、钙积现象、碱积现象、钠质现象、盐积现象、准石质接触面、黄土和黄土状沉积物岩性、半干润土壤水分、温性土壤温度。成土母质为砂岩残积物和风积沙的混合物，有效土层厚度为 1 m 以上，土壤质地为壤土或砂壤土，土壤结构发育微弱，没有明显的腐殖质累积过程，有机碳含量为 3.0～6.0 g/kg，母质特性明显。除表层外，至少 1 m 以上土体有少量碳酸钙假菌丝体。全剖面土壤 pH 为 8.0～9.0，强石灰反应，碳酸钙含量小于 100 g/kg，盐分含量为 3.0～10.0 g/kg，而且表层含量低于心土层和底土层含量。

对比土系　与小碱坑系相比，两者都具有淡薄表层、雏形层、钙积层等诊断层，土壤颗粒大小级别、土壤矿物类型、土壤反应级别、土壤温度状况，成土母质等也相同，地表植被、生产性能、剖面形态、农业利用方式等也非常相似。但是回民巷系还具有半干润土壤水分、钙积现象、盐积现象；小碱坑系具有干旱土壤水分。

利用性能综述　该土壤土层深厚，质地适中，但是干旱少雨，主要是生长天然草地，草质良好，由于蒸发强烈，产草量不高，加上风蚀影响容易导致草场退化，要严格控制载

畜量进行适当放牧。在有一定补灌条件时也可以开发为农用地，但是由于蒸发强烈，土壤母质盐分含量较高，农业生产过程中，必须加强水分管理和土壤肥力培育，防止底层盐分上升表聚引起土壤次生盐化和土壤板结。

参比土种　夹壤层平铺状固定风沙土（壤层固定浮沙土）。

代表性单个土体　宁夏银川市灵武市宁东镇回民巷村，106°39′46.0″E、38°06′49.0″N，海拔 1286 m。成土母质为砂岩残积物上覆风积沙。地势起伏，地形为高原、冲积平原、缓坡。灌木林地，旱生矮小灌木植被，覆盖度约 50%。年均气温 8.9℃，≥10℃年积温 3462℃，50 cm 深处年均土壤温度 11.9℃，年≥10℃天数 184 d，年降水量 195 mm，年均相对湿度 50%，年干燥度 5.76，年日照时数 2978 h。野外调查时间：2014 年 10 月 18 日，天气（晴）。

回民巷系代表性单个土体剖面

A：　0～30 cm，浊黄橙色（10YR 6/4，干），亮黄棕色（10YR 6/6，润）；润，疏松、无黏着、无塑，砂壤土，很弱发育的团粒结构和中块状结构；中量粗根和少量细根；强石灰反应；向下模糊平滑过渡。

Bk：30～100 cm，浊黄橙色（10YR 6/4，干），黄棕色（10YR 5/6，润）；润，疏松、无黏着、无塑，壤土，很弱发育的中块状结构；中量白色碳酸钙假菌丝体；极少量细根；极强石灰反应；向下模糊平滑过渡。

Ck：100～125 cm，浊黄橙色（10YR 6/4，干），亮黄棕（10YR 6/8，润）；润，坚实、无黏着、无塑，岩石和矿物碎屑含量约 5%、大小为 10～30 mm、次圆状，壤土，很弱发育的中块状结构；少量白色碳酸钙假菌丝体；极少量细根；极强石灰反应；向下清晰波状过渡。

C：　125～140 cm，黄棕色（2.5Y 5/4，干），橄榄棕色（2.5Y 4/4，润）；润，松散、无黏着、无塑，壤土，无结构；极强石灰反应。

R：　140 cm 以下，岩石，砂岩。

回民巷系代表性单个土体物理性质

土层	深度/cm	砾石(>2mm)体积分数/%	细土颗粒组成(粒径：mm)/(g/kg)			质地
			砂粒 2～0.05	粉粒 0.05～0.002	黏粒 <0.002	
A	0～30	0	510	416	74	砂壤土
Bk	30～100	0	426	441	133	壤土

回民巷系代表性单个土体化学性质

深度/cm	pH (H_2O)	有机碳(C)/(g/kg)	全氮(N)/(g/kg)	全磷(P)/(g/kg)	全钾(K)/(g/kg)	碳酸钙/(g/kg)	全盐/(g/kg)	CEC/(cmol/kg)	钠饱和度/%
0～30	8.7	3.2	0.35	0.36	16.7	66	3.1	4.4	15.5
30～100	8.8	4.7	0.53	0.39	18.8	75	8.9	9.1	9.3

9.8.5 梁家壕系（Liangjiahao Series）

土　族：壤质硅质混合型石灰性温性-普通简育干润雏形土

拟定者：龙怀玉，曲潇琳，曹祥会，谢　平

分布与环境条件　分布于宁夏南部、中部黄土丘陵区，地形为丘陵坡地及梁峁地，地面坡度一般大于 15°，土壤侵蚀严重，地形破碎；黄土母质，土层深厚，地下水位很深。旱耕地或者自然草地，自然植被为草原草甸植被，植物以长芒草、地椒、茭蒿、狼毒等为主，覆盖度为 60%以上。分布区域属于暖温带半干旱气候，年均气温 4.9～9.0℃，年降水量 373～654 mm。

梁家壕系典型景观

土系特征与变幅　诊断层有淡薄表层、雏形层；诊断现象和特性有盐基饱和、石灰性、钙积现象、黄土和黄土状沉积物岩性、半干润土壤水分、温性土壤温度。成土母质为黄土，有效土层厚度为 2 m 以上，地表时常有不连续的约 2～3 mm 厚的黑色结皮。剖面质地、颜色、结构、紧实度等性质皆均一，土壤质地为粉砂壤土，土壤 pH 为 8.0～9.0。土壤发育微弱，腐殖质累积过程较弱，母质特征明显，有机碳含量为 3.0～6.0 g/kg，腐殖质染色层厚度为 30～100 cm，向下模糊过渡。土层碳酸钙含量为 100～200 g/kg，层次间没有明显差别，底土层有时有极少量碳酸钙假菌丝体。

对比土系　和夏塬系、脱烈系属于相同的土族，与它们的诊断层、诊断现象和诊断特性基本相同，成土母质、成土环境、剖面形态、理化性质等基本相似。夏塬系腐殖质层有机碳含量为 6.0～15.0 g/kg，梁家壕系的腐殖质层有机碳含量为 3.0～6.0 g/kg；脱烈系的腐殖质层的有机碳含量为 6.0～15.5 g/kg，盐分含量为 1.5～3.0 g/kg，轻微盐化；而梁家壕系的腐殖质层有机碳含量为 3.0～6.0 g/kg，盐分含量小于 1.5 g/kg，不存在盐化。

利用性能综述　大部分已开垦为坡耕地，土层深厚，质地适中，耕性好，适种性广，是黄土丘陵区较好的旱作地；少部分为天然草地，植被覆盖度较高，草质良好，是优良放牧草场。但是干旱少雨，水土流失严重，抗御灾害能力低。生产中需要加强等高梯田建设，提高土壤蓄水保墒能力，防止风蚀和水土流失。

参比土种　侵蚀黄绵土（缃黄土）。

代表性单个土体　宁夏固原市彭阳县王洼镇梁家壕，106°36′7.2″E、36°5′49.9″N，海拔1740 m。成土母质为黄土。地势起伏，地形为山地、中山（黄土墚）、坡中部。自然荒草地，草原草甸植被及稀疏旱生灌木植被，覆盖度约85%。地表有厚度为2～3 mm、覆盖度约10%的不连续的地衣苔藓等物质构成的黑褐色漆皮状结皮。年均气温7.1℃，≥10℃年积温2707℃，50 cm深处年均土壤温度10.3℃，年≥10℃天数165 d，年降水量434 mm，年均相对湿度60%，年干燥度2.54，年日照时数2515 h。野外调查时间：2015年4月22日，天气（晴）。

A：0～30 cm，浊黄橙色（10YR 6/4，干），黄棕色（10YR 5/6，润）；稍润，疏松、稍黏着、稍塑，粉砂壤土，中度发育的小团粒状结构和中团块状结构；少量细根和极细根；极强石灰反应；向下渐变平滑过渡。

Bk：30～80 cm，浊黄橙色（10YR 6/4，干），黄棕色（10YR 5/8，润）；稍润，坚实、无黏着、无塑，粉砂壤土，很弱发育的大棱块状结构；很少量白色碳酸钙假菌丝体；极少量细根和极细根；极强石灰反应；向下模糊平滑过渡。

C：80～120 cm，浊黄橙色（10YR 6/4，干），黄棕色（10YR 5/8，润）；润，坚实、无黏着、无塑，粉砂壤土，很弱发育的大棱块状结构和团块状结构；极少量细根和极细根；极强石灰反应；向下模糊平滑过渡。

梁家壕系代表性单个土体剖面

梁家壕系代表性单个土体物理性质

土层	深度/cm	砾石(>2 mm)体积分数/%	细土颗粒组成(粒径：mm)/(g/kg)			质地
			砂粒 2～0.05	粉粒 0.05～0.002	黏粒 <0.002	
A	0～30	0	144	726	130	粉砂壤土
Bk	30～80	0	87	779	135	粉砂壤土
C	80～120	0	93	762	145	粉砂壤土

梁家壕系代表性单个土体化学性质

深度/cm	pH (H_2O)	有机碳(C)/(g/kg)	全氮(N)/(g/kg)	全磷(P)/(g/kg)	全钾(K)/(g/kg)	碳酸钙/(g/kg)	全盐/(g/kg)	CEC/(cmol/kg)	游离铁(Fe_2O_3)/(g/kg)
0～30	8.4	4.9	0.53	0.61	18.2	135	1.3	6.4	4.9
30～80	8.6	3.2	0.30	0.58	18.0	133	1.4	6.0	5.0
80～120	8.4	2.2	0.26	0.60	22.2	130	1.7	6.0	4.7

9.8.6　刘家川系（Liujiachuan Series）

土　族：壤质硅质混合型石灰性温性-普通简育干润雏形土

拟定者：龙怀玉，曲潇琳，曹祥会，谢　平

分布与环境条件　分布于宁夏南部、中部黄土丘陵区，地形为丘陵坡地及梁峁地，地面坡度一般大于 15°，土壤侵蚀严重，地形破碎；黄土母质，土层深厚，地下水位很深。旱耕地或者自然草地，荒地为干旱草原植被，主要植物有白草、冰草、针茅、蒿类和芨芨草等，覆盖度为 20%～30%。分布区域属于暖温带半干旱气候，年均气温 5.2～8.8℃，年降水量 215～433 mm。

刘家川系典型景观

土系特征与变幅　诊断层有淡薄表层、雏形层；诊断现象和诊断特性有盐基饱和、石灰性、钙积现象、碱积现象、黄土和黄土状沉积物岩性、半干润土壤水分、温性土壤温度。成土母质为风积黄土，有效土层厚度为 1 m 以上，剖面质地、颜色、结构、紧实度等性质皆均一，土壤质地为壤土和砂壤土，土壤 pH 为 8.0～9.0。土壤发育微弱，地表有不连续的约 2～3 mm 厚的黑色结皮，腐殖质累积过程较弱，腐殖质层厚度 30～60 cm，有机碳含量 3.0～6.0 g/kg，母质特征明显。土层碳酸钙含量 100～200 g/kg，层次间没有明显差别。

对比土系　刘家川系与史圪崂系、红川子系成土母质、成土环境、剖面形态、理化性质等基本相似。但刘家川系具有碱积现象，其他两个土系没有碱积现象；此外，史圪崂系在 100～200 cm 的土体内存在盐分含量为 1.5～3.0 g/kg 的轻度盐化土层，而刘家川系在 200 cm 的土体内没有盐化土层；刘家川系表土层的土壤质地为壤土，而红川子系表土层的土壤质地为粉砂壤土。

利用性能综述　大部分已开垦为坡耕地，土层深厚，质地适中，耕性好，适种性广，是黄土丘陵区较好的旱作地，少部分天然草地，草质良好，可以作为放牧草场。但是干旱少雨，植被稀疏，畜牧承载力小，水土流失和风蚀严重，抗御灾害能力低。

参比土种　侵蚀黄绵土（绱黄土）。

代表性单个土体　宁夏吴忠市同心县王团镇刘家川村，106°8′49″E、36°54′55″N，海拔1750 m。成土母质为黄土。地势陡峭切割，地形为高原山地、中山、山坡上部。自然荒草地，干旱草原植被，覆盖度约 20%。地表有厚度为 2～3 mm、覆盖度约 20%的不连续的地衣苔藓等物质构成的黑褐色漆皮状结皮。年均气温 7.3℃，≥10℃年积温 2857℃，50 cm 深处年均土壤温度 10.4℃，年≥10℃天数 164 d，年降水量 318 mm，年均相对湿度 52%，年干燥度 3.25，年日照时数 2804 h。野外调查时间：2015 年 8 月 20 日，天气（晴）。

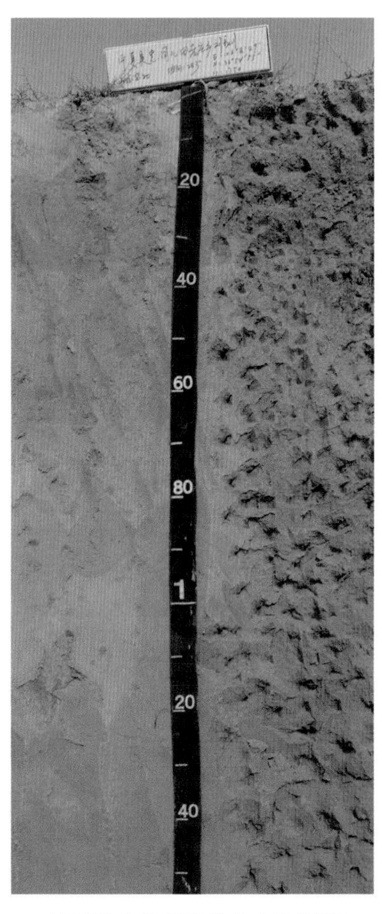

刘家川系代表性单个土体剖面

A：　0～38 cm，浊黄橙色（10YR 6/4，干），黄棕色（10YR 5/6，润）；润，疏松、稍黏着、稍塑，壤土，弱发育的小团粒状结构和大块状结构；少量细根和大量中根；极强石灰反应；向下清晰平滑过渡。

Bw：38～100 cm，浊黄橙色（10YR 6/4，干），亮黄棕色（10YR 6/6，润）；润，疏松、稍黏着、稍塑，壤土，弱发育的大块状结构；少量细根和极细根；极强石灰反应；向下模糊平滑过渡。

C：　100～160 cm，浊黄橙色（10YR 6/4，干），黄棕色（10YR 5/8，润）；润，疏松、稍黏着、稍塑，砂壤土，很弱发育的中团块状结构；极少量细根和极细根；极强石灰反应。

刘家川系代表性单个土体物理性质

土层	深度/cm	砾石(>2mm)体积分数/%	细土颗粒组成(粒径：mm)/(g/kg)			质地
			砂粒 2～0.05	粉粒 0.05～0.002	黏粒 <0.002	
A	0～38	0	400	474	125	壤土
Bw	38～100	0	431	478	91	壤土
C	100～160	0	553	384	63	砂壤土

刘家川系代表性单个土体化学性质

深度/cm	pH (H_2O)	有机碳(C) /(g/kg)	全氮(N) /(g/kg)	全磷(P) /(g/kg)	全钾(K) /(g/kg)	碳酸钙 /(g/kg)	全盐 /(g/kg)	CEC /(cmol/kg)	钠饱和度/%	游离铁 (Fe_2O_3) /(g/kg)
0～38	8.4	3.7	0.39	0.61	18.1	127	0.9	4.7	3.2	7.9
38～100	8.7	2.2	0.19	0.53	17.5	133	0.8	2.4	5.6	7.5
100～160	8.8	1.5	0.13	0.55	17.1	122	0.9	0.7	5.5	7.1

9.8.7 史圪崂系（Shigelao Series）

土　族：壤质硅质混合型石灰性温性-普通简育干润雏形土

拟定者：龙怀玉，曹祥会，谢　平，王佳佳

分布与环境条件　分布于宁夏南部、中部黄土丘陵区，地形为丘陵坡地及梁峁地，地面坡度一般大于 15°，土壤侵蚀严重，地形破碎；黄土母质，土层深厚，地下水位很深。旱耕地或者自然草地，自然植被为草原草甸植被，植物以长芒草、地椒、茭蒿、狼毒等为主，覆盖度为 60%以上。分布区域属于暖温带半干旱气候，年均气温 5.5～9.3℃，年降水量 186～390 mm。

史圪崂系典型景观

土系特征与变幅　诊断层有淡薄表层、雏形层；诊断特性和诊断现象有盐基饱和、石灰性、钙积现象、盐积现象、黄土和黄土状沉积物岩性、半干润土壤水分、温性土壤温度。成土母质为风积黄土，有效土层厚度为 1 m 以上，剖面质地、颜色、结构、紧实度等性质皆均一，土壤质地为粉砂土—粉砂壤土，土壤发育微弱，地表有不连续的约 2～3 mm 厚的黑色结皮，有一定的腐殖质累积过程，腐殖质层有机碳含量为 6.0～10.0 g/kg，并向下逐渐减少。土壤 pH 为 8.0～9.0，全剖面极强石灰反应，碳酸钙含量为 100～200 g/kg，1 m 土体内含量没有明显差异，自表土层起就有少量碳酸钙假菌丝体。

对比土系　参见红川子系。

利用性能综述　该土壤土层深厚，质地适中，耕性好，适种性广，是黄土丘陵区较好的旱作农业用地，大部分已开垦为农用耕地和梯田，少部分用于天然草地，植被稀疏，但草质良好，畜牧承载力小，可以作为适度放牧草场。由于该地区干旱少雨，水土流失严重，抗御灾害能力低，农业生产中要加强抗旱保墒，注意防止水土流失，逐步扩大退耕还草，提高植被覆盖度，增加土壤肥力。

参比土种　灰黄绵土（灰缃黄土）。

代表性单个土体　宁夏吴忠市盐池县麻黄山乡史圪崂，107°18′21.0″E、37°10′24.8″N，海拔 1648 m。成土母质为黄土沉积物。地势起伏，地形为高原、黄土梁、山坡上部。自然草地，干旱草原植被，覆盖度约 80%。地表有厚度为 2～3 mm、覆盖度约 50%的不连续的地衣苔藓等物质构成的黑褐色漆皮状结皮。年均气温 7.7℃，≥10℃年积温 3012℃，50 cm 深处年均土壤温度 10.7℃，年≥10℃天数 169 d，年降水量 283 mm，年均相对湿度 51%，年干燥度 4.0，年日照时数 2865 h。野外调查时间：2014 年 10 月 20 日，天气（晴）。

Ak：0～30 cm，浊黄橙色（10YR 6/4，干），浊黄橙色（10YR 6/4，润）；稍润，疏松、稍黏着、稍塑，粉砂土-粉砂壤土，弱发育的小团粒状结构和小团块状结构；少量白色碳酸钙假菌丝体；少量粗根和细根；极强石灰反应；向下模糊平滑过渡。

Bk：30～80 cm，浊黄橙色（10YR 6/4，干），亮黄棕色（10YR 6/6，润）；稍润，疏松、稍黏着、稍塑，粉砂壤土，弱发育的大块状结构；少量白色碳酸钙假菌丝体；少量粗根和细根；极强石灰反应；向下模糊平滑过渡。

C：80～120 cm，浊黄橙色（10YR 7/3，干），浊黄橙色（10YR 6/4，润）；稍润，疏松、无黏着、无塑，粉砂壤土；极少量细根；极强石灰反应。

史圪崂系代表性单个土体剖面

史圪崂系代表性单个土体物理性质

土层	深度/cm	砾石(>2mm)体积分数/%	细土颗粒组成(粒径：mm)/(g/kg)			质地
			砂粒 2～0.05	粉粒 0.05～0.002	黏粒 <0.002	
Ak	0～30	0	101	829	69	粉砂土-粉砂壤土
Bk	30～80	0	223	660	118	粉砂壤土
C	80～120	0	183	719	99	粉砂壤土

史圪崂系代表性单个土体化学性质

深度/cm	pH (H_2O)	有机碳(C)/(g/kg)	全氮(N)/(g/kg)	全磷(P)/(g/kg)	全钾(K)/(g/kg)	碳酸钙/(g/kg)	全盐/(g/kg)	CEC/(cmol/kg)	游离铁(Fe_2O_3)/(g/kg)
0～30	8.5	6.5	0.69	0.48	16.8	126	1.4	6.5	4.4
30～80	8.7	3.4	0.37	0.48	15.1	139	1.5	7.9	4.9
80～120	8.7	1.9	0.33	0.44	15.5	152	2.0	6.5	4.7

9.8.8 苏家岭系（Sujialing Series）

土　族：壤质硅质混合型石灰性温性-普通简育干润雏形土

拟定者：龙怀玉，曲潇琳，曹祥会，谢　平

分布与环境条件　分布于宁夏南部、中部黄土丘陵区，地形为丘陵坡地及梁峁地，地面坡度一般大于 15°，土壤侵蚀严重，地形破碎；黄土母质，土层深厚，地下水位很深。旱耕地或者自然草地，自然植被为草原草甸植被，植物以长芒草、地椒、茭蒿、狼毒等为主，覆盖度为 30%～60%。分布区域属于暖温带半干旱气候，年均气温 5.5～9.0℃，年降水量 237～461 mm。

苏家岭系典型景观

土系特征与变幅　诊断层有淡薄表层、雏形层；诊断现象和诊断特性有盐基饱和、石灰性、钙积现象、碱积现象、钠质现象、黄土和黄土状沉积物岩性、半干润土壤水分、温性土壤温度。成土母质为黄土，有效土层厚度为 1 m 以上，土壤质地为砂壤土，土壤 pH 为 8.0～9.0。剖面质地、颜色、结构、紧实度等性质皆均一，土壤发育微弱，腐殖质累积过程较弱，有机碳含量小于 3.0 g/kg，腐殖质层厚度小于 30 cm，母质特征明显，向下模糊过渡。土层碳酸钙含量为 100～200 g/kg，层次间没有明显差别。

对比土系　和盐池系属于相同的土族，诊断层、诊断现象和诊断特性相同，成土母质、成土环境、剖面形态、理化性质等基本相似，但盐池系腐殖质层有机碳含量为 6.0～10.0 g/kg，苏家岭系腐殖质层有机碳含量不到 3.0 g/kg。

利用性能综述　该土壤大部分已开垦为农用耕地，土层深厚，质地适中，耕性好，适种性广，是黄土丘陵区较好的旱作地。但是由于干旱少雨、风蚀和水土流失，土壤抵御灾害能力较差，生产中需加强蓄保水技术的应用。部分是天然草地，植被覆盖度较高，草质良好，但是蒸发强烈，植被稀疏，畜牧承载力小，应该注意控制载畜量和封育还草，防止水土流失和风蚀等引起草场退化。

参比土种 侵蚀黄绵土（缃黄土）。

代表性单个土体 宁夏吴忠市同心县张家塬乡苏家岭村，106°11′21″E、36°41′28″N，海拔 1700 m。成土母质为沉积黄土。地势波状起伏，地形为山地、中山（黄土墚）、坡上部。自然荒草地，极稀疏干旱草原植被，覆盖度约 30%。年均气温 7.4℃，≥10℃年积温 2876℃，50 cm 深处年均土壤温度 10.5℃，年≥10℃天数 167 d，年降水量 342 mm，年均相对湿度 54%，年干燥度 3.34，年日照时数 2734 h。野外调查时间：2015 年 8 月 18 日，天气（晴、多云）。

A： 0～30 cm，黄棕色（10YR 5/5，干），棕色（10YR 4/4，润）；稍干，松软、无黏着、无塑，砂壤土，弱发育的团粒结构和中度发育的大块状结构及棱块状结构；极少量细根和中根；极强石灰反应；向下模糊平滑过渡。

Bw：30～120 cm，浊黄橙色（10YR 6/4，干），棕色（10YR 4/4，润）；稍干，硬、无黏着、无塑，砂壤土，弱发育的大棱块状结构；极少量细根和极细根；极强石灰反应；向下模糊平滑过渡。

C： 120～160 cm，黄棕色（10YR 5/6，干），棕色（10YR 4/4，润）；稍干，硬、无黏着、无塑，砂壤土，很弱发育的大棱块状结构；极少量细根和极细根；强石灰反应。

苏家岭系代表性单个土体剖面

苏家岭系代表性单个土体物理性质

土层	深度/cm	砾石(>2 mm)体积分数/%	细土颗粒组成(粒径：mm)/(g/kg)			质地
			砂粒 2～0.05	粉粒 0.05～0.002	黏粒 <0.002	
A	0～30	0	538	441	21	砂壤土
Bw	30～120	0	528	465	07	砂壤土

苏家岭系代表性单个土体化学性质

深度/cm	pH (H_2O)	有机碳(C)/(g/kg)	全氮(N)/(g/kg)	全磷(P)/(g/kg)	全钾(K)/(g/kg)	碳酸钙/(g/kg)	CEC/(cmol/kg)	钠饱和度/%	游离铁(Fe_2O_3)/(g/kg)
0～30	8.5	2.2	0.21	0.54	15.7	137	3.2	1.8	8.1
30～120	8.6	1.4	0.08	0.54	15.9	127	2.6	5.1	7.6

9.8.9 脱烈系（Tuolie Series）

土 族：壤质硅质混合型石灰性温性-普通简育干润雏形土

拟定者：龙怀玉，曲潇琳，曹祥会，谢 平

分布与环境条件 分布于黄土丘陵区，地形为丘陵坡地及梁峁地，地面坡度大，一般大于 15°，土壤侵蚀严重，地形破碎；黄土母质，土层深厚，地下水位很深。自然草甸草原植被，植物主要有长芒草、地椒、茭蒿、狼毒等，覆盖度为60%以上。分布区域属于暖温带半干旱气候，年均气温 4.9～8.3℃，年降水量 278～522 mm。

脱烈系典型景观

土系特征与变幅 诊断层有淡薄表层、雏形层；诊断现象和特性有盐基饱和、石灰性、钙积现象、黄土和黄土状沉积物岩性、半干润土壤水分、温性土壤温度。成土母质为风积黄土，土表有黑褐色漆皮状干旱结皮，有效土层厚度为 1 m 以上，剖面质地、颜色、结构、紧实度等性质皆均一，土壤质地为粉砂壤土和壤土，土壤 pH 为 8.0～9.0。腐殖质层厚度为 30～60 cm，有机碳含量大于 6.0 g/kg，但母质特征明显。土层碳酸钙含量为 100～200 g/kg，层次间没有明显差别。

对比土系 参见梁家壕系。

利用性能综述 大部分已开垦为耕地，土层深厚，质地适中，耕性好，适种性广，是黄土丘陵区较好的旱作地；少部分为天然草地，植被覆盖度较高，草质良好，是优良的放牧草场。

参比土种 灰黄绵土（灰缃黄土）。

代表性单个土体 宁夏中卫市海原县曹洼乡脱烈村，105°47′54″E、36°24′45″N，海拔 1850 m。成土母质为风积黄土。地势起伏，地形为高原丘陵、低丘、坡中部。自然荒草地，干旱草原植被，覆盖度约 80%，附近耕地种植玉米。地表有厚度为 2～3 mm、覆盖度约 50%的不连续的地衣苔藓等物质构成的黑褐色漆皮状结皮。年均气温 6.7℃，≥10℃年积温 2645℃，50 cm 深处年均土壤温度 10℃，年≥10℃天数 159 d，年降水量 393 mm，

年均相对湿度 56%，年干燥度 2.77，年日照时数 2645 h。野外调查时间：2015 年 8 月 19 日，天气（晴、多云）。

A： 0～30 cm，黄棕色（10YR 5/6，干），棕色（10YR 4/4，润）；稍干，稍硬、无黏着、无塑，粉砂壤土，中度发育的中块状结构和团块状结构；中量粗根和中量细根；极强石灰反应；向下模糊平滑过渡。

Bw：30～60 cm，浊黄橙色（10YR 6/4，干），棕色（10YR 4/4，润）；稍干，硬、无黏着、无塑，壤土，弱发育的大块状结构；少量细根和极细根；极强石灰反应；向下模糊平滑过渡。

C： 60～130 cm，稍黄棕色（10YR 5/6，干），棕色（10YR 4/4，润）；干，硬、无黏着、无塑，壤土，很弱发育的大棱块状结构；极强石灰反应。

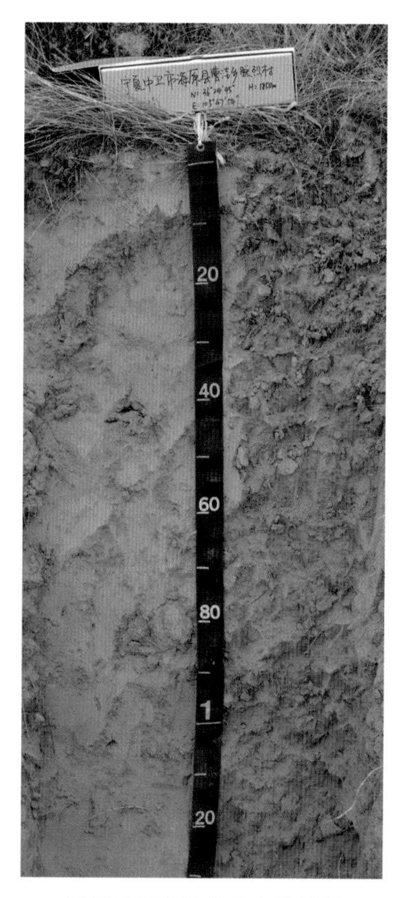

脱烈系代表性单个土体剖面

脱烈系代表性单个土体物理性质

土层	深度/cm	砾石(>2 mm)体积分数/%	细土颗粒组成(粒径：mm)/(g/kg)			质地
			砂粒 2～0.05	粉粒 0.05～0.002	黏粒 <0.002	
A	0～30	0	356	507	137	粉砂壤土
Bw	30～60	0	356	499	145	壤土
C	60～130	0	398	449	153	壤土

脱烈系代表性单个土体化学性质

深度/cm	pH (H_2O)	有机碳(C)/(g/kg)	全氮(N)/(g/kg)	全磷(P)/(g/kg)	全钾(K)/(g/kg)	碳酸钙/(g/kg)	全盐/(g/kg)	CEC/(cmol/kg)	游离铁(Fe_2O_3)/(g/kg)
0～30	8.3	8.0	0.68	0.67	17.2	145	1.7	7.4	5.4
30～60	8.5	5.3	0.48	0.62	17.8	148	1.5	2.9	7.8
60～130	8.5	4.7	0.43	0.65	17.2	138	1.4	4.1	7.7

9.8.10　夏塬系（Xiayuan Series）

土　族：壤质硅质混合型石灰性温性-普通简育干润雏形土

拟定者：龙怀玉，曲潇琳，曹祥会，谢　平

分布与环境条件　分布于宁夏南部、中部黄土丘陵区，地形为丘陵坡地及梁峁地，地面坡度一般大于 15°，土壤侵蚀严重，地形破碎；黄土母质，土层深厚，地下水位很深。旱耕地或者自然草地，自然植被为草原草甸植被，植物以长芒草、地椒、茭蒿、狼毒、硬质早熟禾、大针茅、铁杆蒿、披碱草、星毛委陵菜、糙隐子草和猪毛蒿等为主，覆盖度为 60%以上。分布区域属于暖温带半干旱气候，年均气温 4.6～9.5℃，年降水量 357～624 mm。

夏塬系典型景观

土系特征与变幅　诊断层有淡薄表层、雏形层；诊断特性和诊断现象有盐基饱和、石灰性、钙积现象、黄土和黄土状沉积物岩性、半干润土壤水分、温性土壤温度。成土母质为风积黄土，土层深厚，有效土层厚度为 2 m 以上。地表有不连续的约 2～3 mm 厚的黑色结皮，土壤质地为粉砂壤土，土壤 pH 为 8.0～9.0。剖面质地、颜色、结构、紧实度等性质皆均一，土壤发育微弱，母质特征明显。腐殖质累积过程较弱，有机碳含量 6.0～15.0 g/kg，腐殖质染色层厚度为 30～100 cm，向下模糊过渡。土层碳酸钙含量 100～200 g/kg，层次间没有明显差别，底土层有时有少量碳酸钙假菌丝体。

对比土系　参见硝口梁系。

利用性能综述　大部分已开垦为坡耕地，土层深厚，质地适中，耕性好，适种性广，是黄土丘陵区较好的旱作地；少部分天然草地，植被覆盖度较高，草质良好，是优良放牧草场。但是干旱少雨，地形起伏，坡度较大，水土流失严重，抗御灾害能力低。

参比土种 侵蚀黄绵土（缃黄土）、灰黄绵土（灰缃黄土）、普通黑垆土（孟塬黑垆土）。

代表性单个土体 宁夏固原市彭阳县红河镇夏塬村，106°46′16.4″E、35°46′34.2″N，海拔1581 m。成土母质为黄土。地势起伏，地形为山地、台地（黄土塬）、塬边缘上部。自然草地，草原植被，覆盖度约80%。地表有厚度为2～3 mm、覆盖度约50%的不连续的地衣苔藓等物质构成的黑褐色漆皮状结皮。年均气温7.6℃，≥10℃年积温2803℃，50 cm深处年均土壤温度10.9℃，年≥10℃天数173 d，年降水量480 mm，年均相对湿度66%，年干燥度2.39，年日照时数2361 h。野外调查时间：2015年4月21日，天气（晴）。

A：0～30 cm，浊黄橙色（10YR 6/3，干），棕色（10YR 4/6，润）；润，疏松、稍黏着、稍塑，粉砂壤土，中度发育的小团粒状结构和中团块状结构；中量细根和极细根；极强石灰反应；向下渐变平滑过渡。

Bk：30～75 cm，浊黄橙色（10YR 6/4，干），黄棕色（10YR 5/8，润）；稍润，坚实、无黏着、无塑，粉砂壤土，中度发育的大棱块状结构；很少量白色碳酸钙假菌丝体；极少量细根和极细根，有中量土壤动物粪便；极强石灰反应；向下模糊平滑过渡。

Ck：75～140 cm，浊黄橙色（10YR 6/4，干），亮黄棕色（10YR 6/6，润）；稍润，坚实、无黏着、无塑，粉砂壤土，很弱发育的大棱块状结构；少量白色碳酸钙假菌丝体；极少量细根和极细根，有中量土壤动物粪便；极强石灰反应。

夏塬系代表性单个土体剖面

夏塬系代表性单个土体物理性质

土层	深度/cm	砾石(>2 mm)体积分数/%	细土颗粒组成(粒径：mm)/(g/kg)			质地
			砂粒 2～0.05	粉粒 0.05～0.002	黏粒 <0.002	
A	0～30	0	206	625	169	粉砂壤土
Bk	30～75	0	133	686	182	粉砂壤土
Ck	75～140	0	137	671	192	粉砂壤土

夏塬系代表性单个土体化学性质

深度 /cm	pH (H_2O)	有机碳(C) /(g/kg)	全氮(N) /(g/kg)	全磷(P) /(g/kg)	全钾(K) /(g/kg)	碳酸钙 /(g/kg)	CEC /(coml/kg)	游离铁 (Fe_2O_3) /(g/kg)
0～30	8.5	10.0	0.84	0.50	19.0	144	8.6	5.1
30～75	8.6	2.8	0.33	0.50	18.2	154	7.4	4.9
75～140	8.5	2.2	0.28	0.50	15.2	150	7.5	5.2

9.8.11　盐池系（Yanchi Series）

土　族： 壤质硅质混合型石灰性温性-普通简育干润雏形土

拟定者： 龙怀玉，曲潇琳，曹祥会，谢　平

分布与环境条件　主要分布在黄土高原梁峁地带，成土母质为黄土母质，稀疏干旱草原植被，主要植物有毛刺锦鸡儿、蓍状亚菊、短花针茅、冷蒿、长芒草及无芒隐子草等，覆盖度为20%～50%。分布区域属于暖温带半干旱气候，年均气温3.7～7.1℃，年降水量266～511 mm。

盐池系典型景观

土系特征与变幅　诊断层有淡薄表层、雏形层；诊断现象和诊断特性有盐基饱和、石灰性、钙积现象、碱积现象、钠质现象、黄土和黄土状沉积物岩性、半干润土壤水分、温性土壤温度。黄土母质，土层深厚，地表有不连续的漆斑状生物结皮，土壤质地为粉砂壤土，土壤pH为8.0～9.0。剖面质地、颜色、结构、紧实度等性质皆均一。腐殖质累积过程较弱，表土层有机碳含量为6.0～10.0 g/kg。碳酸钙含量为100～150 g/kg，层次之间没有明显差异，心土层有少量碳酸钙新生体。

对比土系　参见苏家岭系。

利用性能综述　该土壤地势起伏不平，土层较厚，质地较好，但该地区气候干旱，土壤水分不足，土壤有轻度盐化，自然肥力低。由于降水少和没有灌溉，目前一般为荒地或者用于放牧，可以发展天然草场，生产中需注意加强封育还草，提高植被覆盖度，防止水土流失和风蚀导致草场退化。

参比土种　粉质淡灰钙土（细白脑土）。

代表性单个土体　宁夏中卫市海原县盐池乡盐池村，105°17′35.6″E、36°37′59.9″N，海拔2090 m，成土母质为黄土。地势起伏，地形为山地、中山、坡中部。自然荒草地，稀疏干旱草原植被，覆盖度约50%。地表有厚度为2～3 mm、覆盖度约30%的不连续的地衣

苔藓等物质构成的黑褐色漆皮状结皮。年均气温 5.7℃，≥10℃年积温 2377℃，50 cm 深处年均土壤温度 9℃，年≥10℃天数 143 d，年降水量 384 mm，年均相对湿度 53%，年干燥度 2.72，年日照时数 2727 h。野外调查时间：2015 年 4 月 17 日，天气（晴）。

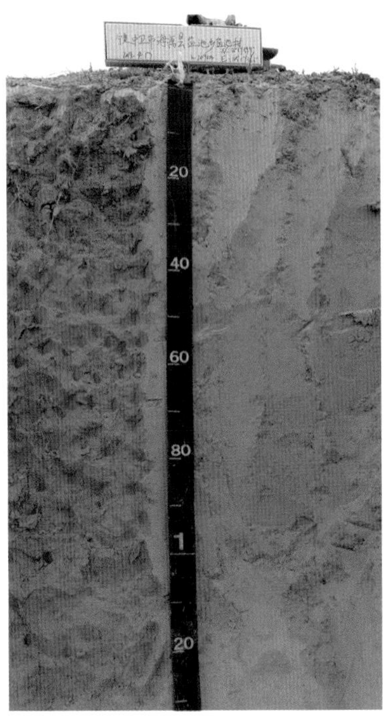

盐池系代表性单个土体剖面

A：0～30 cm，浊黄橙色（10YR 6/3，干），棕色（10YR 4/4，润）；稍润，坚实、黏着、中塑，粉砂壤土，弱发育的团粒结构和中团块状结构；少量细根和极细根；强石灰反应；向下模糊平滑过渡。

Bk：30～100 cm，浊黄橙色（10YR 7/3，干），棕色（10YR 4/4，润）；稍润，坚实、黏着、中塑，粉砂壤土，弱发育的大棱块状结构；少量白色碳酸钙假菌丝体；少量细根和极细根；极强石灰反应；向下模糊平滑过渡。

C：100～140 cm，浊黄橙色（10YR 6/4，干），棕色（10YR 4/4，润）；稍润，坚实、黏着、中塑，粉砂壤土，很弱发育的大块状结构；极少量细根和极细根；强石灰反应。

盐池系代表性单个土体物理性质

土层	深度/cm	砾石(>2 mm)体积分数/%	细土颗粒组成(粒径：mm)/(g/kg)			质地
			砂粒 2～0.05	粉粒 0.05～0.002	黏粒 <0.002	
A	0～30	0	218	709	72	粉砂壤土
Bk	30～100	0	206	735	60	粉砂壤土
C	100～140	0	380	584	36	粉砂壤土

盐池系代表性单个土体化学性质

深度/cm	pH (H_2O)	有机碳(C)/(g/kg)	全氮(N)/(g/kg)	全磷(P)/(g/kg)	全钾(K)/(g/kg)	碳酸钙/(g/kg)	CEC/(coml/kg)	全盐/(g/kg)	钠饱和度/%	游离铁(Fe_2O_3)/(g/kg)
0～30	8.4	7.0	0.53	0.49	18.6	143	5.6	1.4	8.2	4.6
30～100	8.6	2.4	0.23	0.46	18.7	138	4.4	1.5	12.9	4.4
100～140	8.9	1.6	0.16	0.44	17.9	121	3.4	1.6	13.6	4.2

9.8.12 玉民山系（Yuminshan Series）

土 族：壤质硅质混合型石灰性温性-普通简育干润雏形土

拟定者：龙怀玉，曲潇琳，曹祥会，谢 平

分布与环境条件 分布于宁夏南部、中部黄土丘陵区的河谷平原、川地，地形平坦；黄土状成土母质，土层深厚，地下水位很深。旱耕地或者自然草地，自然植被为干旱草原植被，植物以长芒草、地椒、茭蒿、狼毒等为主，覆盖度为30%～60%。分布区域属于暖温带半干旱气候，年均气温5.4～9.1℃，年降水量202～413 mm。

玉民山系典型景观

土系特征与变幅 诊断层有淡薄表层、雏形层；诊断特性和诊断现象有盐基饱和、肥熟现象、钙积现象、黄土和黄土状沉积物岩性、钠质现象、半干润土壤水分、温性土壤温度。黄土状成土母质，有效土层厚度为1 m以上，土壤质地为粉砂壤土、砂壤土，土壤pH为8.5～9.0。剖面质地、颜色、结构、紧实度等性质皆均一，土壤发育微弱，没有明显的腐殖质累积过程，腐殖质层有机碳含量小于 6.0 g/kg，向下模糊过渡。剖面碳酸钙含量为100～200 g/kg，心土层、底土母质层比表土层高出20%以上。

对比土系 与杨家窑系相比，两者都具有淡薄表层、雏形层、钙积现象、钠质现象、温性土壤温度等诊断层、诊断现象和诊断特性，成土母质、成土环境、剖面形态、理化性质等基本相似。但杨家窑系的土壤pH在9.0以上，全剖面盐分含量为1.5～5.0 g/kg，轻度、中度盐化，表土层质地为粉砂壤土，干旱土壤水分；而玉民山系还具有肥熟现象，土壤pH为8.5～9.0，只有底土层轻度盐化，表土层土壤质地为砂壤土，半干润土壤水分。

利用性能综述 该土壤土层深厚，通体为砂壤土或粉砂壤土，质地适中，耕性好，适种性广，是黄土丘陵区较好的旱作农业用地，大部分已开垦为农用耕地，少部分用于天然草地，植被稀疏，但草质良好，畜牧承载力小，可以作为适度放牧草场。由于该地区干旱少雨，风蚀严重，抗御灾害能力低，农业生产中要加强抗旱保墒，注意防止风蚀，逐步扩大退耕还草，提高植被覆盖度，增加土壤肥力。

参比土种　粉质淡灰钙土（细白脑土）。

代表性单个土体　宁夏吴忠市同心县下马关镇玉民山村，106°26′21″E、37°1′13″N，海拔1690 m。成土母质为冲积黄土。地势平坦，地形为丘陵、洪积冲积平原、河间地。旱地，主要种植玉米、小麦。年均气温 7.5℃，≥10℃年积温 2943℃，50 cm 深处年均土壤温度10.6℃，年≥10℃天数 167 d，年降水量 202 mm，年均相对湿度 51%，年干燥度 3.47，年日照时数 2829 h。野外调查时间：2015 年 8 月 17 日，天气（阴）。

玉民山系代表性单个土体剖面

Ap1：0～40 cm，浊黄橙色（10YR 6/4，干），黄棕色（10YR 5/6，润）；稍润，疏松、稍黏着、无塑，砂壤土，弱发育的中团粒状结构和中团块状结构；少量细根和多量中根；向下模糊平滑过渡。

Bw：40～70 cm，黄棕色（10YR 5/8，干），棕色（10YR 4/4，润）；稍干，极硬、稍黏着、无塑，粉砂壤土，强发育的大棱块状结构；中量中根；极强石灰反应；向下模糊平滑过渡。

C：　70～120 cm，浊黄橙色（10YR 6/4，干），亮黄棕色（10YR 6/6，润）；稍润，坚实、稍黏着、无塑，粉砂壤土，很弱发育的大棱块状结构；中量中根；极强石灰反应。

玉民山系代表性单个土体物理性质

土层	深度/cm	砾石(>2 mm)体积分数/%	细土颗粒组成(粒径：mm)/(g/kg)			质地
			砂粒 2～0.05	粉粒 0.05～0.002	黏粒 <0.002	
Ap1	0～40	0	585	393	22	砂壤土
Bw	40～70	0	230	678	91	粉砂壤土
C	70～120	0	306	628	67	粉砂壤土

玉民山系代表性单个土体化学性质

深度/cm	pH (H_2O)	有机碳(C)/(g/kg)	全氮(N)/(g/kg)	全磷(P)/(g/kg)	有效磷/(mg/kg)	全钾(K)/(g/kg)	碳酸钙/(g/kg)	全盐/(g/kg)	CEC/(cmol/kg)	钠饱和度/%	游离铁(Fe_2O_3)/(g/kg)
0～40	8.5	3.5	0.23	0.53	28.7	17.2	117	0.7	4.62	3.7	6.2
40～70	8.6	3.4	0.23	0.58	9.8	15.6	162	1.0	3.88	2.9	8.4
70～120	8.8	2.2	0.10	0.59	8.2	15.5	162	1.5	2.44	9.1	8.2

9.8.13 怀沟湾系（Huaigouwan Series）

土 族：壤质长石混合型石灰性温性-普通简育干润雏形土

拟定者：龙怀玉，曲潇琳，曹祥会，谢 平

分布与环境条件 分布于宁夏南部、中部黄土丘陵区，地形为丘陵坡地及梁峁地，地面坡度一般大于 15°，土壤侵蚀严重，地形破碎；黄土母质，土层深厚，地下水位很深。旱耕地或者自然草地，自然植被为草原草甸植被，植物以长芒草、地椒、茭蒿、狼毒等为主，覆盖度为 60%以上。分布区域属于暖温带半干旱气候，年均气温 5.1～8.9℃，年降水量 339～607 mm。

怀沟湾系典型景观

土系特征与变幅 诊断层有淡薄表层、雏形层；诊断特性和诊断现象有盐基饱和、石灰性、钙积现象、黄土和黄土状沉积物岩性、半干润土壤水分、温性土壤温度。成土母质为黄土，地表有不连续的约 2～3 mm 厚的黑色结皮，有效土层厚度为 1 m 以上，土壤质地为粉砂壤土，土壤 pH 为 8.0～9.0。剖面质地、颜色、结构、紧实度等性质皆均一，土壤发育微弱，腐殖质累积过程较弱，有机碳含量为 6.0～10.0 g/kg，腐殖质染色层厚度为 30～60 cm，向下模糊过渡。土层碳酸钙含量为 100～200 g/kg，层次间没有明显差别。

对比土系 与庙坪系属于同一个土族，成土母质都是黄土，都具有淡薄表层、雏形层、钙积现象等诊断层和诊断现象，分布地形部位、地表形态、剖面形态非常相似。但是怀沟湾系比庙坪系少具备了盐积现象、钠质现象，庙坪系腐殖质层的有机碳含量为 3.0～6.0 g/kg，怀沟湾系腐殖质层的有机碳含量为 6.0～10.0 g/kg。

利用性能综述 该土壤土层深厚，通体为粉砂壤土，质地适中，耕性好，适种性广，是黄土丘陵区较好的旱作农业用地，大部分已开垦为农用坡耕地或梯田，少部分用于天然

草地，植被稀疏，但草质良好，畜牧承载力小，可以作为适度放牧草场。由于该地区干旱少雨，坡度较大，水土流失严重，抗御灾害能力低，已经开发为农用地的建议逐步扩大退耕还草或建设等高梯田，开发利用中要提高植被覆盖度，防止水土流失，增加土壤肥力。

参比土种　侵蚀黄绵土（细黄土）。

代表性单个土体　宁夏固原市彭阳县王洼镇怀沟湾，106°21′25″E、35°58′35.5″N，海拔1865 m。成土母质为黄土。地势起伏，地形为高原山地、中山、山坡。自然草地及灌木林地，以禾本科草、杏、酸枣为优势的茂盛草甸及灌木林植被，覆盖度约90%。地表有厚度为2～3 mm、覆盖度约10%的不连续的地衣苔藓等物质构成的黑褐色漆皮状结皮。年均气温6.5℃，≥10℃年积温2529℃，50 cm深处年均土壤温度9.9℃，年≥10℃天数158 d，年降水量465 mm，年均相对湿度60%，年干燥度2.19，年日照时数2469 h。野外调查时间：2015年4月22日，天气（晴）。

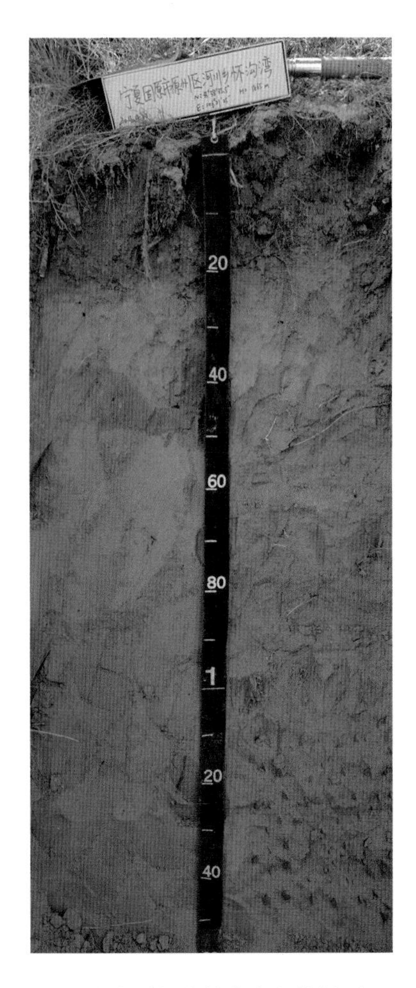

怀沟湾系代表性单个土体剖面

A：　0～20 cm，浊黄橙色（10YR 6/3，干），棕色（10YR 4/6，润）；稍润，疏松、稍黏着、稍塑，岩石和矿物碎屑含量约25%、大小为10～20 mm、块状，粉砂壤土，中度发育的中团粒状结构；中量细根和中根；极强石灰反应；向下清晰平滑过渡。

Bw：20～80 cm，浊黄橙色（10YR 6/3，干），黄棕色（10YR 5/8，润）；润，坚实、稍黏着、无塑，粉砂壤土，很弱发育的大棱块状结构和团块状结构；极少量细根和极细根；极强石灰反应；向下模糊平滑过渡。

C：　80～140 cm，浊黄橙色（10YR 7/3，干），亮黄棕色（10YR 6/6，润）；润，坚实、无黏着、无塑，粉砂壤土，很弱发育的中块状结构和团块状结构；极少量细根和极细根；极强石灰反应。

怀沟湾系代表性单个土体物理性质

土层	深度/cm	砾石(>2 mm)体积分数/%	细土颗粒组成(粒径：mm)/(g/kg)			质地
			砂粒 2～0.05	粉粒 0.05～0.002	黏粒 <0.002	
A	0～20	25	238	599	164	粉砂壤土
Bw	20～80	0	222	646	132	粉砂壤土
C	80～140	0	99	742	159	粉砂壤土

怀沟湾系代表性单个土体化学性质

深度/cm	pH (H_2O)	有机碳(C)/(g/kg)	全氮(N)/(g/kg)	全磷(P)/(g/kg)	全钾(K)/(g/kg)	碳酸钙/(g/kg)	CEC/(cmol/kg)	游离铁(Fe_2O_3)/(g/kg)
0～20	8.6	8.4	0.47	0.60	17.7	147	8.1	5.0
20～80	8.5	3.0	0.26	0.56	17.2	129	8.7	4.8
80～140	8.3	3.3	0.27	0.56	20.2	127	7.2	5.0

9.8.14 庙坪系（Miaoping Series）

土　族：壤质长石混合型石灰性温性-普通简育干润雏形土

拟定者：龙怀玉，曲潇琳，曹祥会，谢　平

分布与环境条件　分布于宁夏南部、中部黄土丘陵区，地形为丘陵坡地及梁峁地，地面坡度一般大于 15°，土壤侵蚀严重，地形破碎；黄土母质，土层深厚，地下水位很深。旱耕地或者自然草地，自然植被为草原草甸植被，植物以长芒草、地椒、茭蒿、狼毒等为主，覆盖度为 60%以上。分布区域属于中温带半干旱气候，年均气温 4.2～7.3℃，年降水量 330～598 mm。

庙坪系典型景观

土系特征与变幅　诊断层有淡薄表层、雏形层；诊断特性和诊断现象有盐基饱和、石灰性、钙积现象、钠质现象、盐积现象、黄土和黄土状沉积物岩性、半干润土壤水分、温性土壤温度。成土母质为黄土，地表有不连续的约 2～3 mm 厚的黑色结皮，有效土层厚度为 1 m 以上，剖面质地、颜色、结构、紧实度等性质皆均一，土壤质地为粉砂壤土、砂壤土，土壤 pH 为 8.0～9.0。土壤发育微弱，腐殖质累积过程较弱，有机碳含量 3.0～6.0 g/kg，腐殖质层厚度 30～60 cm，母质特征明显，向下模糊过渡。土层碳酸钙含量为 100～200 g/kg，层次间没有明显差别，底土层有时有极少量碳酸钙假菌丝体。

对比土系　参见怀沟湾系。

利用性能综述　大部分已开垦为坡耕地，土层深厚，质地适中，耕性好，适种性广，是黄土丘陵区较好的旱作地；少部分天然草地，植被覆盖度较高，草质良好，是优良放牧草场。但是干旱少雨，水土流失严重，抗御灾害能力低。

参比土种　侵蚀黄绵土（缃黄土）。

代表性单个土体　宁夏固原市西吉县红耀乡庙坪，105°30′37.8″E、36°6′33.4″N，海拔

2032 m。成土母质为黄土。地势起伏，地形为高原山地、中山、山坡中下部。自然荒草地，稀疏干旱草原植被，覆盖度约 85%。地表有厚度为 2～3 mm、覆盖度约 10%的不连续的地衣苔藓等物质构成的黑褐色漆皮状结皮。年均气温 5.9℃，≥10℃年积温 2345℃，50 cm 深处年均土壤温度 9.2℃，年≥10℃天数 147 天，年降水量 457 mm，年均相对湿度 58%，年干燥度 2.14，年日照时数 2530 h。野外调查时间：2015 年 4 月 19 日，天气（晴）。

A： 0～60 cm，亮黄棕色（10YR 6/6，干），棕色（10YR 4/4，润）；干，坚实、稍黏着、稍塑，粉砂壤土，极少量细根和中根；极强石灰反应；向下模糊平滑过渡。

Bk1：60～120 cm，黄色（10YR 7/6，干），黄棕色（10YR 5/5，润）；稍干，坚实、稍黏着、稍塑，粉砂壤土，弱发育的大棱块状结构；少量白色碳酸钙假菌丝体；极少量细根和极细根；极强石灰反应；向下模糊平滑过渡。

Ck： 120～160 cm，浊黄橙色（10YR 7/4，干），棕色（10YR 4/4，润）；稍干，坚实、稍黏着、稍塑，砂壤土，很弱发育的中棱块状结构；少量白色碳酸钙；极少量细根和极细根；极强石灰反应。

庙坪系代表性单个土体剖面

庙坪系代表性单个土体物理性质

土层	深度/cm	砾石(>2 mm)体积分数/%	细土颗粒组成(粒径：mm)/(g/kg)			质地
			砂粒 2～0.05	粉粒 0.05～0.002	黏粒 <0.002	
A	0～60	0	167	717	116	粉砂壤土
Bk1	60～120	0	141	704	155	粉砂壤土

庙坪系代表性单个土体化学性质

深度/cm	pH (H_2O)	有机碳(C)/(g/kg)	全氮(N)/(g/kg)	全磷(P)/(g/kg)	全钾(K)/(g/kg)	CEC/(cmol/kg)	碳酸钙/(g/kg)	全盐/(g/kg)	钠饱和度/%	游离铁(Fe_2O_3)/(g/kg)
0～60	8.6	3.0	0.34	0.65	19.2	6.1	133	1.6	1.8	4.8
60～120	8.6	2.3	0.26	0.57	20.8	5.9	138	5.2	11.9	5.1

9.8.15　吴家渠系（Wujiaqu Series）

土　族：壤质长石型石灰性温性-普通简育干润雏形土

拟定者：龙怀玉，曲潇琳，曹祥会，谢　平

分布与环境条件　分布于宁夏南部、中部黄土丘陵区，地形为丘陵坡地及梁峁地，地面坡度一般大于 15°，土壤侵蚀严重，地形破碎；黄土母质，土层深厚，地下水位很深。旱耕地或者自然草地，自然植被为草原草甸植被，植物以长芒草、地椒、茭蒿、狼毒等为主，覆盖度为 60%以上。分布区域属于暖温带半干旱气候，年均气温 5.0～7.9℃，年降水量 372～653 mm。

吴家渠系典型景观

土系特征与变幅　诊断层有淡薄表层、雏形层；诊断特性有盐基饱和、石灰性、黄土和黄土状沉积物岩性、半干润土壤水分、温性土壤温度。成土母质为黄土，有效土层厚度为 1 m 以上，剖面质地、颜色、结构、紧实度等性质皆均一，土壤质地为粉砂壤土，土壤 pH 为 8.0～9.0。土壤发育微弱，腐殖质累积过程较弱，腐殖质层厚度为 30～60 cm，有机碳含量为 6.0～10.0 g/kg，母质特征明显，向下模糊过渡。土层碳酸钙含量为 100～200 g/kg，层次间没有明显差别，底土层有极少量碳酸钙假菌丝体。

对比土系　与庙坪系相比，具有相同的诊断层和诊断特性，土壤颗粒大小级别、土壤反应级别、成土母质等也相同，地表形态、分布地形部位、生产性能、利用方式等基本相同，剖面形态也比较相似。但是吴家渠系的土壤矿物类型是长石型，庙坪系的土壤矿物类型是长石混合型。

利用性能综述　该土壤土层深厚，通体为粉砂壤土，质地适中，耕性好，适种性广，是黄土丘陵区较好的旱作农业用地，大部分已开垦为农用坡耕地或梯田，少部分为天然草

地，植被稀疏，但草质良好，畜牧承载力小，可以作为适度放牧草场。由于该地区干旱少雨，且水土流失严重，坡度较大，抗御灾害能力低，已经开发为农用地的建议逐步扩大退耕还草或建设等高梯田，开发利用中要提高植被覆盖度，防止水土流失，增加土壤肥力。

参比土种 灰黄绵土（灰缃黄土）。

代表性单个土体 宁夏固原市西吉县平峰镇吴家渠，105°30′1.6″E、35°47′3.4″N，海拔1910 m。成土母质为黄土。地势起伏，地形为山地、中山、山坡中部。自然荒草地，稀疏干旱草原植被，覆盖度约60%。年均气温6.3℃，≥10℃年积温2424℃，50 cm深处年均土壤温度9.7℃，年≥10℃天数155 d，年降水量504 mm，年均相对湿度63%，年干燥度1.88，年日照时数2382 h。野外调查时间：2015年4月19日，天气（晴）。

A： 0～50 cm，浊黄棕色（10YR 5/4，干），棕色（10YR 4/6，润）；润，疏松、稍黏着、无塑，粉砂壤土，弱发育的团粒结构和中度发育的大团块状结构及块状结构；中量细根和极细根；极强石灰反应；向下模糊平滑过渡。

Bw：50～90 cm，浊黄橙色（10YR 6/4，干），亮黄棕色（10YR 6/6，润）；稍润，疏松、无黏着、无塑，粉砂壤土，弱发育的大棱块状结构；很少量白色碳酸钙粉末；中量细根和极细根；极强石灰反应；向下模糊平滑过渡。

C： 90～140 cm，浊黄橙色（10YR 6/4，干），棕色（10YR 4/4，润）；干，坚实、无黏着、无塑，粉砂壤土，很弱发育的大棱块状结构；很少量白色碳酸钙粉末；极强石灰反应。

吴家渠系代表性单个土体剖面

吴家渠系代表性单个土体物理性质

土层	深度/cm	砾石(>2 mm)体积分数/%	细土颗粒组成(粒径：mm)/(g/kg)			质地
			砂粒 2～0.05	粉粒 0.05～0.002	黏粒 <0.002	
A	0～50	0	146	700	155	粉砂壤土
Bw	50～90	0	211	670	119	粉砂壤土
C	90～140	0	168	662	170	粉砂壤土

吴家渠系代表性单个土体化学性质

深度/cm	pH (H_2O)	有机碳(C)/(g/kg)	全氮(N)/(g/kg)	全磷(P)/(g/kg)	全钾(K)/(g/kg)	碳酸钙/(g/kg)	全盐/(g/kg)	CEC/(cmol/kg)	游离铁(Fe_2O_3)/(g/kg)
0～50	8.2	8.6	0.95	0.56	17.3	166	1.5	8.0	4.9
50～90	8.2	3.1	0.41	0.49	18.7	167	1.7	6.0	4.7
90～140	8.6	2.1	0.28	0.59	20.0	147	1.6	5.8	4.9

9.8.16 东山坡系（Dongshanpo Series）

土 族：黏壤质硅质混合型石灰性温性-普通简育干润雏形土

拟定者：龙怀玉，曲潇琳，曹祥会，谢 平

分布与环境条件 主要分布在石质山地和土石丘陵区，成土母质为砂质泥岩、页岩风化物的残积物或坡积物。绝大部分开垦为坡耕地，自然荒地为草原植被，主要生长长芒草、铁杆蒿、白蒿、狼毒、蕨类和黑刺李等植物。分布区域属于暖温带半湿润气候，年均气温 4.4～7.1℃，年降水量 411～709 mm。

东山坡系典型景观

土系特征与变幅 诊断层有淡薄表层、雏形层；诊断特性和诊断现象有盐基饱和、石灰性、钙积现象、准石质接触面、半干润土壤水分、温性土壤温度。成土母质多为砂质泥岩、页岩风化物的残积物或坡积物，有效土层厚度大于 100 cm，土体中有少量砾石，土壤质地为壤土—粉砂壤土，土壤 pH 为 8.0～9.0。腐殖质层厚度 60～100 cm，有机碳含量 6.0～15.0 g/kg，腐殖质层上部亚层的有机碳含量略小于下部亚层。全剖面碳酸钙含量小于 100 g/kg，底土层含量是腐殖质层的 1.2 倍以上。

对比土系 参见阎家岔系。

利用性能综述 该土壤土层深厚，通体为壤土—粉砂壤土，质地适中，耕性好，适种性广，是黄土丘陵区较好的旱作农业用地，大部分已开垦为农用坡耕地，少部分用于天然草地，植被稀疏，但草质良好，畜牧承载力小，可以作为适度放牧草场。由于该地区干旱少雨，水土流失严重，坡度较大，抗御灾害能力低，已经开发为农用地的建议逐步扩大退耕还草或建设等高梯田，开发利用中要提高植被覆盖度，防止水土流失，增加土壤肥力。

参比土种 厚层侵蚀暗灰褐土（厚麻土）。

代表性单个土体　宁夏固原市泾源县六盘山镇东山坡村，106°16′32.5″E、35°36′38.6″N，海拔 2061 m。成土母质为砂质泥岩坡积残积物。地势起伏，地形为山地、中山、坡地中部。旱地，种植苗木，周围自然植被为茂盛草地，覆盖度约 80%。年均气温 5.5℃，≥10℃年积温 2179℃，50 cm 深度年均土壤温度 9℃，年≥10℃天数 145 d，年降水量 552 mm，年均相对湿度 64%，年干燥度 1.45，年日照时数 2299 h。野外调查时间：2015 年 4 月 21 日，天气（晴）。

东山坡系代表性单个土体剖面

A1：0～40 cm，浊黄橙色（10YR 6/4，干），棕色（10YR 4/5，润）；潮，疏松、黏着、中塑，岩石和矿物碎屑含量约 1%、大小为 10～50 mm、块状，壤土，弱发育的团粒结构和中度发育的大团块状结构；中量粗根和细根，有 1 条蚯蚓和少量土壤动物粪便；中度石灰反应；向下模糊平滑过渡。

A2：40～70 cm，浊黄橙色（10YR 6/3，干），棕色（10YR 4/6，润）；潮，疏松、黏着、中塑，粉砂壤土，中度发育的中团块状结构和大棱块状结构；少量细根，有 1 条蚯蚓和少量土壤动物粪便；中度石灰反应；向下渐变平滑过渡。

Bw：70～100 cm，浊黄橙色（10YR 7/3，干），棕色（10YR 4/6，润）；润，疏松、黏着、中塑，岩石和矿物碎屑含量约 5%、大小为 10～60 mm、块状，壤土，中度发育的大棱块状结构；少量细根和极细根；向下清晰平滑过渡。

C：100～140 cm，浊黄橙色（10YR 7/3，干），黄棕色（10YR 5/6，润）；稍润，坚实、无黏着、无塑，岩石和矿物碎屑含量约 20%、大小约 100 mm、块状，壤土；强石灰反应；中度石灰反应；向下突然波状过渡。

东山坡系代表性单个土体物理性质

土层	深度/cm	砾石(>2 mm)体积分数/%	细土颗粒组成(粒径：mm)/(g/kg)			质地
			砂粒 2～0.05	粉粒 0.05～0.002	黏粒 <0.002	
A1	0～40	1	249	484	267	壤土
A2	40～70	0	25.9	501	239	粉砂壤土
Bw	70～100	5	294	470	236	壤土

东山坡系代表性单个土体化学性质

深度/cm	pH(H_2O)	有机碳(C)/(g/kg)	全氮(N)/(g/kg)	全磷(P)/(g/kg)	全钾(K)/(g/kg)	碳酸钙/(g/kg)	CEC/(cmol/kg)	游离铁(Fe_2O_3)/(g/kg)
0～40	8.2	6.6	0.78	0.66	19.3	58	15.6	6.3
40～70	8.2	8.1	0.91	0.68	21.0	54	15.5	5.9
70～100	8.3	3.8	0.50	0.65	18.8	83	13.3	5.9

9.8.17　七百户系（Qibaihu Series）

土　族：黏壤质硅质混合型石灰性温性-普通简育干润雏形土

拟定者：龙怀玉，曲潇琳，曹祥会，谢　平

分布与环境条件　主要分布于河川地、缓坡丘陵、丘间平地，海拔 1230～1700 m；地下水位很深，黄土状母质；大多已开垦为耕地，自然植被为荒漠草原，生长隐子草、针茅等旱生禾草，植被覆盖度为 30%左右。分布区域属于暖温带半干旱气候，年均气温 6.8～10.5℃，年降水量 220～431 mm。

七百户系典型景观

土系特征与变幅　诊断层有淡薄表层、雏形层；诊断特性和诊断现象有盐基饱和、石灰性、钙积现象、盐积现象、钠质现象、半干润土壤水分、温性土壤温度。成土母质为冲积黄土，有效土层厚度为 1 m 以上，土壤质地为粉砂壤土，土壤 pH 为 7.0～8.0；土壤发育微弱，没有明显的腐殖质累积过程，腐殖质层厚度小于 30 cm，有机碳含量小于 6.0 g/kg。全剖面为极强石灰反应，心土层、底土层有少量碳酸钙假菌丝体，剖面碳酸钙含量 100～150 g/kg，土层之间没有明显差别。表土层盐分含量 1.5～3.0 g/kg，心土层盐分含量 3.0～10.0 g/kg。

对比土系　与鸦嘴子系相比较，两者同属于发生分类的“底咸白脑土”土种，都具有淡薄表层、雏形层、钙积现象、钠质现象等诊断层和诊断现象，石灰性和酸碱反应级别、矿物类型、土壤温度状况等也相同，成土母质、质地、颜色、结构、紧实度、新生体、层次过渡等剖面形态特征也比较相似。但鸦嘴子系有效土层厚度小于 100 cm，土壤颗粒大小级别为壤质盖粗骨质；七百户系有效土层厚度在 100 cm 以上，土壤颗粒大小级别为黏壤质，具有盐积现象。

利用性能综述　该土壤大部分已开垦为坡耕地，土层深厚，质地适中，耕性好，适种性广，主要种植压砂西瓜或玉米等，是黄土丘陵区的旱作地。少部分生长天然草地，草质

良好，但是干旱少雨，容易导致草场退化，应严格控制载畜量进行适当放牧。在有一定补灌条件时也可以开发为农用地，但是由于蒸发强烈，土壤母质盐分含量高，农业生产过程中，必须加强水分管理和土壤肥力培育，防止底层盐分上升表聚引起土壤次生盐化和土壤板结。

参比土种　普通底盐淡灰钙土（底咸白脑土）。

代表性单个土体　宁夏中卫市海原县李旺镇七百户村，106°4′19″E、36°43′19″N，海拔1370 m。成土母质为黄土冲积物。地势较平坦，地形为高原、冲积平原、河间地。耕地，主要种植玉米。年均气温 8.6℃，≥10℃年积温 3221℃，50 cm 深处年均土壤温度 11.7℃，年≥10℃天数 181 d，年降水量 317 mm，年均相对湿度 59%，年干燥度 3.04，年日照时数 2717 h。野外调查时间：2015 年 8 月 20 日，天气（晴）。

七百户系代表性单个土体剖面

A：　0～40 cm，亮棕色（7.5YR 5/6，干），黄棕色（10YR 5/6，润）；稍润，坚实、稍黏着、无塑，粉砂壤土，弱发育的团粒结构和中度发育的大团块状结构；极少量细根和极细根；极强石灰反应；向下渐变平滑过渡。

Bw：40～70cm，浊橙色（7.5YR 6/4，干），棕色（10YR 4/6，润）；润，疏松、无黏着、无塑，粉砂壤土，弱发育的大团粒状结构；少量白色碳酸钙假菌丝体；极少量细根和极细根；极强石灰反应；向下渐变平滑过渡。

Ck：　70～150cm，浊棕色（7.5YR 5/4，干），黄棕色（10YR 5/8，润）；润，疏松、无黏着、无塑，粉砂壤土，很弱发育的大团粒状结构；少量白色碳酸钙假菌丝体；中量中根；极强石灰反应。

七百户系代表性单个土体物理性质

土层	深度/cm	砾石(>2mm)体积分数/%	细土颗粒组成(粒径：mm)/(g/kg)			质地
			砂粒 2～0.05	粉粒 0.05～0.002	黏粒 <0.002	
A	0～40	0	231	540	229	粉砂壤土
Bw	40～70	0	179	545	276	粉砂壤土
Ck	70～150	0	268	508	225	粉砂壤土

七百户系代表性单个土体化学性质

深度/cm	pH (H_2O)	有机碳(C)/(g/kg)	全氮(N)/(g/kg)	全磷(P)/(g/kg)	全钾(K)/(g/kg)	碳酸钙/(g/kg)	全盐/(g/kg)	CEC/(cmol/kg)	钠饱和度/%	游离铁(Fe_2O_3)/(g/kg)
0～40	7.8	3.6	0.33	0.62	18.7	139	2.9	4.4	6.7	8.3
40～70	7.7	3.7	0.35	0.68	19.2	143	6.7	4.2	10.7	8.6
70～150	7.8	3.2	0.29	0.69	18.5	141	4.8	4.8	8.3	8.7

9.9 斑纹冷凉湿润雏形土

9.9.1 六盘山系（Liupanshan Series）

土　族：黏壤质硅质混合型石灰性冷性-斑纹冷凉湿润雏形土

拟定者：龙怀玉，曹祥会，曲潇琳，徐　珊，莫方静

分布与环境条件　主要分布在宁夏南部石质山地和土石丘陵区。地形陡峭，成土母质为砂质泥岩、页岩风化物的残积物或坡积物。森林植被，主要植物有油松、红桦、柳树、椴树、辽东栎等，林下灌木有峨眉蔷薇、箭竹、枸杞、忍冬和山桃等，植被覆盖度约 95%。分布区域属于暖温带湿润气候，年均气温 3.6～6.1℃，年降水量 464～787 mm。

六盘山系典型景观

土系特征与变幅　诊断层有淡薄表层、雏形层；诊断特性有盐基饱和、石灰性、氧化还原特征、湿润土壤水分、冷性土壤温度。成土母质为砂质泥岩、页岩风化物的残积物或坡积物，有效土层厚度大于 100 cm，土壤层次之间逐渐过渡，土壤质地为粉砂壤土，土壤 pH 为 7.0～8.0。腐殖质层土壤有机碳含量为 6～15 g/kg。心土层有少量黏粒-铁锰胶膜、铁锰结核，全剖面有轻度石灰反应，碳酸钙含量小于 50 g/kg，层次之间没有明显差异。

对比土系　参见九条沟系。

利用性能综述　该土壤地处坡地下部，坡度较大，洪积物堆积多，土壤质地较好，土层深厚，但地形陡峭，不宜作为农牧业用地，可以作为水土保持型林灌用地，生产中要加强封育保护，提高植被覆盖度，防止水土流失。

参比土种　厚层侵蚀暗灰褐土（厚麻土）。

代表性单个土体 宁夏固原市六盘山国家森林公园，106°20′11″E、35°22′55″N，海拔2240 m。成土母质为页岩残积物和洪积堆积物。地势陡峭切割，地形为山地、中山、坡中部。林地，乔木、低矮植物，覆盖度约100%。年均气温4.6℃，≥10℃年积温1861℃，50 cm深处年均土壤温度8.2℃，年≥10℃天数132 d，年降水量618 mm，年均相对湿度67%，年干燥度0.96，年日照时数2178 h。野外调查时间：2016年4月29日，天气（晴）。

Ah： 0～28 cm，浊黄橙色（10YR 6/3，干），粉红色（7.5YR 4/8，润）；润，坚实、稍黏着、稍塑，粉砂壤土，中度发育的小团粒状结构和大团块状结构；中量细根和中量中根，有中量土壤动物粪便；轻度石灰反应；向下渐变平滑过渡。

Br1：28～80 cm，浊黄橙色（10YR 6/4，干），粉红色（7.5YR 4/8，润）；润，坚实、稍黏着、稍塑，粉砂壤土，中度发育的团粒结构和中片状结构；结构面有很少量模糊黏粒胶膜，少量黑色铁锰结核；极少量细根和中量中根，有1只白虫子和少量动物粪便；轻度石灰反应；向下模糊平滑过渡。

Bt2：80～125 cm，浊黄橙色（10YR 7/4，干），棕色（7.5YR 4/4，润）；润，坚实、稍黏着、稍塑，粉砂壤土，中度发育的大棱块状结构；结构面有很少量模糊黏粒胶膜，少量黑色铁锰结核；极少量细根和粗根；轻度石灰反应；向下模糊平滑过渡。

Br3： 125～150 cm，浊黄橙色（10YR 6/4，干），棕色（7.5YR 4/4，润）；润，坚实、稍黏着、稍塑，粉砂壤土，弱发育的大棱块状结构；结构面有很少量模糊黏粒胶膜，少量黑色铁锰结核；极少量细根和粗根；轻度石灰反应；向下模糊平滑过渡。

六盘山系代表性单个土体剖面

C： 150～170 cm，浊黄橙色（10YR 6/4，干），棕色（10YR 4/4，润）。

六盘山系代表性单个土体物理性质

土层	深度/cm	砾石(>2mm)体积分数/%	细土颗粒组成(粒径：mm)/(g/kg)			质地
			砂粒 2～0.05	粉粒 0.05～0.002	黏粒 <0.002	
Ah	0～28	0	153	616	231	粉砂壤土
Br1	28～80	0	161	615	223	粉砂壤土
Br2	80～125	0	165	606	228	粉砂壤土
Br3	125～150	0	132	630	238	粉砂壤土

六盘山系代表性单个土体化学性质

深度 /cm	pH (H_2O)	有机碳(C) /(g/kg)	全氮(N) /(g/kg)	全磷(P) /(g/kg)	全钾(K) /(g/kg)	CEC /(cmol/kg)	游离铁(Fe_2O_3) /(g/kg)
0～28	7.3	8.8	0.89	0.62	18.3	13.9	12.6
28～80	7.7	6.5	0.66	0.60	20.6	12.9	12.9
80～125	7.5	5.8	0.63	0.61	20.4	12.0	12.2
125～150	7.6	4.4	0.48	0.69	20.1	14.1	12.9

9.10 普通简育湿润雏形土

9.10.1 水渠沟系（Shuiqugou Series）

土 族：粗骨砂质硅质混合型石灰性温性-普通简育湿润雏形土

拟定者：龙怀玉，谢 平，曹祥会，王佳佳

分布与环境条件 主要分布在海拔 1350～1700 m 的缓坡丘陵、山前洪积扇上，成土母质为黄土状母质。荒漠草原植被，主要植物有短花针茅、长芒草、牛枝子、冷蒿、沙蒿及猫头刺等，总覆盖度为 30%～50%。分布区域属于中温带干旱气候，年均气温 6.9～10.5℃，年降水量 107～270 mm。

水渠沟系典型景观

土系特征与变幅 诊断层有淡薄表层、雏形层、钙积层；诊断特性有盐基饱和、石灰性、干旱土壤水分、温性土壤温度。黄土状成土母质，土层深厚，土体中含有 30%～50%的粗石块，土壤质地为砂壤土，块状、棱块状结构，土壤 pH 为 8.0～9.0，自表土就有碳酸钙假菌丝体，全剖面中度以上石灰反应，碳酸钙含量在 50～100 g/kg，层次间差异不明显。腐殖质层有机碳含量为 6.0～15.0 g/kg，向下逐渐减少。

对比土系 与头台子系相比，两者都具有淡薄表层、干旱土壤水分、温性土壤温度等诊断层和诊断特性，成土母质都是夹杂着石块的黄土状洪积冲积物。但水渠沟系还具有钙积层、雏形层，有效土层厚度在 100 cm 以上，盐分含量小于 3.0 g/kg；头台子系还具有钙积现象和钠质现象，有效土层厚度为 60～100 cm，轻度盐化，土壤盐分含量为 3.0～6.0 g/kg。

利用性能综述 气候干旱，该土壤土层深厚，通体为砂壤土，下部有明显钙积层，土壤自然肥力低下，剖面下部 pH 高，有碱化的潜在危害，土体中砾石含量多，一般不宜作

为农用耕地。该地区干旱少雨，容易遭受风蚀和季节性洪水危害，可以发展天然草场，在严格控制载畜量下进行适度放牧，具有补灌的地区可以发展一定规模的经济林业。

参比土种　上位钙层粗质灰钙土（粗黄白土）。

代表性单个土体　宁夏银川市西夏区镇北堡镇水渠沟圈，105°57′21.5″E、38°38′23.2″N，海拔 1338 m。成土母质为洪积物。地势平缓起伏，地形为山地、中山、山坡底部。自然草地，低矮草丛植被，覆盖度约 40%。地表岩石碎块大小为 0.5～30 cm、覆盖度约 60%。年均气温 8.7℃，年≥10℃积温 3435℃，50 cm 深处年均土壤温度 11.7℃，年≥10℃天数 182 d，年降水量 186 mm，年均相对湿度 47%，年干燥度 6.19，年日照时数 2999 h。野外调查时间：2014 年 10 月 14 日，天气（晴）。

水渠沟系代表性单个土体剖面

Ak：0～20 cm，橙色（7.5YR 6/6，干），棕色（10YR 4/4，润）；干，坚实、稍黏着、稍塑，岩石和矿物碎屑含量约 40%、大小为 5～50 mm、块状，砂壤土，中度发育的大块状结构；中量白色碳酸钙假菌丝体；极少量细根和粗根；中度石灰反应；向下模糊平滑过渡。

Bk：20～100 cm，亮棕色（7.5YR 5/6，干），棕色（10YR 4/4，润）；干，坚实、稍黏着、稍塑，岩石和矿物碎屑含量约 40%、大小为 5～50 mm、块状，砂壤土，中度发育的大棱块状结构；大量白色碳酸钙假菌丝体；极少量细根和粗根；中度石灰反应；向下清晰波状过渡。

C：100～150 cm，粉红白色（7.5YR 8/2，干），棕色（10YR 4/4，润）；干，坚实、稍黏着、稍塑，岩石和矿物碎屑含量约 40%、大小为 5～50 mm、块状，砂壤土，很弱发育的较大棱块状结构；极强石灰反应。

水渠沟系代表性单个土体物理性质

土层	深度/cm	砾石(>2 mm)体积分数/%	细土颗粒组成(粒径：mm)/(g/kg)			质地
			砂粒 2～0.05	粉粒 0.05～0.002	黏粒 <0.002	
Ak	0～20	40	653	249	98	砂壤土
Bk	20～100	40	562	314	124	砂壤土

水渠沟系代表性单个土体化学性质

深度 /cm	pH (H_2O)	有机碳(C) /(g/kg)	全氮(N) /(g/kg)	全磷(P) /(g/kg)	全钾(K) /(g/kg)	碳酸钙 /(g/kg)	CEC /(cmol/kg)	游离铁 (Fe_2O_3) /(g/kg)
0～20	8.4	8.2	0.64	0.47	21.9	50	11.4	4.5
20～100	8.8	6.0	0.41	0.36	19.6	69	10.0	4.9

9.10.2　鸦嘴子系（Yazuizi Series）

土　族：壤质盖粗骨质硅质混合型石灰性温性-普通简育湿润雏形土

拟定者：龙怀玉，曲潇琳，曹祥会，谢　平

分布与环境条件　主要分布于河川地、缓坡丘陵、丘间平地，海拔 1230～1700 m；地下水位很深，洪积冲积物成土母质；自然植被为荒漠草原，生长隐子草、针茅等旱生禾草，植被覆盖度为30%左右。分布区域属于暖温带干旱气候，年均气温 6.7～10.5℃，年降水量 177～371 mm。

鸦嘴子系典型景观

土系特征与变幅　诊断层有淡薄表层、雏形层；诊断特性和诊断现象有盐基饱和、石灰性、钙积现象、碱积现象、钠质现象、干旱土壤水分、温性土壤温度。成土母质为黄土状冲积物，有效土层厚度为 50～100 cm，土壤质地为粉砂壤土，土壤 pH 为 8.0～9.0。剖面质地、颜色、结构、紧实度等性质皆均一，土壤发育微弱，没有明显的腐殖质累积过程，表土层有机碳含量为 3.0～6.0 g/kg。底层有少量碳酸钙假菌丝体，剖面碳酸钙含量为 50～150 g/kg。表土层盐分含量小于 1.5 g/kg，表土层以下土层盐分含量为 1.5～3.0 g/kg。

对比土系　参见七百户系。

利用性能综述　该土壤大部分生长天然草地，草质良好，但是干旱少雨，容易导致草场退化，应严格控制载畜量进行适当放牧。在有一定补灌条件时也可以开发为农用地，但是由于蒸发强烈，土壤母质盐分含量高且有碱化的潜在危害，农业生产过程中，必须加强水分管理和土壤肥力培育，通过封育保护提高植被覆盖度，防止底层盐分上升表聚引起土壤次生盐化和土壤板结。

参比土种　普通底盐淡灰钙土（底咸白脑土）。

代表性单个土体　宁夏吴忠市同心县河西镇鸦嘴子村，105°44′0.8″E、37°09′24.7″N，海拔 1369 m。成土母质为冲积物。地势平坦，地形为丘陵、冲积平原、河间地。自然荒草地，极稀疏干旱草原植被，覆盖度约 30%。年均气温 8.7℃，≥10℃年积温 3292℃，50 cm 深处年均土壤温度 11.7℃，年≥10℃天数 181 d，年降水量 267 mm，年均相对湿度 55%，年干燥度 4.51，年日照时数 2837 h。野外调查时间：2015 年 4 月 16 日，天气（晴）。

A：0～30 cm，浊棕色（7.5YR 5/4，干），棕色（7.5YR 4/4，润）；稍干，稍硬、稍黏着、稍塑，岩石和矿物碎屑含量约 2%、大小约 5 mm、片状，粉砂壤土，弱发育的团粒和中棱块状结构；极少量细根和极细根；强石灰反应；向下渐变平滑过渡。

Bw：30～80 cm，浊黄橙色（10YR 6/4，干），浊棕色（7.5YR 5/4，润）；稍润，坚实、稍黏着、稍塑，粉砂壤土，弱发育的中棱块状结构；极少量细根和极细根；极强石灰反应；向下模糊平滑过渡。

C：80～120 cm，浊棕色（7.5YR 5/4，干），亮棕色（7.5YR 5/6，润）；稍润，坚实、稍黏着、稍塑，岩石和矿物碎屑含量约 85%、大小约 20 mm、次圆状，粉砂壤土，很弱发育的中棱块状结构；很少量白色碳酸钙；极强石灰反应。

鸦嘴子系代表性单个土体剖面

鸦嘴子系代表性单个土体物理性质

土层	深度/cm	砾石(>2mm)体积分数/%	细土颗粒组成(粒径：mm)/(g/kg)			质地
			砂粒 2～0.05	粉粒 0.05～0.002	黏粒 <0.002	
A	0～30	2	470	488	42	粉砂壤土
Bw	30～80	0	474	456	70	粉砂壤土

鸦嘴子系代表性单个土体化学性质

深度/cm	pH (H_2O)	有机碳(C)/(g/kg)	全氮(N)/(g/kg)	全磷(P)/(g/kg)	全钾(K)/(g/kg)	CEC/(cmol/kg)	碳酸钙/(g/kg)	全盐/(g/kg)	钠饱和度/%	游离铁(Fe_2O_3)/(g/kg)
0～30	8.7	4.5	0.55	0.35	20.2	5.8	86	1.4	10.1	5.7
30～80	8.7	3.2	0.46	0.50	20.4	6.1	79	2.7	20.0	6.1

9.10.3　刘石嘴系（Liushizui Series）

土　族： 壤质硅质混合型石灰性温性-普通简育湿润雏形土

拟定者： 龙怀玉，曹祥会，谢　平，王佳佳

分布与环境条件　主要分布在宁夏中北部缓坡丘陵，成土母质为黄土状洪积冲积物，植被为荒漠草原，主要生长猫头刺、针茅、牛心朴子等植物，覆盖度为 10%～50%。分布区域属于暖温带干旱气候，年均气温 6.6～10.4℃，年降水量 165～354 mm。

刘石嘴系典型景观

土系特征与变幅　诊断层有淡薄表层、雏形层、钙积层；诊断特性有盐基饱和、黄土和黄土状沉积物岩性、干旱土壤水分、温性土壤温度。成土母质为洪积冲积黄土，厚度为 100 cm 以上，通体为砂壤土—壤土，土壤 pH 为 8.0～9.0，几乎没有腐殖质累积，有机碳含量小于 3.0 g/kg，有效磷含量小于 1.0 mg/kg，母质特征明显。全剖面中-强石灰反应，表土层以下有粉末状或者假菌丝体状碳酸钙新生体，且心土层含量显著高于上覆土层，呈现为白色泥浆形态，碳酸钙含量在 100 g/kg 以上，且比上覆土层高出 50 g/kg 以上。

对比土系　参见硝池子系。

利用性能综述　该土壤地处丘陵平地和缓坡地平地，地势起伏不平，坡度较大，土层深厚，质地通体主要为砂壤土或者壤土，土壤通体有轻度盐化，区域内干旱少雨，一般不适宜作为农用耕地。主要是天然草场，草质良好，但该地区降水量少且蒸发强烈，植被覆盖度低，只能控制载畜量进行适量放牧。开发利用中需注意加强封育还草，提高植被覆盖度，提高土壤肥力，防止草场因风蚀退化。

参比土种　粗质淡灰钙土（粗白脑土）。

代表性单个土体　宁夏吴忠市盐池县惠安堡镇刘石嘴，106°39′19.4″E、37°19′08.2″N，海拔 1396 m。成土母质为冲积物，地势平坦，地形为丘陵、风积平地、平地。自然草地，

荒漠草原植被，覆盖度约 20%。年均气温 8.6℃，≥10℃年积温 3289℃，50 cm 深处年均土壤温度 11.6℃，年≥10℃天数 180 d，年降水量 253 mm，年均相对湿度 53%，年干燥度 4.65，年日照时数 2876 h。野外调查时间：2014 年 10 月 20 日，天气（晴）。

A：　0～30 cm，浊橙色（7.5YR 6/4，干），黄棕色（10YR 5/6，润）；稍润，坚实、稍黏着、稍塑，岩石和矿物碎屑含量约 1%、大小为 5～10 mm、块状，砂壤土，弱发育的中团块状结构；少量粗根和细根；中石灰反应；向下模糊平滑过渡。

Bk：30～70 cm，浊橙色（7.5YR 6/4，干），黄棕色（10YR 5/8，润）；润，坚实、稍黏着、稍塑，岩石和矿物碎屑含量约 1%、大小为 5～10 mm、块状，砂壤土，中度发育的大块状结构；很少量白色碳酸钙粉末；少量细根和中根；极强石灰反应；向下清晰波状过渡。

Bmk：70～100 cm，橙白色（10YR 8/2，干），浊黄橙色（10YR 7/4，润）；润，坚实、稍黏着、稍塑，岩石和矿物碎屑含量约 1%、大小为 5～10 mm、块状，壤土，中度发育的大棱块状结构；大量白色碳酸钙粉末；极少量细根；极强石灰反应；向下清晰平滑过渡。

C：　100～125 cm，浊黄橙色（10YR 6/4，干），亮黄棕色（10YR 6/6，润）；润，疏松、无黏着、无塑，岩石和矿物碎屑含量约 1%、大小为 5～10 mm、块状，砂土；极少量细根；极强石灰反应；向下渐变平滑过渡。

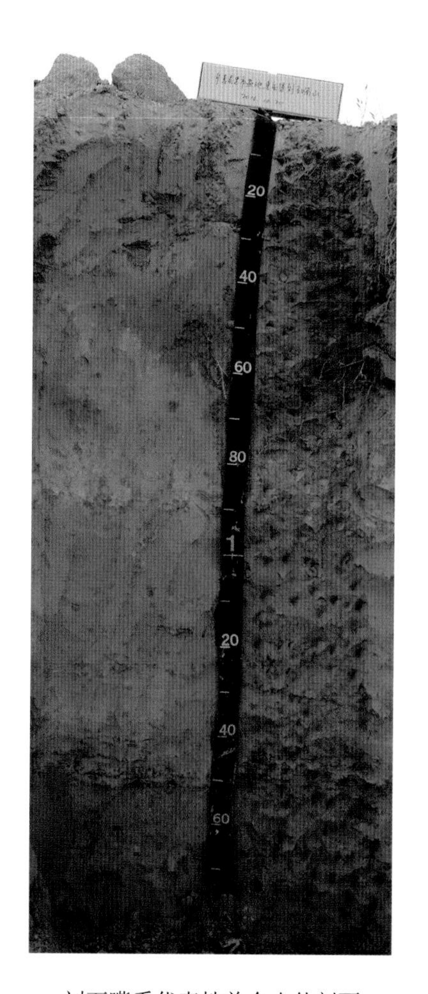

刘石嘴系代表性单个土体剖面

刘石嘴系代表性单个土体物理性质

土层	深度/cm	砾石(>2 mm)体积分数/%	细土颗粒组成(粒径：mm)/(g/kg)			质地
			砂粒 2～0.05	粉粒 0.05～0.002	黏粒 <0.002	
A	0～30	1	622	328	50	砂壤土
Bk	30～70	1	591	367	43	砂壤土
Bmk	70～100	1	458	433	109	壤土

刘石嘴系代表性单个土体化学性质

深度 /cm	pH (H_2O)	有机碳(C) /(g/kg)	全氮(N) /(g/kg)	全磷(P) /(g/kg)	全钾(K) /(g/kg)	碳酸钙 /(g/kg)	全盐 /(g/kg)	CEC /(cmol/kg)	游离铁 (Fe_2O_3) /(g/kg)
0～30	8.4	2.8	0.33	0.26	16.0	39	1.3	4.2	3.6
30～70	8.4	2.9	0.32	0.28	18.2	105	1.4	5.6	3.5
70～100	8.7	1.3	0.19	0.27	18.8	156	1.5	5.8	3.3

9.10.4　石山子系（Shishanzi Series）

土　族：壤质硅质混合型石灰性温性-普通简育湿润雏形土

拟定者：龙怀玉，曹祥会，谢　平，王佳佳

分布与环境条件　主要分布在宁夏中北部缓坡丘陵，成土母质为冲积黄土，大部分已开垦为旱耕地，荒地植被为荒漠草原，主要生长猫头刺、针茅、牛心朴子等植物，覆盖度为10%～50%。分布区域属于暖温带干旱气候，年均气温6.0～9.8℃，年降水量140～322 mm。

石山子系典型景观

土系特征与变幅　诊断层有淡薄表层、钙积层、雏形层；诊断特性和诊断现象有盐基饱和、干旱土壤水分、温性土壤温度、钠质现象、黄土和黄土状沉积物岩性。黄土状成土母质，有效土层厚度为1 m以上，剖面质地、颜色、结构、紧实度等性质皆均一，土壤质地为砂壤土—粉砂壤土，土壤pH为8.5～9.0。土壤发育微弱，没有明显的腐殖质累积过程，表土层有机碳含量小于3.0 g/kg。土层碳酸钙含量为50～200 g/kg，心土层碳酸钙含量比下层土壤高50 g/kg以上。表土层以下土层轻微盐化，盐分含量为1.5～5.0 g/kg。

对比土系　石山子系和熊家水系都具备淡薄表层、雏形层、钙积层、钠质现象、黄土和黄土状沉积物岩性、干旱土壤水分、温性土壤温度等诊断层、诊断现象和诊断特性，成土母质、成土环境、剖面形态、理化性质等基本相似。但石山子系表层土壤质地为砂壤土，熊家水系还具有干旱表层，表层土壤质地为壤土。

利用性能综述　该土壤大部分已开垦为农用耕地，土层深厚，质地适中，耕性好，适种性广，是黄土丘陵区较好的旱作地，但是由于干旱少雨和风蚀，抵御灾害能力较差，生产中应加强节水技术的应用，还要注意剖面下部盐碱含量高，发展补灌或扬黄灌溉时注意防止下部盐碱上移形成次生盐碱化危害。部分是天然草地，植被覆盖度较高，草质良好，但是蒸发强烈，植被稀疏，畜牧承载力小，应该注意控制载畜量和封育还草，防止

风蚀等引起的草场退化。

参比土种　粉质淡灰钙土（细白脑土）。

代表性单个土体　宁夏吴忠市盐池县王乐井乡石山子村，107°13′17.9″E、37°46′37.4″N，海拔 1536 m。黄土状成土母质。地势平缓起伏，地形为高原丘陵、低丘、坡中下部。自然草地，荒漠草原植被，覆盖度约 40%。年均气温 8.1℃，年≥10℃积温 3200℃，50 cm 深处年均土壤温度 11.1℃，年≥10℃天数 175 d，年降水量 226 mm，年均相对湿度 48%，年干燥度 4.88，年日照时数 2968 h。野外调查时间：2014 年 10 月 21 日，天气（晴）。

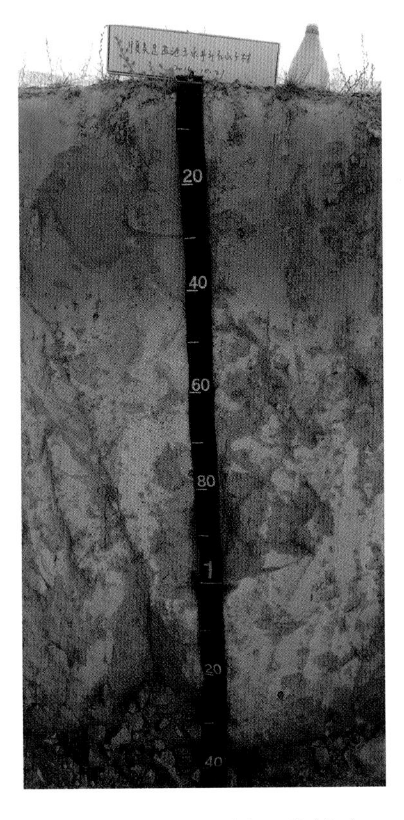

石山子系代表性单个土体剖面

A：0～40 cm，浊黄橙色（10YR 6/4，干），黄棕色（10YR 5/6，润）；稍润，疏松、稍黏着、稍塑，岩石和矿物碎屑含量约 1%、大小为 5～10 mm、块状，砂壤土，弱发育的中团粒状结构和中团块状结构；极少量粗根和少量细根；强石灰反应；向下渐变平滑过渡。

Bk：40～60 cm，浊黄橙色（10YR 7/3，干），棕色（10YR 4/4，润）；干，硬、黏着、中塑，岩石和矿物碎屑含量约 1%、大小为 5～10 mm、块状，粉砂壤土，弱发育的大棱柱状结构；极少量粗根和少量细根；极强石灰反应；向下模糊平滑过渡。

C：60～120 cm，淡黄橙色（10YR 8/3，干），棕色（10YR 4/4，润）；干，极硬、黏着、中塑，岩石和矿物碎屑含量约 1%、大小为 5～10 mm、块状，粉砂壤土，弱发育的大棱柱状结构；极少量细根极细根；极强石灰反应。

石山子系代表性单个土体物理性质

土层	深度/cm	砾石(>2 mm)体积分数/%	细土颗粒组成(粒径：mm)/(g/kg)			质地
			砂粒 2～0.05	粉粒 0.05～0.002	黏粒 <0.002	
A	0～40	1	638	285	77	砂壤土
Bk	40～60	1	193	689	118	粉砂壤土
C	60～120	1	128	751	121	粉砂壤土

石山子系代表性单个土体化学性质

深度/cm	pH (H_2O)	有机碳(C)/(g/kg)	全氮(N)/(g/kg)	全磷(P)/(g/kg)	全钾(K)/(g/kg)	碳酸钙/(g/kg)	全盐/(g/kg)	CEC/(cmol/kg)	钠饱和度/%	游离铁(Fe_2O_3)/(g/kg)
0～40	8.7	2.8	0.32	0.33	16.0	89	1.4	5.1	1.6	4.0
40～60	8.7	2.0	0.30	0.45	16.5	121	1.5	6.5	2.9	4.6
60～120	8.5	1.6	0.26	0.45	16.6	56	3.6	5.6	5.7	4.6

9.10.5　小碱坑系（Xiaojiankeng Series）

土　族： 壤质硅质混合型石灰性温性-普通简育湿润雏形土

拟定者： 龙怀玉，曹祥会，谢　平，王佳佳

分布与环境条件　主要分布在宁夏中部基岩为砂岩的缓坡丘陵，成土母质为混杂着砂岩坡积残积风化物的风积沙。荒漠草原植被，主要生长猫头刺、针茅、牛心朴子等植物，覆盖度为10%～50%。分布区域属于暖温带干旱气候，年均气温6.8～10.7℃，年降水量153～337 mm。

小碱坑系典型景观

土系特征与变幅　诊断层有淡薄表层、雏形层、钙积层；诊断特性和诊断现象有盐基饱和、黄土和黄土状沉积物岩性、钠质现象、干旱土壤水分、温性土壤温度。成土母质为混杂着砂岩残积风化物的风积沙，土层厚度为100 cm以上，通体为砂土和粉砂壤土，几乎没有腐殖质累积，表土层有机碳含量3.0～6.0 g/kg，母质特征明显。表土层pH为8.0～9.0，其他土层pH在9.0以上，全剖面石灰反应较强，碳酸钙含量在150 g/kg以下，盐分含量 1.5～5.0 g/kg，心土层有少量碳酸钙假菌丝体，其碳酸钙含量比上下土层高出50 g/kg以上，盐分含量是上下土层的2倍以上。

对比土系　参见回民巷系。

利用性能综述　该土壤区域地势平缓略起伏，土层深厚，通体为砂土和粉砂壤土，土壤为轻度至中度盐渍化，并有碱化的危害，剖面盐碱向下逐渐加重，土壤自然肥力很低。该区域干旱少雨，植被稀疏，土壤容易退化，难以农用，可以适度放牧，应该通过封育还草等措施，增加植被覆盖度，提高土壤肥力。土壤通体有一定含盐量，开发利用中应加强蓄水保墒技术应用，防止剖面下部盐碱上移形成次生盐碱化危害。

参比土种　粗质淡灰钙土（粗白脑土）。

代表性单个土体　宁夏吴忠市盐池县小碱坑，106°24′37.6″E、37°27′06.1″N，海拔1339 m。成土母质为砂岩风积沙。地势起伏，地形为丘陵、低丘、缓坡上部。自然草地，荒漠草原植被，覆盖度约50%。年均气温8.8℃，年≥10℃积温3358℃，50 cm深处年均土壤温度11.8℃，年≥10℃天数182 d，年降水量238 mm，年均相对湿度53%，年干燥度4.92，年日照时数2897 h。野外调查时间：2014年10月19日，天气（晴）。

Ak：0～30 cm，浊棕色（7.5YR 5/4，干），黄棕色（10YR 5/6，润）；稍润，坚实、稍黏着、稍塑，粉砂壤土，弱发育的团粒结构和中度发育的大块状结构；很少量白色碳酸钙粉末；极少量粗根和细根；中度石灰反应；向下模糊平滑过渡。

Bk1：30～80 cm，浊黄橙色（10YR 6/4，干），亮黄棕色（10YR 6/6，润）；稍润，坚实、稍黏着、稍塑，粉砂壤土，很弱发育的大块状结构；很少量白色碳酸钙粉末；少量细根；极强石灰反应；向下模糊平滑过渡。

Bk2：80～100 cm，浊黄橙色（10YR 6/4，干），浊黄橙色（10YR 6/4，润）；稍润，坚实、无黏着、无塑，砂土，很弱发育的中块状结构；极少量细根；极强石灰反应；向下清晰波状过渡。

Ck：100～120 cm，浊黄橙色（10YR 7/4，干），棕色（10YR 4/4，润）；干，松散、无黏着、无塑，砂土；极强石灰反应。

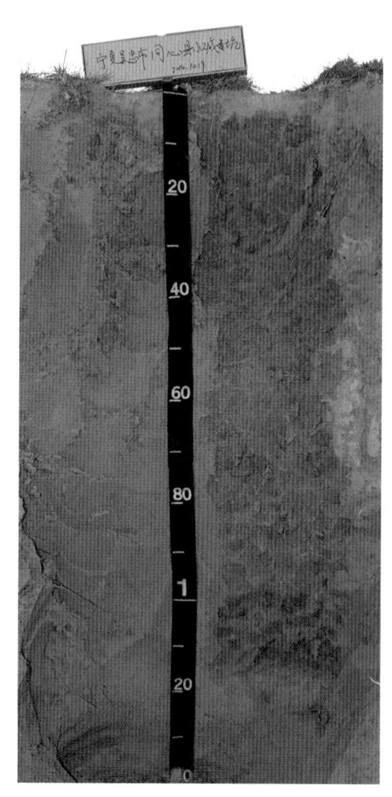

小碱坑系代表性单个土体剖面

小碱坑系代表性单个土体物理性质

土层	深度/cm	砾石(>2mm)体积分数/%	细土颗粒组成(粒径：mm)/(g/kg)			质地
			砂粒 2～0.05	粉粒 0.05～0.002	黏粒 <0.002	
Ak	0～30	0	331	546	123	粉砂壤土
Bk	30～100	0	301	620	80	粉砂壤土

小碱坑系代表性单个土体化学性质

深度/cm	pH (H_2O)	有机碳(C)/(g/kg)	全氮(N)/(g/kg)	全磷(P)/(g/kg)	全钾(K)/(g/kg)	碳酸钙/(g/kg)	全盐/(g/kg)	CEC/(cmol/kg)	钠饱和度/%	游离铁(Fe_2O_3)/(g/kg)
0～30	8.9	4.9	0.56	0.39	18.1	46	1.6	9.6	4.9	5.4
30～100	9.5	3.1	0.32	0.33	19.3	111	4.1	6.9	29.3	4.5
100～120	9.1	1.8	0.23	0.33	18.9	47	1.9	4.4	15.1	3.3

9.10.6 杨家窑系（Yangjiayao Series）

土　族：壤质硅质混合型石灰性温性-普通简育湿润雏形土

拟定者：龙怀玉，曹祥会，谢　平，王佳佳

分布与环境条件　主要分布在宁夏中北部缓坡丘陵，黄土状母质，大部分开垦为旱耕地，荒地植被为荒漠草原，主要生长猫头刺、针茅、牛心朴子等植物，覆盖度为10%～50%。分布区域属于中温带干旱气候，年均气温6.3～10.1℃，年降水量133～311 mm。

杨家窑系典型景观

土系特征与变幅　诊断层有淡薄表层、雏形层；诊断特性和诊断现象有盐基饱和、石灰性、钙积现象、钠质现象、黄土和黄土状沉积物岩性、干旱土壤水分、温性土壤温度。黄土状成土母质，有效土层厚度为1 m以上，粉砂壤土，土壤pH为9.0以上，剖面质地、颜色、结构、紧实度等性质皆均一，土壤发育微弱，没有明显的腐殖质累积过程，有机碳含量小于3.0 g/kg，土层碳酸钙含量为50～150 g/kg，不同土层之间没有明显差异。

对比土系　参见玉民山系。

利用性能综述　大部分已开垦为坡耕地，土层深厚，质地适中，耕性好，适种性广，适合农用，但是心土层和底土层含有一定的盐分，发展补充灌溉的地区在开发利用中必须预防潜在的土壤盐渍化。少部分土地用作天然草地，植被覆盖度较高，草质良好，是优良的放牧草场，由于干旱少雨，应该提倡封育轮牧，在严格控制载畜量下适度放牧。

参比土种　沙壤质新积黄绵土（淤沙黄土）。

代表性单个土体　宁夏银川市灵武市马家滩镇杨家窑村，106°40′23″E、37°50′21.4″N，海拔1450 m。成土母质为冲积黄土。地势起伏，地形为高原丘陵、低丘、缓坡中部。自

然草地，荒漠草原植被，覆盖度约 10%。年均气温 8.4℃，≥10℃年积温 3291℃，50 cm 深处年均土壤温度 11.4℃，年≥10℃天数 178 d，年降水量 217 mm，年均相对湿度 49%，年干燥度 5.12，年日照时数 2968 h。野外调查时间：2014 年 10 月 21 日，天气（晴）。

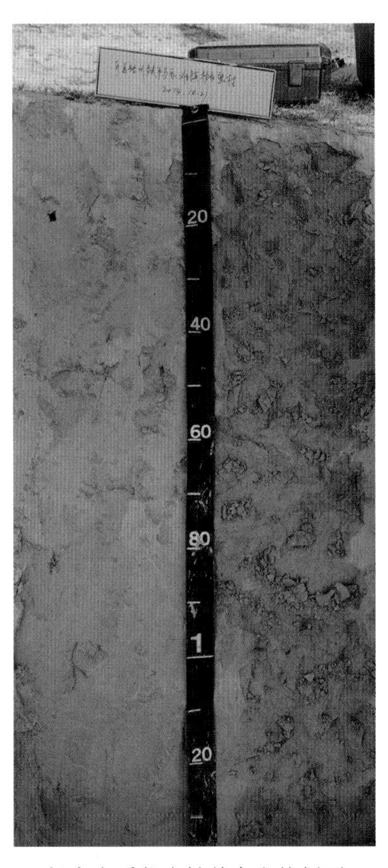

杨家窑系代表性单个土体剖面

A：　0～30 cm，浊黄橙色（10YR7/3，干），浊黄橙色（10YR 6/4，润）；稍润，坚实、稍黏着、稍塑，粉砂壤土，弱发育的大块状结构；极少量细根和极细根；极强石灰反应；向下模糊平滑过渡。

Bw1：30～90 cm，浊黄橙色（10YR 7/3，干），棕色（10YR 4/4，润）；稍干，硬、稍黏着、稍塑，粉砂壤土，弱发育的大块状结构；极少量细根和中根；极强石灰反应；向下模糊平滑过渡。

Bw2：90～125 cm，浊黄橙色（10YR 6/3，干），浊黄橙色（10YR 7/3，润）；稍润，疏松、无黏着、无塑，粉砂壤土，弱发育的中块状结构；极少量细根和中根；极强石灰反应。

杨家窑系代表性单个土体物理性质

土层	深度 /cm	砾石 (>2mm)体积分数/%	细土颗粒组成(粒径：mm)/(g/kg)			质地
			砂粒 2～0.05	粉粒 0.05～0.002	黏粒 <0.002	
A	0～30	0	327	591	81	粉砂壤土
Bw1	30～90	0	292	624	85	粉砂壤土
Bw2	90～125	0	259	659	82	粉砂壤土

杨家窑系代表性单个土体化学性质

深度 /cm	pH (H_2O)	有机碳(C) /(g/kg)	全氮(N) /(g/kg)	全磷(P) /(g/kg)	全钾(K) /(g/kg)	碳酸钙 /(g/kg)	全盐 /(g/kg)	CEC /(cmol/kg)	钠饱和度/%	游离铁 (Fe_2O_3) /(g/kg)
0～30	9.2	1.6	0.22	0.39	17.0	119	1.6	4.3	1.2	4.0
30～90	9.5	1.5	0.19	0.40	16.5	106	3.1	4.1	4.8	4.4
90～125	9.0	1.4	0.18	0.32	16.6	99	3.3	4.6	10.7	4.3

9.10.7　高家圈系（Gaojiajuan Series）

土　族：砂质硅质混合型石灰性温性-普通简育湿润雏形土

拟定者：龙怀玉，曹祥会，谢　平，王佳佳

分布与环境条件　主要分布在宁夏中北部缓坡丘陵，成土母质为风积黄土，植被为荒漠草原，主要生长猫头刺、针茅、牛心朴子等植物，覆盖度为 10%～50%。分布区域属于暖温带干旱气候，年均气温 6.0～9.8℃，年降水量 150～336 mm。

高家圈系典型景观

土系特征与变幅　诊断层有淡薄表层、雏形层；诊断特性和诊断现象有盐基饱和、石灰性、钙积现象、干旱土壤水分、温性土壤温度。风积黄土成土母质，土层厚度在 100 cm 以上，通体为砂壤土，土壤 pH 为 8.0～9.0，强石灰反应，表土层以下有粉末状或假菌丝体状碳酸钙新生体，全剖面碳酸钙含量为 50～150 g/kg，心土层比上下土层略高，但高出值小于 50 g/kg。表土层以下土层轻微盐化，盐分含量为 1.5～3.0 g/kg。没有明显的腐殖质累积过程，腐殖质层有机碳含量为 3.0～6.0 g/kg，母质特征清晰。

对比土系　和房家沟系、朱庄子系相比，都具有淡薄表层、雏形层、钙积现象、干旱土壤水分、温性土壤温度等相同的诊断层、诊断现象和诊断特性，剖面形态也比较相似。但房家沟系、朱庄子系还具有干旱表层、黄土和黄土状沉积物岩性，同时房家沟系表土腐殖质层的有机碳含量小于 3.0 g/kg，而高家圈系、朱庄子系表土腐殖质层的有机碳含量为 3.0～6.0 g/kg。

利用性能综述　地势平缓，但起伏较大，沟壑较多，土层深厚，沙性较重，通体为砂壤土，自然肥力很低，心土层以下轻度盐化，干旱缺水，不宜开垦农用，可以适度放牧。本地区应该加强封育还草，增加植被覆盖度，提高土壤肥力。

参比土种　粗质淡灰钙土（粗白脑土）。

代表性单个土体　宁夏吴忠市盐池县青山乡高家圈，107°13′18.8″E、37°36′05.2″N，海拔1535 m。成土母质为风积黄土。地势起伏，地形为高原丘陵、低丘、缓坡。自然草地，荒漠草原植被，覆盖度约50%。年均气温8.1℃，≥10℃年积温3184℃，50 cm深处年均土壤温度11.1℃，年≥10℃天数175 d，年降水量238 mm，年均相对湿度49%，年干燥度4.69，年日照时数2942 h。野外调查时间：2014年10月21日，天气（晴）。

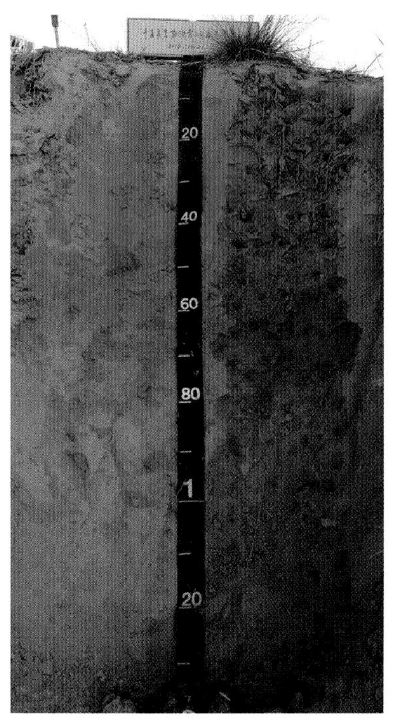

高家圈系代表性单个土体剖面

A：　0～30 cm，浊橙色（7.5YR 6/4，干），亮黄棕色（10YR 6/6，润）；稍润，极疏松、稍黏着、稍塑，砂壤土，弱发育的中团粒状结构和小团块状结构；少量粗根和细根，有少量蚂蚁；强石灰反应；向下模糊平滑过渡。

Bk：　30～70 cm，浊棕色（7.5YR 5/4，干），亮黄棕色（10YR 6/6，润）；稍润，疏松、稍黏着、稍塑，砂壤土，弱发育的大块状结构；中量白色碳酸钙假菌丝体；极少量粗根和少量细根；极强石灰反应；向下模糊平滑过渡。

C：　70～120 cm，黄棕色（10YR 5/6，干），棕色（7.5YR 4/4，润）；稍干，松软、无黏着、无塑，砂壤土，很弱发育的大块状结构；极少量细根；极强石灰反应。

高家圈系代表性单个土体物理性质

土层	深度/cm	砾石(>2mm)体积分数/%	细土颗粒组成(粒径：mm)/(g/kg)			质地
			砂粒 2～0.05	粉粒 0.05～0.002	黏粒 <0.002	
A	0～30	0	654	276	70	砂壤土
Bk	30～70	0	622	236	142	砂壤土
C	70～120	0	598	304	98	砂壤土

高家圈系代表性单个土体化学性质

深度/cm	pH (H_2O)	有机碳(C)/(g/kg)	全氮(N)/(g/kg)	全磷(P)/(g/kg)	全钾(K)/(g/kg)	碳酸钙/(g/kg)	全盐/(g/kg)	CEC/(cmol/kg)	游离铁(Fe_2O_3)/(g/kg)
0～30	8.5	4.1	0.45	0.33	15.8	94	1.3	7.1	3.6
30～70	8.8	4.3	0.47	0.36	17.1	105	1.5	12.7	3.5
70～120	8.5	4.2	0.42	0.37	17.1	102	2.1	9.4	4.1

9.10.8 石落滩系（Shiluotan Series）

土 族：砂质硅质混合型石灰性温性-普通简育湿润雏形土

拟定者：龙怀玉，谢 平，曹祥会，王佳佳

分布与环境条件 主要分布在宁夏北部石嘴山市落石滩的干涸河流两侧和干涸河床，分布地形一般为洪积扇和高阶地，成土母质为多次洪积物和冲积物，地下水位很深，植被多为旱生的低矮灌木——四合木，以及猪毛菜、草霸王、多根葱等，植被覆盖度为5%～30%。分布区域属于中温带干旱气候，年均气温7.8～11.1℃，年降水量111～268 mm。

石落滩系典型景观

土系特征与变幅 诊断层有淡薄表层、雏形层、钙积层；诊断特性和诊断现象有盐基饱和、碱积现象、干旱土壤水分、温性土壤温度。多元成土母质，表土层为粗砂质冲积物，其下为黄土状冲积物，再其下为卵石层，有效土层厚度为60～100 cm，土壤pH为8.0～9.0。通体有石灰反应，心土层或底土层碳酸钙含量小于150 g/kg，心土层有中量碳酸钙假菌丝体。表土层母质特征明显，腐殖质层厚度小于30 cm，有机碳含量在6 g/kg以上。

对比土系 与沟脑系相比，两者都具有淡薄表层、雏形层、钙积层、干旱土壤水分、温性土壤温度等诊断层和诊断特性，土壤颗粒大小级别、矿物类型、石灰性和酸碱反应级别等也相同。但是石落滩系还具有碱积现象，沟脑系还具有干旱表层、盐积现象、钠质特性。

利用性能综述 该土壤土层深厚，但是夹杂较多砾石，干旱少雨，主要生长天然草地，草质良好，由于蒸发强烈，产草量不高，加上风蚀影响容易导致草场退化，要严格控制载畜量进行适当放牧。由于地形破碎，缺乏灌溉，不能作为农用土地，应该加强封育还

草，提高植被覆盖度，防止风蚀和石化。

参比土种　钙质灰漠土（钙质灰漠土）。

代表性单个土体　宁夏石嘴山市惠农区园艺镇石落滩，106°43′44.6″E、39°19′12.9″N，海拔 1161 m。成土母质为洪积冲积物。地势平坦，地形为山地、山麓平原、平地。自然草地，稀疏草原植被，覆盖度约 25%。年均气温 9.1℃，年≥10℃积温 3574℃，50 cm 深处年均土壤温度 12.1℃，年≥10℃天数 188 d，年降水量 188 mm，年均相对湿度 50%，年干燥度 7.24，年日照时数 2926 h。野外调查时间：2014 年 10 月 11 日，天气（阴）。

石落滩系代表性单个土体剖面

Ak：　0～20 cm，浊黄橙色（10YR 5/3，干），浊红棕色（2.5YR 4/3，润）；润，疏松、稍黏着、无塑，岩石和矿物碎屑含量约 10%、大小为 2～5 mm、圆状，砂壤土，单粒结构（无结构）、极弱发育的大块状结构；少量细根和极细根；强石灰反应；向下突变平滑过渡。

2Bw：20～30 cm，浊黄橙色（10YR 6/3，干），暗红棕色（2.5YR 3/2，润）；润，疏松、稍黏着、无塑，岩石和矿物碎屑含量约 30%、大小为 5～10 mm、块状，壤土，中度发育的大棱块状结构；中量粗根；弱石灰反应；向下清晰平滑过渡。

2Bk：30～100 cm，浊橙色（2.5YR 6/4，干），棕色（10YR 4/4，润）；干，硬、黏着、稍塑，岩石和矿物碎屑含量约 10%、大小为 5～10 mm、块状，砂壤土，很弱发育的较大棱块状结构；中量白色碳酸钙斑点；少量细根和极细根；弱石灰反应；向下突变平滑过渡。

3C：100～130 cm，灰红色（2.5YR 4/2，干），棕色（10YR 4/4，润）；干，松散、无黏着、无塑，岩石和矿物碎屑含量约 90%、大小为 5～60 mm、块状，砂砾，无结构；少量细根和极细根；极强石灰反应。

石落滩系代表性单个土体物理性质

土层	深度/cm	砾石(>2 mm)体积分数/%	细土颗粒组成(粒径：mm)/(g/kg)			质地
			砂粒 2～0.05	粉粒 0.05～0.002	黏粒 <0.002	
Ak	0～20	10	682	246	72	砂壤土
2Bw	20～30	30	504	380	116	壤土
2Bk	30～100	10	616	292	93	砂壤土

石落滩系代表性单个土体化学性质

深度 /cm	pH (H_2O)	有机碳(C) /(g/kg)	全氮(N) /(g/kg)	全磷(P) /(g/kg)	全钾(K) /(g/kg)	碳酸钙 /(g/kg)	全盐 /(g/kg)	CEC /(cmol/kg)	钠饱和度/%	游离铁 (Fe_2O_3) /(g/kg)
0～20	8.6	25.0	0.36	0.33	18.7	26	1.4	5.5	5.7	4.9
20～30	8.4	9.2	0.18	0.35	18.5	15	1.7	3.4	11.3	4.5
30～100	8.5	4.6	0.48	0.37	20.7	73	1.6	7.2	5.7	4.6

第10章　新　成　土

10.1　石灰扰动人为新成土

10.1.1　吉平堡系（Jipingbu Series）

土　族：黏壤质硅质混合型温性-石灰扰动人为新成土

拟定者：龙怀玉，曹祥会，曲潇琳，徐　珊，莫方静

分布与环境条件　主要分布在引黄灌区中部和南部的一级阶地和二级阶地。地下水位较深，旱季埋深大于 200 cm；矿化度小于 1 g/L，全部为耕地。分布区域属于中温带干旱气候，年均气温 7.6～11.4℃，年降水量 106～265 mm。

吉平堡系典型景观

土系特征与变幅　诊断层有肥熟表层；诊断特性和诊断现象有盐基饱和、石灰性、灌淤现象、人为扰动层次、钙积现象、盐积现象、氧化还原特征、钠质现象、潮湿土壤水分、温性土壤温度。成土母质为灌溉淤积物+冲积物，灌溉淤积物厚度为 30～50 cm，土壤质地为壤土。河流冲积物土壤质地为砂黏壤土—黏壤土，土壤 pH 为 8.0～8.5。耕作土层以下有铁锰锈纹锈斑，全剖面极强石灰反应，碳酸钙含量 100～200 g/kg，土体盐分含量 1.5～3.0 g/kg，有厚度 20 cm 以上的土层盐分含量为 2.0～3.0 g/kg，灌淤层有机碳含量 6.0～15.0 g/kg，有效磷含量 35～50 mg/kg。

对比土系　参见银新系。

利用性能综述　土层深厚，质地均匀适中；耕性良好，干湿易耕，土垡松散，适耕期较长；适种性广，蔬菜、果树及小麦等旱作均可种植。但耕作熟化土层较薄，耕作层有机质及速效养分含量较低。土体存在轻度盐渍化和碱化的潜在危害，需要注意防止土壤进一步盐化，结合灌溉和排水加强排盐降碱。

参比土种 壤质薄层灌淤土（薄立土）。

代表性单个土体 宁夏银川市西夏区平吉堡农场四队，106°0′7″E、38°21′36″N，海拔1130 m。成土母质为灌淤物及冲积物。地势较平坦，地形为山地洪积扇缘、冲积平原、河间地。旱地，主要种植玉米。年均气温9.4℃，≥10℃年积温3603℃，50 cm深处年均土壤温度12.4℃，年≥10℃天数188 d，年降水量180 mm，年均相对湿度53%，年干燥度6.37，年日照时数2971 h。野外调查时间：2016年4月27日，天气（晴）。

Aup1：0～30 cm，浊黄橙色（10YR 7/3，干），浊黄橙色（10YR 6/4，润）；润，疏松、稍黏着、稍塑，壤土，弱发育的团粒结构和大团块状结构；很少量的炭块；中量细根和极细根，有2条蚯蚓和少量土壤动物粪便；极强石灰反应；向下清晰波状过渡。

Au/Ab：30～80 cm，浊黄橙色（10YR7/3，干），暗棕色（10YR 3/3，润）；潮，坚实、稍黏着、中塑，岩石和矿物碎屑含量约2%、大小为3～10 mm、块状，壤土，弱发育的大棱块状结构和团块状结构；结构体表面有少量铁锰锈纹锈斑，很少量的炭块；少量细根和极细根；极强石灰反应；向下渐变平滑过渡。

2Cr：80～120 cm，浊黄橙色（10YR 7/3，干），浊黄橙色（10YR 7/3，润）；湿，疏松、稍黏着、稍塑，砂黏壤土，很弱发育的大块状结构；有很少量铁锰锈纹锈斑；极强石灰反应。

吉平堡系代表性单个土体剖面

吉平堡系代表性单个土体物理性质

土层	深度 /cm	砾石 (>2mm)体积分数/%	细土颗粒组成(粒径：mm)/(g/kg)			质地
			砂粒 2～0.05	粉粒 0.05～0.002	黏粒 <0.002	
Aup1	0～30	0	304	466	231	壤土
Au/Ab	30～80	2	292	460	248	壤土
2Cr	80～120	0	503	269	229	砂黏壤土

吉平堡系代表性单个土体化学性质

深度 /cm	pH (H_2O)	有机碳(C) /(g/kg)	全氮(N) /(g/kg)	全磷(P) /(g/kg)	全钾(K) /(g/kg)	有效磷(P) /(mg/kg)	碳酸钙 /(g/kg)	CEC /(cmol/kg)	全盐 /(g/kg)	钠饱和度/%	游离铁 (Fe_2O_3) /(g/kg)
0～30	8.1	7.9	0.77	0.68	21.2	38.7	147	7.2	1.9	9.8	9.9
30～80	8.2	4.8	0.50	0.54	19.2	5.3	157	5.6	2.6	11.9	9.2
80～120	8.3	2.2	0.28	0.39	20.6	2.4	138	6.0	2.2	9.7	7.7

10.1.2　盘龙坡系（Panlongpo Series）

土　族：黏壤质长石混合型冷性-石灰扰动人为新成土
拟定者：龙怀玉，曲潇琳，曹祥会，谢　平

分布与环境条件　主要分布在中山经过土地整理后的坡地、平地，成土母质为人为覆盖在红色页岩、砂质泥岩的残积物之上的黄土。草甸草原植被，植物主要有针茅、龙胆、紫菀、风毛菊、唐松草、牛尾蒿、黄花棘豆等，覆盖度为90%以上。分布区域属于暖温带半干旱气候，年均气温3.9～6.8℃，年降水量382～671 mm。

盘龙坡系典型景观

土系特征与变幅　诊断层有暗沃表层；诊断特性和诊断现象有盐基饱和、石灰性、钙积现象、人为扰动层次、半干润土壤水分、冷性土壤温度。成土母质为人为覆盖在红色页岩、砂质泥岩的残积坡积物之上的黄土，黄土层为60～100 cm，整个有效土层厚度在100 cm以上，土体内有少量石块，土壤质地为粉黏壤土、粉砂壤土，土壤pH为8.0～9.0。全剖面石灰反应极强，碳酸钙含量为 100～200 g/kg，土层间没有明显差异。腐殖质累积过程明显，腐殖质层厚度为50～100 cm，有机碳含量6.0～15.0 g/kg。腐殖质层下部及其以下土层有少量—中量的碳酸钙假菌丝体和极少量模糊黏粒胶膜。黏粒含量为200～350 g/kg，淀积层含量是腐殖质层的1.2倍以上。

对比土系　和石家堡系相比较，两者的成土母质都是黄土+红色砂页岩残积物。但盘龙坡系是经过土地整理后形成的土壤，黄土层厚度为60～100 cm，向下不规则突变过渡，有暗沃表层，颗粒大小为黏壤质，半干润土壤水分状况；石家堡系没有受到人为影响，黄土层厚度为20～50 cm，向下清晰平滑过渡，有淡薄表层，颗粒大小为壤质，干旱土壤水分状况。

利用性能综述　该土壤土层深厚，黄土覆盖较厚，土壤养分含量丰富，水分状况良好，

质地适中，适耕性较好，有轻微侵蚀，适宜发展农业和牧草用地。但由于该土壤有一定坡度，应注意防止水土流失和侵蚀，生产中适度发展等高梯田及提高植被覆盖度。

参比土种 厚层细质暗灰褐土（暗麻土）。

代表性单个土体 宁夏固原市原州区张易镇盘龙坡，106°06′34.5″E、35°48′41.4″N，海拔2125 m。成土母质为经过土地整理后的黄土状母质及红色砂岩。地势起伏，地形为山地、中山、山坡中下部。自然荒草地，茂盛禾本科草原植被，覆盖度约95%。年均气温5.3℃，≥10℃年积温2145℃，50cm深处年均土壤温度8.8℃，年≥10℃天数141 d，年降水量519 mm，年均相对湿度62%，年干燥度1.65，年日照时数2398 h。野外调查时间：2015年4月21日，天气（晴）。

Au：0～50 cm，浊黄橙色（10YR 5/3，干），暗棕色（10YR 3/4，润）；潮，疏松、稍黏着、稍塑，粉砂壤土，很强发育的中团粒状结构和中团块状结构；结构面有少量模糊腐殖质胶膜，中量白色碳酸钙假菌丝体；中量细根、极细根和中量粗根；极强石灰反应；向下渐变波状过渡。

Ck：50～110 cm，浊黄橙色（10YR 6/4，干），棕色（10YR 4/6，润）；潮，坚实、黏着、中塑，粉砂壤土，强发育的大棱块状结构；结构面有中量模糊黏粒胶膜，中量白色碳酸钙假菌丝体；极少量细根；极强石灰反应；向下不规则突变过渡。

Btb：110～140 cm，浊黄橙色（7.5YR 7/4，干），暗棕色（7.5YR 3/4，润）；潮，坚实、黏着、中塑，岩石和矿物碎屑含量约30%、大小为10～50 mm、棱角状，粉黏壤土，中度发育的大棱块状结构；结构面有中量模糊黏粒胶膜，中量白色碳酸钙假菌丝体；极少量细根和极细根；极强石灰反应。

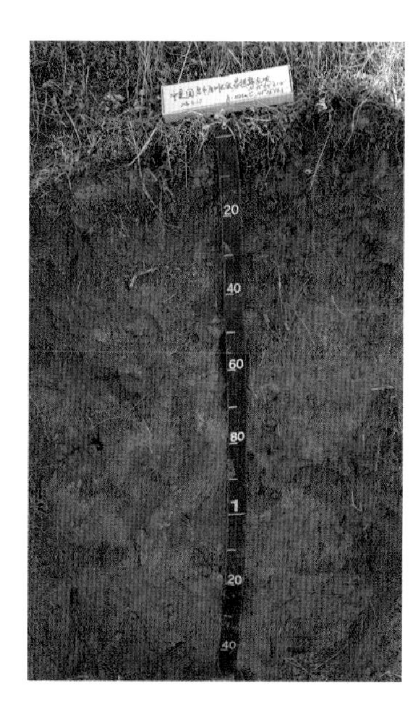

盘龙坡系代表性单个土体剖面

盘龙坡系代表性单个土体物理性质

土层	深度/cm	砾石(>2mm)体积分数/%	细土颗粒组成(粒径：mm)/(g/kg)			质地
			砂粒 2～0.05	粉粒 0.05～0.002	黏粒 <0.002	
Au	0～50	0	168	614	218	粉砂壤土
Ck	50～110	0	215	574	212	粉砂壤土
Btb	110～140	30	193	508	298	粉黏壤土

盘龙坡系代表性单个土体化学性质

深度/cm	pH (H_2O)	有机碳(C)/(g/kg)	全氮(N)/(g/kg)	全磷(P)/(g/kg)	全钾(K)/(g/kg)	碳酸钙/(g/kg)	全盐/(g/kg)	CEC/(cmol/kg)	游离铁(Fe_2O_3)/(g/kg)
0～50	8.4	9.6	0.93	0.63	20.0	151	1.4	11.4	2.7
50～110	8.3	6.3	0.66	0.65	18.3	146	1.5	10.1	2.7
110～140	8.3	2.4	0.34	0.54	18.9	152	1.6	9.5	5.7

10.2　石灰干旱砂质新成土

10.2.1　八顷系（Baqing Series）

土　族：砂质硅质混合型温性-石灰干旱砂质新成土

拟定者：龙怀玉，谢　平，曹祥会，王佳佳

分布与环境条件　主要分布于宁夏中部风沙干旱区及黄河冲积平原周边的沙丘边缘，沙丘高度为 0.5～10 m，呈孤立馒头形丘陵状，气候干旱，地下水位较深，植被主要为沙蒿、白刺等沙生植物，覆盖度为 20%～60%。分布区域属于中温带干旱气候，年均气温 7.7～11.5℃，年降水量 102～257 mm。

八顷系典型景观

土系特征与变幅　诊断层有淡薄表层；诊断特性和诊断现象有盐基饱和、石灰性、钠质现象、砂质沉积物岩性特征、干旱土壤水分、温性土壤温度。成土母质为风积物和流动沙，土壤发育微弱，几乎没有腐殖质累积，通体母质特征显著，没有土壤结构，土体表现为松散的砂粒，通体有石灰反应，pH 为 8.5～9.5，有机碳含量小于 3.0 g/kg。

对比土系　与满枣儿顶系、活水塘系相比，剖面形态相似，诊断层相同，成土母质都是风积物和流动沙。但满枣儿顶系具有石质接触面，有效土层厚度小于 60 cm，而八顷系、活水塘系没有石质接触面，有效土层厚度大于 200 cm。八顷系具有钠质现象，活水塘系没有钠质现象。

利用性能综述　地势平缓起伏，其间分布较多流动沙丘，沙层深厚，土体中几乎没有壤土和黏土，自然肥力很低，漏水漏肥，气候干燥少雨，植被稀疏，土壤容易风蚀退化，不能作为农牧业用地。本地区主要通过封育恢复草原，增加植被覆盖度，增强固沙能力，

提高土壤肥力。

参比土种　丘状固定风沙土（固定沙土）。

代表性单个土体　宁夏石嘴山市平罗县高仁乡八顷村，106°37′16.1″E、38°39′35.5″N，海拔 1110 m。成土母质为风积沙。地势平缓起伏，地形为荒漠丘陵、沙丘、坡地中部。自然荒草地，草原草灌植被，主要生长骆驼刺、沙蒿、白刺等沙生植物，覆盖度约 50%。年均气温 9.4℃，≥10℃年积温 3626℃，50 cm 深处年均土壤温度 12.4℃，年≥10℃天数 189 d，年降水量 175 mm，年均相对湿度 52%，年干燥度 6.73，年日照时数 2970 h。野外调查时间：2014 年 10 月 12 日，天气（晴）。

AC：0～30 cm，黄棕色（10YR 5/6，干），棕色（10YR 4/4，润）；润，松散、无黏着、无塑，细砂土；少量细根和极细根；中度石灰反应；向下模糊平滑过渡。

C：30～150 cm，浊黄橙色（10YR 6/4，干），棕色（10YR 4/4，润）；稍润，松散、无黏着、无塑，细砂土；中度石灰反应。

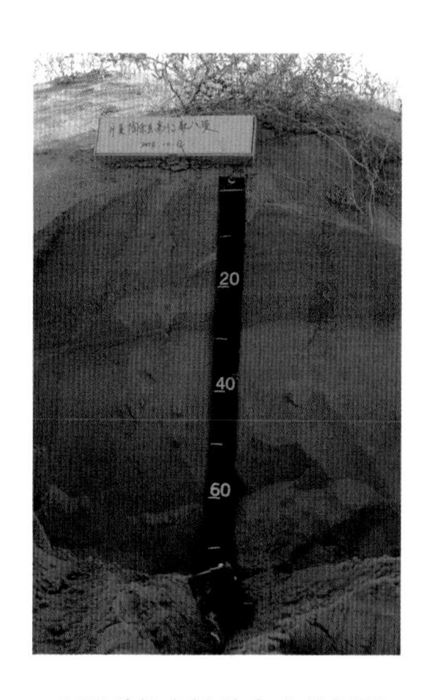

八顷系代表性单个土体剖面

八顷系代表性单个土体化学性质

土层	深度 /cm	pH (H_2O)	有机碳(C) /(g/kg)	全氮(N) /(g/kg)	全磷(P) /(g/kg)	全钾(K) /(g/kg)	CEC /(cmol/kg)	钠饱 和度/%	游离铁 (Fe_2O_3) /(g/kg)
AC	0～30	9.3	0.8	0.10	0.31	15.1	2.5	12.2	1.5

10.2.2　落石滩系（Luoshitan Series）

土　族：粗骨质硅质混合型温性-石灰干旱砂质新成土

拟定者：龙怀玉，谢　平，曹祥会，王佳佳

分布与环境条件　主要分布在宁夏北部石嘴山市落石滩的干涸河流两侧和干涸河床，分布地形一般为洪积扇和高阶地，成土母质为多次洪积物和冲积物，地下水位很深，植被多为旱生的低矮灌木四合木及猪毛菜、草霸王、多根葱等，覆盖度为 5%～30%。分布区域属于中温带干旱气候，年均气温 7.8～11.1℃，年降水量 112～268 mm。

落石滩系典型景观

土系特征与变幅　诊断层有淡薄表层；诊断现象和诊断特性有盐基饱和、石灰性、碱积现象、钠质现象、砂质沉积物岩性特征、干旱土壤水分、温性土壤温度。成土母质是多次洪积物和冲积物，厚度在 200 cm 以上，砾石层和砂土层交错存在，沉积层理清楚。表土腐殖质层厚度小于 30 cm，腐殖质层母质特征明显，细土质地为壤砂土，有机碳含量为 6.0～15.0 g/kg，土壤 pH 为 8.5～9.5，通体有石灰反应，碳酸钙含量小于 30 g/kg。

对比土系　与武河系属于同一个土族，诊断层、诊断现象和诊断特性基本相同，成土母质都是砾石层和砂土层交错存在的河流冲积物，剖面形态也很相似。表层土壤有机碳含量、盐分含量差异显著，落石滩系土壤有机碳含量为 6.0～15.0 g/kg，盐分含量为 1.5～3.0 g/kg，轻度盐化；而武河系土壤有机碳含量小于 3.0 g/kg，盐分含量小于 1.5 g/kg。

利用性能综述　本地区干旱少雨，地形破碎不平，土层砂土和砾石混杂，土壤沙性很大，有机碳及矿质养分含量低，漏水漏肥，难以作为农牧业利用。由于干旱缺水，土壤退化，沙化和风蚀严重，大部分地区应该通过退耕还草等措施，促进植被恢复，逐步提高土壤表土层的肥力，在严格控制承载力下可以适当放牧。

参比土种　砾石冲积土（卵石土）。

代表性单个土体 宁夏石嘴山市惠农区园艺镇落石滩，106°43′4.8″E、39°19′18.6″N，海拔 1163 m。成土母质为洪积冲积物。地势平坦，地形为山地洪积扇缘、平地。自然荒草地，稀疏干旱草原植被，覆盖度约 30%。年均气温 9.1℃，≥10℃年积温 3573℃，50 cm 深处年均土壤温度 12.1℃，年≥10℃天数 188 d，年降水量 188 mm，年均相对湿度 50%，年干燥度 7.24，年日照时数 2926 h。野外调查时间：2014 年 10 月 11 日，天气（雨夹雪）。

AC：0～10 cm，浊黄橙色（10YR 5/3，干），棕色（10YR 4/4，润）；稍润，松散、无黏着、无塑，岩石和矿物碎屑含量约 90%、大小为 2～200 mm、块状，壤砂土；强石灰反应；向下渐变波状过渡。

C1：10～20 cm，浊黄橙色（10YR 5/3，干），棕色（10YR 4/4，润）；稍润，松散、无黏着、无塑，岩石和矿物碎屑含量约 90%、大小为 2～200 mm、块状，砂砾；强石灰反应；向下模糊波状过渡。

C2：20～40 cm，浊黄橙色（10YR 6/4，干），棕色（10YR 4/4，润）；稍润，松散、无黏着、无塑，岩石和矿物碎屑含量约 90%、大小为 2～20 mm、块状，砂砾；中度石灰反应；向下突变波状过渡。

2C：40～80 cm，浊黄橙色（10YR 6/4，干），棕色（10YR 4/4，润）；稍润，松散、无黏着、无塑，岩石和矿物碎屑含量约 90%、大小为 2～200 mm、块状，砂砾；轻度石灰反应；向下突变波状过渡。

落石滩系代表性单个土体剖面

3C：80～100 cm，浊黄橙色（10YR 6/4，干），棕色（10YR 4/4，润）；稍润，松散、无黏着、无塑，岩石和矿物碎屑含量约 90%、大小为 2～200 mm、块状，砂砾；轻度石灰反应；向下突变波状过渡。

4C：100～140 cm，浊黄橙色（10YR 6/3，干），棕色（10YR 4/4，润）；稍润，松散、无黏着、无塑，岩石和矿物碎屑含量约 90%、大小为 2～200 mm、块状，砂砾；轻度石灰反应。

落石滩系代表性单个土体物理性质

土层	深度/cm	砾石(>2mm)体积分数/%	细土颗粒组成（粒径：mm)/(g/kg)			质地
			砂粒 2～0.05	粉粒 0.05～0.002	黏粒 <0.002	
AC	0～10	90	764	183	53	壤砂土

落石滩系代表性单个土体化学性质

深度/cm	pH (H_2O)	有机碳(C)/(g/kg)	全氮(N)/(g/kg)	全磷(P)/(g/kg)	全钾(K)/(g/kg)	CEC/(cmol/kg)	游离铁(Fe_2O_3)/(g/kg)
0～10	8.7	13.2	0.39	0.3	18.9	4.5	3.6

10.2.3　武河系（Wuhe Series）

土　族：粗骨质硅质混合型温性-石灰干旱砂质新成土
拟定者：龙怀玉，曹祥会，谢　平，王佳佳

分布与环境条件　主要分布在古河道两侧，地表砾石碎块含量在50%左右，自然植被为荒漠草原植被，覆盖度为20%～50%。分布区域属于中温带干旱气候，年均气温7.4～11.3℃，年降水量108～268 mm。

武河系典型景观

土系特征与变幅　诊断层有淡薄表层；诊断现象和诊断特性有盐基饱和、石灰性、钠质现象、砂质沉积物岩性特征、干旱土壤水分、温性土壤温度。成土母质为河流冲积洪积物和少量风积物，其中砾石含量在75%以上，其厚度在200 cm以上，土壤发育微弱，没有形成明显的发生学层次，多砾石层和少砾石层交错排列，沉积层理清楚。土体为砂砾石块混合壤砂土，细土pH为8.5～9.5，全剖面强石灰反应，有机碳含量小于3.0 g/kg，碳酸钙含量小于30.0 g/kg，盐分含量小于1.5g/kg。

对比土系　参见落石滩系。

利用性能综述　本地区干旱少雨，地形破碎不平，洪积冲积物较厚，土层中砂土和砾石混杂，土壤沙性很大，有机碳及矿质养分含量低，漏水漏肥，难以作为农牧业利用。由于干旱缺水，土壤退化，沙化和风蚀严重，大部分地区应该通过退耕还草等措施，促进植被恢复，逐步提高土壤表土层肥力，在严格控制承载力条件下可以适当放牧。

参比土种　砾石冲积土（卵石土）。

代表性单个土体　宁夏银川市永宁县闽宁镇武河村，105°56′56.1″E、38°18′56.8″N，海拔1166 m。成土母质为洪积冲积物。地势平坦，地形为山地冲积扇扇缘、冲积平原、平地。

自然草地，荒漠草原植被，覆盖度约 50%。年均气温 9.3℃，≥10℃年积温 3573℃，50 cm 深处年均土壤温度 12.3℃，年≥10℃天数 188 d，年降水量 183 mm，年均相对湿度 52%，年干燥度 6.24，年日照时数 2974 h。野外调查时间：2014 年 10 月 16 日，天气（晴）。

CA：0～40 cm，浊黄橙色（10YR 6/4，干），棕色（10YR 4/4，润）；干，松散、无黏着、无塑，砂砾石块混合壤砂土，其中砾石含量约 95%；强石灰反应；向下模糊波状过渡。

C：40～140 cm，亮黄棕色（10YR 6/6，干），棕色（10YR 4/4，润）；干，松散、无黏着、无塑，多层砂砾+砂土；强石灰反应。

武河系代表性单个土体剖面

武河系代表性单个土体物理性质

土层	深度 /cm	砾石 (>2mm)体积分数/%	细土颗粒组成(粒径：mm)/(g/kg)			质地
			砂粒 2～0.05	粉粒 0.05～0.002	黏粒 <0.002	
CA	0～40	95	832	128	39	壤砂土

武河系代表性单个土体化学性质

深度 /cm	pH (H_2O)	有机碳(C) /(g/kg)	全氮(N) /(g/kg)	全磷(P) /(g/kg)	全钾(K) /(g/kg)	全盐 /(g/kg)	CEC /(cmol/kg)	钠饱和度 /%	游离铁(Fe_2O_3) /(g/kg)
0～40	9.1	1.5	0.21	0.18	16.4	1.4	3.4	7.4	2.3

10.2.4 闲贺系（Xianhe Series）

土　族：粗骨质长石混合型温性-石灰干旱砂质新成土

拟定者：龙怀玉，曹祥会，谢　平，王佳佳

分布与环境条件　主要分布在洪积扇中上部、古河道两侧，地表砾石和碎块含量在 50%左右，自然植被为荒漠草原，覆盖度为 30%～60%，人工造林下的植被覆盖度在 80%以上。分布区域属于中温带干旱气候，年均气温 7.4～11.2℃，年降水量 110～271 mm。

闲贺系典型景观

土系特征与变幅　诊断层有淡薄表层；诊断特性和诊断现象有盐基饱和、石灰性、钙积现象、砂质沉积物岩性特征、干旱土壤水分、温性土壤温度。成土母质为洪积物，其厚度在 100 cm 以上，其中砾石含量在 75%以上，细土质地为砂壤土，土壤发育微弱，没有形成明显的发生学层次。土壤 pH 为 8.0～9.0，全剖面强石灰反应，有机碳含量为 3.0～6.0 g/kg，碳酸钙含量为 100～200 g/kg，盐分含量为 1.5～3.0 g/kg。

对比土系　参见孙家沟系。

利用性能综述　地势平缓起伏小，土层浅薄，土体中几乎没有壤土和黏土，夹杂很多砾石，自然肥力很低，气候干燥少雨，植被稀疏，不能作为农牧业用地。本地区主要通过封育恢复草原，增加植被覆盖度，提高土壤肥力。

参比土种　砾质新积土（洪淤砾质土）。

代表性单个土体　宁夏银川市永宁县闽宁镇新沟，105°57′15.7″E、38°15′39.4″N，海拔 1180 m。成土母质为冲积物。地势平坦，地形为高原、冲积平原、平地。人工林地，较稀疏的人工落叶林+落叶灌木，覆盖度约 50%。年均气温 9.2℃，≥10℃年积温 3559℃，

50 cm深处年均土壤温度12.3℃，年≥10℃天数187 d，年降水量185 mm，年均相对湿度52%，年干燥度6.15，年日照时数2974 h。野外调查时间：2014年10月16日，天气（晴）。

AC：0～20 cm，浊黄橙色（10YR 7/4，干），棕色（7.5YR 4/4，润）；干，松散、无黏着、无塑，岩石和矿物碎屑含量约85%、大小为10～100mm、圆状，砂壤土；少量细根；强石灰反应；向下模糊波状过渡。

C：20～110 cm，浊橙色（7.5YR 6/4，干），棕色（7.5YR 4/4，润）；干，松散、无黏着、无塑，岩石和矿物碎屑含量约95%、大小为10～100 mm、圆状，砂砾。

闲贺系代表性单个土体剖面

闲贺系代表性单个土体物理性质

土层	深度/cm	砾石(>2mm)体积分数/%	细土颗粒组成(粒径：mm)/(g/kg)			质地
			砂粒 2～0.05	粉粒 0.05～0.002	黏粒 <0.002	
AC	0～20	85	756	40	204	砂壤土

闲贺系代表性单个土体化学性质

深度/cm	pH (H_2O)	有机碳(C)/(g/kg)	全氮(N)/(g/kg)	全磷(P)/(g/kg)	全钾(K)/(g/kg)	CEC/(cmol/kg)	游离铁(Fe_2O_3)/(g/kg)
0～20	8.5	3.7	0.43	0.26	14.3	7.6	3.6

10.3　普通干旱砂质新成土

10.3.1　火山子系（Huoshanzi Series）

土　族：砂质硅质混合型非酸性温性-普通干旱砂质新成土

拟定者：龙怀玉，曹祥会，谢　平，王佳佳

分布与环境条件　主要分布在宁夏中部风沙干旱区及黄河冲积平原周边的沙丘边缘，成土母质为风积沙。稀疏草灌植被，主要生长沙蒿、白刺、牛心朴子、柠条、柽柳等植物，覆盖度为10%～30%。分布区域属于暖温带干旱气候，年均气温6.4～10.1℃，年降水量189～390 mm。

火山子系典型景观

土系特征与变幅　诊断层有淡薄表层；诊断特性和诊断现象有盐基饱和、碱积现象、砂质沉积物岩性特征、干旱土壤水分、温性土壤温度。成土母质为风积沙，土层厚度大于100 cm，几乎没有腐殖质累积，全剖面有机碳含量小于1.5 g/kg，母质特征明显，没有结构发育，土壤质地为砂土，土壤pH为8.0～9.0，通体无石灰反应。

对比土系　与苏步系属于同一个土族，诊断层相同，成土母质都是风积沙，剖面形态也极为相似。火山子系具有碱积现象，而苏步系没有。

利用性能综述　该地区地势平缓起伏小，土层深厚，通体为风积细沙，自然肥力很低，气候干燥，植被稀疏，土壤容易风蚀退化，不能用作农牧用地。该土壤主要是封育禁牧，发展耐旱灌木和促进自然恢复，提高植被覆盖度和防止水土流失。

参比土种　丘状固定风沙土（固定沙土）。

代表性单个土体 宁夏吴忠市盐池县青山乡火山子，107°05′20.3″E、37°53′15.0″N，海拔1458 m。成土母质为风积沙。地势平坦，地形为平缓丘陵、冲积平原、漫岗。自然草地，稀疏草灌植被，覆盖度约30%。年均气温8.4℃，≥10℃年积温3192℃，50 cm深处年均土壤温度11.4℃，年≥10℃天数178 d，年降水量193 mm，年均相对湿度54%，年干燥度4.21，年日照时数2820 h。野外调查时间：2014年10月22日，天气（晴）。

CA：0～20 cm，浊黄橙色（10YR 6/4，干），亮黄棕色（10YR 6/6，润）；润，松散、无黏着、无塑，细砂土；极少量细根；向下模糊平滑过渡。

C：20～120 cm，浊黄橙色（10YR 6/4，干），黄棕色（10YR 5/6，润）；润，极疏松、无黏着、无塑，细砂土。

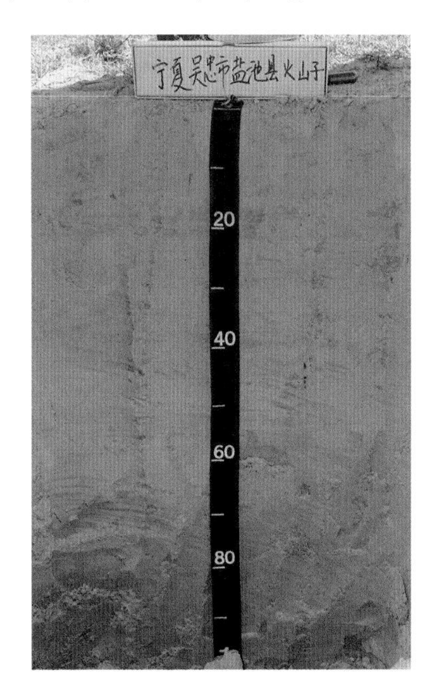

火山子系代表性单个土体剖面

火山子系代表性单个土体化学性质

土层	深度/cm	pH (H_2O)	有机碳(C)/(g/kg)	全氮(N)/(g/kg)	全磷(P)/(g/kg)	全钾(K)/(g/kg)	CEC/(cmol/kg)	钠饱和度/%	游离铁(Fe_2O_3)/(g/kg)
CA	0～20	8.9	1.5	0.17	0.16	15.7	3.0	5.4	3.0

10.3.2　苏步系（Subu Series）

土　族：砂质硅质混合型非酸性温性-普通干旱砂质新成土

拟定者：龙怀玉，曹祥会，谢　平，王佳佳

分布与环境条件　主要分布在宁夏中部风沙干旱区及黄河冲积平原周边的沙丘边缘，成土母质为风积细沙和流动沙。稀疏草灌植被，主要生长沙蒿、白刺、牛心朴子、柠条锦鸡儿、柽柳等植物，覆盖度为10%～50%。分布区域属于暖温带干旱气候，年均气温 6.1～9.8℃，年降水量 125～300 mm。

苏步系典型景观

土系特征与变幅　诊断层有淡薄表层；诊断特性有盐基饱和、砂质沉积物岩性特征、干旱土壤水分、温性土壤温度。土层厚度大于 100 cm，几乎没有腐殖质累积，全剖面有机碳含量小于 1.5 g/kg，母质特征明显，没有结构发育，土壤质地为砂土，土壤 pH 为 8.0～9.0，通体无石灰反应。

对比土系　参见火山子系。

利用性能综述　地势平缓有一定起伏，土层深厚，自然肥力很低，气候干燥少雨，以荒漠草原植被为主，植被稀疏，土壤容易风蚀退化，不能作为农牧用地。应该通过封育还草，提高植被覆盖度，促进植被恢复和土壤肥力提升。

参比土种　丘状固定风沙土（固定沙土）。

代表性单个土体　宁夏吴忠市盐池县高沙窝镇苏步井村，107°12′32.3′E、38°05′24.8′N，海拔 1512 m。成土母质为风积细沙和流动沙。地势平缓起伏，地形为平缓丘陵、冲积平原、沙丘。灌木林地，旱生高灌木植被，主要是柽柳等，覆盖度约 20%。年均气温 8.2℃，

≥10℃年积温 3248℃，50 cm 深处年均土壤温度 11.2℃，年≥10℃天数 176 d，年降水量 209 mm，年均相对湿度 47%，年干燥度 5.27，年日照时数 2999 h。野外调查时间：2014 年 10 月 22 日，天气（晴）。

CA：0～40 cm，黄棕色（10YR 5/6，干），黄棕色（10YR 5/8，润）；稍润，极疏松、无黏着、无塑，砂土；少量粗根和极少量细根；向下模糊平滑过渡。

C：40～120 cm，亮黄棕色（10YR 6/6，干），黄棕色（10YR 5/8，润）；稍润，松散、无黏着、无塑，细沙。

苏步系代表性单个土体剖面

苏步系代表性单个土体化学性质

土层	深度 /cm	pH (H_2O)	有机碳(C) /(g/kg)	全氮(N) /(g/kg)	全磷(P) /(g/kg)	全钾(K) /(g/kg)	CEC /(cmol/kg)	游离铁(Fe_2O_3) /(g/kg)
CA	0～40	8.8	1.2	0.12	0.15	13.7	2.7	4.0

10.4　石灰干润砂质新成土

10.4.1　活水塘系（Huoshuitang Series）

土　族：砂质硅质混合型温性-石灰干润砂质新成土

拟定者：龙怀玉，曹祥会，谢　平，王佳佳

分布与环境条件　主要分布在宁夏中部风沙干旱区及黄河冲积平原周边的沙丘边缘，成土母质为风积物和流动沙。稀疏草灌植被，主要生长沙蒿、白刺、牛心朴子、柠条锦鸡儿等植物，覆盖度为30%～60%。分布区域属于暖温带干旱气候，年均气温6.5～10.3℃，年降水量155～342 mm。

活水塘系典型景观

土系特征与变幅　诊断层有淡薄表层；诊断特性有盐基饱和、砂质沉积物岩性特征、半干润土壤水分、温性土壤温度。成土母质为风积物和流动沙，土层厚度大于100 cm，没有结构发育，土壤质地为砂土，几乎没有腐殖质累积，有机碳含量小于3.0 g/kg，母质特征明显。土壤pH为8.5～9.5，土体中有极少量碳酸钙粉末，强石灰反应，碳酸钙含量小于50 g/kg。

对比土系　与满枣儿顶系相比，诊断层相同，成土母质都是风积物和流动沙。但满枣儿顶系具有石质接触面，有效土层厚度小于60 cm，而活水塘系没有石质接触面，有效土层厚度大于200 cm。

利用性能综述　地势平缓起伏小，土层深厚，但土体中几乎没有壤土和黏土，自然肥力很低，气候干燥少雨，植被稀疏，土壤容易风蚀退化，不能作为农牧业用地。

参比土种 丘状固定风沙土（固定沙土）。

代表性单个土体 宁夏吴忠市盐池县惠安堡镇活水塘，106°44′34.2″E、37°27′0.1″N，海拔 1412 m。成土母质为风积沙。地势起伏，地形为荒漠台地、低丘、缓坡中部。自然草地，草灌植被，覆盖度约 60%。年均气温 8.5℃，≥10℃年积温 3289℃，50 cm 深处年均土壤温度 11.6℃，年≥10℃天数 180 d，年降水量 242 mm，年均相对湿度 52%，年干燥度 4.76，年日照时数 2904 h。野外调查时间：2014 年 10 月 19 日，天气（晴）。

CA：0～60 cm，浊棕色（7.5YR 5/4，干），黄棕色（10YR 5/8，润）；稍润，疏松、无黏着、无塑，砂土；40～60 cm 有极少量白色碳酸钙粉末；极少量粗根和细根；强石灰反应；向下模糊平滑过渡。

C：60～120 cm，浊棕色（7.5YR 5/4，干），浊黄橙色（10YR 7/4，润）；稍润，疏松、无黏着、无塑，砂土；极少量细根；强石灰反应。

活水塘系代表性单个土体剖面

活水塘系代表性单个土体化学性质

土层	深度/cm	pH (H_2O)	有机碳(C)/(g/kg)	全氮(N)/(g/kg)	全磷(P)/(g/kg)	全钾(K)/(g/kg)	CEC/(cmol/kg)	钠饱和度/%	游离铁(Fe_2O_3)/(g/kg)
CA	0～60	9.2	1.6	0.2	0.18	17.2	4.0	2.7	2.1

10.4.2　满枣儿顶系（Manzao’erding Series）

土　族：砂质硅质混合型温性-石灰干润砂质新成土

拟定者：龙怀玉，曹祥会，谢　平，王佳佳

分布与环境条件　主要分布在宁夏中部中山的上部和顶部的砾岩出露地带，成土母质为混杂着砾岩残积风化物的流动沙。稀疏草灌植被，主要生长沙蒿、白刺、牛心朴子、柠条锦鸡儿等植物，覆盖度为30%～60%。分布区域属于暖温带干旱气候，年均气温 6.4～10.2℃，年降水量 131～308 mm。

满枣儿顶系典型景观

土系特征与变幅　诊断层有淡薄表层；诊断特性和诊断现象有盐基饱和、碱积现象、钠质现象、石质接触面、砂质沉积物岩性特征、半干润土壤水分、温性土壤温度。有效土层厚度小于 60 cm，几乎没有腐殖质累积和土壤结构发育，有机碳含量小于 3.0 g/kg，母质特征明显，全部为砂土，土壤 pH 为 8.5～9.5，中度石灰反应。

对比土系　参见活水塘系。

利用性能综述　地势强烈起伏，坡度较大，土层浅薄，剖面中几乎没有壤土和黏土，自然肥力很低，气候干燥少雨，植被稀疏，土壤容易风蚀退化，不能作为农牧业用地。本地区主要通过封育恢复草原，增加植被覆盖度，提高土壤肥力。

参比土种　丘状固定风沙土（固定沙土）。

代表性单个土体　宁夏银川市灵武市白土岗乡满枣儿坑山顶，106°28′56.6″E、37°51′35.7″N，海拔 1428 m。成土母质为砾岩风积沙。地势陡峭切割，地形为高原山地、山顶。自然草地，草灌植被，覆盖度约 60%。岩石露头约 20%，地表岩石碎块大小约 1～20 cm、覆盖度约 80%。年均气温 8.5℃，≥10℃年积温 3314℃，50 cm 深处年均土壤温度 11.5℃，年≥10℃天数 179 d，年降水量 215 mm，年均相对湿度 49%，年干燥度 5.18，年日照时数 2969 h。野外调查时间：2014 年 10 月 19 日，天气（晴）。

AC：0～50 cm，亮黄棕色（10YR 6/6，干），黄棕色（10YR 5/8，润）；润，松散、无黏着、无塑，砂土；中量粗根和少量细根；中度石灰反应；向下突然平滑过渡。

C：50～60 cm，浊黄橙色（10YR 6/4，干），棕色（10YR 4/4，润）；润，松散、无黏着、无塑，砾石；中度石灰反应。

R：60 cm 以下，砂岩。

满枣儿顶系代表性单个土体剖面

满枣儿顶系代表性单个土体物理性质

土层	深度 /cm	砾石 (>2mm)体积分数/%	细土颗粒组成(粒径：mm)/(g/kg)			质地
			砂粒 2～0.05	粉粒 0.05～0.002	黏粒 <0.002	
AC	0～50	0	899	79	22	砂土

满枣儿顶系代表性单个土体化学性质

深度 /cm	pH (H_2O)	有机碳(C) /(g/kg)	全氮(N) /(g/kg)	全磷(P) /(g/kg)	全钾(K) /(g/kg)	CEC /(cmol/kg)	钠饱和度/%	游离铁 (Fe_2O_3) /(g/kg)
0～50	8.8	1.0	0.11	0.21	17.2	2.3	9.1	2.3

10.5 普通干旱冲积新成土

10.5.1 榆树峡系（Yushuxia Series）

土　族：砂质盖粗骨质硅质混合型温性-普通干旱冲积新成土

拟定者：龙怀玉，曲潇琳，曹祥会，谢　平

分布与环境条件　主要分布在黄河两岸滩地、基岩出露山地的山谷，离河床近，雨季常受洪水泛滥影响，地下水位浅。荒地的自然植被较好，主要生长假苇拂子茅、冰草、野苜蓿和蒿类植物，覆盖度为10%～30%。分布区域属于暖温带干旱气候，年均气温7.0～10.9℃，年降水量143～322 mm。

榆树峡系典型景观

土系特征与变幅　诊断层有淡薄表层；诊断特性有盐基饱和、冲积物岩性特征、干旱土壤水分、温性土壤温度。成土母质为覆盖在河床相砾石层之上的河流冲积物，沉积层次明显，有效土层厚度不到60 cm，土壤质地为砂土，成土过程微弱，没有结构发育，没有明显的腐殖质累积过程，有机碳含量小于3.0 g/kg，土壤pH为8.0～9.0，土层没有石灰反应，卵石层有微弱的石灰反应。

对比土系　与贺家口系相比，两者都是洪积冲积物母质，都没有土壤结构，都具有淡薄表层、冲积物岩性特征、温性土壤温度。贺家口系还具有盐积层，土壤颗粒大小级别是粗骨质，矿物类型是长石混合型；榆树峡系的土壤颗粒大小级别是砂质盖粗骨质，矿物类型是硅质混合型。

利用性能综述　土层薄，质地为砂性，通体为河流冲积细砂，地下水位较高，不宜农用。但是雨季常受洪水泛滥影响，可以生长出草类植物，是良好的季节性牧场，也适宜植树

造林。

参比土种 薄层沙质冲积土（薄河沙土）。

代表性单个土体 宁夏中卫市中宁县石空镇榆树峡，105°34′28″E、37°34′43.3″N，海拔1290 m。成土母质为红色砂页岩冲积物。地势陡峭切割，地形为山地、中山、谷底。自然荒草地，极稀疏的干旱草原植被，覆盖度约10%。年均气温8.9℃，≥10℃年积温3415℃，50 cm深处年均土壤温度12℃，年≥10℃天数184 d，年降水量226 mm，年均相对湿度53%，年干燥度5.16，年日照时数2914 h。野外调查时间：2015年4月13日，天气（晴）。

CA：0～20 cm，浊黄橙色（10YR 6/3，干），暗棕色（10YR 3/3，润）；干，松散、无黏着、无塑，砂土；向下模糊平滑过渡。

C1：20～60 cm，浊黄橙色（10YR 6/3，干），暗棕色（10YR 3/3，润）；干，松散、无黏着、无塑，岩石和矿物碎屑含量约5%，大小为1～5 mm、次圆状，砂土；向下模糊平滑过渡。

C2：60～70 cm，浊黄橙色（10YR 7/3，干），棕色（10YR 4/4，润）；润，松散、无黏着、无塑，岩石和矿物碎屑含量约80%，大小为5～30 mm、棱角状，砂土+卵石；轻度石灰反应。

榆树峡系代表性单个土体剖面

榆树峡系代表性单个土体化学性质

土层	深度 /cm	pH (H_2O)	有机碳(C) /(g/kg)	全氮(N) /(g/kg)	全磷(P) /(g/kg)	全钾(K) /(g/kg)	CEC /(cmol/kg)	游离铁(Fe_2O_3) /(g/kg)
CA	0～20	8.4	0.9	0.14	0.19	15.0	2.8	3.4

10.6 普通湿润冲积新成土

10.6.1 贺家口系（Hejiakou Series）

土　族：粗骨质长石混合型石灰性温性-普通湿润冲积新成土

拟定者：龙怀玉，曹祥会，曲潇琳，徐　珊，莫方静

分布与环境条件　主要分布在宁夏中部的河滩地。洪积冲积物母质，地下水埋深为 200 cm 左右，矿化度 3.4～6.2 g/L。稀疏旱生植被，主要生长碱蓬、芦苇等耐盐植物。分布区域属于暖温带干旱气候，年均气温 6.7～10.4℃，年降水量 193～394 mm。

贺家口系典型景观

土系特征与变幅　诊断层有淡薄表层、盐积层；诊断特性和诊断现象有盐基饱和、石灰性、钙积现象、钠质现象、冲积物岩性特征、潮湿土壤水分、温性土壤温度。母质为冲积物，地表可见盐霜或盐斑，土层深厚，沉积层次明显，细土质地为粉砂壤土—砂壤土，土壤 pH 为 7.5～8.5。土壤有机碳含量 1.5～4.5 g/kg，全剖面母质特征明显。表土层盐分含量在 6 g/kg 以上，以硫酸盐为主，心土层盐分含量 15.0 g/kg，心土层、底土层有中量—多量盐结晶。全剖面强石灰反应，碳酸钙含量小于 100 g/kg，层次之间差异不明显。

对比土系　参见榆树峡系。

利用性能综述　地形波状起伏，以洪积冲积物为主，土层深厚，细土质地为粉砂壤土—砂壤土，但土体砾石含量大，通体土壤盐分含量高，植被稀疏，由于缺水和盐化，不宜作为农用土地，造林和牧用的价值也很低。主要作为荒草草原进行封育，逐渐提高植被覆盖度。

参比土种 盐化新积土（盐化洪淤土）。

代表性单个土体 宁夏中卫市中宁县贺家口子村，105°42′7″E、36°59′11″N，海拔 1390 m，成土母质为冲积物。地势波状起伏，地形为丘陵、低丘、谷底。自然草地，稀疏干旱草原植被，覆盖度约 30%。年均气温 8.6℃，≥10℃年积温 3247℃，50 cm 深处年均土壤温度 11.7℃，年≥10℃天数 180 d，年降水量 286 mm，年均相对湿度 56%，年干燥度 4.27，年日照时数 2796 h。野外调查时间：2016 年 4 月 28 日，天气（晴）。

CA1：0～10 cm，浊黄橙色（7.5YR 7/4，干），浊橙色（7.5YR 6/4，润）；干，硬、无黏着、无塑，岩石和矿物碎屑含量约 70%、大小为 2～200 mm、块状；砂壤土；极强石灰反应；向下模糊平滑过渡。

CA2：10～80 cm，浊黄橙色（10YR 6/4，干），暗棕色（10YR 3/3，润）；干，硬、无黏着、无塑，岩石和矿物碎屑含量约 70%、大小为 2～200 mm、块状，粉砂壤土；强石灰反应；向下模糊平滑过渡。

Cz： 80～120 cm，干，硬、无黏着、无塑；粉砂壤土，岩石和矿物碎屑含量约 80%、大小为 2～200 mm、块状；土体内有少量红褐色铁锰锈纹锈斑，极多白色盐分粉末；强石灰反应。

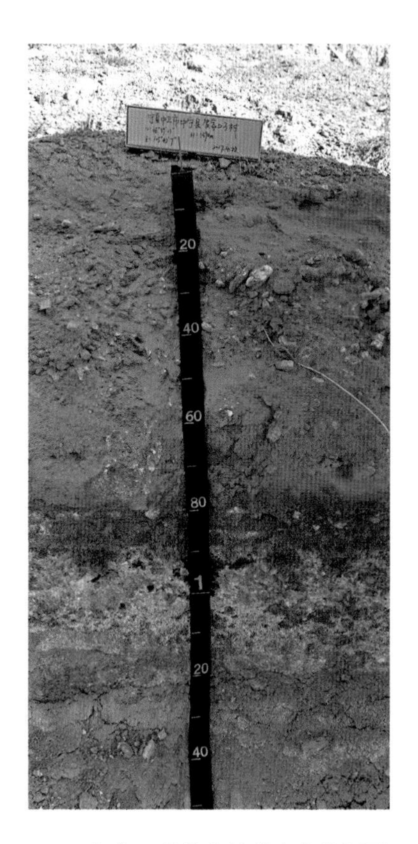

贺家口系代表性单个土体剖面

贺家口系代表性单个土体物理性质

土层	深度 /cm	砾石 (>2 mm)体积分数/%	细土颗粒组成(粒径：mm)/(g/kg)			质地
			砂粒 2～0.05	粉粒 0.05～0.002	黏粒 <0.002	
CA	0～80	60	621	363	17	砂壤土
Cz	80～120	80	128	721	151	粉砂壤土

贺家口系代表性单个土体化学性质

深度 /cm	pH (H_2O)	有机碳(C) /(g/kg)	全氮(N) /(g/kg)	全磷(P) /(g/kg)	全钾(K) /(g/kg)	碳酸钙 /(g/kg)	全盐 /(g/kg)	CEC /(cmol/kg)	钠饱和度/%	游离铁(Fe_2O_3) /(g/kg)
0～80	7.6	2.0	0.22	0.39	11.9	76	8.8	1.6	5.6	6.2
80～120	8.4	3.2	0.15	0.30	11.2	71	17.2	0.2	24.9	5.1

10.7　灰色黄土正常新成土

10.7.1　头台子系（Toutaizi Series）

土　族：粗骨砂质硅质混合型石灰性温性-灰色黄土正常新成土

拟定者：龙怀玉，曹祥会，曲潇琳，徐　珊，莫方静

分布与环境条件　主要分布在缓坡丘陵、山前洪积扇上，多为黄土母质，地表岩石碎块覆盖度为 50%～80%。荒漠草原植被，主要植物有短花针茅、长芒草、牛枝子、冷蒿、沙蒿及猫头刺等，总覆盖度为 10%～30%。分布区域属于中温带干旱气候，年均气温 7.4～11.0℃，年降水量 104～261 mm。

头台子系典型景观

土系特征与变幅　诊断层有淡薄表层；诊断特性和诊断现象有盐基饱和、钙积现象、钠质现象、黄土和黄土状沉积物岩性、干旱土壤水分、温性土壤温度。成土母质为覆盖在砂岩上的黄土状母质和洪积冲积物，有效土层厚度为 60～100 cm，土体中含有 30%～60% 的粗石块，土壤质地为砂壤土，土壤 pH 为 8.0～9.0，有机碳含量 6.0～15.0 g/kg，剖面碳酸钙含量小于 100 g/kg，层次之间没有明显差异，全剖面石灰反应较强，心土层有少量—中量碳酸钙假菌丝体。土壤盐分含量小于 3.0 g/kg，剖面钠饱和度 3%～10%。

对比土系　参见水渠沟系。

利用性能综述　气候干旱缺水，土层深厚，自然肥力低下，土壤质地为沙质，土体中砾石含量多，漏水漏肥，容易遭受风蚀和水土流失侵害，不宜作为农牧用地。该地区主要是封山禁牧，发展耐旱灌木和促进自然恢复，提高植被覆盖度和防止水土流失。

参比土种　上位钙层粗质灰钙土（粗黄白土）。

代表性单个土体　宁夏石嘴山市平罗县头台子，106°10′43″E、38°52′34″N，海拔 1204 m。成土母质为黄土状母质。地势起伏，地形为山地、丘陵、坡地下部。林地，稀疏干旱草原植被，主要是禾本科草，覆盖度约 30%。岩石露头约 10%，地表岩石碎块大小约 10～30 cm、覆盖度约 70%。年均气温 9.1℃，≥10℃年积温 3551℃，50 cm 深处年均土壤温度 12.1℃，年≥10℃天数 186 d，年降水量 179 mm，年均相对湿度 50%，年干燥度 6.72，年日照时数 2974 h。野外调查时间：2016 年 4 月 26 日，天气（阴）。

头台子系代表性单个土体剖面

A：0～20 cm，浊黄橙色（10YR 6/3，干），棕色（10YR 4/4，润）；干，疏松、无黏着、无塑，岩石和矿物碎屑含量约 40%、大小为 50～200 mm、块状，砂壤土，弱发育的中团粒状结构；中量细根和粗根；强石灰反应；向下模糊平滑过渡。

Ck：20～60 cm，浊黄橙色（10YR 6/4，干），棕色（10YR 4/4，润）；稍润，坚实、无黏着、无塑，岩石和矿物碎屑含量约 40%、大小为 50～201 mm、块状，砂壤土，无结构；少量白色碳酸钙假菌丝体；少量细根和极少量中根；极强石灰反应；向下模糊平滑过渡。

C：60～120 cm，浊黄橙色（10YR 6/4，干），棕色（7.5YR 4/4，润）；稍润，疏松、稍黏着、稍塑，岩石和矿物碎屑含量约 40%、大小为 50～202 mm、块状，砂壤土，无结构；少量细根和极细根；中度石灰反应。

头台子系代表性单个土体物理性质

土层	深度/cm	砾石(>2mm)体积分数/%	细土颗粒组成(粒径：mm)/(g/kg)			质地
			砂粒 2～0.05	粉粒 0.05～0.002	黏粒 <0.002	
A	0～20	40	610	286	104	砂壤土
Ck	20～60	40	640	257	102	砂壤土

头台子系代表性单个土体化学性质

深度/cm	pH (H_2O)	有机碳(C)/(g/kg)	全氮(N)/(g/kg)	全磷(P)/(g/kg)	全钾(K)/(g/kg)	碳酸钙/(g/kg)	全盐/(g/kg)	CEC/(cmol/kg)	钠饱和度/%	游离铁(Fe_2O_3)/(g/kg)
0～20	8.4	10.5	1.05	0.71	21.5	79	2.7	6.0	7.8	8.2
20～60	8.6	7.7	0.86	0.49	22.8	56	2.2	6.1	3.9	7.9

10.8 饱和红色正常新成土

10.8.1 伏垴系（Funao Series）

土 族：粗骨质硅质混合型石灰性温性-饱和红色正常新成土

拟定者：龙怀玉，曹祥会，曲潇琳，徐 珊，莫方静

分布与环境条件 主要分布在六盘山周边地区的山坡地。成土母质为红色砂页岩的残积风化物，地形较陡，坡度一般在 25°以上，侵蚀严重，生长耐旱草灌木。分布区域属于暖温带半干旱气候，年均气温 4.7～7.7℃，年降水量 343～614 mm。

伏垴系典型景观

土系特征与变幅 诊断层有淡薄表层；诊断特性和诊断现象有盐基饱和、石灰性、钙积现象、准石质接触面、红色砂岩岩性特征、半干润土壤水分、温性土壤温度。土壤物质为红色砂页岩物理风化物，有效土层厚度为 10～30 cm，母质特征显著，其下为红色砂页岩的破碎岩块，土壤质地为砂壤土，土壤 pH 为 8.0～9.0，有机碳含量为 6.0～10.0 g/kg。

对比土系 与下峡系相比，成土母质都是红色含砾泥岩、红色砂页岩的物理风化物，土层浅薄，成土作用微弱，母质特征显著，均只具有淡薄表层、红色砂岩岩性特征、石质接触面或准石质接触面等诊断层和诊断特性，矿物类型、石灰性和酸碱反应级别、土壤温度状况等也相同，亚类属于红色正常新成土。但是下峡系土壤质地是砂质，干旱土壤水分状况，土族属于砂质硅质混合型石灰性温性-饱和红色正常新成土；而伏垴系土壤质地是粗骨质，半干润土壤水分状况，土族属于粗骨质硅质混合型石灰性温性-饱和红色正常新成土。

利用性能综述 该土壤土层薄，通体含砂砾，干旱缺水，保水困难，土壤干燥，植被稀疏，均不适合农林和牧草种植。该地区主要是封山禁牧，发展耐旱灌木和促进自然恢复，

提高植被覆盖度和防止水土流失。

参比土种　粗质薄层粗骨土（石碴土）。

代表性单个土体　宁夏固原市西吉县偏城乡伏垴村，105°58′27″E、35°59′7″N，海拔1950 m。成土母质为红色砂页岩残积物。地势陡峭切割，地形为高原山地、中山、坡上部。自然荒草地，稀疏干旱草原植被，覆盖度约 85%。年均气温 6.2℃，≥10℃年积温2424℃，50 cm 深处年均土壤温度 9.5℃，年≥10℃天数 153 d，年降水量 471 mm，年均相对湿度 60%，年干燥度 2.08，年日照时数 2475 h。野外调查时间：2016 年 4 月 28 日，天气（阴）。

伏垴系代表性单个土体剖面

A：0～20 cm，亮棕色（5YR 5/8，干），暗棕色（5YR 4/4，润）；干，硬、稍黏着、稍塑，岩石和矿物碎屑含量约 80%、大小为 20～30 mm、块状，砂壤土；少量细根和粗根；极强石灰反应；向下清晰波状过渡。

R：20 cm 以下，岩石。

伏垴系代表性单个土体物理性质

土层	深度 /cm	砾石 (>2mm)体积分数/%	细土颗粒组成(粒径：mm)/(g/kg)			质地
			砂粒 2～0.05	粉粒 0.05～0.002	黏粒 <0.002	
A	0～20	80	755	160	85	砂壤土

伏垴系代表性单个土体化学性质

深度 /cm	pH (H_2O)	有机碳(C) /(g/kg)	全氮(N) /(g/kg)	全磷(P) /(g/kg)	全钾(K) /(g/kg)	碳酸钙 /(g/kg)	CEC /(cmol/kg)	游离铁(Fe_2O_3) /(g/kg)
0～20	8.3	8.4	0.88	0.29	16.3	79	7.4	9.8

10.8.2　黄色水系（Huangseshui Series）

土　族：砂质硅质混合型石灰性温性-饱和红色正常新成土

拟定者：龙怀玉，曹祥会，曲潇琳，徐　珊，莫方静

分布与环境条件　主要分布于石质山地和石质丘陵区，成土母质为砂砾岩残积风化物。地形较陡，坡度一般在 25°以上，生长耐旱灌木，植被稀疏。分布区域属于暖温带干旱气候，年均气温 5.6～9.4℃，年降水量 172～369 mm。

黄色水系典型景观

土系特征与变幅　诊断层有淡薄表层；诊断特性和诊断现象有盐基饱和、石灰性、钙积现象、石质接触面、红色砂岩岩性特征、干旱土壤水分、温性土壤温度。成土母质为砂砾岩的物理风化物，有效土层厚度小于 10 cm，以下为母岩。细土质地为砂壤土，土层有机碳含量为 3.0～6.0 g/kg，土壤 pH 为 8.0～9.0，石块含量 10%～25%，强石灰反应。

对比土系　与下峡系属于同一个土族，诊断层、诊断现象和诊断特性基本相同。但两者的剖面形态有着明显差异，下峡系的成土母质为含砾泥岩的洪积冲积残积物，具有准石质接触面，有效土层厚度为 30～40 cm，土壤层逐渐过渡到母岩。黄色水系的成土母质为砂砾岩的物理风化物，具有石质接触面，有效土层厚度小于 10 cm，土壤层突然过渡到母岩。因此，下峡系、黄色水系单独成系。

利用性能综述　该土壤土层薄，通体含砂砾，干旱缺水，保水困难，土壤干燥，植被稀疏，均不适合农林和牧草种植。该地区主要是封山禁牧，发展耐旱灌木和促进自然恢复，提高植被覆盖度和防止水土流失。

参比土种　钙质石质土（石质土）。

代表性单个土体　宁夏中卫市沙坡头区黄色水，105°24′45″E、37°20′42″N，海拔 1630 m。

成土母质为红色砂砾岩残积物。地势陡峭切割，地形为山地、中山、坡下部。自然草地，极稀疏的低矮旱生草原植被，覆盖度约 20%。年均气温 7.8℃，≥10℃年积温 3054℃，50 cm 深处年均土壤温度 10.8℃，年≥10℃天数 170 d，年降水量 265 mm，年均相对湿度 50%，年干燥度 4.23，年日照时数 2902 h。野外调查时间：2016 年 4 月 27 日，天气（晴）。

黄色水系代表性单个土体剖面

A：0～10 cm，浊橙色（7.5YR 6/4，干），浊棕色（7.5YR 5/4，润）；干，松散、无黏着、无塑，砂壤土；极强石灰反应；向下突然间断过渡。

R：10 cm 以下，岩石。

黄色水系代表性单个土体物理性质

土层	深度 /cm	砾石 (>2mm)体积分数/%	细土颗粒组成(粒径：mm)/(g/kg)			质地
			砂粒 2～0.05	粉粒 0.05～0.002	黏粒 <0.002	
A	0～10	0	714	213	73	砂壤土

黄色水系代表性单个土体化学性质

深度 /cm	pH (H_2O)	有机碳(C) /(g/kg)	全氮(N) /(g/kg)	全磷(P) /(g/kg)	全钾(K) /(g/kg)	碳酸钙 /(g/kg)	CEC /(cmol/kg)	游离铁(Fe_2O_3) /(g/kg)
0～10	8.4	4.3	0.45	0.29	11.3	114	4.7	7.8

10.8.3 下峡系（Xiaxia Series）

土 族：砂质硅质混合型石灰性温性-饱和红色正常新成土

拟定者：龙怀玉，曹祥会，曲潇琳，徐 珊，莫方静

分布与环境条件 主要分布于石质山地和石质丘陵区，成土母质为红色砂页岩残积风化物。地形较陡，坡度一般在 25°以上，生长耐旱灌木，植被稀疏。分布区域属于暖温带干旱气候，年均气温 6.2～10.0℃，年降水量 173～368 mm。

下峡系典型景观

土系特征与变幅 诊断层有淡薄表层；诊断特性和诊断现象有盐基饱和、石灰性、钙积现象、准石质接触面、红色砂岩岩性特征、干旱土壤水分、温性土壤温度。成土母质为砾泥岩残坡积物，有效土层厚度为 30～40 cm，以下为母岩破碎岩块，土壤层逐渐过渡到母岩，细土质地为砂壤土。细土有机碳含量为 3.0～6.0 g/kg，土壤 pH 为 8.0～9.0，石块含量为 10%～25%，强石灰反应，有少量碳酸钙假菌丝体，碳酸钙含量小于 100 g/kg。

对比土系 参见伏垴系和黄色水系。

利用性能综述 该土壤土层薄，通体含砂砾，干旱缺水，保水困难，土壤干燥，植被稀疏，均不适合农林和牧草种植。该地区主要是封山禁牧，发展耐旱灌木和促进自然恢复，提高植被覆盖度和防止水土流失。

参比土种 粗质薄层粗骨土（石碴土）。

代表性单个土体 宁夏中卫市中宁县下峡，105°33′28″E、37°15′38″N，海拔 1500 m。成土母质为红色砂岩残积物。地势陡峭切割，地形为山地、丘陵、坡地中部。自然草地，低矮草原植被，覆盖度约 30%。地表岩石碎块大小约 5～20 cm，覆盖度约 40%。年均气

温 8.2℃，≥10℃年积温 3180℃，50 cm 深处年均土壤温度 11.3℃，年≥10℃天数 176 d，年降水量 264 mm，年均相对湿度 52%，年干燥度 4.37，年日照时数 2874 h。野外调查时间：2016 年 4 月 27 日，天气（晴）。

下峡系代表性单个土体剖面

A：0～25 cm，浊棕色（7.5YR 5/4，干），黄红色（5YR 5/5，润）；干，坚实、无黏着、无塑，岩石和矿物碎屑含量约 10%、大小为 5～50 mm、次圆状，砂壤土，弱发育的大团块状结构；很少量白色碳酸钙假菌丝体；少量细根和极少量中根；强石灰反应；向下清晰波状过渡。

Ck：25～40 cm，浊橙色（7.5YR 6/4，干），暗棕色（7.5YR 3/3，润）；干，极坚实、无黏着、无塑；砂壤土，无结构；少量细根和极细根；极强石灰反应；向下模糊平滑过渡。

R：40 cm 以下，岩石。

下峡系代表性单个土体物理性质

土层	深度 /cm	砾石 (>2 mm)体积分数/%	细土颗粒组成(粒径：mm)/(g/kg)			质地
			砂粒 2～0.05	粉粒 0.05～0.002	黏粒 <0.002	
A	0～25	10	716	207	77	砂壤土

下峡系代表性单个土体化学性质

深度 /cm	pH (H_2O)	有机碳(C) /(g/kg)	全氮(N) /(g/kg)	全磷(P) /(g/kg)	全钾(K) /(g/kg)	碳酸钙 /(g/kg)	CEC /(cmol/kg)	游离铁(Fe_2O_3) /(g/kg)
0～25	8.5	5.2	0.38	0.23	10.2	99	2.9	4.0

10.9 石灰干旱正常新成土

10.9.1 洞峁系（Dongmao Series）

土 族：壤质盖粗骨质硅质混合型温性-石灰干旱正常新成土

拟定者：龙怀玉，曲潇琳，曹祥会，谢 平

分布与环境条件 分布在缓坡丘陵区，海拔 1250～1600 m，成土母质为覆盖在红色砂岩碎屑物上的黄土状母质，地下水位很深。荒漠草原植被，主要植物有柠条锦鸡儿、猫头刺、针茅、枝儿条、沙蒿及牛心朴子等，覆盖度为 10%～30%。分布区域属于暖温带干旱气候，年均气温 6.2～10.0℃，年降水量 167～359 mm。

洞峁系典型景观

土系特征与变幅 诊断层有淡薄表层、干旱表层；诊断特性和诊断现象有盐基饱和、石灰性、钙质现象、钠质现象、石质接触面、干旱土壤水分、温性土壤温度。成土母质为覆盖在红色砂岩残积物上的黄土及砾石的冲积物，黄土状覆盖物厚度为 50～100 cm，pH 为 8.0～9.0，土壤质地为粉砂壤土，其下为卵石层，再下是红色砂岩碎石块，地表有不连续的约 2～3 mm 厚的黑色结皮。土壤发育微弱，没有明显的腐殖质累积过程，表层有机碳含量为 3.0～6.0 g/kg，母质特征明显。除表层外，全剖面有少量碳酸钙假菌丝体，碳酸钙含量为 50～150 g/kg，上下土层没有明显差异。全剖面盐分含量为 1.5～6.0 g/kg，心土层是表土层的 2 倍左右。

对比土系 与一堆系相比，成土母质都是夹杂着较多石块的冲积黄土或坡积黄土，成土作用微弱，母质特征显著，均具有淡薄表层、钠质现象等诊断层和诊断现象，矿物类型、石灰性和酸碱反应级别、土壤温度状况、土壤水分状况等也相同。但是一堆系土壤颗粒大小级别是粗骨质，而洞峁系还具有干旱表层，土壤颗粒大小级别是壤质盖粗骨质。

利用性能综述　本地区干旱少雨，地形破碎不平，土层深厚，土壤沙性很大，有机碳及矿质养分含量低，难以为农业利用。由于干旱缺水，土壤退化沙化和风蚀严重，大部分地区应该通过退耕还草等措施，促进植被恢复，逐步提高土壤表土层肥力，在严格控制承载力的条件下可以适当放牧。

参比土种　红沙底盐淡灰钙土（底咸红沙土）。

代表性单个土体　宁夏中卫市沙坡头区大战场镇洞峁，105°27′50.4″E、37°19′59″N，海拔 1487 m。成土母质为覆盖在红色砂岩上的黄土状冲积物。地势起伏，地形为山地、中山、坡中部。自然荒草地，极稀疏的干旱草原植被，覆盖度约 30%。地表有厚度为 2～3 mm、覆盖度约 10%的不连续的地衣苔藓等物质构成的黑褐色漆皮状结皮。年均气温 8.3℃，≥10℃年积温 3202℃，50 cm 深处年均土壤温度 11.3℃，年≥10℃天数 177 d，年降水量 175 mm，年均相对湿度 52%，年干燥度 4.48，年日照时数 2888 h。野外调查时间：2015 年 4 月 16 日，天气（晴）。

洞峁系代表性单个土体剖面

A：　0～30 cm，浊橙色（7.5YR 6/4，干），棕色（7.5YR 4/4，润）；干，坚实、无黏着、无塑，岩石和矿物碎屑含量约 5%、大小约 10 mm、次圆状，粉砂壤土，弱发育的中棱块状结构；少量细根和极细根；强石灰反应；向下模糊平滑过渡。

Ck：　30～60 cm，橙色（7.5YR 6/6，干），棕色（10YR 4/4，润）；干，松散、无黏着、无塑，岩石和矿物碎屑含量约 10%、大小为 10～30 mm、棱角状，粉砂壤土；少量白色碳酸钙假菌丝体；极少量细根和极细根；极强石灰反应；向下清晰平滑过渡。

2C：　60～100 cm，浊橙色（7.5YR 6/4，干），棕色（7.5YR 4/4，润）；干，松散、无黏着、无塑，岩石和矿物碎屑含量约 90%、大小为 10～50 mm、块状，壤砂土；少量细根和极细根；向下突然波状过渡。

R：　100 cm 以下，岩石，红色砂岩。

洞峁系代表性单个土体物理性质

土层	深度/cm	砾石(>2 mm)体积分数/%	细土颗粒组成(粒径：mm)/(g/kg)			质地
			砂粒 2～0.05	粉粒 0.05～0.002	黏粒 <0.002	
A	0～30	5	330	594	76	粉砂壤土
Ck	30～60	10	447	519	34	粉砂壤土

洞峁系代表性单个土体化学性质

深度/cm	pH (H_2O)	有机碳(C)/(g/kg)	全氮(N)/(g/kg)	全磷(P)/(g/kg)	全钾(K)/(g/kg)	碳酸钙/(g/kg)	全盐/(g/kg)	CEC/(cmol/kg)	钠饱和度/%	游离铁(Fe_2O_3)/(g/kg)
0～30	8.5	5.1	0.58	0.44	18.6	105	1.6	6.0	3.6	4.9
30～60	8.3	2.6	0.28	0.50	19.4	109	4.3	5.3	13.6	4.8

10.9.2　南滩系（Nantan Series）

土　族： 砂质硅质混合型温性-石灰干旱正常新成土

拟定者： 龙怀玉，曹祥会，谢　平，王佳佳

分布与环境条件　主要分布在宁夏中部风沙干旱区及黄河冲积平原周边的沙丘边缘，成土母质为风积物。稀疏草灌植被，主要生长沙蒿、白刺、牛心朴子、柠条锦鸡儿等植物，覆盖度为 30%～50%。分布区域属于暖温带干旱气候，年均气温 6.8～10.6℃，年降水量 139～316 mm。

南滩系典型景观

土系特征与变幅　诊断层有淡薄表层；诊断特性和诊断现象有盐基饱和、钙积现象、干旱土壤水分、温性土壤温度。成土母质为风积沙，土层厚度大于 100 cm，几乎没有腐殖质累积，有机碳含量小于 3.0 g/kg，母质特征明显，没有结构发育，土壤质地为砂土或壤砂土，pH 为 8.0～9.0，石灰反应较强，碳酸钙含量小于 100 g/kg。

对比土系　和杨记圈系相比，两者属于相同土族，都具有淡薄表层、钙积现象、干旱土壤水分、温性土壤温度等诊断层、诊断现象和诊断特性，剖面形态也比较相似。但杨记圈系还具有钠质特性。

利用性能综述　地势平缓起伏，风积覆盖物深厚，剖面中几乎没有壤土和黏土，土壤自然肥力很低，气候干燥，降水量很小，植被稀疏，土壤容易风蚀退化，不能作为农用或牧场土地。应该通过退耕还草等措施，促进植被恢复，逐步提高土壤表土层肥力，在严格控制承载力条件下可以适当放牧。

参比土种　丘状固定风沙土（固定沙土）。

代表性单个土体　宁夏吴忠市盐池县冯记沟乡南滩自然村，106°48′01.1″E、37°40′34.5″N，海拔 1340 m。成土母质为风积沙，地势起伏，地形为风积沙丘。自然草地，稀疏草灌植

被，覆盖度约 45%。年均气温 8.8℃，≥10℃年积温 3380℃，50 cm 深处年均土壤温度 11.8℃，年≥10℃天数 182 d，年降水量 221 mm，年均相对湿度 52%，年干燥度 5.16，年日照时数 2935 h。野外调查时间：2014 年 10 月 21 日，天气（晴）。

AC：0～30 cm，浊黄橙色（10YR 6/4，干），黄棕色（10YR 5/6，润）；干燥，极疏松、无黏着、无塑，壤砂土；少量粗根和细根；中度石灰反应；向下模糊平滑过渡。

C1：30～70 cm，浊黄橙色（10YR 6/4，干），浊黄橙色（10YR 6/4，润）；稍润，疏松、无黏着、无塑，壤砂土；极少量细根和极细根；极强石灰反应；向下模糊平滑过渡。

C2：70～120 cm，浊黄橙色（10YR 6/4，干），浊黄橙色（10YR 7/4，润）；稍润，松散、无黏着、无塑，壤砂土；极少量细根和极细根；极强石灰反应。

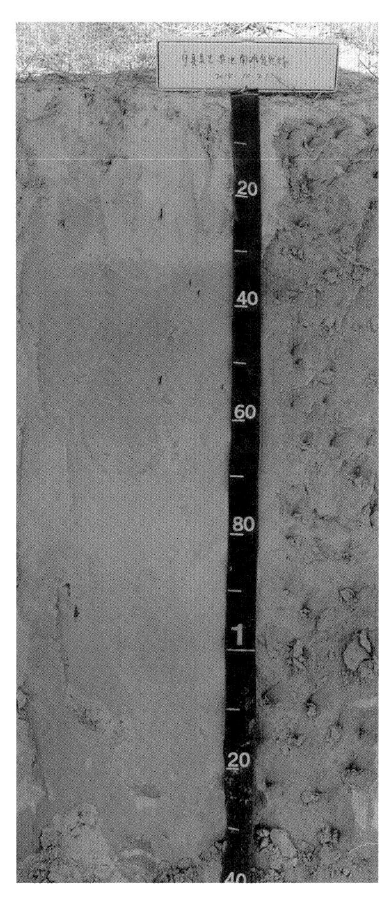

南滩系代表性单个土体剖面

南滩系代表性单个土体物理性质

土层	深度/cm	砾石(>2 mm)体积分数/%	细土颗粒组成(粒径：mm)/(g/kg)			质地
			砂粒 2～0.05	粉粒 0.05～0.002	黏粒 <0.002	
AC	0～30	0	823	146	31	壤砂土
C1	30～70	0	844	107	50	壤砂土
C2	70～120	0	846	102	52	壤砂土

南滩系代表性单个土体化学性质

深度/cm	pH (H_2O)	有机碳(C)/(g/kg)	全氮(N)/(g/kg)	全磷(P)/(g/kg)	全钾(K)/(g/kg)	碳酸钙/(g/kg)	CEC/(cmol/kg)	游离铁(Fe_2O_3)/(g/kg)
0～30	9.0	2.4	0.29	0.19	16.7	42	4.0	2.8
30～70	8.7	1.9	0.23	0.26	16.2	88	4.2	2.8
70～120	8.6	1.8	0.22	0.27	16.1	94	4.2	2.8

10.9.3　杨记圈系（Yangjijuan Series）

土　族： 砂质硅质混合型温性-石灰干旱正常新成土

拟定者： 龙怀玉，曹祥会，谢　平，王佳佳

分布与环境条件　主要分布在宁夏中部风沙干旱区及黄河冲积平原周边的沙丘边缘，成土母质为覆盖在红色砂岩之上的风积沙。稀疏草灌植被，主要生长沙蒿、白刺、牛心朴子、柠条锦鸡儿等植物，覆盖度为 30%～50%。分布区域属于暖温带干旱气候，年均气温 6.7～10.6℃，年降水量 126～299 mm。

杨记圈系典型景观

土系特征与变幅　诊断层有淡薄表层；诊断特性和诊断现象有盐基饱和、钠质特性、钙积现象、干旱土壤水分、温性土壤温度。成土母质为覆盖在红色砂岩之上的风积沙，土层厚度大于 100 cm，土壤质地为砂土，几乎没有结构发育，腐殖质累积微弱，表土层有机碳含量为 3.0～6.0 g/kg，通体母质特征明显。土壤 pH 在 9.0 以上，强石灰反应，碳酸钙含量为 50～100 g/kg，而且表土层比心土层低 20 g/kg 以上。表土层盐分含量为 1.5～3.0 g/kg，心土层、底土层盐分含量为 3.0～6.0 g/kg。

对比土系　参见南滩系。

利用性能综述　地势起伏较大，土壤几乎没有发育，主要是洪积冲积物或风沙覆盖物，土体中主要是细砂土，自然肥力很低，且通体含盐量高，并伴有碱化。本地区气候干燥，植被稀疏，土壤容易退化或沙化，不能作为农用土地，应该通过封育还草等措施，促进植被恢复，逐步提高土壤表土层肥力，在严格控制承载力条件下可以适当放牧，土地开发要注意土壤剖面下部盐碱高，有下部盐碱土上移形成次生盐碱化的风险。

参比土种　丘状固定风沙土（固定沙土）。

代表性单个土体　宁夏吴忠市盐池县花马池镇杨记圈，107°21′11.9″E、37°54′36.9″N，海拔 1346 m。成土母质为风积沙。地势平缓起伏，地形为高原丘陵、低丘、沙丘。自然草地，稀疏草灌植被，覆盖度约 45%。年均气温 8.8℃，≥10℃年积温 3395℃，50 cm 深处年均土壤温度 11.8℃，年≥10℃天数 182 d，年降水量 208 mm，年均相对湿度 50%，年干燥度 5.41，年日照时数 2966 h。野外调查时间：2014 年 10 月 22 日，天气（晴）。

AC：0～30 cm，浊棕色（7.5YR 5/4，干），棕色（7.5YR 4/4，润）；稍润，疏松、无黏着、无塑，砂土，无土壤发育，弱发育的风沙沉积；少量粗根和细根；强石灰反应；向下模糊平滑过渡。

C1：30～50 cm，浊黄橙色（10YR 6/4，干），棕色（10YR 4/4，润）；润，坚实、无黏着、无塑，砂土；很少量白色碳酸钙；少量粗根和细根；极强石灰反应；向下模糊平滑过渡。

C2：50～120 cm，浊黄棕色（10YR 5/4，干），棕色（10YR 4/4，润）；稍润，极疏松、无黏着、无塑，砂土；极少量细根和中根；极强石灰反应。

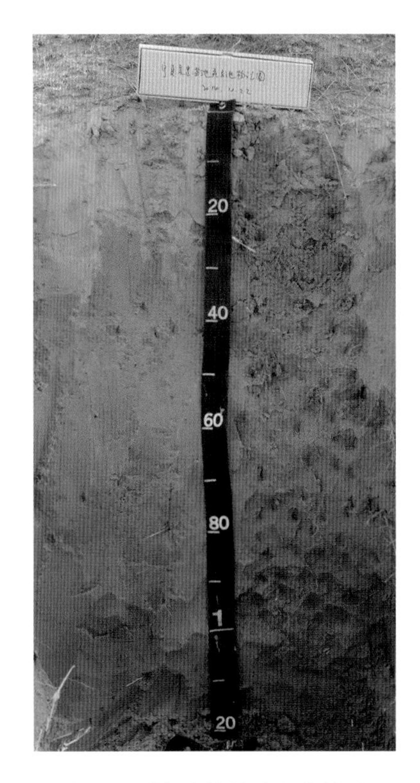

杨记圈系代表性单个土体剖面

杨记圈系代表性单个土体化学性质

土层	深度 /cm	pH (H_2O)	有机碳(C) /(g/kg)	全氮(N) /(g/kg)	全磷(P) /(g/kg)	全钾(K) /(g/kg)	碳酸钙 /(g/kg)	CEC /(cmol/kg)	全盐 /(g/kg)	钠饱和度/%	游离铁 (Fe_2O_3) /(g/kg)
AC	0～30	9.1	3.7	0.30	0.34	17.5	51	8.1	1.8	8.8	4.5
C1	30～50	9.5	1.8	0.21	0.27	16.0	98	4.9	3.4	42.6	3.2
C2	50～120	9.4	1.8	0.19	0.25	16.0	72	5.3	4.7	29.3	3.5

10.9.4　一堆系（Yidui Series）

土　族：粗骨质硅质混合型温性-石灰干旱正常新成土
拟定者：龙怀玉，谢　平，曹祥会，王佳佳

分布与环境条件　分布于中、低山地、低近山坡地，成土母质为砂岩坡积物和风积黄土的混合物，荒漠草原植被，主要为长芒草、短花针茅等草类，以及少量猫头刺、枸子、山榆等灌木，覆盖度为10%～50%。分布区域属于中温带干旱气候，年均气温6.1～9.5℃，年降水量116～285 mm。

一堆系典型景观

土系特征与变幅　诊断层有淡薄表层；诊断特性和诊断现象有盐基饱和、石灰性、钠质现象、石质接触面、干旱土壤水分、温性土壤温度。成土母质为砂岩坡积物和风积黄土的混合物，有效土层厚度在1 m以上，岩石碎块含量为75%～90%，土壤层次分异不明显，质地为砂壤土，pH为8.0～8.5，有机碳含量为6.0～15.0 g/kg，全剖面有碳酸钙假菌丝体和强石灰反应。

对比土系　参见洞峁系。

利用性能综述　气候干旱，坡度较大，土层含有大量砾石，土壤容易遭受侵蚀，细土部分一般为砂壤土，有利于草被和灌木生长，缓坡地区可以适度放牧，大部分地区或陡坡地带应该加强退牧还草，提高植被覆盖度，防止水土流失。

参比土种　石碴黄白土（粗骨灰钙土）。

代表性单个土体　宁夏石嘴山市平罗县崇岗镇一堆，106°10′9.1″E、39°00′23″N，海拔

1557 m。成土母质为砂岩坡积物。地势陡峭切割，地形为山地或山坡中部。自然草地，稀疏旱生低矮草丛植被及旱生灌木，覆盖度约 10%。岩石露头约 5%，地表岩石碎块大小约 1～10 cm、覆盖度约 90%。年均气温 7.9℃，≥10℃年积温 3221℃，50 cm 深处年均土壤温度 10.9℃，年≥10℃天数 174 d，年降水量 200 mm，年均相对湿度 43%，年干燥度 6.11，年日照时数 3001 h。野外调查时间：2014 年 10 月 13 日，天气（晴）。

AC：　0～30 cm，亮黄棕色（10YR 6/6，干），棕色（7.5YR 4/4，润）；干，稍硬、稍黏着、稍塑，岩石和矿物碎屑含量约 90%、大小为 1～10 mm、块状，砂壤土，弱发育的大棱块状结构；少量白色碳酸钙假菌丝体；少量细根和极细根；强石灰反应；向下模糊平滑过渡。

C1：　30～60 cm，棕色（10YR 4/6，干），棕色（7.5YR 4/4，润）；干，稍硬、稍黏着、稍塑，岩石和矿物碎屑含量约 90%、大小为 1～10 mm、块状，砂壤土；少量白色碳酸钙假菌丝体；少量细根和极细根；弱石灰反应；向下模糊平滑过渡。

C2：　60～100 cm，棕色（10YR 4/4，干），棕色（10YR 4/6，润）；润，坚实、稍黏着、稍塑，岩石和矿物碎屑含量约 90%、大小为 1～10 mm、块状，砂壤土；少量白色碳酸钙假菌丝体；极少量细根和极细根；强石灰反应。

一堆系代表性单个土体剖面

一堆系代表性单个土体物理性质

土层	深度/cm	砾石(>2 mm)体积分数/%	细土颗粒组成(粒径：mm)/(g/kg)			质地
			砂粒 2～0.05	粉粒 0.05～0.002	黏粒 <0.002	
AC	0～30	90	590	296	114	砂壤土

一堆系代表性单个土体化学性质

深度/cm	pH (H_2O)	有机碳(C)/(g/kg)	全氮(N)/(g/kg)	全磷(P)/(g/kg)	全钾(K)/(g/kg)	碳酸钙/(g/kg)	全盐/(g/kg)	CEC/(cmol/kg)	钠饱和度/%	游离铁(Fe_2O_3)/(g/kg)
0～30	8.4	9.1	0.66	0.32	19.6	17.0	2.2	11.3	9.6	5.2

10.10　石质干润正常新成土

10.10.1　滚钟口系（Gunzhongkou Series）

土　族：砂质硅质混合型石灰性温性-石质干润正常新成土

拟定者：龙怀玉，曹祥会，曲潇琳，徐　珊，莫方静

分布与环境条件　主要分布在花岗岩、花岗片麻岩出露的山地陡坡地带，地表碎石块遍布，植被主要为沙冬青、刺旋花等低矮灌丛及一年生的禾草类，植被覆盖度为50%～80%。分布区域属于中温带干旱气候，年均气温5.6～9.1℃，年降水量119～293 mm。

滚钟口系典型景观

土系特征与变幅　诊断层有暗沃表层；诊断特性有盐基饱和、石灰性、石质接触面、半干润土壤水分、温性土壤温度。成土母质为覆盖在花岗岩上的黄土，有效土层厚度为30～50 cm，土壤质地为壤砂土—砂壤土，土壤pH为8.0～9.0，全部为腐殖质层，有机碳含量为15.0～50.0 g/kg，碳酸钙含量小于50 g/kg，中度石灰反应。

对比土系　与绿塬腰系相比，都是A-R型简单剖面构型，都具有暗沃表层、石质接触面，矿物类型为硅质混合型，而且暗沃表层的厚度都在50 cm以内，剖面形态比较相似，分布的地形部位也类似。但是滚钟口系土壤颗粒大小级别是砂质，为石灰性土壤酸碱反应级别和温性土壤温度状况；而绿塬腰系土壤颗粒大小级别是黏壤质，非酸性土壤酸碱反应级别和冷性土壤温度状况。

利用性能综述　本地区干旱少雨，地形陡峭，土层浅薄，被碎石块或出露岩石所分割，难以作为农业利用。大部分地区应该通过退耕还草等措施，促进植被恢复，逐步提高土壤表土层肥力，在严格控制承载力条件下可以适当放牧。

参比土种　细质粗骨土（细石碴土）。

代表性单个土体　宁夏银川市贺兰县滚钟口风景区，105°55′42″E、38°36′28″N，海拔 1650 m。成土母质为花岗片麻岩坡积物。地势陡峭切割，地形为贺兰山山地、中山、山坡中部。灌木林地，低矮草灌植被，覆盖度约 70%。岩石露头约 10%，地表岩石碎块大小约 5～20 cm、覆盖度约 40%。年均气温 7.6℃，≥10℃年积温 3122℃，50 cm 深处年均土壤温度 10.6℃，年≥10℃天数 169 d，年降水量 205 mm，年均相对湿度 43%，年干燥度 5.55，年日照时数 3026 h。野外调查时间：2016 年 4 月 26 日，天气（阴）。

A1：0～20 cm，浊黄棕色（10YR 5/4，干），暗棕色（10YR 3/4，润）；润，疏松、稍黏着、稍塑，砂壤土，中度发育的中团粒状结构和中团块状结构；中量细根和中量中根；中度石灰反应；向下模糊平滑过渡。

A2：20～32 cm，浊黄橙色（10Y R5/3，干），棕色（10YR 4/4，润）；润，疏松、稍黏着、稍塑，岩石和矿物碎屑含量约 5%、大小为 10～20 mm、次圆状，壤砂土，中度发育的小团粒状结构；向下突然间断过渡。

R：32 cm 以下，岩石。

滚钟口系代表性单个土体剖面

滚钟口系代表性单个土体物理性质

土层	深度 /cm	砾石 (>2 mm)体积分数/%	细土颗粒组成(粒径：mm)/(g/kg)			质地
			砂粒 2～0.05	粉粒 0.05～0.002	黏粒 <0.002	
A1	0～20	0	560	326	114	砂壤土
A2	20～32	5	766	174	60	壤砂土

滚钟口系代表性单个土体化学性质

深度 /cm	pH (H_2O)	有机碳(C) /(g/kg)	全氮(N) /(g/kg)	全磷(P) /(g/kg)	全钾(K) /(g/kg)	CEC /(cmol/kg)	游离铁(Fe_2O_3) /(g/kg)
0～20	8.1	22.0	1.92	0.76	23.3	14.3	9.1
20～32	8.1	17.9	1.51	0.76	23.3	10.3	8.3

10.10.2 葡萄泉系（Putaoquan Series）

土　族：砂质硅质混合型石灰性温性-石质干润正常新成土

拟定者：龙怀玉，谢　平，曹祥会，王佳佳

分布与环境条件　主要分布在花岗岩、花岗片麻岩出露的山地陡坡地带，地表碎石块遍布，植被主要为沙冬青、刺旋花等低矮灌丛及一年生的禾草类，植被覆盖度为30%～50%。分布区域属于中温带干旱气候，年均气温7.3～10.5℃，年降水量113～274 mm。

葡萄泉系典型景观

土系特征与变幅　诊断层有暗沃表层；诊断特性有盐基饱和、石灰性、石质接触面、半干润土壤水分、温性土壤温度。成土母质为覆盖在花岗岩上的黄土，地表有大量碎石块，有效土层厚度为10～30 cm，土壤质地为砂壤土，土壤pH为8.0～9.0，强石灰反应，碳酸钙含量小于50.0 g/kg，有机碳含量为6～15 g/kg。

对比土系　与滚钟口系属于同一个土族，诊断层、诊断特性相同，但两者有效土层厚度相差很大。葡萄泉系的有效土层厚度为10～30 cm，滚钟口系的有效土层厚度为30～50 cm。

利用性能综述　本地区干旱少雨，地形陡峭，土层浅薄，被碎石块或出露岩石所分割，难以为农业利用。大部分地区应该通过退耕还草等措施，促进植被恢复，逐步提高土壤表土层肥力，在严格控制承载力的条件下可以适当放牧。

参比土种　粗质薄层粗骨土（石碴土）。

代表性单个土体　宁夏石嘴山市惠农区园艺镇葡萄泉子，106°39′23.3″E、39°17′9.9″N，海拔1291 m。成土母质为长石花岗岩残积物。地势平坦，地形为贺兰山山地、中山、直

面坡。灌木林地，旱生矮小灌木植被，覆盖度约 50%。岩石露头约 10%，地表岩石碎块大小约 5～30 cm、覆盖度约 70%。年均气温 8.7℃，≥10℃年积温 3467℃，50 cm 深处年均土壤温度 11.7℃，年≥10℃天数 184 d，年降水量 193 mm，年均相对湿度 47%，年干燥度 6.91，年日照时数 2946 h。野外调查时间：2014 年 10 月 11 日，天气（晴）。

A：0～20 cm，浊黄橙色（10YR 6/4，干），浊红棕色（2.5YR 4/4，润）；润，疏松、稍黏着、稍塑，岩石和矿物碎屑含量约 10%、大小为 5～10 mm、块状，砂壤土，强发育的大团粒状结构；中量细根和极细根；强石灰反应；向下突变平滑过渡。

R：20 cm 以下，岩石。

葡萄泉系代表性单个土体剖面

葡萄泉系代表性单个土体物理性质

土层	深度 /cm	砾石 (>2 mm)体积分数/%	细土颗粒组成(粒径：mm)/(g/kg)			质地
			砂粒 2～0.05	粉粒 0.05～0.002	黏粒 <0.002	
A	0～20	10	590	324	86	砂壤土

葡萄泉系代表性单个土体化学性质

深度 /cm	pH (H_2O)	有机碳(C) /(g/kg)	全氮(N) /(g/kg)	全磷(P) /(g/kg)	全钾(K) /(g/kg)	CEC /(cmol/kg)	游离铁(Fe_2O_3) /(g/kg)
0～20	8.5	14.0	1.34	0.51	20.7	10.6	4.3

10.10.3　绿塬腰系（Lüyuanyao Series）

土　族：黏壤质硅质混合型非酸性冷性-石质干润正常新成土

拟定者：龙怀玉，曹祥会，曲潇琳，徐　珊，莫方静

分布与环境条件　主要分布于六盘山地区海拔较高的山峰和山梁顶部；母质为砂岩残积风化物，生长草甸与森林植被，草类植物主要有薹草、紫羊茅、珠芽蓼等，森林植物主要有油松、红桦、柳树、椴树、辽东栎等，覆盖度在90%以上。分布区域属于暖温带半湿润气候，年均气温2.9～5.7℃，年降水量409～713 mm。

绿塬腰系典型景观

土系特征与变幅　诊断层有暗沃表层；诊断特性有盐基饱和、石质接触面、半干润土壤水分、冷性土壤温度。成土母质为砂岩残积风化物，有效土层厚度小于60 cm，细土质地为粉砂壤土，土壤pH为6.0～7.0，腐殖质厚度小于30 cm，含有10%～25%的石块，有机碳含量为15～30 g/kg，腐殖质的顶部为3～5 cm厚的草根盘结层。腐殖质层之下为母质层，石块含量在80%以上，母质层之下为岩石碎屑层。全剖面没有石灰反应，碳酸钙含量小于50 g/kg。

对比土系　参见滚钟口系。

利用性能综述　不宜农用，但草被茂密，适合放牧牛马等大型家畜，是优良的夏季天然牧场。该土壤土层较薄，由于坡地较大和水土流失，不宜作为农用或牧场用地。利用中应注意加强退耕退牧还林，发展以水土保持为主要目标的适宜林木或灌木。

参比土种　粗质薄层粗骨土（石碴土）。

代表性单个土体　宁夏固原市泾源县绿源林场，106°13′12″E、35°44′35″N，海拔2330 m。

成土母质为页岩残积物。地势陡峭切割，地形为山地或丘陵中下部。林地，落叶松，覆盖度约 90%。年均气温 4.3℃，≥10℃年积温 1828℃，50 cm 深处年均土壤温度 7.9℃，年≥10℃天数 125 d，年降水量 554 mm，年均相对湿度 63%，年干燥度 1.36，年日照时数 2362 h。野外调查时间：2016 年 4 月 29 日，天气（阴）。

A：0～35 cm，浊黄橙色（10YR 5/3，干），浊黄橙色（10YR 5/3，润）；润，疏松、稍黏着、稍塑，岩石和矿物碎屑含量约 20%、大小为 30～50 mm、块状，粉砂壤土，弱发育的大团块状结构；中量细根和中量中根；向下清晰波状过渡。

R：35 cm 以下，棕色（7.5YR 4/4，干），暗棕色（7.5YR 3/3，润）。

绿塬腰系代表性单个土体剖面

绿塬腰系代表性单个土体物理性质

土层	深度 /cm	砾石 (>2 mm)体积分数/%	细土颗粒组成(粒径：mm)/(g/kg)			质地
			砂粒 2～0.05	粉粒 0.05～0.002	黏粒 <0.002	
A	0～35	20	195	570	235	粉砂壤土

绿塬腰系代表性单个土体化学性质

深度 /cm	pH (H_2O)	有机碳(C) /(g/kg)	全氮(N) /(g/kg)	全磷(P) /(g/kg)	全钾(K) /(g/kg)	CEC /(cmol/kg)	游离铁(Fe_2O_3) /(g/kg)
0～35	6.7	27.4	2.26	0.62	21.5	25	12.4

10.11　石灰干润正常新成土

10.11.1　杈刺子系（Chacizi Series）

土　族：砂质硅质混合型温性-石灰干润正常新成土

拟定者：龙怀玉，谢　平，曹祥会，王佳佳

分布与环境条件　主要分布于宁夏中部风沙干旱区及黄河冲积平原周边的沙丘边缘，地形较为平坦，地下水很深，草灌植被，主要生长小白草、牛心朴子、沙蒿、苦豆子、披针叶黄华、野酸枣、刺槐等植物，覆盖度为40%以上。分布区域属于中温带干旱气候，年均气温 7.6～11.3℃，年降水量 102～258 mm。

杈刺子系典型景观

土系特征与变幅　诊断层有淡薄表层；诊断特性和诊断现象有盐基饱和、碱积现象、半干润土壤水分、温性土壤温度。成土母质为覆盖在冲积物上的风积沙，风积沙的厚度为 30～80 cm，土壤发育微弱。土壤 pH 为 8.0～9.0，有机碳含量为 3.0～6.0 g/kg，且心土壤土层的含量高于表土砂土层，全剖面有石灰反应，碳酸钙含量小于 50 g/kg。

对比土系　与满枣儿腰系属于同一个土族，但两者之间差异明显，成土母质不完全相同，杈刺子系的成土母质是冲积物及上覆的风积沙，满枣儿腰系是风积沙；表土层的土壤质地不同，杈刺子系是砂土，满枣儿腰系是砂壤土。

利用性能综述　自然植被较好，自然肥力低下，通体土壤有较高程度的盐碱化，砂土层之下有壤土夹层，具有较好的保水保肥性能。由于降水很少，本地区主要应防止风蚀、沙化和盐碱化，有水源或补灌的地方可以适度发展农业或牧业，但是要注意春季盐碱表

聚对出苗和保苗的危害。大部分地区应该通过退耕还草等措施，促进植被恢复，逐步提高土壤表土层肥力，在严格控制承载力条件下可以适当放牧。

参比土种　夹壤层平铺状固定风沙土（壤层固定浮沙土）。

代表性单个土体　宁夏银川市贺兰县红柳沟，106°06′31.5″E、38°43′8″N，海拔 1136 m。成土母质为覆盖在冲积物上的风积沙。地势平坦，地形为冲积平原、平地。灌木林地，旱生灌木植被，主要植物是野酸枣、刺槐，覆盖度约 90%。年均气温 9.3℃，≥10℃年积温 3606℃，50 cm 深处年均土壤温度 12.3℃，年≥10℃天数 188 d，年降水量 176 mm，年均相对湿度 51%，年干燥度 6.72，年日照时数 2972 h。野外调查时间：2014 年 10 月 14 日，天气（晴）。

AC：0～45 cm，灰黄棕色（10YR 6/2，干），灰黄棕色（10YR 6/2，润）；润，松散、无黏着、无塑，岩石和矿物碎屑含量约 10%、大小为 10～30 mm、次圆状，砂土，弱发育的中团块状结构；少量细根和极细根；强石灰反应；向下突变平滑过渡。

2C：45～120 cm，浊黄橙色（10YR 6/4，干），暗棕色（10YR 3/3，润）；干，硬、无黏着、无塑，岩石和矿物碎屑含量约 10%、大小为 10～30 mm、次圆状，壤砂土，很弱发育的大块状结构；中度石灰反应。

杈刺子系代表性单个土体剖面

杈刺子系代表性单个土体物理性质

土层	深度 /cm	砾石 (>2 mm)体积分数/%	细土颗粒组成(粒径：mm)/(g/kg)			质地
			砂粒 2～0.05	粉粒 0.05～0.002	黏粒 <0.002	
AC	0～45	10	972	08	21	砂土
2C	45～120	10	797	158	46	壤砂土

权刺子系代表性单个土体化学性质

深度/cm	pH (H_2O)	有机碳(C)/(g/kg)	全氮(N)/(g/kg)	全磷(P)/(g/kg)	全钾(K)/(g/kg)	CEC/(cmol/kg)	游离铁(Fe_2O_3)/(g/kg)
0～45	8.9	3.6	0.38	0.27	19.2	3.2	0.8
45～120	8.5	5.2	0.37	0.27	21.1	4.5	2.0

10.11.2　满枣儿腰系（Manzao'eryao Series）

土　族：砂质硅质混合型温性-石灰干润正常新成土

拟定者：龙怀玉，曹祥会，谢　平，王佳佳

分布与环境条件　主要分布在宁夏中部基岩为砾岩的中山的中部和下部，成土母质为覆盖在砂砾岩上的混杂着砾岩坡积残积风化物的风积沙。稀疏草灌植被，主要生长沙蒿、白刺、牛心朴子、柠条锦鸡儿等植物，覆盖度在 50%以上。分布区域属于暖温带干旱气候，年均气温 6.6～10.4℃，年降水量 128～302 mm。

满枣儿腰系典型景观

土系特征与变幅　诊断层有淡薄表层；诊断特性和诊断现象有盐基饱和、石灰性、碱积现象、钠质现象、准石质接触面、半干润土壤水分、温性土壤温度。成土母质为覆盖在砂砾岩上的混杂着砾岩残积风化物的风积沙，土层厚度在 100 cm 以上，土体中有少量砾岩粗碎块，表层有少量新鲜根系，几乎没有腐殖质累积，有机碳含量小于 3.0 g/kg，母质特征明显，通体主要为砂壤土，土壤 pH 为 8.5～9.5，强石灰反应，碳酸钙含量小于 100 g/kg。除厚度为 20～40 cm 的表层外，通体有少量碳酸钙假菌丝。

对比土系　参见杈刺子系。

利用性能综述　地势起伏不平，坡度较大，土层较薄，洪积冲积物深厚，剖面中含有少量的砾岩碎块，通体主要为砂壤土，土壤 pH 和盐分含量高，自然肥力很低。由于干旱缺水和风蚀，植被稀疏，土壤容易退化，不能作为农用或牧场用地，可以适度放牧。应该通过退耕还草等措施，促进植被恢复，逐步提高土壤表土层肥力，在严格控制承载力下可以适当放牧。可以通过灌木林和种草等措施，促进植被和土壤正向演变。

参比土种　丘状固定风沙土（固定沙土）。

代表性单个土体　宁夏银川市灵武市白土岗乡满枣儿坑山腰，106°29′0.1″E、37°53′43.9″N，海拔 1383 m。成土母质为砾岩风积物。地势陡峭切割，地形为山地下部。自然草地，草灌植被，覆盖度约 95%。年均气温 8.7℃，≥10℃年积温 3360℃，50 cm 深处年均土壤温度 11.6℃，年≥10℃天数 181 d，年降水量 210 mm，年均相对湿度 50%，年干燥度 5.31，年日照时数 2968 h。野外调查时间：2014 年 10 月 19 日，天气（晴）。

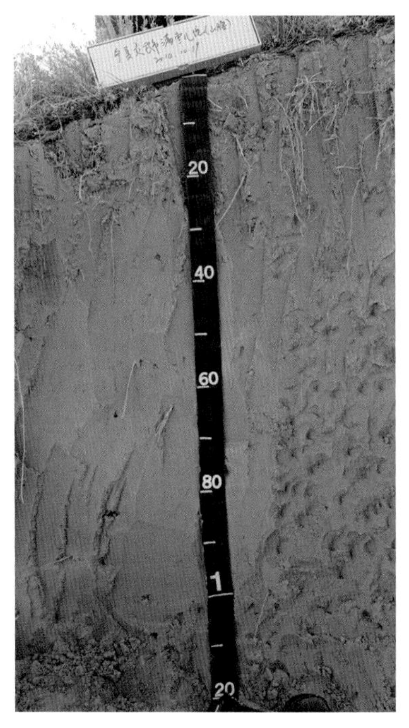

满枣儿腰系代表性单个土体剖面

AC：0～30 cm，浊黄橙色（10YR 6/4，干），亮黄棕色（10YR 6/6，润）；润，疏松、稍黏着、稍塑，岩石和矿物碎屑含量约 1%、大小为 10～20 mm、块状，砂壤土；中量粗根和少量细根；强石灰反应；向下模糊平滑过渡。

Ck：30～110 cm，浊黄橙色（10YR 6/4，干），浊黄橙色（10YR 7/4，润）；润，疏松、稍黏着、稍塑，岩石和矿物碎屑含量约 1%、大小为 10～20 mm、块状，砂壤土；很少量白色碳酸钙假菌丝体；极少量细根和粗根；强石灰反应；向下模糊平滑过渡。

C1：110～120 cm，浊黄橙色（10YR 7/3，干），黄棕色（10YR 5/5，润）；润，松散、无黏着、无塑，砂土。

2C：120 cm 以下，石块、砾石。

满枣儿腰系代表性单个土体物理性质

土层	深度/cm	砾石(>2 mm)体积分数/%	细土颗粒组成(粒径：mm)/(g/kg)			质地
			砂粒（2～0.05）	粉粒（0.05～0.002）	黏粒（<0.002）	
AC	0～30	1	676	277	47	砂壤土
Ck	30～110	1	771	204	25	砂壤土

满枣儿腰系代表性单个土体化学性质

深度/cm	pH (H_2O)	有机碳(C)/(g/kg)	全氮(N)/(g/kg)	全磷(P)/(g/kg)	全钾(K)/(g/kg)	CEC/(cmol/kg)	游离铁(Fe_2O_3)/(g/kg)
0～30	9.0	2.9	0.34	0.33	17.6	3.7	3.6
30～110	9.2	1.1	0.14	0.35	16.3	3.0	2.9

10.12　普通湿润正常新成土

10.12.1　平吉堡系（Pingjibu Series）

土　族：砂质硅质混合型石灰性温性-普通湿润正常新成土

拟定者：龙怀玉，曹祥会，曲潇琳，徐　珊，莫方静

分布与环境条件　主要分布在河流两岸滩地上或者引黄灌溉的低洼处。地下水位浅，常年水分饱和。草甸植被，主要生长假苇拂子茅、冰草、野苜蓿和蒿类植物，覆盖度为70%～80%。分布区域属于中温带干旱气候，年均气温7.6～11.5℃，年降水量105～263 mm。

平吉堡系典型景观

土系特征与变幅　诊断层有淡薄表层；诊断特性有盐基饱和、石灰性、氧化还原特征、潮湿土壤水分、温性土壤温度、钠质现象。母质为河流冲积物或贺兰山扇缘洪积物，通体为砂土；有效土层厚度为60～150 cm，以下为砾石层。土壤pH为8.0～9.0，有机碳含量为3.0～6.0 g/kg，土体中有较多半腐烂根系和铁锰锈纹锈斑，碳酸钙含量小于50 g/kg，但石灰反应强烈。

对比土系　与茆子山系属于同一个土族，诊断层、诊断特性基本相同，成土母质都是河流冲积沙。但茆子山系的有效土层厚度为10～30 cm，具有盐积现象，盐分含量为3.0～6.0 g/kg，土壤质地为砂壤土；平吉堡系的有效土层厚度为60～150 cm，有轻度盐积现象，盐分含量小于3.0 g/kg，土壤质地为砂土。

利用性能综述　该土壤土层薄，全剖面土质为砂土，土壤保肥性能极差，漏水漏肥严重，加上地势低洼，不宜作为农用耕地。但是地下水位高，水分充足，可以开发用于种植适水牧草，面积较大的区域可以作为湿地保护。

参比土种　薄层沙质冲积土（薄河沙土）。

代表性单个土体　宁夏银川市西夏区平吉堡农场三队，106°0′20″E、38°23′48″N，海拔 1120 m。成土母质为冲积物。地势较平坦，地形为洪积冲积扇缘、河间地。自然草地，草甸植被，植物以芦苇为主，覆盖度约 80%。地下水埋深约 0.2 m。年均气温 9.4℃，≥10℃年积温 3612℃，50 cm 深年均处土壤温度 12.4℃，年≥10℃天数 189 d，年降水量 179 mm，年均相对湿度 53%，年干燥度 6.43，年日照时数 2971 h。野外调查时间：2016 年 4 月 27 日，天气（晴）。

平吉堡系代表性单个土体剖面

A：0～10 cm，淡黄色（2.5Y7/3，干），浊黄棕色（10YR 4/3，润）；湿，很疏松、无黏着、无塑，砂土，弱发育的中团块状结构；根系周围有少量铁锰锈纹锈斑；中量粗根和极细根；极强石灰反应；向下突变波状过渡。

Cg：10～60 cm，灰黄棕色（10YR 6/2，干），浊黄棕色（10YR 4/3，润）；湿，疏松、无黏着、无塑，砂土；根系周围有很少量铁锰锈纹锈斑；强石灰反应。

平吉堡系代表性单个土体物理性质

土层	深度 /cm	砾石 (>2 mm)体积分数/%	细土颗粒组成(粒径：mm)/(g/kg)			质地
			砂粒 2～0.05	粉粒 0.05～0.002	黏粒 <0.002	
A	0～10	0	884	73	43	砂土

平吉堡系代表性单个土体化学性质

深度 /cm	pH (H_2O)	有机碳(C) /(g/kg)	全氮(N) /(g/kg)	全磷(P) /(g/kg)	全钾(K) /(g/kg)	CEC /(cmol/kg)	游离铁(Fe_2O_3) /(g/kg)
0～10	8.4	5.9	0.37	0.25	17.5	0.7	4.4

10.12.2 五渠系（Wuqu Series）

土　族：砂质硅质混合型石灰性温性-普通湿润正常新成土

拟定者：龙怀玉，谢　平，曹祥会，王佳佳

分布与环境条件　主要分布在黄河低阶地与河滩地，地势低平，地下水位埋深小于100 cm，矿化度小于2 g/L，水稻田。分布区域属于中温带干旱气候，年均气温7.8～11.5℃，年降水量102～257 mm。

五渠系典型景观

土系特征与变幅　诊断层有淡薄表层；诊断现象和诊断特性有盐基饱和、水耕现象、碱积现象、氧化还原特征、人为滞水土壤水分、温性土壤温度。成土母质为河流冲积沙或风积沙，100 cm土体内为质地均一的砂土，土壤结构发育非常微弱，土壤砂粒呈单粒状存在，有弱腐殖质累积，有机碳含量为3.0～6.0 g/kg，耕作层、犁底层母质特征十分明显，有中量或少量的根系半腐烂物；耕作层根孔附近有少量锈纹锈斑，盐分含量为1.5～3.0 g/kg，全剖面有轻度到中度石灰反应，土壤pH为8.0～9.0，碳酸钙含量小于30 g/kg。

对比土系　与山火子系相比，两者都具有淡薄表层和氧化还原特征，100 cm土体内的成土母质都是河流冲积沙或风积沙，土壤质地为均一的砂土，土体颜色几乎相同，从剖面形态方面难以将两者区分开。但五渠系具有水耕现象、人为滞水土壤水分状况；山火子系具有盐积层、潮湿土壤水分状况，亚类属于普通潮湿正常盐成土。

利用性能综述　通体土壤为质地均一的砂土，土壤有机质及矿质养分含量低，保肥性能差，表层土层轻微盐渍化。开垦水稻田年限不长，除表层根孔附近有少量锈纹锈斑外，全剖面几乎没有锈纹锈斑。由于该土壤区域地下水位高，可以开发种植水稻，通过黄河水灌溉逐渐改善土壤质地，生产中应注意作物脱肥，并补充微量元素肥料。

参比土种　沙质表锈潮土（表锈沙土）。

代表性单个土体　宁夏银川市贺兰县常信乡五渠村六队，106°16′11.7″E、38°38′35.3″N，海拔 1100 m。成土母质为黄河冲积物。地势平坦，地形为黄河冲积平原、平地。水田，主要种植水稻。年均气温 9.4℃，≥10℃年积温 3633℃，50 cm 深处年均土壤温度 12.5℃，年≥10℃天数 189 d，年降水量 175 mm，年均相对湿度 52%，年干燥度 6.73，年日照时数 2969 h。野外调查时间：2014 年 10 月 14 日，天气（晴）。

五渠系代表性单个土体剖面

Aep：0～20 cm，浊黄棕色（10YR 5/4，干），黑棕色（7.5YR 3/1，润）；湿，松散、稍黏着、稍塑，砂土；根系周围有很少量铁锰锈纹锈斑，土体内有很多腐烂根系；中量细根和中根；中度石灰反应；向下清晰波状过渡。

Ce：20～40 cm，浊黄橙色（10YR 6/4，干），暗棕色（7.5YR 3/4，润）；湿，松散、无黏着、无塑，砂土；土体内有中量腐烂根系；少量细根；轻度石灰反应；向下模糊波状过渡。

C：40～120 cm，浊黄橙色（10YR 6/3，干），棕色（10YR 4/4，润）；湿，松散、无黏着、无塑，砂土；轻度石灰反应。

五渠系代表性单个土体物理性质

土层	深度 /cm	砾石 (>2 mm)体积分数/%	细土颗粒组成(粒径：mm)/(g/kg)			质地
			砂粒 2～0.05	粉粒 0.05～0.002	黏粒 <0.002	
Aep	0～20	0	899	22	79	砂土

五渠系代表性单个土体化学性质

深度 /cm	pH (H_2O)	有机碳(C) /(g/kg)	全氮(N) /(g/kg)	全磷(P) /(g/kg)	全钾(K) /(g/kg)	CEC /(cmol/kg)	游离铁(Fe_2O_3) /(g/kg)
0～20	8.6	4.2	0.41	0.33	15.4	3.4	1.1
20～40	8.9	1.7	0.14	0.28	16.0	2.5	1.5

10.12.3 茆子山系（Maozishan Series）

土　族：砂质硅质混合型石灰性温性-普通湿润正常新成土

拟定者：龙怀玉，曹祥会，谢　平，王佳佳

分布与环境条件　主要分布于黄河冲积平原的低阶地和河滩地，地形低平，地下水位高，一般埋深为50～100 cm，矿化度为1～3 g/L，植被茂盛，主要生长芦苇等草甸植物，植被覆盖度在80%以上。分布区域属于暖温带干旱气候，年均气温7.4～11.4℃，年降水量130～301 mm。

茆子山系典型景观

土系特征与变幅　诊断层有淡薄表层；诊断特性和诊断现象有盐基饱和、石灰性、盐积现象、氧化还原特征、潮湿土壤水分、温性土壤温度。成土母质为河流冲积沙，表土层厚度小于30 cm，土壤质地为砂壤土，pH在9.0以上，有机碳含量为3.0～6.0 g/kg，盐分含量为3.0～6.0 g/kg。表土层以下为夹杂少量卵石的砂壤土，通体有铁锰锈纹锈斑和石灰反应。

对比土系　参见平吉堡系。

利用性能综述　剖面土层较薄，土壤质地为砂壤土，砾石含量高，地下水埋深浅，盐分含量高，且有碱化的危害，不宜作为农用耕地。排水条件完善后可以开发利用，面积较大的区域可以种植适水植物或用作湿地。

参比土种　沙质盐化潮土（盐沙土）。

代表性单个土体　宁夏吴忠市青铜峡市大坝镇茆子山，105°53′03.8″E、37°44′48″N，海拔1163 m。成土母质为冲积物。地形为黄河冲积平原、贺兰山冲积扇缘平地。自然草地，

茂盛湿生草甸植被，主要植物有芦苇、茅草等，覆盖度约 95%。年均气温 9.3℃，≥10℃年积温 3538℃，50 cm 深处年均土壤温度 12.4℃，年≥10℃天数 188 d，年降水量 209 mm，年均相对湿度 55%，年干燥度 5.64，年日照时数 2924 h。野外调查时间：2014 年 10 月 18 日，天气（阴）。

茆子山系代表性单个土体剖面

A：0～20 cm，浊黄橙色（10YR 6/4，干），暗棕色（10YR 3/4，润）；潮，疏松、无黏着、无塑，岩石和矿物碎屑含量约 5%、大小为 5～10 mm、次圆状，砂壤土，弱发育的中团块状结构；土体内有中量铁锰锈纹锈斑；中量粗根和少量细根；极强石灰反应；向下渐变波状过渡。

AC：20～45 cm，浊黄橙色（10YR 6/4，干），浊黄棕色（10YR 5/4，润）；潮，松散、无黏着、无塑，岩石和矿物碎屑含量约 5%、大小为 5～10 mm、次圆状，砂壤土；土体内有中量铁锰锈纹锈斑；中量粗根和少量细根；极强石灰反应；向下渐变波状过渡。

C：45～80 cm，亮黄棕色（10YR 6/6，干），浊黄橙色（10YR 6/4，润）；潮，松散、无黏着、无塑，砂壤土；中量粗根和极少量细根；强石灰反应。

茆子山系代表性单个土体物理性质

土层	深度/cm	砾石(>2 mm)体积分数/%	细土颗粒组成(粒径：mm)/(g/kg)			质地
			砂粒 2～0.05	粉粒 0.05～0.002	黏粒 <0.002	
A	0～20	5	782	183	35	砂壤土

茆子山系代表性单个土体化学性质

深度/cm	pH (H_2O)	有机碳(C)/(g/kg)	全氮(N)/(g/kg)	全磷(P)/(g/kg)	全钾(K)/(g/kg)	全盐/(g/kg)	CEC/(cmol/kg)	游离铁(Fe_2O_3)/(g/kg)
0～20	9.2	4.3	0.38	0.3	16.0	4.6	4.4	2.2

参 考 文 献

鲍士旦. 2000. 土壤农化分析. 北京: 中国农业出版社.

曹祥会, 雷秋良, 龙怀玉, 等. 2015. 河北省土壤温度与干湿状况的时空变化特征. 土壤学报, 52(3): 528-537.

陈杰. 1991. 国内外土壤基层分类概况. 土壤学进展, 19(4): 43-48.

陈志诚, 龚子同, 张甘霖, 等. 2004. 不同尺度的中国土壤系统分类参比. 土壤, 36(6): 584-595.

董永祥. 1986. 宁夏气候与农业. 银川: 宁夏人民出版社.

董宇博, 陆晓辉, 王济. 2016. 贵州省土壤温度状况估算. 地球与环境, 44(2): 243-248.

杜国华, 张甘霖, 龚子同. 2001. 论特征土层与土系划分. 土壤, 33(1): 1-6.

冯学民, 蔡德利. 2004. 土壤温度与气温及纬度和海拔关系的研究. 土壤学报, 41(3): 489-491.

龚子同, 陈志诚, 张甘霖. 2003. 世界土壤资源参比基础(WRB): 建立和发展. 土壤, 35(4): 271-278.

龚子同, 雷文进. 1989. 中国的干旱土. 干旱区资源与环境, 3(1): 1-11.

龚子同, 张甘霖, 陈志诚, 等. 2002. 以中国土壤系统分类为基础的土壤参比. 土壤通报, 33(1): 1-5.

龚子同, 张甘霖, 陈志诚, 等. 2007. 土壤发生与系统分类. 北京: 科学出版社.

郭洋, 李香兰, 王秀君, 等. 2016. 干旱半干旱区农田土壤碳垂直剖面分布特征研究. 土壤学报, 53(6): 1433-1443.

韩春兰, 余无忌, 刘金宝, 等. 2017. 中国年均地温的估算方法研究. 土壤学报, 54(2): 354-366.

何群, 陈家坊. 1983. 土壤中游离铁和络合态铁的测定. 土壤, 15(6): 44-46.

胡双熙, 张维祥, 张建明, 等. 1990. 青甘宁地区灰钙土的成土特点. 兰州大学学报(自科版), (3): 127-136.

黄昌勇, 徐建明. 2010. 土壤学. 3 版. 北京: 中国农业出版社.

黄成敏, 龚子同. 2000. 土壤发生和发育过程定量研究进展. 土壤, 32(3): 145-150.

黄琳琦, 向业凤, 魏孝荣, 等. 2015. 六盘山林区土壤物理性质分布特征. 干旱地区农业研究, 33(1): 60-65.

姜林, 耿增超, 张雯, 等. 2013. 宁夏贺兰山、六盘山典型森林类型土壤主要肥力特征. 生态学报, 33(6): 1982-1993.

李友宏, 董莉丽, 王芳, 等. 2006. 宁夏银北灌区灌淤土营养元素空间变异性研究. 干旱地区农业研究, 24(6): 68-72.

联合国粮农组织, 土壤资源开发和保护局. 1989. 土壤剖面描述指南. 马步洲, 张凤荣, 译. 北京: 北京农业大学出版社.

刘秉儒, 张秀珍, 胡天华, 等. 2013. 贺兰山不同海拔典型植被带土壤微生物多样性. 生态学报, 33(22): 7211-7220.

鲁如坤. 2000. 土壤农业化学分析方法. 北京: 中国农业科技出版社.

吕贻忠, 李保国. 2006. 土壤学. 北京: 中国农业出版社.

马惠琴, 金风霞, 李娟. 2019. 石灰性土壤阳离子交换量的两种测定方法比较. 宁夏农林科技, 60(2): 21-22.
马琨, 马斌, 何宪平, 等. 2006. 宁夏南部山区不同土地类型土壤养分的分布特征研究. 农业科学研究, 27(2): 1-5.
马玉兰, 金国柱. 1997. 银川平原土壤氧化还原特性的研究. 土壤通报, 28(1): 12-15.
宁夏回族自治区统计局. 2017. 宁夏统计年鉴 2017. 北京: 中国统计出版社.
宁夏农业勘查设计院. 1990. 宁夏土壤. 银川: 宁夏人民出版社.
宁夏农业勘查设计院. 1991. 宁夏土种志. 银川: 宁夏人民出版社.
曲潇琳, 龙怀玉, 曹祥会, 等. 2019. 宁夏山地土壤的发育规律及系统分类研究. 土壤学报, 56(1): 65-77.
曲潇琳, 龙怀玉, 谢平, 等. 2017. 宁夏引黄灌区灌淤土的成土特点及系统分类研究. 土壤学报, 54(5): 1102-1114.
曲潇琳, 龙怀玉, 谢平, 等. 2018. 宁夏中部地区典型灰钙土的发育特性及系统分类研究. 土壤学报, 55(1): 75-87.
全国土壤普查办公室. 1992. 中国土壤普查技术. 北京: 农业出版社.
全国土壤普查办公室. 1998. 中国土壤. 北京: 中国农业出版社.
尚清芳. 2012. 宁夏引黄灌区灌淤土土壤养分空间变异性研究. 甘肃联合大学学报(自然科学版), 26(3): 63-68.
史成华, 龚子同. 1995. 我国灌淤土的形成和分类. 土壤学报, 32(4): 437-448.
史学正, 于东升, 孙维侠, 等. 2004. 中美土壤分类系统的参比基准研究: 土类与美国系统分类土纲间的参比. 科学通报, 49(13): 1299-1303.
王吉智. 1984. 宁夏引黄灌区的灌淤土. 土壤学报, 21(4): 434-437.
王吉智. 1986. 灰钙土与棕钙土的比较, 兼论宁夏中北部的地带性土壤. 宁夏农林科技, (6): 23-26.
王吉智. 1987. 兰、宁、内蒙地区的灰钙土及棕钙土. 土壤通报, 18(6): 248-251.
王吉智. 1989. 宁夏土壤的形成作用. 华中农业大学学报, (1): 38-44.
王淑英. 2007. 加强六盘山林区保护工作的思考. 宁夏农林科技, (5): 174-175.
吴以德. 1982. 宁夏山地林区的土壤类型. 宁夏农林科技, (5): 11-17.
席承藩. 1986. 美国土壤分类与土壤系统分类的形成与发展. 土壤学进展, 14(6): 3-10.
许祖诒, 陈家坊. 1980. 土壤中无定形氧化铁的测定. 土壤通报, (6): 34-37.
杨琳, 朱阿兴, 秦承志, 等. 2009. 运用模糊隶属度进行土壤属性制图的研究——以黑龙江鹤山农场研究区为例. 土壤学报, 46(1): 9-15.
杨琳, 朱阿兴, 秦承志, 等. 2010. 基于典型点的目的性采样设计方法及其在土壤制图中的应用. 地理科学进展, 29(3): 279-286.
杨培君. 2016. 宁夏年鉴. 北京: 方志出版社.
俞震豫. 1985. 黏化作用及其在土壤分类中的意义. 土壤通报, 16(4): 164-168.
张凤荣, 王数, 孙鲁平. 1999. 北京低山与山前地带土壤发生过程及不同分类系统的对比. 土壤通报, 30(4): 145-148.
张甘霖. 2000. 土系研究与制图表达. 合肥: 中国科学技术大学出版社.
张甘霖, 龚子同. 2004. 土壤分类: 进展、方向和任务. 中国土壤学会第十次全国会员代表大会暨第五届海峡两岸土壤肥料交流研讨会论文集（面向农业与环境的土壤科学综述篇), 沈阳: 311-319.

张甘霖, 龚子同. 2012. 土壤调查实验室分析方法. 北京: 科学出版社.

张甘霖, 王秋兵, 张凤荣, 等. 2013. 中国土壤系统分类土族和土系划分标准. 土壤学报, 50(4): 826-834.

张慧智, 史学正, 于东升, 等. 2008. 中国土壤温度的空间插值方法比较. 地理研究, 27(6): 1299-1307.

张秀珍, 刘秉儒, 詹硕仁. 2011. 宁夏境内 12 种主要土壤类型分布区域与剖面特征. 宁夏农林科技, 52(9): 48-50, 63.

赵斌军, 文启孝. 1988. 石灰性母质对土壤腐殖质组成和性质的影响. 土壤学报, 25(3): 243-251.

中国科学院南京土壤研究所, 中国科学院西安光学精密机械研究所. 1989. 中国标准土壤色卡. 南京: 南京出版社.

中国科学院南京土壤研究所土壤系统分类课题组, 中国土壤系统分类课题协作组. 2001. 中国土壤系统分类检索(第三版). 合肥: 中国科技大学出版社.

中国气象局. 1994. 中国气候资源地图集. 北京: 中国地图出版社: 277-278.

中华人民共和国民政部. 2015. 中华人民共和国行政区划简册(2014). 北京: 中国地图出版社.

朱韵芬, 王振权. 1985. 土壤络合态铁测定中某些问题的探讨. 土壤, 17(5): 269-272.

朱韵芬, 王振权. 1986. 土壤中硅的比色法测定中若干问题. 土壤, 18(5): 267-270.

Hobley E, Willgoose G R, Frisia S, et al. 2013. Environmental and site factors controlling the vertical distribution and radiocarbon ages of organic carbon in a sandy soil. Biology and Fertility of Soils, 49(8): 1015-1026.

Hobley E, Wilson B, Wilkie A, et al. 2015. Drivers of soil organic carbon storage and vertical distribution in Eastern Australia. Plant and Soil, 390(1-2): 111-127.

McKeague J A, Day J H. 1966. Dithionite and oxalate extractable Fe and Al as aids in differentiating various classes of soils. Canadian Journal of Soil Science, 46(1): 13-22.

Mehra O P, Jackson M L. 2013. Iron oxide removal from soils and clays by a dithionite-citrate system buffered with sodium bicarbonate. Clays and Clay Minerals, 7(1): 317-327.

Rong Y, Su Y Z, Wang M, et al. 2014. Spatial pattern of soil organic carbon in desert grasslands of the diluvial-alluvial plains of northern Qilian Mountains. Journal of Arid Land, 6(2): 136-144.

Vejre H, Callesen I, Vesterdal L, et al. 2003. Carbon and nitrogen in Danish forest soils—Contents and distribution determined by soil order. Soil Science Society of America Journal, 67(1): 335-343.

附录　宁夏土系与土种参比表（按土系拼音排序）

土系（土族名称）	土种（土种群众名称）
八顷系(砂质硅质混合型温性-石灰干旱砂质新成土)	丘状固定风沙土(固定沙土)
杈刺子系(砂质硅质混合型温性-石灰干润正常新成土)	夹壤层平铺状固定风沙土(壤层固定浮沙土)
陈家庄系(黏质伊利石型石灰性温性-弱盐灌淤旱耕人为土)	壤质厚层轻盐化灌淤土(轻盐老户土)
村沟系(壤质硅质混合型石灰性温性-普通简育干润雏形土)	侵蚀黄绵土(缃黄土)
大庄系(黏壤质盖粗骨质硅质混合型温性-钙积简育干润雏形土)	薄层侵蚀暗灰褐土(薄麻土)
滴水羊系(砂质盖黏质硅质混合型温性-钠质钙积正常干旱土)	壤质底盐灰钙土(咸性土)
丁家湾系(壤质硅质混合型石灰性温性-斑纹灌淤旱耕人为土)	壤质薄层轻盐化灌淤土(轻盐卧土)
东山坡系(黏壤质硅质混合型石灰性温性-普通简育干润雏形土)	厚层侵蚀暗灰褐土(厚麻土)
洞峁系(壤质盖粗骨质硅质混合型温性-石灰干旱正常新成土)	红沙底盐淡灰钙土(底咸红沙土)
乏牛坡系(壤质硅质混合型温性-钙积简育干润雏形土)	上位钙层粉质灰钙土(蒿川黄白土)
房家沟系(砂质硅质混合型石灰性温性-普通简育正常干旱土)	粗质淡灰钙土(粗白脑土)
伏垴系(粗骨质硅质混合型石灰性温性-饱和红色正常新成土)	粗质薄层粗骨土(石碴土)
干沟系(壤质硅质混合型冷性-钙积暗厚干润均腐土)	普通暗黑垆土(暗黑垆土)
高家圈系(砂质硅质混合型石灰性温性-普通简育湿润雏形土)	粗质淡灰钙土(粗白脑土)
高家水系(砂质硅质混合型石灰性温性-普通简育正常干旱土)	普通底盐淡灰钙土(底咸白脑土)
沟门系(壤质硅质混合型温性-普通钙积正常干旱土)	粉质淡灰钙土(细白脑土)
沟脑系(砂质硅质混合型温性-钠质钙积正常干旱土)	粉质淡灰钙土(细白脑土)
光彩系(壤质硅质混合型温性-钙积简育干润雏形土)	普通底盐淡灰钙土(底咸白脑土)
滚钟口系(砂质硅质混合型石灰性温性-石质干润正常新成土)	细质粗骨土(细石碴土)
郭家河系(黏壤质硅质混合型温性-钙积简育干润雏形土)	残积石灰性红黏土(侵蚀红黏土)
喊叫水系(壤质石膏型温性-石膏钙积正常干旱土)	石膏底盐淡灰钙土(咸石土)
何滩系(黏壤质硅质混合型石灰性温性-弱盐灌淤旱耕人为土)	青土层薄层中盐化灌淤土(夹青中盐卧土)
河滩系(壤质硅质混合型石灰性温性-弱盐淡色潮湿雏形土)	沙层壤质灌淤潮土(灌淤漏沙土)
贺家口系(粗骨质长石混合型石灰性温性-普通湿润冲积新成土)	盐化新积土(盐化洪淤土)
红川子系(壤质硅质混合型石灰性温性-普通简育干润雏形土)	侵蚀黄绵土(缃黄土)
红岗系(壤质长石型石灰性温性-肥熟灌淤旱耕人为土)	壤质潮土(壤质潮土)
红旗村系(黏壤质长石型温性-石灰淡色潮湿雏形土)	厚层细质草甸灰褐土(锈山黑土)
红套系(壤质硅质混合型温性-钙积简育干润雏形土)	厚层侵蚀暗灰褐土(厚麻土)
怀沟湾系(壤质长石混合型石灰性温性-普通简育干润雏形土)	侵蚀黄绵土(缃黄土)
黄渠桥系(黏壤质硅质混合型石灰性温性-灌淤肥熟旱耕人为土)	沙层壤质薄层轻盐化灌淤土(漏沙轻盐卧土)
黄色水系(砂质硅质混合型石灰性温性-饱和红色正常新成土)	钙质石质土(石质土)
回民巷系(壤质硅质混合型石灰性温性-普通简育干润雏形土)	夹壤层平铺状固定风沙土(壤层固定浮沙土)
活水塘系(砂质硅质混合型温性-石灰干润砂质新成土)	丘状固定风沙土(固定沙土)
火山子系(砂质硅质混合型非酸性温性-普通干旱砂质新成土)	丘状固定风沙土(固定沙土)
吉平堡系(黏壤质硅质混合型温性-石灰扰动人为新成土)	壤质薄层灌淤土(薄立土)
简泉系(黏壤质硅质混合型石灰性温性-弱盐淡色潮湿雏形土)	草甸白盐土(草甸白盐土)
碱滩沿系(壤质硅质混合型石灰性温性-弱盐潮湿碱积盐成土)	沙质白盐土(沙质白盐土)
金桥系(黏壤质硅质混合型温性-石灰淡色潮湿雏形土)	黏层壤质潮土(黏层锈土)

续表

土系（土族名称）	土种（土种群众名称）
九条沟系(壤质长石型冷性-钙积暗沃干润雏形土)	厚层细质灰褐土(山黑土)
康麻头系(壤质硅质混合型石灰性温性-普通简育正常干旱土)	砾质新积白脑土(砾质白脑土)
李白玉系(黏壤质硅质混合型温性-钙积简育干润雏形土)	厚层侵蚀黑垆土(厚层黑黄土)
李家水系(壤质长石混合型温性-钠质钙积正常干旱土)	壤质残余盐土(壤质干盐土)
李鲜崖系(壤质硅质混合型温性-钙积暗厚干润均腐土)	普通黑垆土(孟塬黑垆土)
联丰系(黏质伊利石型石灰性温性-弱盐底锈干润雏形土)	壤质盐化潮土(盐锈土)
梁家壕系(壤质硅质混合型石灰性温性-普通简育干润雏形土)	侵蚀黄绵土(缃黄土)
刘家川系(壤质硅质混合型石灰性温性-普通简育干润雏形土)	侵蚀黄绵土(缃黄土)
刘石嘴系(壤质硅质混合型石灰性温性-普通简育湿润雏形土)	粗质淡灰钙土(粗白脑土)
刘营系(砂质长石型石灰性温性-弱盐灌淤旱耕人为土)	壤质厚层灌淤土(厚立土)
六盘山系(黏壤质硅质混合型石灰性冷性-斑纹冷凉湿润雏形土)	厚层侵蚀暗灰褐土(厚麻土)
乱山子系(砂质长石混合型温性-普通钙积正常干旱土)	粉质淡灰钙土(细白脑土)
罗山系(壤质硅质混合型石灰性温性-弱盐淡色潮湿雏形土)	壤质白盐土(壤质白盐土)
落石滩系(粗骨质硅质混合型温性-石灰干旱砂质新成土)	砾石冲积土(卵石土)
绿塬顶系(黏壤质硅质混合型非酸性冷性-斑纹简育湿润均腐土)	厚层壤质亚高山草甸土(壤质底冻土)
绿塬腰系(黏壤质硅质混合型非酸性冷性-石质干润正常新成土)	粗质薄层粗骨土(石碴土)
马东山系(黏壤质盖粗骨黏壤质硅质混合型温性-普通钙积干润淋溶土)	薄层细质淋溶灰褐土(中性薄山黑土)
满枣儿顶系(砂质硅质混合型温性-石灰干润砂质新成土)	丘状固定风沙土(固定沙土)
满枣儿腰系(砂质硅质混合型温性-石灰干润正常新成土)	丘状固定风沙土(固定沙土)
茆子山系(砂质硅质混合型石灰性温性-普通湿润正常新成土)	沙质盐化潮土(盐沙土)
庙坪系(壤质长石混合型石灰性温性-普通简育干润雏形土)	侵蚀黄绵土(缃黄土)
南滩系(砂质硅质混合型温性-石灰干旱正常新成土)	丘状固定风沙土(固定沙土)
盘龙坡系(黏壤质长石混合型冷性-石灰扰动人为新成土)	厚层细质暗灰褐土(暗麻土)
平吉堡系(砂质硅质混合型石灰性温性-普通湿润正常新成土)	薄层沙质冲积土(薄河沙土)
葡萄泉系(砂质硅质混合型石灰性温性-石质干润正常新成土)	粗质薄层粗骨土(石碴土)
七百户系(黏壤质硅质混合型石灰性温性-普通简育干润雏形土)	普通底盐淡灰钙土(底咸白脑土)
瞿靖系(黏壤质硅质混合型石灰性温性-弱盐灌淤旱耕人为土)	壤质薄层轻盐化灌淤土(轻盐卧土)
任庄系(壤质硅质混合型温性-普通钙积正常干旱土)	粉质淡灰钙土(细白脑土)
沙塘系(壤质硅质混合型石灰性温性-普通简育正常干旱土)	普通底盐淡灰钙土(底咸白脑土)
山火子系(砂质硅质混合型石灰性温性-普通潮湿正常盐成土)	沙质白盐土(沙质白盐土)
十分沟系(黏质蒙脱石混合型石灰性温性-弱盐潮湿碱积盐成土)	黏层壤质中碱化盐渍龟裂碱土(盐白僵黏黄土)
石家堡系(壤质硅质混合型温性-普通钙积正常干旱土)	红沙淡灰钙土(红沙白脑土)
石落滩系(砂质硅质混合型石灰性温性-普通简育湿润雏形土)	钙质灰漠土(钙质灰漠土)
石坡系(壤质长石混合型温性-普通钙积正常干旱土)	沙质盐化灰钙土(盐白脑土)
石山子系(壤质硅质混合型石灰性温性-普通简育湿润雏形土)	粉质淡灰钙土(细白脑土)
史圪崂系(壤质硅质混合型石灰性温性-普通简育干润雏形土)	灰黄绵土(灰缃黄土)
水渠沟系(粗骨砂质硅质混合型石灰性温性-普通简育湿润雏形土)	上位钙层粗质灰钙土(粗黄白土)
苏步系(砂质硅质混合型非酸性温性-普通干旱砂质新成土)	丘状固定风沙土(固定沙土)
苏家岭系(壤质硅质混合型石灰性温性-普通简育干润雏形土)	侵蚀黄绵土(缃黄土)
孙家沟系(粗骨壤质硅质混合型温性-普通钙积正常干旱土)	砾质新积土(洪淤砾质土)
陶家圈系(壤质硅质混合型石灰性温性-水耕淡色潮湿雏形土)	沙层黏质盐化表锈潮土(表锈盐表黏性土)
通贵系(黏质伊利石型石灰性温性-肥熟灌淤旱耕人为土)	壤质薄层表锈灌淤土(薄卧土)
通桥系(黏壤质硅质混合型石灰性温性-灌淤肥熟旱耕人为土)	壤质厚层轻盐化灌淤土(轻盐老户土)

续表

土系（土族名称）	土种（土种群众名称）
头台子系(粗骨砂质硅质混合型石灰性温性-灰色黄土正常新成土)	上位钙层粗质灰钙土(粗黄白土)
脱烈系(壤质硅质混合型石灰性温性-普通简育干润雏形土)	灰黄绵土(灰缃黄土)
吴家渠系(壤质长石型石灰性温性-普通简育干润雏形土)	灰黄绵土(灰缃黄土)
五渠系(砂质硅质混合型石灰性温性-普通湿润正常新成土)	沙质表锈潮土(表锈沙土)
五星系(黏壤质硅质混合型石灰性温性-肥熟灌淤旱耕人为土)	沙层壤质薄层轻盐化灌淤土(漏沙轻盐卧土)
武河系(粗骨质硅质混合型温性-石灰干旱砂质新成土)	砾石冲积土(卵石土)
西大滩系(黏壤质硅质混合型石灰性温性-弱盐潮湿碱积盐成土)	壤质轻碱化龟裂碱土(轻碱黄土)
西屏峰系(壤质硅质混合型石灰性冷性-普通暗厚干润均腐土)	厚层细质暗灰褐土(暗麻土)
下峡系(砂质硅质混合型石灰性温性-饱和红色正常新成土)	粗质薄层粗骨土(石碴土)
夏塬系(壤质硅质混合型石灰性温性-普通简育干润雏形土)	普通黑垆土(孟塬黑垆土)、侵蚀黄绵土(湘黄土)、灰黄绵土(灰湘黄土)
先锋系(黏壤质硅质混合型石灰性温性-弱盐灌淤旱耕人为土)	壤质薄层轻盐化灌淤土(轻盐卧土)
闲贺系(粗骨质长石混合型温性-石灰干旱砂质新成土)	砾质新积土(洪淤砾质土)
硝池子系(粗骨质碳酸盐型石灰性温性-普通简育干润雏形土)	沙质盐化灰钙土(盐白脑土)
硝口谷系(黏壤质硅质混合型石灰性温性-普通暗色潮湿雏形土)	壤质新积黑垆土(淤黑垆土)
硝口梁系(壤质硅质混合型温性-钙积简育干润雏形土)	粉质淡灰钙土(细白脑土)
小蒿子系(壤质硅质混合型石灰性温性-普通简育正常干旱土)	粉质淡灰钙土(细白脑土)
小碱坑系(壤质硅质混合型石灰性温性-普通简育湿润雏形土)	粗质淡灰钙土(粗白脑土)
新生系(壤质长石混合型石灰性温性-普通简育正常干旱土)	普通底盐淡灰钙土(底咸白脑土)
星火系(黏质伊利石型石灰性温性-斑纹灌淤旱耕人为土)	沙层壤质薄层潮灌淤土(漏沙新户土)
熊家水系(壤质硅质混合型石灰性温性-普通简育正常干旱土)	粉质淡灰钙土(细白脑土)
鸦嘴子系(壤质盖粗骨质硅质混合型石灰性温性-普通简育湿润雏形土)	普通底盐淡灰钙土(底咸白脑土)
盐池系(壤质硅质混合型石灰性温性-普通简育干润雏形土)	粉质淡灰钙土(细白脑土)
阎家岔系(黏壤质硅质混合型温性-钙积简育干润雏形土)	薄层细质暗灰褐土(薄层暗麻土)
阎家窑系(壤质硅质混合型石灰性温性-普通简育正常干旱土)	粉质淡灰钙土(细白脑土)
杨记圈系(砂质硅质混合型温性-石灰干旱正常新成土)	丘状固定风沙土(固定沙土)
杨家窑系(壤质硅质混合型石灰性温性-普通简育湿润雏形土)	沙壤质新积黄绵土(淤沙黄土)
杨家庄系(壤质长石混合型温性-普通钙积干润均腐土)	钙斑黑垆土(钙斑黑垆土)
一堆系(粗骨质硅质混合型温性-石灰干旱正常新成土)	石碴黄白土(粗骨灰钙土)
银新系(壤质长石型石灰性温性-水耕淡色潮湿雏形土)	壤质盐化潮土(盐锈土)
榆树峡系(砂质盖粗骨质硅质混合型石灰性温性-普通干旱冲积新成土)	薄层沙质冲积土(薄河沙土)
玉民山系(壤质硅质混合型石灰性温性-普通简育干润雏形土)	粉质淡灰钙土(细白脑土)
镇朔系(黏壤质硅质混合型石灰性温性-弱盐灌淤旱耕人为土)	壤质灌淤潮土(灌淤锈土)
朱庄子系(砂质硅质混合型石灰性温性-普通简育正常干旱土)	砾质新积白脑土(砾质白脑土)

索　引

T

W

X

Y

Z

(S-0020.01)
ISBN 978-7-5088-5816-6
9 787508 858166 >
定价：**298.00** 元